Gruber I Neumann

Erfolg im Mathe-Abi 2020

Übungsbuch für den Pflichtteil
Baden-Württemberg
mit Tipps und Lösungen

Freiburger Verlag

Helmut Gruber, geb. 1968, studierte Mathematik und Physik in Konstanz und Freiburg und ist seit 1995 Mathematiklehrer in der Oberstufe.

Robert Neumann, geb. 1970, studierte Mathematik und Physik in Freiburg und unterrichtet Mathematik in der Oberstufe seit 1999.

PEFC/04-31-1867

PEFC zertifiziert

Dieses Produkt stammt aus nachhaltig bewirtschafteten Wäldern und kontrollierten Quellen.

www.pefc.de

Gedruckt in Deutschland
www.freiburger-verlag.de

Inhaltsverzeichnis

Vorwort

Erfolg von Anfang an

...ist das Geheimnis eines guten Abiturs.

Das vorliegende Übungsbuch ist speziell auf die grundlegenden Anforderungen des Pflichtteils (hilfsmittelfreier Teil: HMF) des Mathematik-Abiturs 2020 in Baden-Württemberg abgestimmt. Es umfasst die drei großen Themenbereiche Analysis, Geometrie und Stochastik sowie angepasste und erweiterte Abituraufgaben seit 2014 in einem Buch. Seit 2017 ist die Struktur des hilfsmittelfreien Teils geändert: Es sind insgesamt maximal 20 Verrechnungspunkte (VP) zu erreichen, davon 10 VP in Analysis, 8 VP in Geometrie und 2 VP in Stochastik. *Daher haben wir Original-Prüfungsaufgaben gekürzt und an die neuen Bestimmungen angepasst.* Somit erhalten Sie die bestmögliche Vorbereitung auf die Abiturprüfung.

frv.tv

Im Internet finden Sie unter **frv.tv/bw** weitere Videos, in denen die grundlegenden Themen an einfachen Beispielen erklärt werden. Die entsprechenden Stellen sind im Buch mit einem Kamerasymbol gekennzeichnet.

Der Pflichtteil (HMF) besteht aus mehreren kleinen Aufgaben, die ohne Taschenrechner und ohne Formelsammlung zu lösen sind. Genau hierfür wurde das vorliegende Buch konzipiert: Es fördert das Grundwissen und die Grundkompetenzen in Mathematik, vom einfachen Rechnen und Formelanwenden bis hin zum Verstehen von gedanklichen Zusammenhängen. Das Übungsbuch ist eine Hilfe zum Selbstlernen (learning by doing) und bietet die Möglichkeit, sich intensiv auf die Prüfung vorzubereiten und gezielt Themen zu vertiefen. Hat man Erfolg bei den grundlegenden Aufgaben, machen Mathematik und das Lernen mehr Spaß.

Der blaue Tippteil

Hat man keine Idee, wie man eine Aufgabe angehen soll, hilft der blaue Tippteil zwischen Aufgaben und Lösungen weiter: Zu jeder Aufgabe gibt es dort Tipps, die helfen, einen Ansatz zu finden, ohne die Lösung vorwegzunehmen.

Die Kontrollkästchen ☐

Damit Sie immer den Überblick behalten können, welche Aufgaben Sie schon bearbeitet haben, befindet sich neben jedem Aufgabentitel ein Kontrollkästchen zum Abhaken.

Wie arbeiten Sie mit diesem Buch?

Am Anfang jedes Kapitels finden Sie eine kurze Übersicht über die jeweiligen Themen. Die einzelnen Kapitel bauen zwar aufeinander auf, doch ist es nicht zwingend notwendig, das Buch der Reihe nach durchzuarbeiten. Die Aufgaben sind in der Regel in ihrer Schwierigkeit gestaffelt. Von fast jeder Aufgabe gibt es mehrere Variationen zum Vertiefen.
In der Mitte des Buches finden Sie den blauen Tippteil mit Denk- und Lösungshilfen.
Die Lösungen mit ausführlichen verständlichen Lösungswegen bilden den dritten Teil des Übungsbuchs. Hier finden Sie die notwendigen Formeln, Rechenverfahren und Denkschritte sowie manchmal alternative Lösungswege.

Im Anhang ab Seite 200 befinden sich die angepassten und erweiterten Abituraufgaben mit Tipps und ausführlichen Lösungen.

Der Aufbau des Mathematik-Abiturs

- Die gesamte Prüfungszeit beträgt 270 Minuten (4,5 Zeitstunden).
- Die Schülerinnen und Schüler erhalten zu Beginn der Prüfung alle Aufgaben (den Pflichtteil (HMF) und den vom Lehrer ausgesuchten Wahlteil Analysis, Geometrie und Stochastik). Sie erhalten zu diesem Zeitpunkt noch keine Hilfsmittel.
- Die Schülerinnen und Schüler bearbeiten zuerst den Pflichtteil (HMF). Nach dessen Abgabe erhalten sie die Hilfsmittel (Taschenrechner, Merkhilfe) für den Wahlteil.

Insgesamt können maximal 60 Verrechnungspunkte in der Prüfung erzielt werden, davon 20 im Pflichtteil (HMF) und 40 im Wahlteil.

Die Abiturnote

Aus den Verrechnungspunkten ergeben sich folgende Notenpunkte

Verrechnungspunkte	Notenpunkte	Note
0 - 10	0	ungenügend
11 - 14 15 - 18 19 - 22	1 2 3	mangelhaft
23 - 26 27 - 29 30 - 32	4 5 6	ausreichend
33 - 35 36 - 38 39 - 41	7 8 9	befriedigend
42 - 44 45 - 47 48 - 50	10 11 12	gut
51 - 53 54 - 56 57 - 60	13 14 15	sehr gut

Allen Schülerinnen und Schülern, die sich auf das Abitur vorbereiten, wünschen wir viel Erfolg.

Helmut Gruber, Robert Neumann

Analysis

1 Ableiten □

Tipps ab Seite 66, Lösungen ab Seite 95

Name	$f(x)$	$f'(x)$	Bemerkungen
Potenzregel	$a \cdot x^n$	$n \cdot a \cdot x^{n-1}$	Die Potenzregel gilt auch für negative und gebrochene Exponenten
Kettenregel	$u(v(x))$	$u'(v(x)) \cdot v'(x)$	«äußere Ableitung mal innere Ableitung»
Produktregel	$u(x) \cdot v(x)$	$u'(x) \cdot v(x) + u(x) \cdot v'(x)$	«u-Strich mal v plus u mal v-Strich»
e-Funktion	e^x	e^x	Die Ableitung ist gleich der Funktion
Sinusfunktion	$\sin(x)$	$\cos(x)$	
Kosinusfunktion	$\cos(x)$	$-\sin(x)$	
Logarithmusfunktion	$\ln(x)$	$\frac{1}{x}$	$x > 0$
Wurzelfunktion	$\sqrt{x} = x^{\frac{1}{2}}$	$\frac{1}{2} \cdot x^{-\frac{1}{2}} = \frac{1}{2 \cdot x^{\frac{1}{2}}} = \frac{1}{2\sqrt{x}}$	Umschreiben der Wurzelfunk tion.

1.1 Potenzfunktionen mit natürlichen Exponenten □

Leiten Sie alle angegebenen Funktionen einmal ab:

a) $f(x) = 4x^5 - 2x^3$ b) $f(x) = 2x^3 - 6x^2$ c) $f(x) = x^4 - 3x^2 + 4$

d) $f(x) = (4x+1)^3$ e) $f(x) = 5 \cdot \left(2x^2+1\right)^4$ f) $f(x) = 2 \cdot \left(3x^2+x\right)^3$

g) $f(x) = x^3 \cdot (3x+2)$ h) $f(x) = x^3 \cdot (2x+1)^4$ i) $f(x) = 2x^3 \cdot \left(3x^2+x\right)^3$

1.2 Potenzfunktionen mit negativen Exponenten ☐

Leiten Sie alle angegebenen Funktionen einmal ab:

a) $f(x) = \frac{2}{x^2}$ b) $f(x) = 4 - \frac{2}{x}$ c) $f(x) = 2x + \frac{2}{x^3}$ d) $f(x) = \frac{2}{3x-4}$

e) $f(x) = \frac{2}{3x^2-4}$ f) $f(x) = \frac{4}{(2x+1)^2}$ g) $f(x) = 3x^2 - \frac{5}{(3x-1)^3}$ h) $f(x) = \frac{3}{\left(2x^2+3\right)^4}$

1.3 Potenzfunktionen mit gebrochenen Exponenten ☐

Leiten Sie alle angegebenen Funktionen einmal ab:

a) $f(x) = \sqrt{x^2+4}$ b) $f(x) = \sqrt{4x^2-2x}$ c) $f(x) = 6 \cdot \sqrt[3]{x}$

d) $f(x) = 2x \cdot \sqrt{x^2+1}$

1.4 Exponentialfunktionen ☐

Leiten Sie alle angegebenen Funktionen einmal ab:

a) $f(x) = 3x^2 \cdot e^{-4x}$ b) $f(x) = \frac{1}{2}x^3 \cdot e^{2x}$ c) $f(x) = (2x+5) \cdot e^{-x}$

d) $f(x) = (3x^2-4) \cdot e^{-2x}$ e) $f(x) = (4x + e^{-x})^2$ f) $f(x) = (e^x + e^{-x})^3$

1.5 Trigonometrische Funktionen ☐

Leiten Sie alle angegebenen Funktionen einmal ab:

a) $f(x) = \frac{1}{6} \cdot \sin\left(3x^2\right)$ b) $f(x) = \frac{1}{2} \cdot \cos\left(2x^3\right)$ c) $f(x) = 2x \cdot \cos\left(\frac{1}{2}x^2+4\right)$

d) $f(x) = x^2 \cdot \sin(4x+3)$ e) $f(x) = x^2 \cdot \cos\left(\frac{1}{2}x - 1\right)$ f) $f(x) = (x + \cos(x))^3$

1.6 Vermischte Aufgaben ☐

Leiten Sie alle angegebenen Funktionen einmal ab:

a) $f(x) = e^{3x} \cdot \sin(2x)$ b) $f(x) = \sqrt{e^{4x}+1}$ c) $f(x) = \frac{x^2}{e^{2x}}$

d) $f(x) = 4x^2 \cdot \sin\left(e^{2x}\right)$ e) $f(x) = \frac{2x+3}{e^{2x}}$ f) $f(x) = 2x \cdot \frac{1}{2x+3}$

g) $f(x) = e^x \cdot (4-2x)^3$ h) $f(x) = \frac{\sin\left(x^2\right)}{e^{2x}}$

2 Stammfunktionen und Integrale

Tipps ab Seite 67, Lösungen ab Seite 98

Für eine Stammfunktion F einer Funktion f gilt: $F'(x) = f(x)$.
Das Bilden einer Stammfunktion kann man daher als die Umkehrung des Ableitens bezeichnen. Die Stammfunktion ist nur bis auf die Konstante c bestimmt, da diese beim Ableiten wieder wegfällt. Folgende Stammfunktionen werden häufig benötigt:

$f(x)$	$F(x)$
$x^n;\ n \neq -1$	$\frac{1}{n+1} \cdot x^{n+1} + c$
$\frac{1}{x}$	$\ln\lvert x\rvert + c$
e^x	$e^x + c$
$\sin(x)$	$-\cos(x) + c$
$\cos(x)$	$\sin(x) + c$
$a \cdot (kx+b)^n$	$\frac{\frac{a}{n+1}(kx+b)^{n+1}}{k} + c$

$f(x)$	$F(x)$
$a \cdot x^n;\ n \neq -1$	$\frac{1}{n+1} \cdot a \cdot x^{n+1} + c$
$\frac{1}{k \cdot x + b}$	$\frac{1}{k} \ln\lvert k \cdot x + b\rvert + c$
$a \cdot e^{k \cdot x + b}$	$\frac{a}{k} \cdot e^{k \cdot x + b} + c$
$a \cdot \sin(b \cdot x)$	$-\frac{a}{b} \cdot \cos(b \cdot x) + c$
$a \cdot \cos(b \cdot x)$	$\frac{a}{b} \cdot \sin(b \cdot x) + c$

2.1 Stammfunktionen

Geben Sie je eine Stammfunktion für alle folgenden Funktionen an.

2.1.1 Potenzfunktionen mit natürlichen Exponenten

a) $f(x) = 2x^3 - \frac{4}{3}x^2 + 2$　b) $f(x) = 10x^4 + 2x^3 - x$　c) $f(x) = 3x^3 - 4x$

d) $f(x) = 6(3x-1)^3$　e) $f(x) = -12(2x-3)^2$　f) $f(x) = 5(3x-4)^4$

2.1.2 Potenzfunktionen mit negativen Exponenten

a) $f(x) = 3x^{-2} + 4x^2$　b) $f(x) = -\frac{4}{x^3} + 2x^3$　c) $f(x) = \frac{3}{x^4} - 6x^2$

d) $f(x) = \frac{4}{(2x-3)^2}$　e) $f(x) = \frac{12}{(4x-2)^4}$　f) $f(x) = \frac{3}{2x}$

g) $f(x) = \frac{6}{x-2}$　h) $f(x) = \frac{4}{2x-1}$

2.1.3 Potenzfunktionen mit gebrochenen Exponenten

a) $f(x) = 2 \cdot \sqrt{2x+1}$　b) $f(x) = \frac{3}{\sqrt{x}}$　c) $f(x) = \frac{4}{\sqrt{2x+1}}$

2.1.4 Exponentialfunktionen □

a) $f(x) = 3e^{2x}$
b) $f(x) = 4e^{-x}$
c) $f(x) = 3 \cdot e^{-3x} + x^3$
d) $f(x) = 6 \cdot e^{3x+2}$
e) $f(x) = 2\left(x^2 - 6e^{3x}\right)$
f) $f(x) = 2 \cdot e^{-2x} + \frac{1}{x^2}$

2.1.5 Trigonometrische Funktionen □

a) $f(x) = 3 \cdot \cos(2x+1)$
b) $f(x) = 4 \cdot \sin(-3x+2)$
c) $f(x) = \frac{2}{3} \cdot \cos(\pi x)$
d) $f(x) = 4 \cdot \cos(4x+4)$
e) $f(x) = 3 \cdot \sin(3x-9)$

2.2 Integrale □

Berechnen Sie folgende Integrale:

a) $\int_0^{\frac{\pi}{2}} (4 \cdot \sin(2x))\,\mathrm{d}x$
b) $\int_{-1}^{0} (1 + e^{-x})\,\mathrm{d}x$
c) $\int_1^4 \left(x + \frac{1}{\sqrt{x}}\right)\mathrm{d}x$
d) $\int_0^1 \left(2 - \frac{1}{\sqrt[3]{x}}\right)\mathrm{d}x$
e) $\int_1^2 \left(1 + \frac{3}{x^2}\right)\mathrm{d}x$
f) $\int_2^3 \frac{1}{x+2}\mathrm{d}x$
g) $\int_2^3 \frac{4}{2x+3}\mathrm{d}x$
h) $\int_0^1 (2x+1)^3\,\mathrm{d}x$
i) $\int_0^3 \frac{4}{(x+1)^2}\mathrm{d}x$
j) $\int_0^{\frac{\pi}{6}} (6 \cdot \cos(3x))\,\mathrm{d}x$
k) $\int_0^2 \left(2x - 2e^{-2x}\right)\mathrm{d}x$

2.3 Integralgleichungen □

a) Bestimmen Sie $u > 0$ so, dass gilt: $\int_0^u \frac{1}{2}x^2\mathrm{d}x = \frac{9}{2}$.

b) Bestimmen Sie $u > 0$ so, dass gilt: $\int_1^u x^4\mathrm{d}x = \frac{31}{5}$.

c) Bestimmen Sie $u > 0$ so, dass gilt: $\int_0^u 2e^x\mathrm{d}x = 1$.

2.4 Flächeninhalt zwischen zwei Kurven □

Um den Flächeninhalt zwischen zwei Kurven zu bestimmen, berechnet man das Integral der Differenz der Funktionen über dem Intervall der beiden Schnittstellen. Dabei gilt «obere Kurve minus untere Kurve»:

$$A = \int_{x_1}^{x_2} \left(f(x) - g(x)\right)\,\mathrm{d}x$$

Sind die Schnittstellen x_1 und x_2 nicht bekannt, müssen diese zuerst bestimmt werden.

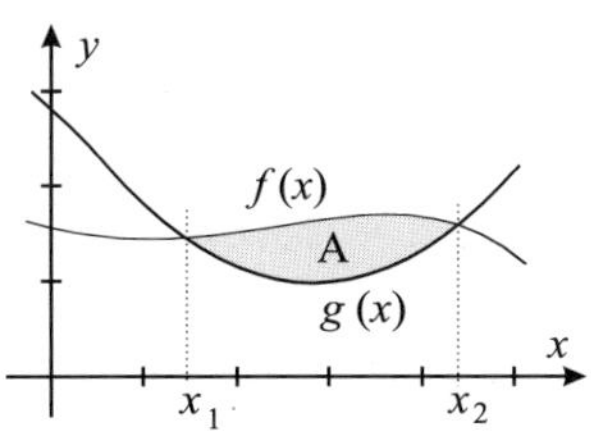

Berechnen Sie jeweils den Flächeninhalt zwischen den zwei Kurven:

a) $f(x) = x + 1$
$g(x) = x^2 + 1$

b) $f(x) = 4 - x^2$
$g(x) = x^2 - 4$

c) $f(x) = 2 \cdot \sin(x)$
$g(x) = -\sin(x)$
$x \in [0;\, \pi]$

d) $f(x) = e$
$g(x) = e^x$
$x \in [0;\, 1]$

Tipp: Machen Sie sich eine Skizze der beiden Schaubilder.

e) Gegeben sind die Gerade g mit der Gleichung $y = 2$ und die Funktion f mit $f(x) = \frac{1}{2}x^2$.
Berechnen Sie den Flächeninhalt der schraffierten Fläche.

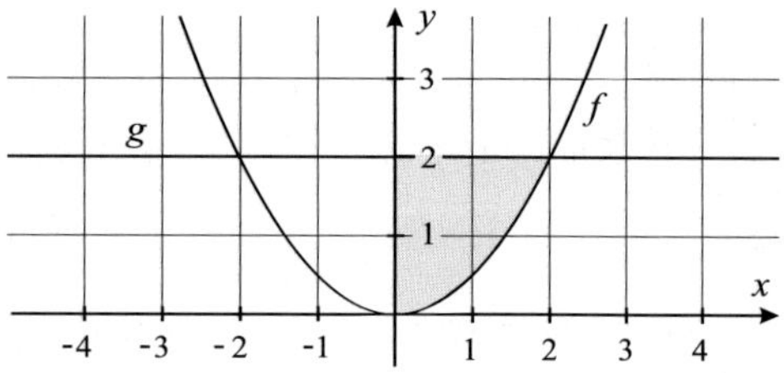

f) Gegeben sind die Gerade g mit der Gleichung $y = 3$ und die Funktion f mit $f(x) = x^2 - 1$.
Berechnen Sie den Flächeninhalt der schraffierten Fläche.

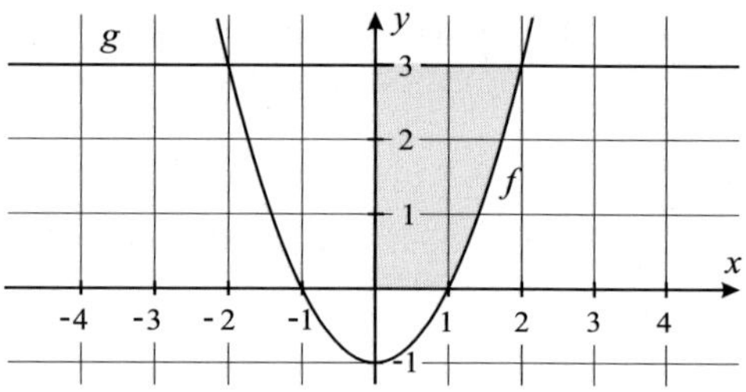

3 Gleichungen

Tipps ab Seite 69, Lösungen ab Seite 104

3.1 Potenzgleichungen

Bei Gleichungen, in denen x als Quadrat oder höhere Potenz vorliegt, sollten Sie zuerst versuchen, x auszuklammern. Geht das nicht, z.B. weil ein absolutes Glied vorliegt, so hilft entweder die *pq-Formel* oder die *abc-Formel* (Mitternachtsformel) weiter. Sie sollten eine dieser beiden Formeln auswendig können.
Oft hilft der Satz vom *Nullprodukt*: «Ein Produkt ist genau dann gleich Null, wenn (mindestens) einer der Faktoren gleich Null ist.» Hierzu setzt man die einzelnen Faktoren gleich Null.

Beispiel:

Gesucht sind die Lösungen der Gleichung $x^3-5x^2+4x=0$
Zuerst wird ausgeklammert: $x\left(x^2-5x+4\right)=0$. Also ist entweder $x_1=0$ oder $x^2-5x+4=0$. Die Gleichung lässt sich mit der pq- bzw. der abc-Formel lösen. Man erhält $x_2=1$ und $x_3=4$. Die Lösungen der Ausgangsgleichung sind damit $x_1=0$, $x_2=1$ und $x_3=4$.

Aufgaben:
Lösen Sie folgende Gleichungen:

a) $x^2+3x-4=0$
b) $x^2+\frac{2}{5}x-\frac{3}{5}=0$
c) $(x-1)\cdot(x-4)^2=0$
d) $x^2\cdot(3x-6)=0$
e) $x^3-4x=0$
f) $2x^4-3x^3=0$
g) $x^4-3x^3+2x^2=0$
h) $x^3-5x^2+6x=0$
i) $x^4-4x^2+3=0$
j) $2x^4-5x^2+2=0$
k) $2x^3-5=15$
l) $3x^4+8=29$

3.2 Potenzgleichungen mit Parameter

Beim Lösen von Gleichungen mit Parameter geht man genauso vor wie beim Lösen von Potenzgleichungen. Dabei ist zu beachten, dass Lösungen nur existieren, wenn nicht durch Null geteilt wird und unter der Wurzel keine negative Zahl steht. Die Anzahl der Lösungen hängt also vom Parameter ab.

Beispiel:

Bestimmen Sie die Anzahl der Lösungen der Gleichung $\frac{1}{2}x^2 - 6x + 2a = 0$ in Abhängigkeit vom Parameter a.
Zuerst wird die gegebene Gleichung mit Hilfe der abc-Formel gelöst:

$$x_{1,2} = \frac{-(-6) \pm \sqrt{(-6)^2 - 4 \cdot \frac{1}{2} \cdot 2a}}{2 \cdot \frac{1}{2}} = \frac{6 \pm \sqrt{36 - 4a}}{1}$$

Die Anzahl der Lösungen erhält man durch folgende Überlegungen:
Ist der Term unter der Wurzel negativ, gibt es keine Lösung, ist er Null, gibt es eine Lösung, ist er positiv, gibt es zwei Lösungen. Dies führt zu folgenden Fallunterscheidungen:
Keine Lösung für $36 - 4a < 0$ bzw. $9 < a$.
Eine Lösung für $36 - 4a = 0$ bzw. $a = 9$.
Zwei Lösungen für $36 - 4a > 0$ bzw. $9 > a$.

Aufgaben:

Bestimmen Sie die Anzahl der Lösungen in Abhängigkeit vom Parameter:

a) $x^2 + 4x + 2t = 0$ b) $3x^2 - 4x = 2a$ c) $x^2 - 3tx + \frac{9}{4} = 0$

d) $9x^2 - 3ux + 1 = 0$ e) $ax - 2x = 5$ f) $tx = 3x + 4$

3.3 Exponentialgleichungen □

Beim Lösen von Exponentialgleichungen gelten die gleichen Regeln, die oben schon erwähnt wurden. Zusätzlich ist zu beachten:

- Der Satz vom Nullprodukt hilft oft weiter, beachten Sie, dass $e^x \neq 0$ ist.
- Es gilt $e^{2x} = (e^x)^2$, sowie $e^0 = 1$ und $\ln(1) = 0$.
- Um eine Exponentialgleichung nach x aufzulösen, wird die Gleichung auf beiden Seiten «logarithmiert», da $\ln(e^z) = z$ ist. Beispiel:

$$\begin{aligned} e^{2x} &= 3 \mid \ln \\ \ln\left(e^{2x}\right) &= \ln(3) \\ 2x &= \ln(3) \\ x &= \frac{\ln(3)}{2} \end{aligned}$$

Lösen Sie folgende Gleichungen:

a) $\left(x^2-4\right)\cdot e^{0,5x}=0$ b) $e^{3x}-3e^x=0$ c) $e^{5x}=4e^{2x}$

d) $(2x+4)\cdot\left(e^{2x}-4\right)=0$ e) $\left(2x^2-2\right)\cdot\left(e^{-x}-2\right)=0$ f) $e^{2x}-6e^x+5=0$

g) $e^{4x}-5e^{2x}+6=0$ h) $2e^x-5e^{\frac{1}{2}x}+2=0$ i) $e^x-8e^{-x}=2$

j) $3\cdot 4^x=9$ k) $2\cdot 3^{4x}=10$ l) $4\cdot 2^{-3x}+1=17$

3.4 Bruchgleichungen □

Beim Lösen von Bruchgleichungen multiplizieren Sie die Gleichung mit einer Potenz oder einem Term so, dass kein Nenner mehr vorhanden ist.

Beispiel:

Gesucht sind die Lösungen der Gleichung $4x^2-\frac{1}{x^2}=3$.

Multipliziert man die Gleichung mit x^2 erhält man: $4x^4-1=3x^2$ bzw. $4x^4-3x^2-1=0$.
Substituiert man $x^2=z$, ergibt sich: $4z^2-3z-1=0$.
Mit Hilfe der pq- bzw. abc-Formel erhält man: $z_1=1$ und $z_2=-\frac{1}{4}$.
Die Resubstitution $x^2=1$ ergibt $x_1=1$ und $x_2=-1$, die Resubstitution $x^2=-\frac{1}{4}$ ergibt keine weiteren Lösungen.

Aufgaben:

Lösen Sie folgende Gleichungen:

a) $\frac{4}{x^2}+\frac{2}{x}=2$ b) $6-\frac{12}{x^2+1}=0$ c) $x^2-\frac{4}{x^2}=3$

d) $\frac{2}{x^4}-\frac{1}{x^2}=1$ e) $1-\frac{4x}{x^2+3}=0$ f) $\frac{4}{x-2}-x=1$

g) $\frac{x}{x+2}=\frac{3}{4}$ h) $x^{-4}-1=15$

3.5 Trigonometrische Gleichungen □

Bei trigonometrischen Gleichungen ist das angegebene Intervall zu beachten.
In jedem Fall ist es hilfreich, sich eine Skizze der zugehörigen Sinusfunktion (bzw. Kosinusfunktion) zu machen. Steht im Argument des Sinus bzw. Kosinus mehr als nur x, geht man wie folgt vor:
Zuerst wird substituiert, dann die entsprechende Gleichung gelöst und zum Schluss wieder resubstituiert. Diese Lösungen der Gleichung müssen im angegebenen Intervall liegen. Ansonsten verwendet man den Satz vom Nullprodukt oder führt eine andere geeignete Substitution durch.

Beispiel:

Gesucht ist die Lösungsmenge der Gleichung $\sin(2x) = 1;\; x \in [0; 2\pi]$.

Die Substitution $2x = z$ führt zu $\sin(z) = 1$. Um diese Gleichung zu lösen, ist eine Skizze hilfreich:

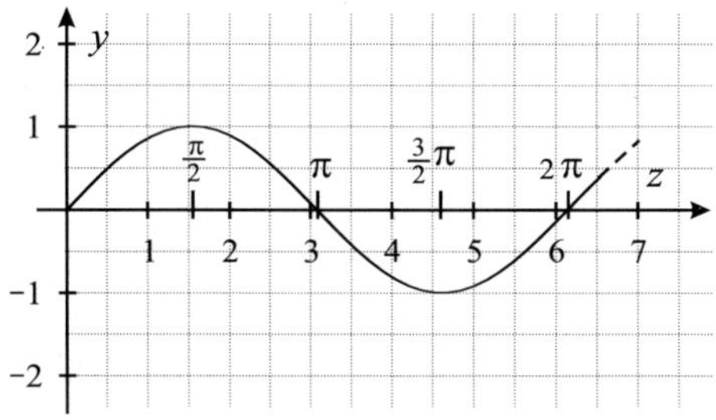

Da $\sin(z)$ die Periode 2π besitzt, sind $z_1 = \frac{\pi}{2}$, $z_2 = \frac{5}{2}\pi$, $z_3 = \frac{9}{2}\pi, \ldots$ mögliche Lösungen.
Die Resubstitution $z_1 = \frac{\pi}{2} = 2x_1$ ergibt $x_1 = \frac{\pi}{4}$, $z_2 = \frac{5}{2}\pi = 2x_2$ ergibt $x_2 = \frac{5}{4}\pi$, $z_3 = \frac{9}{2}\pi = 2x_3$ ergibt $x_3 = \frac{9}{4}\pi = 2{,}25\pi$, wobei diese Lösung nicht mehr im angegebenen Intervall $[0; 2\pi]$ liegt.
Als Lösungsmenge erhält man also $\mathrm{L} = \left\{ \frac{1}{4}\pi ; \frac{5}{4}\pi \right\}$.

Aufgaben:

Bestimmen Sie für das angegebene Intervall jeweils die Lösungsmenge der Gleichung:

a) $\sin(3x) = 1;\; x \in [0; 2\pi]$

b) $\cos\left(x - \frac{\pi}{2}\right) = -1;\; x \in [-\pi; 2\pi]$

c) $\cos(x) \cdot (\sin(x) - 1) = 0;\; x \in [0; \pi]$

d) $\sin(x) \cdot (\sin(x) + 1) = 0;\; x \in [0; 2\pi]$

e) $\cos(x) \cdot (\cos(x) + 1) = 0;\; x \in [0; \pi]$

f) $\sin^2(x) - 2\sin(x) = 0;\; x \in [0; 2\pi]$

g) $\cos^2(x) + \cos(x) - 2 = 0;\; x \in [0; 2\pi]$

h) $\sin^2(x) + 4\sin(x) + 3 = 0;\; x \in [0; 2\pi]$

i) $\left(x^2 - 4\right) \cdot \sin\left(x - \frac{\pi}{2}\right) = 0;\; x \in [0; 2\pi]$

3.6 Ungleichungen

Bei Ungleichungen kommen nicht einzelne Zahlen als Lösung in Betracht, sondern es geht darum, alle möglichen Zahlen zu finden, die die angegebene Ungleichung erfüllen. Die zugehörige Lösung kann entweder als geschlossenes oder offenes Intervall angegeben werden.

Beispiel:
Gesucht ist die Lösungsmenge der Ungleichung $3x > x^2$. Diese kann man umformen zur Ungleichung $0 > x^2 - 3x$.

Die Lösungsmenge der Ungleichung $0 > x^2 - 3x$ kann man sich anhand des Schaubilds der zugehörigen Funktion überlegen.
Die Funktion $f(x) = x^2 - 3x$ ist eine nach oben geöffnete Normalparabel.

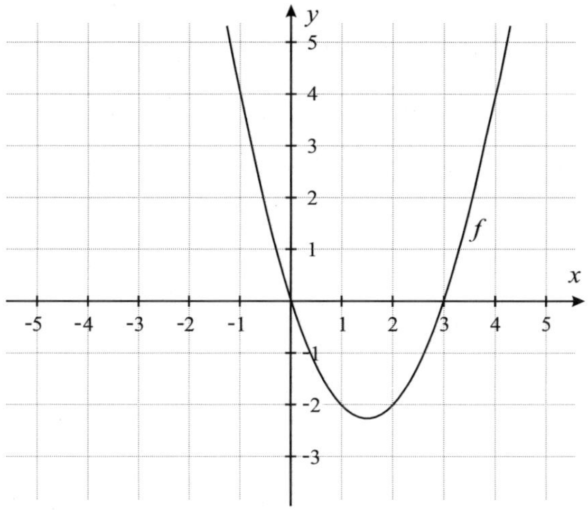

Die Lösungsmenge der Ungleichung $0 > x^2 - 3x$ sind alle x-Werte, für die die Parabel unterhalb der x-Achse verläuft. Die Nullstellen der Funktion erhält man durch Lösen der Gleichung

$$x^2 - 3x = 0 \text{ bzw. } x \cdot (x-3) = 0$$

Mit Hilfe des Satzes vom Nullprodukt erhält man die Lösungen $x_1 = 0$ oder $x_2 = 3$.
Damit verläuft die Parabel für x-Werte zwischen 0 und 3 unterhalb der x-Achse.

Damit gilt für die Lösung der Ungleichung: $\mathrm{L} = \{x \in \mathbb{R} \mid 0 < x < 3\}$ oder $\mathrm{L} = \,]0;3[$.

Aufgaben:

Bestimmen Sie die Lösungsmenge folgender Ungleichungen:

a) $2x > x^2$ b) $4x < x^2$ c) $x^2 + 2x < 3$

d) $x^2 + 2x > 8$ e) $(x+2) \cdot e^{2x} > 0$ f) $(2x-2) \cdot e^{-2x} < 0$

4 Funktionen und Schaubilder □

4.1 Von der Gleichung zur Kurve □

Tipps ab Seite 71, Lösungen ab Seite 112

In diesem Kapitel geht es um die Grundfunktionen und ihre Verschiebung, Streckung und Spiegelung. Dazu sollten Sie die Schaubilder der wichtigsten Grundfunktionen kennen:

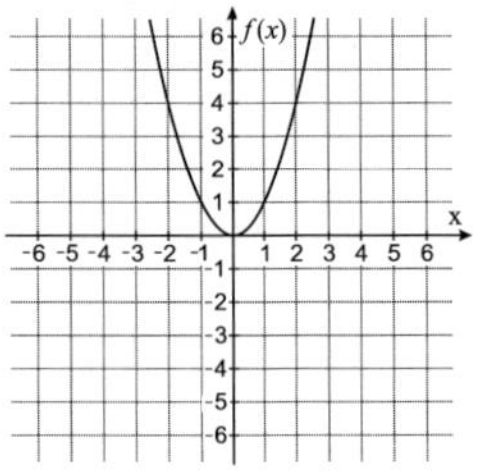

$f(x) = x^2$

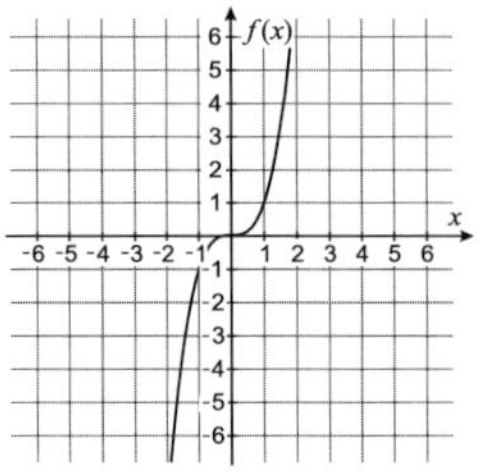

$f(x) = x^3$

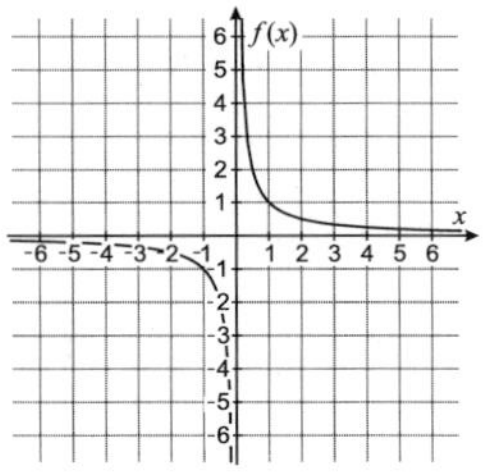

$f(x) = \frac{1}{x}$

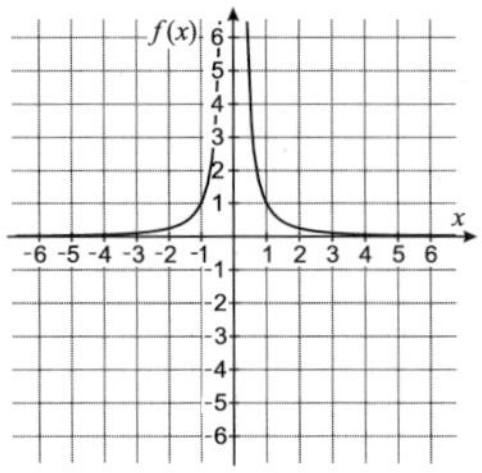

$f(x) = \frac{1}{x^2}$

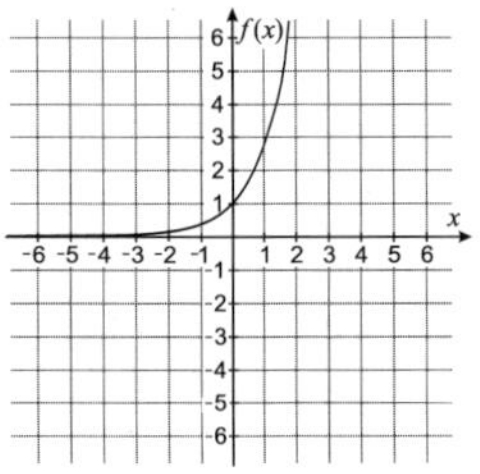

$f(x) = e^x$

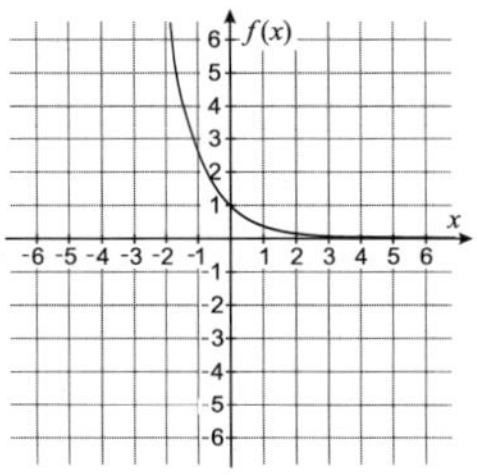

$f(x) = e^{-x}$

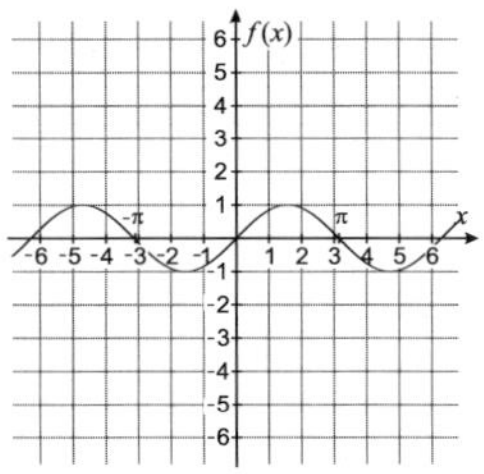

$f(x) = \sin(x)$

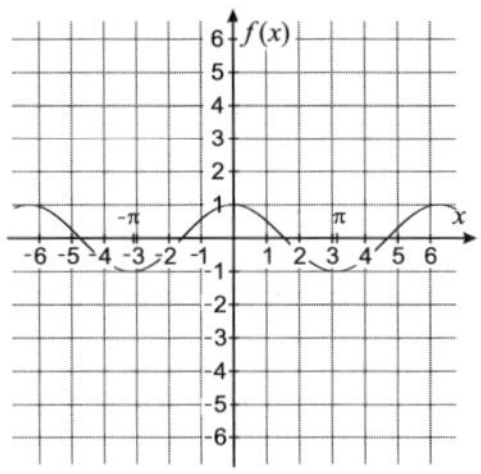

$f(x) = \cos(x)$

Diese Grundfunktionen lassen sich verschieben und strecken:

Beispiel:

Die Parabel $f(x) = x^2$

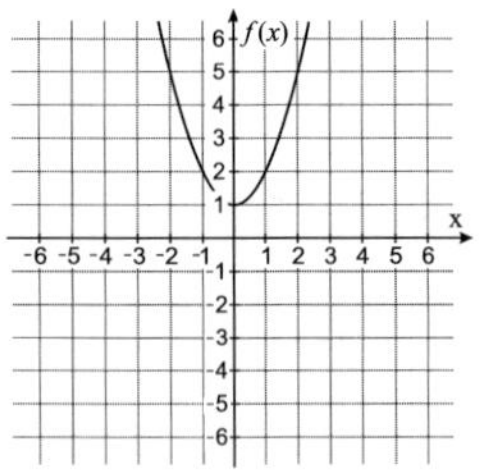

$f(x) = x^2 + 1$

Verschiebung um 1 LE in y-Richtung: das absolute Glied ist 1.

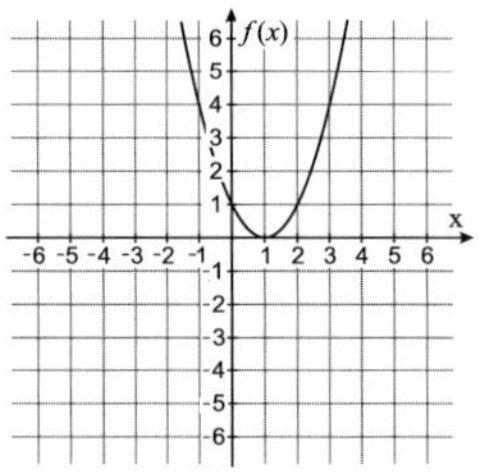

$f(x) = (x-1)^2$

Verschiebung um 1 LE in x-Richtung: x wird ersetzt durch $(x-1)$.

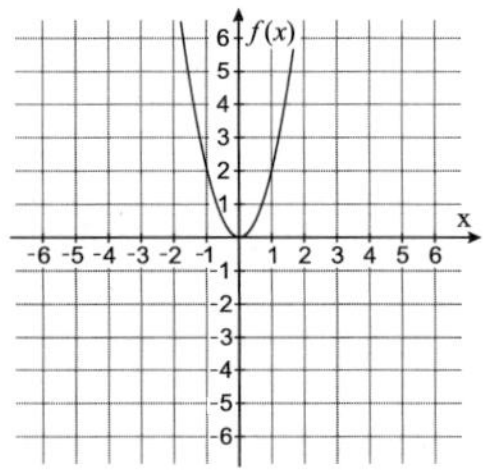

$f(x) = 2 \cdot x^2$

Streckung in y-Richtung um den Faktor 2. Die Funktionsgleichung wird mit 2 multipliziert.

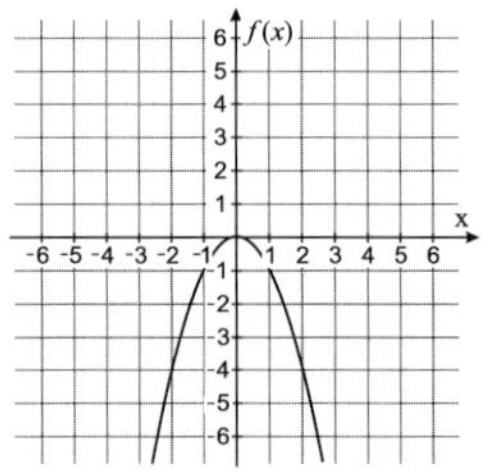

$f(x) = -x^2$

Spiegelung an der x-Achse: Die Funktionsgleichung wird mit -1 multipliziert.

Weitere Variationen:

- Spiegelung an der y-Achse: Hierzu wird x ersetzt durch $(-x)$
- Stauchen in x-Richtung: Hierzu wird x ersetzt durch $a \cdot x$. Das Schaubild wird bei einem Faktor, der größer als 1 ist, gestaucht, d.h. in x-Richtung «kürzer» und bei einem Faktor, der kleiner als 1 ist, gestreckt, d.h. in x-Richtung «länger».

Tipp: Skizzieren Sie zuerst das Schaubild der zugehörigen Grundfunktion und anschließend schrittweise eine eventuelle Spiegelung, Streckung/Stauchung sowie die Verschiebungen in x-bzw. y-Richtung.

4.1.1 Ganzrationale Funktionen ☐

Skizzieren Sie die Schaubilder folgender Funktionen und bestimmen Sie die Schnittpunkte mit den Koordinatenachsen.

a) $f(x) = \frac{1}{2}x + 1$ b) $f(x) = -\frac{3}{4}x$ c) $f(x) = (x-1)^2 - 4$

d) $f(x) = -x^2 + 4$ e) $f(x) = -\frac{1}{2}x^2 + 4{,}5$ f) $f(x) = (x-1)^3 + 1$

4.1.2 Potenzfunktionen ☐

Skizzieren Sie die Schaubilder folgender Funktionen und bestimmen Sie jeweils die Asymptoten.

a) $f(x) = \frac{1}{x+1} + 2$ b) $f(x) = -\frac{2}{x-1}$ c) $f(x) = -\frac{3}{x-1} - 2$

d) $f(x) = \frac{1}{(x+1)^2} - 1$ e) $f(x) = -\frac{2}{(x+1)^2}$ f) $f(x) = -\frac{3}{(x-1)^2} + 2$

4.1.3 Trigonometrische Funktionen ☐

Skizzieren Sie die Schaubilder folgender Funktionen und geben Sie jeweils die Periode an.

a) $f(x) = 2\sin(x)$ b) $f(x) = \frac{1}{2}\cos(x)$ c) $f(x) = \sin(2x)$

d) $f(x) = -\sin(2x) + 1$ e) $f(x) = \sin\left(\frac{1}{2}\pi(x+1)\right)$ f) $f(x) = \frac{1}{2}\sin(\frac{\pi}{4}x) + \frac{3}{2}$

4.1.4 Exponentialfunktionen ☐

Skizzieren Sie das Schaubild folgender Funktionen und bestimmen Sie jeweils die Asymptote.

a) $f(x) = e^{x-1} + 1$ b) $f(x) = -e^{x-1} + 1$ c) $f(x) = e^{-(x-1)} + 2$

d) $f(x) = e^{-x+3} + 1$

4.2 Aufstellen von Funktionen mit Randbedingungen ☐

Tipps ab Seite 72, Lösungen ab Seite 117

In diesem Abschnitt geht es darum, eine Funktion so aufzustellen, dass sie bestimmte vorgegebene Bedingungen erfüllt («Steckbriefaufgabe»). Dazu wird die gesuchte Funktion zuerst in ihrer allgemeinen Form aufgeschrieben. Aus dieser können Sie die Anzahl der benötigten Parameter ablesen. Für jeden dieser Parameter brauchen Sie eine «Information» aus der Aufgabenstellung. Aus jeder «Information» ergibt sich eine Gleichung. Damit erhalten Sie ein Gleichungssystem, welches Sie mit dem Gaußschen Eliminationsverfahren lösen können.

Beispiel

Gesucht ist die Gleichung einer Parabel mit Tiefpunkt $(1 \mid -4)$, die durch $(0 \mid -3)$ geht.

Die allgemeine Parabelgleichung lautet: $f(x) = ax^2 + bx + c$, die Ableitung ist $f'(x) = 2ax + b$. Es sind also drei Parameter zu bestimmen. Folgende Bedingungen müssen gelten:
$f(1) = a \cdot 1^2 + b \cdot 1 + c = -4$,
$f'(1) = 2a \cdot 1 + b = 0$ (weil es sich um einen Tiefpunkt mit Steigung Null handelt) und
$f(0) = a \cdot 0^2 + b \cdot 0 + c = -3$. Daraus ergibt sich folgendes Gleichungssystem:

$$\begin{array}{lccccccc} \text{I} & a & + & b & + & c & = & -4 \\ \text{II} & 2a & + & b & & & = & 0 \\ \text{III} & & & & & c & = & -3 \end{array}$$

Aus Gleichung III liest man $c = -3$ ab. Damit erhält man:

$$\begin{array}{lccccccc} \text{Ia} & a & + & b & & & = & -1 \\ \text{II} & 2a & + & b & & & = & 0 \\ \text{III} & & & & & c & = & -3 \end{array}$$

Subtrahiert man Gleichung Ia von Gleichung II, erhält man $a = 1$ und durch Einsetzen $b = -2$. Damit lautet die Gleichung der gesuchten Parabel $f(x) = x^2 - 2x - 3$.

Für andere Funktionenklassen (e-Funktionen, etc.) ist die Vorgehensweise analog: Immer müssen Sie zuerst die allgemeine Funktionsgleichung aufstellen, anschließend bestimmen Sie die Parameter. Zur konkreten Vorgehensweise können Sie im Tippteil nachsehen.

4.2.1 Ganzrationale Funktionen ☐

a) Eine Parabel geht durch $P_1(0 \mid 4)$, $P_2(1 \mid 0)$ und $P_3(2 \mid 18)$. Bestimmen Sie die Gleichung dieser Parabel.

b) Eine Parabel hat den Hochpunkt $M(1 \mid 3)$ und geht durch $Q(0 \mid 2)$. Bestimmen Sie die Gleichung der Parabel.

c) Eine zur y-Achse symmetrische Parabel hat in $P(1 \mid 6)$ die Steigung 2. Bestimmen Sie die Gleichung der Parabel.

d) Eine zur y-Achse symmetrische Parabel schneidet die x-Achse an der Stelle $x = \sqrt{3}$ und geht durch $T(0 \mid -3)$. Bestimmen Sie die Gleichung der dazugehörigen Funktion.

e) Das Schaubild einer ganzrationalen Funktion 3. Grades hat den Wendepunkt $W(0 \mid 0)$ und den Hochpunkt $H(2 \mid 2)$. Bestimmen Sie die Gleichung der Funktion.

f) Eine Parabel dritten Grades hat im Punkt $P(0 \mid 1)$ die Steigung $m_P = -1$ und den Wendepunkt $W(-1 \mid 4)$. Bestimmen Sie die Gleichung dieser Parabel.

g) Bestimmen Sie a und b so, dass das Schaubild der Funktion f mit $f(x) = ax^4 + bx^2$ den Wendepunkt $W(1 \mid -2{,}5)$ hat.

4.2.2 Potenzfunktionen ☐

Tipp: Machen Sie sich für die Potenzfunktionen unbedingt eine Skizze, anhand derer Sie die Funktionsgleichung stückweise entwickeln können – ein guter Ansatz ist die halbe Lösung!

a) Das Schaubild einer Potenzfunktion hat eine Polstelle mit Vorzeichenwechsel (abgekürzt: VZW) bei $x = 1$, die Gerade mit der Gleichung $y = 4$ ist die waagerechte Asymptote und der Punkt $P(2 \mid 6)$ liegt auf der Kurve. Bestimmen Sie eine mögliche Funktionsgleichung.

b) Das Schaubild einer Potenzfunktion hat eine Polstelle mit Vorzeichenwechsel (abgekürzt: VZW) bei $x = 2$, die Gerade mit der Gleichung $y = -1$ ist die waagerechte Asymptote und der Punkt $P(1 \mid 4)$ liegt auf der Kurve. Bestimmen Sie eine mögliche Funktionsgleichung.

c) Das Schaubild einer Potenzfunktion geht durch $P(-1 \mid 2)$, hat einen Pol ohne VZW bei $x = 1$ und die Gerade $y = 3$ als waagerechte Asymptote. Bestimmen Sie eine mögliche Funktionsgleichung.

d) Das Schaubild einer Potenzfunktion geht durch $P(0 \mid 4)$, hat einen Pol ohne VZW bei $x = 2$ und die x-Achse als waagerechte Asymptote. Bestimmen Sie eine mögliche Funktionsgleichung.

4.2.3 Exponentialfunktionen ☐

Bestimmen Sie jeweils die zugehörige Funktionsgleichung:

a) Das Schaubild der Funktion $f(x) = a \cdot e^{kx}$ geht durch die Punkte P $(0 \mid 2)$ und Q $\left(4 \mid 2e^{12}\right)$.

b) Das Schaubild der Funktion $f(x) = a \cdot e^{kx}$ geht durch die Punkte A $(0 \mid 3)$ und B $\left(2 \mid 3e^{8}\right)$.

c) Bei der Funktion $f(x) = a \cdot e^{kx}$ gilt: $f'(0) = 6$ und $f(0) = 3$.

d) Bei der Funktion $f(x) = a \cdot e^{kx}$ gilt: $f'(0) = 4$ und $f(0) = 2$.

e) Das Schaubild der Funktion $g(x) = e^x$ wird an der x-Achse gespiegelt und um 2 LE nach rechts und 3 LE nach unten verschoben.

4.2.4 Trigonometrische Funktionen ☐

Tipp: Eine verallgemeinerte Sinusfunktion hat die Gleichung:
$f(x) = a \cdot \sin(b \cdot (x - c)) + d.$
Eine verallgemeinerte Kosinusfunktion hat die Gleichung:
$f(x) = a \cdot \cos(b \cdot (x - c)) + d.$

a) Das Schaubild der Sinusfunktion g mit $g(x) = \sin(x)$ ist um 3 LE nach oben verschoben und hat die Periode $p = \pi$. Bestimmen Sie die Funktionsgleichung der modifizierten Funktion.

b) Das Schaubild der Sinusfunktion g mit $g(x) = \sin(x)$ ist um den Faktor 2,5 in y-Richtung gestreckt, hat die Periode $p = \frac{\pi}{2}$ und ist um 3 LE nach rechts und sowie 1,5 LE nach unten verschoben. Bestimmen Sie die Funktionsgleichung der modifizierten Funktion.

c) Das Schaubild der Kosinusfunktion g mit $g(x) = \cos(x)$ ist um 2 LE nach links und um 4 LE nach oben verschoben, um den Faktor 0,8 in y-Richtung gestaucht und der Abstand zwischen zwei Hochpunkten beträgt 3π LE. Bestimmen Sie die Funktionsgleichung der modifizierten Funktion.

d) Das Schaubild der Kosinusfunktion g mit $g(x) = \cos(x)$ ist um 1 LE nach rechts und um 2 LE nach unten verschoben, um den Faktor 1,7 in y-Richtung gestreckt und der Abstand zwischen zwei Wendepunkten beträgt $\frac{\pi}{2}$ LE. Bestimmen Sie die Funktionsgleichung der modifizierten Funktion.

4.3 Von der Kurve zur Gleichung ☐

Tipps ab Seite 73, Lösungen ab Seite 121

Wenn das Schaubild einer Funktion gegeben ist und die Funktionsgleichung gesucht ist, gibt es drei Möglichkeiten, diese aufzustellen:

1. Man kann besondere Punkte und ihre Steigungen sowie Asymptoten am gegebenen Schaubild ablesen und mit Hilfe eines allgemeinen Ansatzes die Funktionsgleichung, analog wie im Kapitel «Aufstellen von Funktionen» beschrieben, bestimmen.

2. Sind alle Nullstellen bekannt, kann man bei ganzrationalen Funktionen den sogenannten «Linearfaktoren»-Ansatz wählen. Sind x_1, x_2, ...x_n Nullstellen, so gilt: $f(x) = a \cdot (x - x_1) \cdot (x - x_2) \cdot \ldots \cdot (x - x_n)$; den Faktor a erhält man, indem man die Koordinaten eines gegebenen Punktes in die Funktionsgleichung einsetzt.

3. Man erkennt, dass es sich um das Schaubild einer verschobenen, gestreckten oder gespiegelten Grundfunktion handelt.

4.3.1 Ganzrationale Funktionen ☐

Nachfolgend sind die Schaubilder einiger Funktionen angegeben. Bestimmen Sie einen möglichen Funktionsterm.

a)

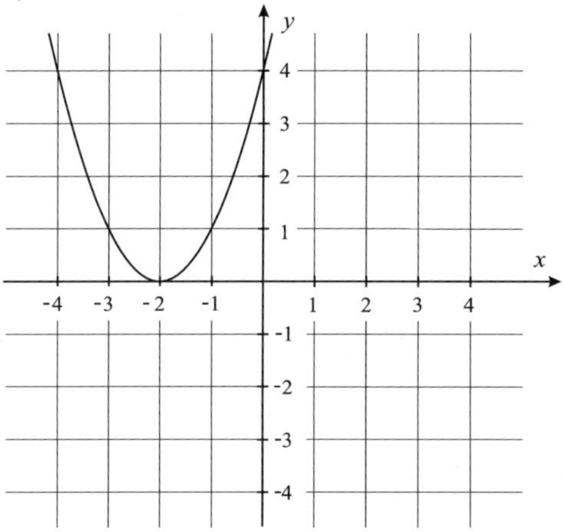

b)

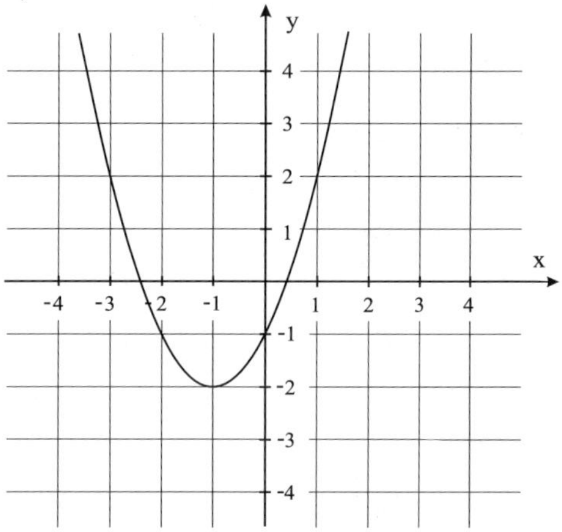

c)

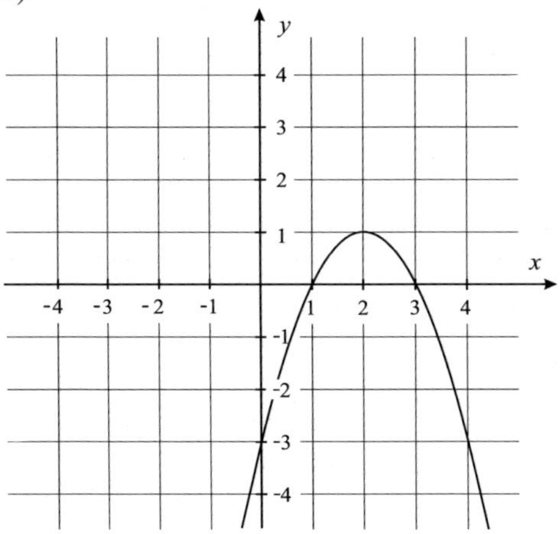

d)

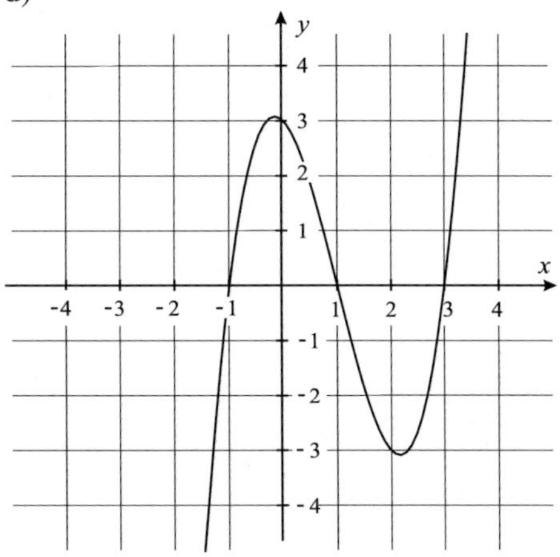

4.3.2 Potenzfunktionen

☐

Bestimmen Sie einen möglichen Funktionsterm.

Tipp: Überlegen Sie, ob es sich bei den gegebenen Schaubildern um nach rechts / links oder oben / unten verschobene Grundfunktionen von Potenzfunktionen handelt. Ansonsten bestimmen Sie die Polstellen (mit bzw. ohne Vorzeichenwechsel), die waagerechte Asymptote und die Koordinaten eines gegebenen Punktes des Schaubildes.

a)

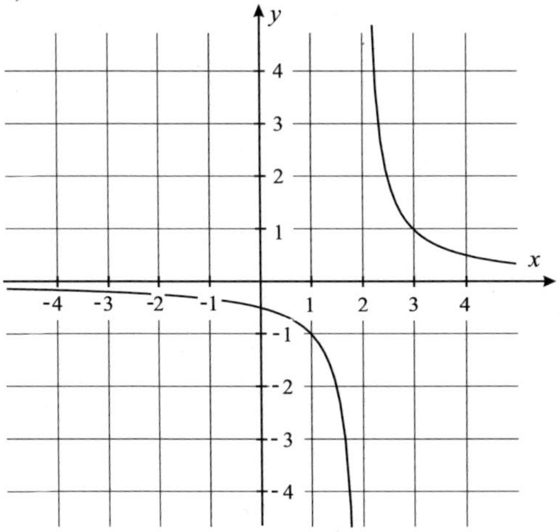

b)

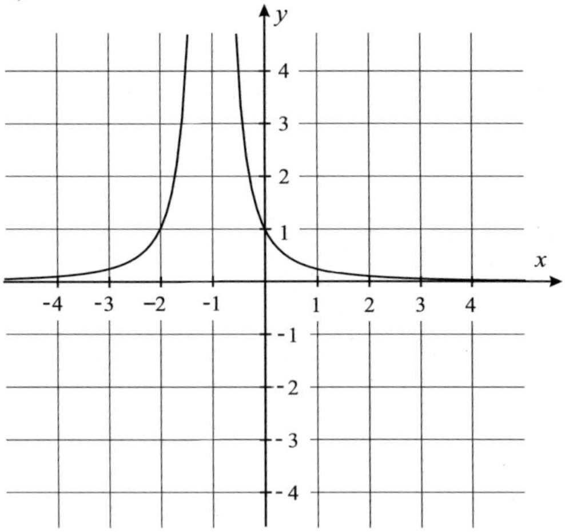

c)

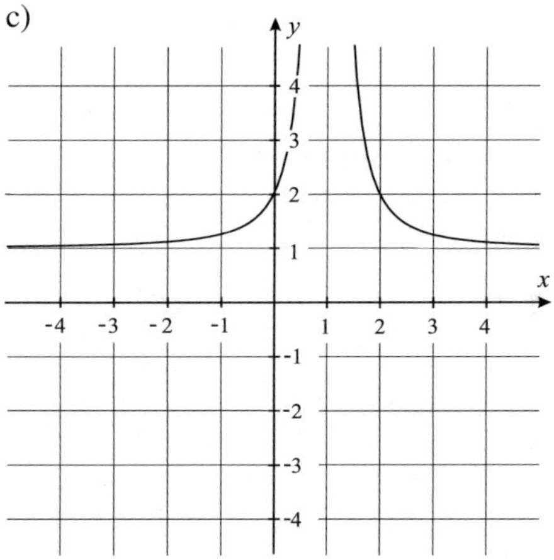

d)

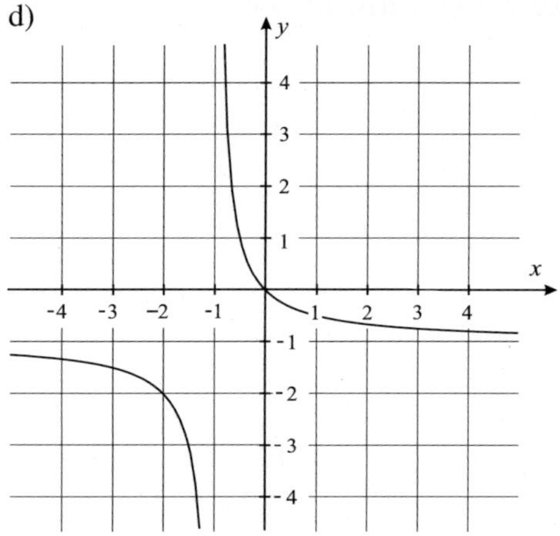

4.3.3 Trigonometrische Funktionen

☐

Bestimmen Sie einen möglichen Funktionsterm.

a)

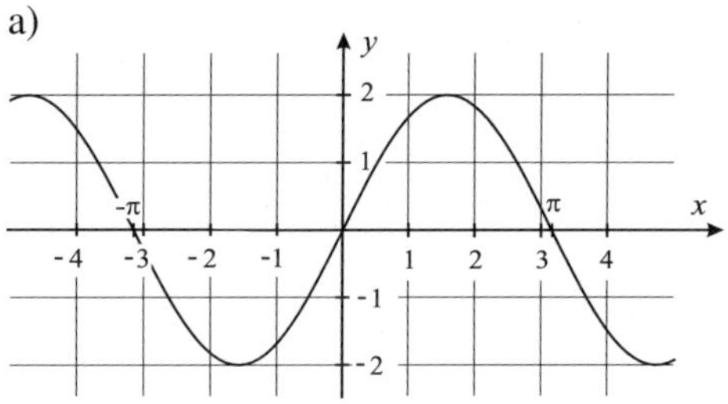

b)

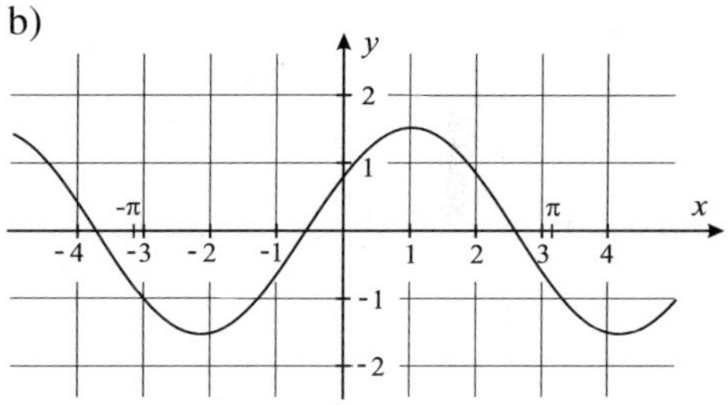

c)

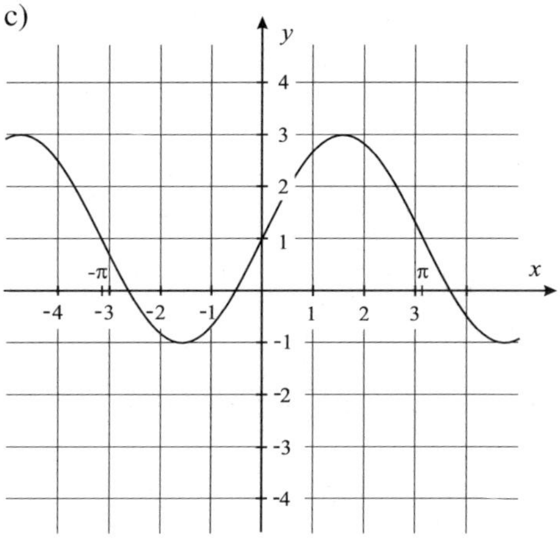

d)

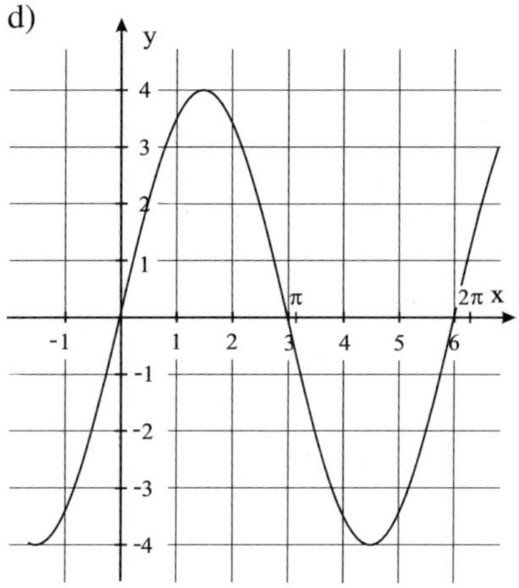

4.4 Schaubilder von f, f' und F □

Tipps ab Seite 74, Lösungen ab Seite 125

In diesem Kapitel geht es darum, Zusammenhänge zwischen den Schaubildern von f, f' und F zu erkennen und Aussagen zu beurteilen. Außerdem sollen die Schaubilder der Ableitungsfunktion oder der Integralfunktion skizziert werden, ohne dass der Funktionsterm bekannt sein muss.

4.4.1 Von f zu f' □

Man kann das Schaubild einer Ableitungsfunktion zeichnen, ohne den Funktionsterm zu kennen.

Dabei gilt, dass die Steigungswerte der Tangente an f in jedem Punkt genau die Werte der Ableitung sind. Verläuft das Schaubild flach, sind die Werte der Ableitung nahe Null, verläuft es steil, besitzt die Ableitung große Funktionswerte.

Für die charakteristischen Punkte und Eigenschaften der Kurve gilt:

Funktion	**Ableitung**
Hochpunkt	Nullstelle mit VZW von $+$ nach $-$
Tiefpunkt	Nullstelle mit VZW von $-$ nach $+$
Wendepunkt	Extrempunkt
Sattelpunkt (Wendepunkt mit Steigung Null)	Nullstelle ohne VZW bzw. Extrempunkt, der die x-Achse berührt
monoton steigend	verläuft oberhalb oder auf der x-Achse
streng monoton steigend	verläuft stets oberhalb der x-Achse
monoton fallend	verläuft unterhalb oder auf der x-Achse
streng monoton fallend	verläuft stets unterhalb der x-Achse

Um das Schaubild der Ableitungsfunktion zu skizzieren, ist es nötig, den wesentlichen Verlauf der Steigung des Schaubilds der Funktion zu erfassen. Dazu betrachten Sie z.B.

- Die Lage der Extrem- und Wendepunkte
- Das Monotonieverhalten
- Die «Steigungsentwicklung» für $x \to -\infty$ und $x \to +\infty$

Beispiel
Gesucht ist das Schaubild der Ableitungsfunktion der linken Kurve.
An der linken Zeichnung liest man ab:

- Hochpunkt bei $x = 1$, also Nullstelle der Ableitung mit VZW von + nach − bei $x = 1$
- Wendepunkt bei $x \approx 2$ mit Drehsinnänderung von rechts nach links, also Tiefpunkt der Ableitung bei $x \approx 2$
- Für $x \to -\infty$ gehen die Funktionswerte gegen $-\infty$. Also werden die Steigungswerte immer größer, die Werte der Ableitung müssen also auch immer größer werden.
- Für $x \to +\infty$ gehen die Funktionswerte gegen Null. Also werden die Steigungswerte immer kleiner, die Werte der Ableitung müssen also auch immer kleiner werden.

In der rechten Zeichnung ist der ungefähre Verlauf der Ableitungsfunktion gezeichnet.

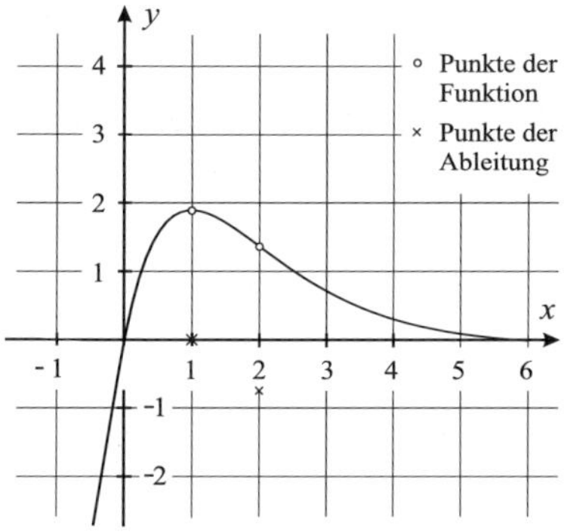

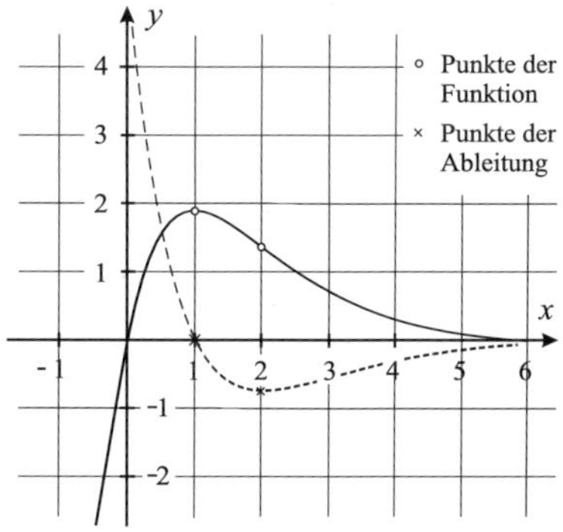

Bei den folgenden Aufgaben ist das Schaubild einer Funktion f gegeben. Zeichnen Sie die Schaubilder der ersten Ableitung und entscheiden Sie, ob die folgenden Aussagen richtig, falsch oder unentscheidbar sind. Begründen Sie dabei Ihre Entscheidung.

a)

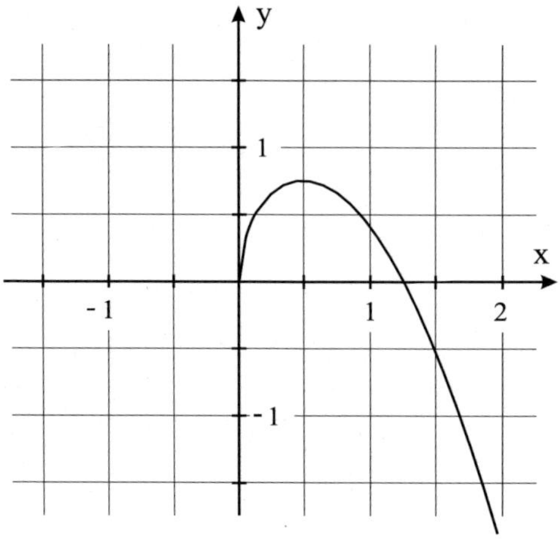

I) f' hat bei $x = 1$ ein relatives Maximum.

II) f' ist für $x > 0$ monoton fallend.

III) $f'(x) < 0$ für $x > 1$.

b)

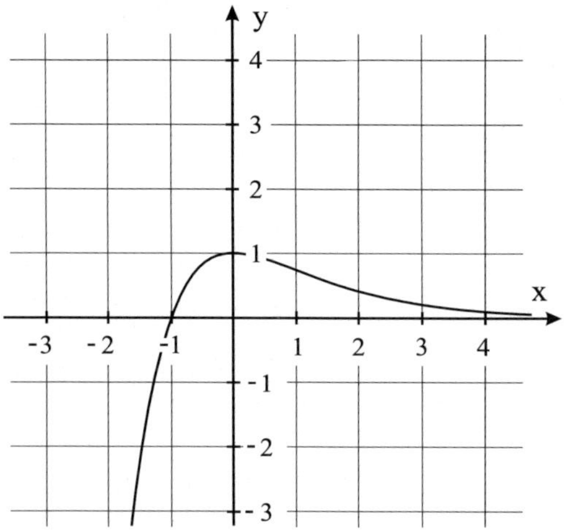

I) An der Stelle $x = 1$ besitzt das Schaubild von f' einen Extrempunkt.

II) Das Schaubild von f' hat einen Wendepunkt.

III) f' ist für $x > 1$ negativ

c)

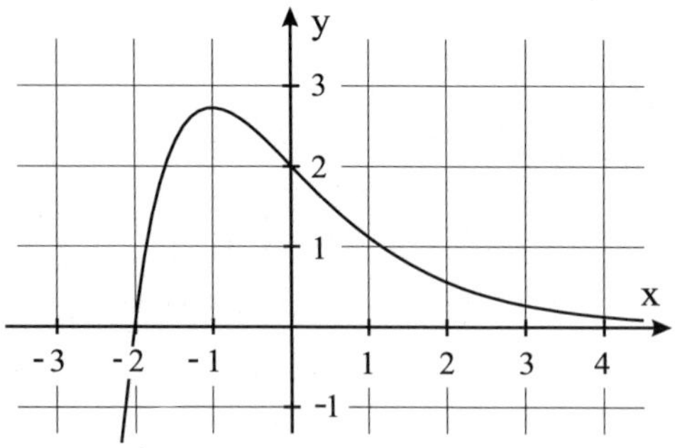

I) $f'(x) < 0$

II) $f''(0) = 0$

III) $f'(0) = f(-1)$

4.4.2 Von f' zu f ☐

Die Vorgehensweise ist ähnlich wie bei der Bestimmung des Schaubilds der Ableitungsfunktion, nur gehen Sie umgekehrt vor: Hat das angegebene Schaubild der Ableitungsfunktion $f'(x)$ z.B. für $x = 1$ den Wert 0 mit Vorzeichenwechsel von + nach $-$, dann hat das Schaubild der Funktion f an dieser Stelle einen Hochpunkt usw.

Bei den folgenden Aufgaben ist das Schaubild der Ableitungsfunktion f' einer Funktion f gegeben. Entscheiden Sie, ob die folgenden Aussagen über f richtig, falsch oder unentscheidbar sind. Begründen Sie dabei Ihre Entscheidung.

a)

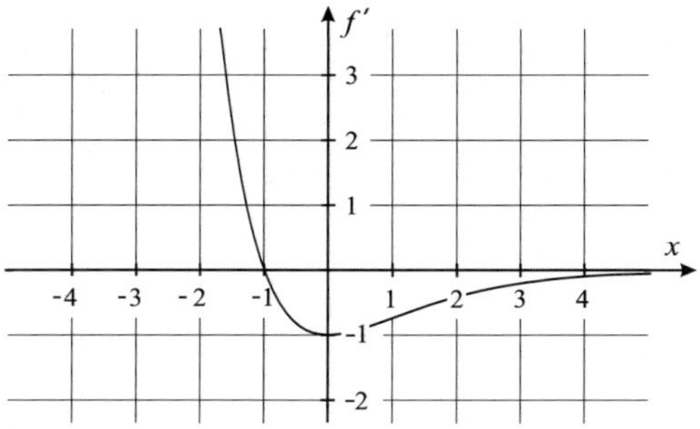

I) Bei $x = 0$ besitzt das Schaubild von f einen Extrempunkt.

II) Bei $x = -1$ besitzt das Schaubild von f eine waagerechte Tangente.

III) Das Schaubild der Funktion f besitzt keine Wendepunkte.

IV) $f(2) > f(0)$.

b)

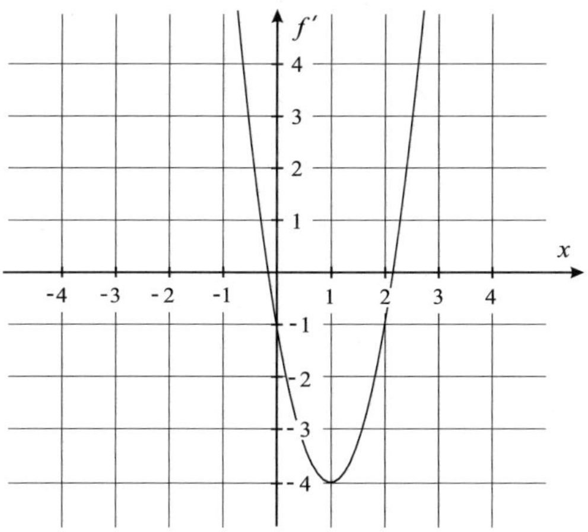

I) An der Stelle $x = 1$ besitzt das Schaubild von f einen Extrempunkt.

II) An der Stelle $x \approx -0,2$ hat das Schaubild von f einen Hochpunkt.

III) Der Grad von f ist mindestens gleich 2.

IV) Bei $x \approx 2,4$ besitzt das Schaubild der Funktion f eine Tangente, die parallel zur Geraden $y = 2x$ ist.

c)

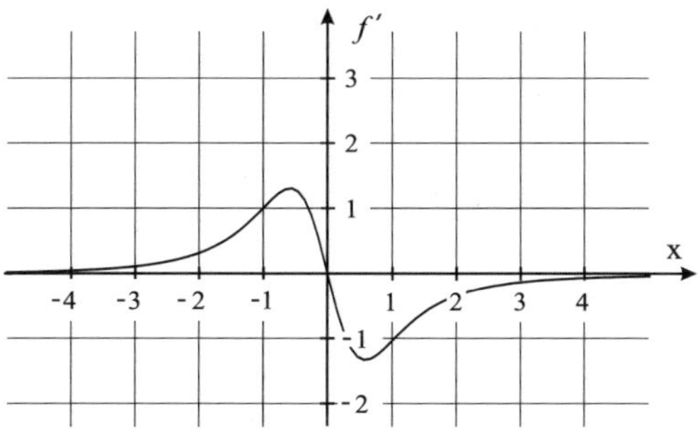

I) Das Schaubild von f ist achsensymmetrisch.

II) Das Schaubild von f ist für $x > 0$ streng monoton fallend.

III) Das Schaubild von f besitzt bei $x = 0$ einen Tiefpunkt.

IV) Das Schaubild von f besitzt 2 Extrempunkte.

4.4.3 Von f zu F

Zu einer Funktion gibt es unendlich viele Stammfunktionen, die sich durch eine Konstante (das «absolute Glied») unterscheiden. Die Schaubilder dieser Stammfunktionen unterscheiden sich somit durch Verschiebung in y-Richtung. Erst wenn das absolute Glied gegeben ist, ist das Schaubild der Stammfunktion in Bezug auf diese Verschiebung festgelegt.

Die Stammfunktion

Gegeben ist das Schaubild einer Funktion f.

1. Skizzieren Sie das Schaubild der Ableitungsfunktion f' und das Schaubild einer Stammfunktion F.
2. Es sind einige Aussagen zur Funktion f bzw. zur Ableitungsfunktion f' und zur Stammfunktion F gegeben. Begründen oder widerlegen Sie diese.

a)

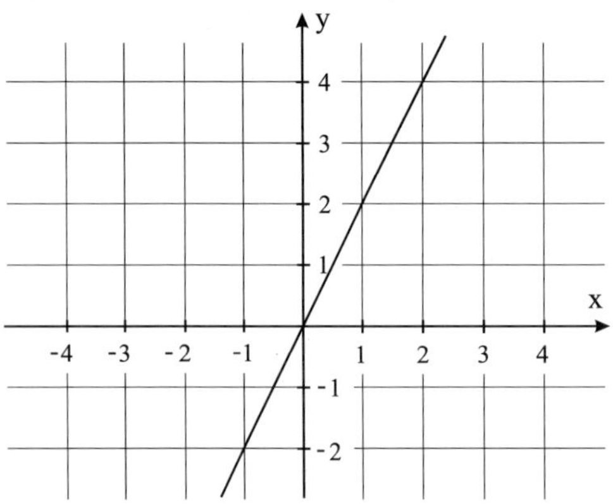

I) Das Schaubild der Ableitungsfunktion ist parallel zur Geraden $y = 1$.

II) Die Stammfunktion $F(x)$ hat an der Stelle $x = 1$ die Steigung 2.

III) Die Ableitungsfunktion f' ist streng monoton wachsend.

IV) Das Schaubild der Ableitungsfunktion ist y-achsensymmetrisch.

b)

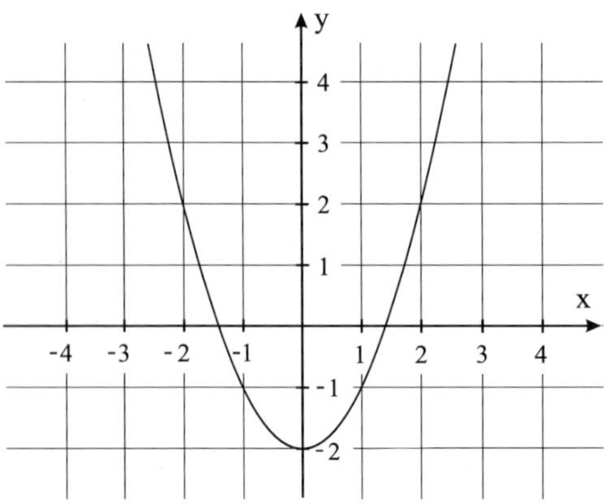

I) f' besitzt im Intervall $[-5;5]$ genau eine Nullstelle.

II) F ist im Intervall $[0;\,1]$ streng monoton wachsend .

III) F besitzt Extremstellen im Intervall $[-5;5]$.

Die Integralfunktion

Jede Integralfunktion $\mathrm{J}_a(x)$ hat an der Stelle $x = a$ eine Nullstelle, also geht $\mathrm{J}_0(x)$ durch den Koordinatenursprung $(0 \mid 0)$. Bei den folgenden Aufgaben ist das Schaubild einer quadratischen Funktion f im Intervall $\mathrm{I} = [0;5]$ gegeben.

1. Skizzieren Sie das Schaubild der Ableitungsfunktion f' und das Schaubild der Integralfunktion $\mathrm{J}_0(x) = \int_0^x f(t)\,dt$.
2. Es sind einige Aussagen zur Funktion f bzw. zur Ableitungsfunktion f' und zu J_0 gegeben. Begründen oder widerlegen Sie diese.

a)

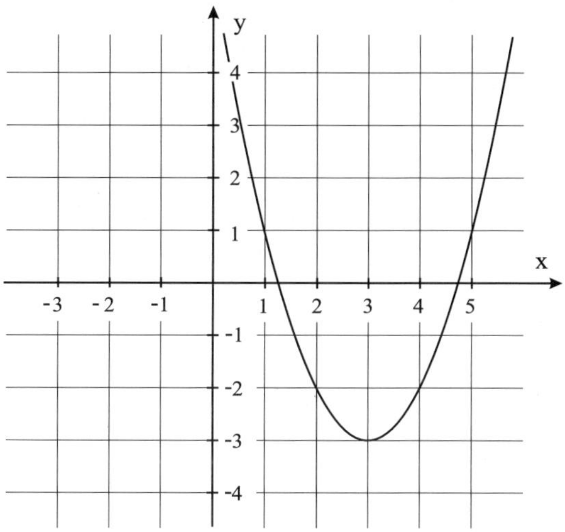

I) Das Schaubild von $f'(t)$ besitzt im Intervall I genau eine Nullstelle.

II) Die Integralfunktion $\mathrm{J}_0(x)$ besitzt im Intervall I genau zwei Nullstellen.

III) $\mathrm{J}_0(x)$ besitzt im Intervall I genau zwei Extremstellen.

b)

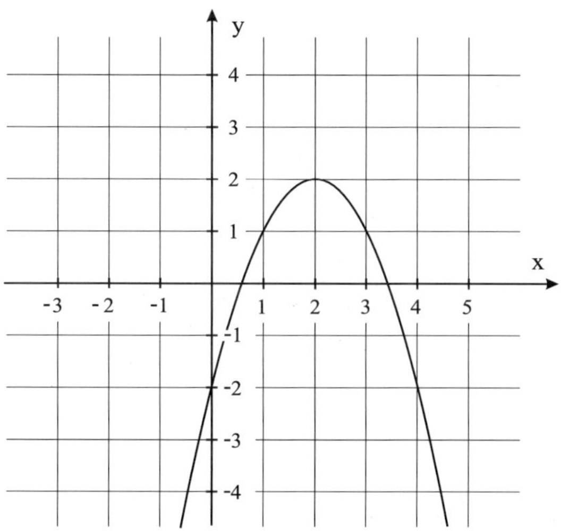

I) $\mathrm{J}_0(x)$ besitzt genau drei Nullstellen im Intervall I.

II) $\mathrm{J}_0(x)$ besitzt genau zwei Extremstellen im Intervall I.

III) $\mathrm{J}_0(x)$ besitzt insgesamt drei Extremstellen.

IV) $f'(x)$ ist monoton fallend.

4.5 Kurvendiskussion □

Tipps ab Seite 77, Lösungen ab Seite 133

In diesem Kapitel geht es um Aufgaben aus der Kurvendiskussion. Die «klassische» Kurvendiskussion wird als Ganzes im Abitur meist nicht mehr verlangt, doch die einzelnen Elemente sind oft Bestandteil umfangreicherer Aufgaben. Meist geht es dabei um das Bestimmen von Extrem- und Wendepunkten, um Symmetrieuntersuchungen oder um das Verhalten der Funktion, wenn x gegen $\pm\infty$ strebt (waagerechte Asymptoten).

4.5.1 Elemente der Kurvendiskussion □

Die wichtigsten Elemente einer Kurvendiskussion sind:

- Schnittpunkte mit der x-Achse: $f(x) = 0$
- Schnittpunkte mit der y-Achse: $x = 0$ in die Funktionsgleichung einsetzen
- (Lokales) Minimum: $f'(x) = 0$ und $f''(x) > 0$ oder $f'(x) = 0$ und Vorzeichenwechsel von $f'(x)$ von $-$ nach +
- (Lokales) Maximum: $f'(x) = 0$ und $f''(x) < 0$ oder $f'(x) = 0$ und Vorzeichenwechsel von $f'(x)$ von + nach $-$
- Wendepunkt: $f''(x) = 0$ und $f'''(x) \neq 0$ oder $f''(x) = 0$ und Vorzeichenwechsel von $f''(x)$
- Bei Potenzfunktionen kann es noch Definitionslücken und Polstellen geben. Eine Definitionslücke tritt auf, wenn der Nenner gleich Null ist. Ist an dieser Stelle auch der Zähler gleich Null, kann es sich um eine hebbare Lücke handeln; ist der Zähler an dieser Stelle nicht gleich Null, handelt es sich um eine Polstelle.
- Bei der Untersuchung für $x \to \pm\infty$ müssen Sie untersuchen, wie sich die Funktionswerte verhalten, wenn die Werte für x gegen $+\infty$ oder $-\infty$ gehen, bzw. ob Asymptoten existieren.

Aufgaben

a) Prüfen Sie, ob das Schaubild von $f(x) = \frac{1}{4}x^4 - x^3 + 4x - 2;\ x \in \mathbb{R}$ an der Stelle $x = 2$ einen Tiefpunkt hat.

b) Gegeben sind die Funktionen f und g mit $f(x) = \frac{1}{x}$ und $g(x) = x^2 + 1$. Berechnen Sie $f(g(2))$ und $g(f(2))$. Für welche Werte von x ist $f(g(x)) = 0,1$?

c) Für welche Werte von x verläuft das Schaubild der Funktion f mit $f(x) = (x+3)\cdot(x-1)$ oberhalb der x-Achse ?

d) Für eine ganzrationale Funktion 3. Grades gilt: $f(1) = 4$, $f'(1) = 0$, $f''(1) < 0$, $f(0) = 2$, $f''(0) = 0$ und $f'''(0) \neq 0$.
Welche Aussagen lassen sich damit über das Schaubild von f machen ?

e) Zeigen Sie, dass das Schaubild von f mit $f(x) = x^2 \cdot e^x;\ x \in \mathbb{R}$ bei $x = 0$ einen Tiefpunkt besitzt.

f) Für welche Werte von x verläuft das Schaubild der Funktion f mit $f(x) = -x^2 + 3x + 7$ oberhalb der Geraden mit der Gleichung $y = 3$?

g) Gegeben ist die Funktion f mit $f(x) = -x \cdot e^{-2x}$. Für welche Werte von x ist der Graph der Funktion f streng monoton fallend?

h) Zeigen Sie, dass das Schaubild von $f(x) = 3x^3 + 4;\ x \in \mathbb{R}$ an der Stelle $x = 0$ einen Sattelpunkt besitzt.

i) Bestimmen Sie die Koordinaten des Extrempunkts des Schaubilds der Funktion f mit $f(x) = \frac{4}{x^2+1}$.

j) Zeigen Sie, dass das Schaubild der Funktion f mit $f(x) = x^2 e^{-x}$ zwei Punkte mit waagerechter Tangente hat. Bestimmen Sie die Gleichung der Geraden durch diese beiden Punkte.

k) Zeigen Sie, dass das Schaubild der Funktion f mit $f(x) = x \cdot e^{-x}$ genau einen Wendepunkt hat.

l) Gegeben ist eine Funktion f und ihre Ableitung $f'(x) = (x-2)^3$. Prüfen Sie, ob das Schaubild von f einen Tiefpunkt besitzt.

m) Zeigen Sie, dass das Schaubild der Funktion f mit $f(x) = 2 \cdot \sin\left(x - \frac{\pi}{2}\right)$ im Punkt $P(\pi \mid 2)$ eine waagrechte Tangente hat.

n) Weisen Sie nach, dass das Schaubild der Funktion f mit $f(x) = \frac{1}{2} \cdot \sin(2x - \pi)$ an der Stelle $x = \pi$ einen Wendepunkt hat.

4.5.2 Symmetrie □

Schaubilder von Funktionen können achsen- oder punktsymmetrisch sein. Handelt es sich bei der Achse um die y-Achse, so spricht man von y-Achsensymmetrie; handelt es sich beim Punkt, zu dem die Funktion symmetrisch ist, um den Ursprung, spricht man von Ursprungssymmetrie.

- Für y-Achsensymmetrie gilt: $f(-x) = f(x)$.
- Für Ursprungssymmetrie gilt: $f(-x) = -f(x)$.

Sie können die Symmetrie zeigen, indem Sie $(-x)$ für x einsetzen und dann umformen. Dabei ist zu beachten, dass gilt: $(-x)^2 = x^2$ und $(-x)^3 = -x^3$.

Aufgaben

a) Begründen Sie, dass das Schaubild von $f(x) = \frac{1}{x^2} + 3;\ x \in \mathbb{R} \setminus \{0\}$ achsensymmetrisch zur y-Achse ist.

b) Begründen Sie, dass das Schaubild von $f(x) = 3x^5 - 7{,}2x^3 + x;\ x \in \mathbb{R}$ punktsymmetrisch zum Ursprung ist.

c) Zeigen Sie, dass das Schaubild der Funktion f mit $f(x) = 2 \cdot e^{x^2+2} + 3$; $x \in \mathbb{R}$ achsensymmetrisch zur y-Achse ist.

d) Weisen Sie nach, dass das Schaubild der Funktion f mit $f(x) = -\frac{4}{x}$; $x \in \mathbb{R} \setminus \{0\}$ punktsymmetrisch zum Ursprung ist.

4.5.3 Tangenten und Normalen

☐

Um die Gleichung einer Tangente t an eine Kurve in einem Punkt $P_1\,(x_1 \mid f\,(x_1))$ zu bestimmen, benutzt man meist die Punkt-Steigungsform

$$y - y_1 = m \cdot (x - x_1)$$

Es gilt: $y_1 = f\,(x_1)$ und für die Steigung $m = f'(x_1)$, d.h. der Wert der Ableitung an der Stelle x_1. Die Normale steht senkrecht auf der Tangente; für die Steigungen gilt $m_n \cdot m_t = -1$ bzw. $m_n = -\frac{1}{m_t}$

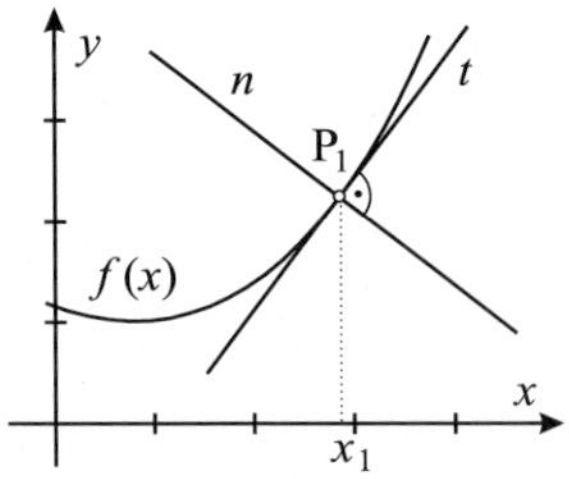

a) Bestimmen Sie die Gleichung der Tangente und der Normalen im Punkt $P(1 \mid -1)$ an das Schaubild der Funktion f mit $f(x) = x^2 - 4x + 2$.

b) Bestimmen Sie die Gleichung der Tangente und der Normalen im Wendepunkt an das Schaubild der Funktion f mit $f(x) = x^3 + x + 1$.

c) Gegeben ist die Funktion f mit $f(x) = x^2 + 4x - 3$. Gesucht ist:

   I) Die Gleichung der Tangente mit Steigung $m = -2$.

   II) Die Gleichung der Tangente, welche orthogonal ist zur Geraden mit der Gleichung $y = -\frac{1}{3}x + 4$.

   III) Die Gleichung der Tangente, welche parallel ist zur Geraden $y = 4x - \frac{7}{2}$.

d) Gegeben ist die Funktion f mit $f(x) = \frac{4}{(x-1)^2}$. Bestimmen Sie die Gleichung der Tangente und der Normalen im Punkt $P\,(3 \mid f(3))$.

e) Gegeben ist die Funktion f mit $f(x) = x^2 - 2x + 3$.
Vom Punkt $P\,(0 \mid -6)$, welcher nicht auf dem Graphen von f liegt, werden Tangenten an den Graphen von f gelegt. Bestimmen Sie die Koordinaten der Berührpunkte sowie die Tangentengleichungen.

4.5.4 Berührpunkte zweier Kurven

☐

Wenn sich zwei Kurven schneiden, dann müssen ihre Funktionswerte im Schnittpunkt gleich sein. Wenn sie sich berühren, dann müssen nicht nur die Funktionswerte im Berührpunkt gleich sein, sondern auch die Steigungen. Für einen Berührpunkt $B\,(x_B \mid y_B)$ muss also gelten:

1. B ist ein gemeinsamer Punkt beider Kurven: $f(x_B) = g(x_B)$.
2. Im Punkt B haben die Schaubilder eine gemeinsame Tangente, also die gleiche Tangentensteigung: $f'(x_B) = g'(x_B)$.

Aufgaben:

a) Zeigen Sie, dass sich die Schaubilder der Funktion f mit $f(x) = \frac{1}{5}x^3 - 2x^2 + 5x + 3$ und der Funktion g mit $g(x) = -x^2 + 5x + 3$ im Punkt B $(0 \mid 3)$ berühren.

b) Zeigen Sie, dass sich die Schaubilder der Funktion f mit $f(x) = x^2 + \frac{1}{2}$ und der Funktion g mit $g(x) = -4x^4 + 4x^3 + \frac{1}{2}$ im Punkt B $\left(\frac{1}{2} \mid \frac{3}{4}\right)$ berühren.

c) Berechnen Sie den Berührpunkt der Schaubilder der Funktion f mit $f(x) = \frac{1}{3}x^3 - 2x^2 + 3x + 4$ und der Funktion g mit $g(x) = -x^2 + 3x + 4$.

d) Berechnen Sie die Berührpunkte der Schaubilder der Funktion f mit $f(x) = x^2 + 1$ und der Funktion g mit $g(x) = -\frac{1}{4}x^4 + x^3 + 1$.

4.6 Verständnis von Zusammenhängen

Tipps ab Seite 80, Lösungen ab Seite 139

Bei diesen Aufgaben geht es darum, Methoden und Verfahren zu beschreiben und das Verständnis von Zusammenhängen zu dokumentieren. Rechnungen werden in der Regel nicht verlangt, es genügen Skizzen sowie Ansätze für die Rechenwege.

a) Gegeben sind die Funktionen $f(x) = 9 - x^2$ und $g(x) = x^2 - 9$.
Erläutern Sie, was durch folgende Rechenschritte bestimmt wird:

(1) $9 - x^2 = x^2 - 9 \Rightarrow x_1 = -3$ und $x_2 = 3$

(2) $\int_{-3}^{3} \left(9 - x^2 - \left(x^2 - 9\right)\right) \mathrm{d}x = 72$

b) Die Produktionskosten eines Werkstücks in Abhängigkeit von der produzierten Stückzahl werden durch die Funktion P mit $\mathrm{P}(x) = \frac{20}{(x+2)^2} + 4;\ x \geqslant 0$ beschrieben.
(x: Stückzahl, $\mathrm{P}(x)$: Herstellungskosten des x-ten Werkstücks in Euro).
Erläutern Sie, was durch folgende Integrale berechnet wird:

I) $\int_{0}^{50} \left(\frac{20}{(x+2)^2} + 4\right) \mathrm{d}x$ II) $\frac{1}{100} \cdot \int_{0}^{100} \left(\frac{20}{(x+2)^2} + 4\right) \mathrm{d}x$

c) Gegeben ist die Funktion f durch $f(x) = \frac{1}{2}x^3 - 3x + 3$.
Erläutern Sie folgende Rechenschritte:

(1) $f(2) = 1$

(2) $f'(x) = \frac{3}{2}x^2 - 3\ ;\ f'(2) = 3$

(3) $y - 1 = 3 \cdot (x - 2) \Rightarrow y = 3x - 5$

d) Die wöchentlichen Verkaufszahlen von Zahnpasta in einem Supermarkt werden durch die Funktion $f(t)$ beschrieben. Dabei ist t die Anzahl der Wochen ab dem 1. Januar eines Jahres. Erläutern Sie die Bedeutung folgender Integrale:

$$\int_{0}^{52} f(t)\mathrm{d}t \text{ und } \frac{1}{52} \cdot \int_{0}^{52} f(t)\mathrm{d}t$$

e) Gegeben ist die Funktion f durch $f(x) = \frac{1}{(x+1)^2}$; $x \neq -1$.
Erläutern Sie folgende Rechenschritte und ergänzen Sie die fehlende Rechnung:

(1) $\mathrm{A}(z) = \int_0^z f(x)\mathrm{d}x$

(2) $\int_0^z \frac{1}{(x+1)^2}\mathrm{d}x = -\frac{1}{z+1} + 1$

(3) $\lim\limits_{z \to \infty} \mathrm{A}(z) = 1$

f) Gibt es eine ganzrationale Funktion vierten Grades, deren Graph drei Wendepunkte besitzt? Begründen Sie Ihre Antwort.

g) Gegeben sind die Funktionen f und g mit $f(x) = \frac{1}{4}x^3 - 3x^2 + 9x + 2$ und $g(x) = x + 2$.
Die Schaubilder von f und g zeigt folgende Abbildung:

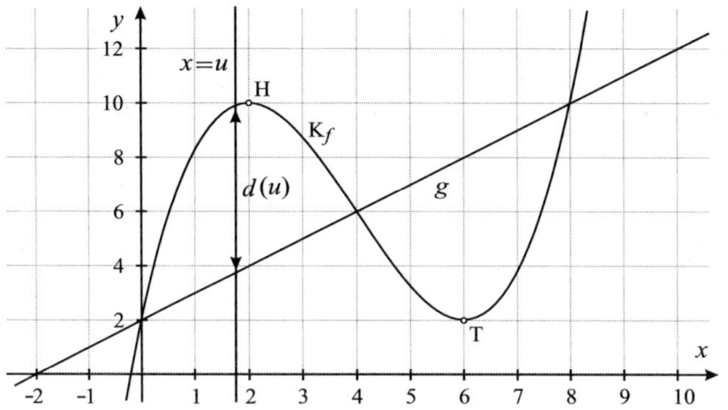

Erläutern Sie folgende Rechenschritte und ihre Bedeutung:

(1) $d(u) = f(u) - g(u) = \frac{1}{4}u^3 - 3u^2 + 8u$; $0 \leqslant u \leqslant 4$

(2) $d'(u) = 0 \Rightarrow u_1 \approx 6{,}31$; $u_2 \approx 1{,}69$

(3) $d''(1{,}69) < 0$

h) Gegeben ist die Funktion f mit $f(x) = x^2$. Ihr Schaubild sei K_f.
Erläutern Sie folgende Rechenschritte und ihre Bedeutung:

(1) $\mathrm{P} \in \mathrm{K}_f \Rightarrow \mathrm{P}\left(x \mid x^2\right)$

(2) $\sqrt{(x-0)^2 + (x^2-0)^2} = \sqrt{20}$

(3) $x_{1,2} = \pm 2 \Rightarrow \mathrm{P}_1(-2 \mid 4)$ und $\mathrm{P}_2(2 \mid 4)$

Geometrie

5 Punkte, Geraden und Ebenen □

5.1 Rechnen mit Vektoren □

Tipps ab Seite 81, Lösungen ab Seite 142

In diesem Kapitel geht es darum, die Grundkenntnisse des Rechnens mit Vektoren zu wiederholen. Dazu gehören die Addition und Subtraktion von Vektoren. Neben diesen Rechenoperationen ist es wichtig, das Skalarprodukt zu kennen und zu wissen, dass es genau dann gleich Null ist, wenn zwei Vektoren senkrecht aufeinander stehen.

Da mit den Vektoren geometrische Objekte wie Dreiecke, Parallelogramme und verschiedene Körper beschrieben werden können, sollten Sie die grundlegenden Eigenschaften dieser Objekte kennen, z.B. dass in einem gleichschenkligen Dreieck zwei Seiten die gleiche Länge haben. Rechenregeln für das Rechnen mit Vektoren finden Sie bei den Tipps auf Seite 81. Wenn nicht anders angegeben gilt für alle Parameter: $r, s, t, \ldots \in \mathbb{R}$.

5.1.1 Rechenregeln und Betrag □

Gegeben sind die Vektoren $\vec{a} = \begin{pmatrix} -1 \\ 2 \\ 4 \end{pmatrix}$ und $\vec{b} = \begin{pmatrix} 3 \\ 1 \\ 2 \end{pmatrix}$. Berechnen Sie:

a) $\vec{a}+\vec{b}$ b) $\vec{a}-\vec{b}$ c) $2\cdot\vec{a}$ d) $-\vec{a}$ e) $2\vec{a}+3\vec{b}$

f) $\vec{a}\cdot\vec{b}$ g) $|\vec{a}|$ h) $|\vec{b}|$ i) $|\vec{a}+\vec{b}|$

5.1.2 Orts- und Verbindungsvektoren □

Tipp: Fertigen Sie eine Skizze an und stellen Sie Vektorketten auf.

a) Gegeben sind die Punkte $A\,(2\,|\,3\,|\,2)$, $B\,(7\,|\,4\,|\,3)$ und $C\,(1\,|\,5\,|\,-2)$.
Bestimmen Sie die Ortsvektoren $\vec{a}$, $\vec{b}$ und $\vec{c}$, die Verbindungsvektoren $\overrightarrow{AB}$, $\overrightarrow{AC}$ und $\overrightarrow{BC}$ und zeigen Sie, dass das Dreieck ABC nicht gleichschenklig ist.

b) Prüfen Sie, ob das Dreieck ABC gleichschenklig ist:

I) $A\,(3\,|\,7\,|\,2)$, $B\,(-1\,|\,5\,|\,1)$, $C\,(2\,|\,3\,|\,0)$

II) $A\,(-5\,|\,2\,|\,-1)$, $B\,(0\,|\,5\,|\,-3)$, $C\,(-1\,|\,6\,|\,-3)$

c) I) Bestimmen Sie den Mittelpunkt M von A (4 | 1 | 3) und B (−2 | 5 | −5).

II) Bestimmen Sie die Koordinaten des Punktes P so, dass B (4 | 2 | 5) der Mittelpunkt von A (3 | −1 | −4) und P ist.

d) Gegeben sind die Punkte A (4 | 2 | 3), B (1 | 8 | 5) und C (−2 | 1 | −3).

I) Bestimmen Sie den Punkt D so, dass das Viereck ABCD ein Parallelogramm ist.

II) Bestimmen Sie den Punkt D^* so, dass das Viereck ABD^*C ein Parallelogramm ist.

III) Bestimmen Sie den Punkt D' so, dass das Viereck $AD'BC$ ein Parallelogramm ist.

e) Von einem Spat (Körper mit jeweils 4 parallelen Kanten) sind die Punkte A (3 | 1 | 4), B (−2 | 1 | −3), C (5 | −2 | 3) und F (9 | 2 | 6) gegeben.

I) Bestimmen Sie die Koordinaten der übrigen Punkte des Spats.

II) Berechnen Sie die Länge der Raumdiagonalen AG.

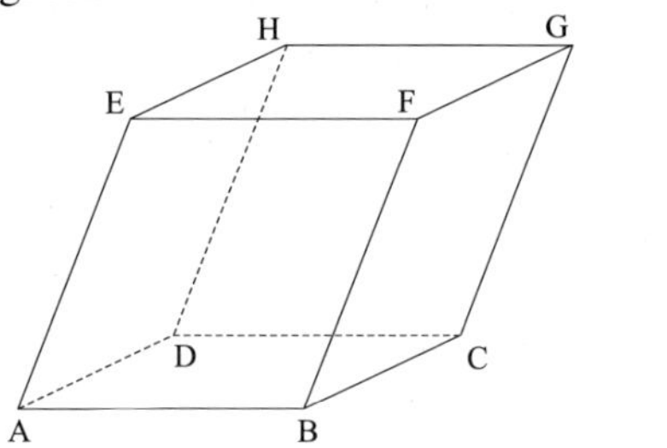

f) Ein schiefes Dreiecksprisma ist gegeben durch die Punkte A (4 | 1 | −3), B (5 | −2 | −1), C (−1 | 3 | −2) und D (7 | 4 | 2).
Bestimmen Sie die Koordinaten der Punkte E und F sowie die Länge der Kante EF.

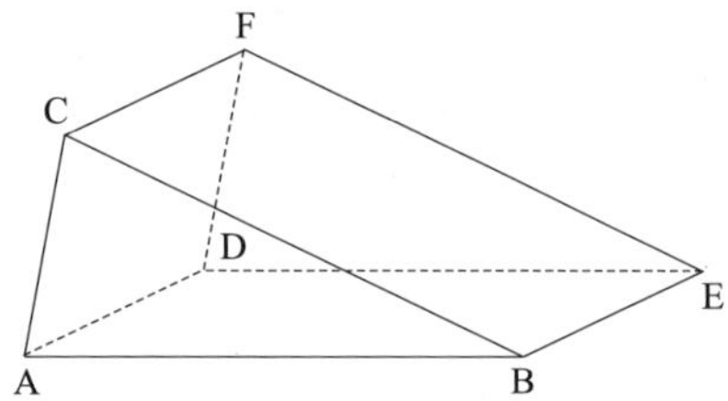

5.1.3 Orthogonalität von Vektoren

a) Prüfen Sie, ob folgende Vektoren senkrecht (orthogonal) aufeinander stehen.

I) $\vec{a} = \begin{pmatrix} -1 \\ 0 \\ 1 \end{pmatrix}, \vec{b} = \begin{pmatrix} 2 \\ 2 \\ 0 \end{pmatrix}$ II) $\vec{r} = \begin{pmatrix} 5 \\ -1 \\ 3 \end{pmatrix}, \vec{n} = \begin{pmatrix} 2 \\ 1 \\ -3 \end{pmatrix}$

III) $\vec{z} = \begin{pmatrix} 2 \\ -2 \\ 4 \end{pmatrix}, \vec{w} = \begin{pmatrix} 1 \\ 3 \\ 1 \end{pmatrix}$

b) Geben Sie drei verschiedene Vektoren an, die zu $\vec{n} = \begin{pmatrix} 1 \\ 2 \\ -3 \end{pmatrix}$ orthogonal sind.

c) Prüfen Sie, ob das Dreieck ABC rechtwinklig ist:
A(5 | 1 | 0), B(1 | 5 | 2), C(−1 | 1 | 6)

5.2 Geraden

Tipps ab Seite 82, Lösungen ab Seite 146

Die Parameterform der Geradengleichung in der vektoriellen Geometrie lautet:

$$g: \vec{x} = \vec{p} + t \cdot \vec{u} \text{ mit } t \in \mathbb{R}$$

Dabei wird der Vektor $\vec{p}$ als Stützvektor bezeichnet, weil er die Gerade «stützt», entsprechend ist der Punkt P der «Stützpunkt». Der Vektor $\vec{u}$ ist der Richtungsvektor der Geraden, da er die Richtung der Geraden angibt. t ist der Parameter, der angibt, mit welchem Faktor der Richtungsvektor vervielfacht wird.

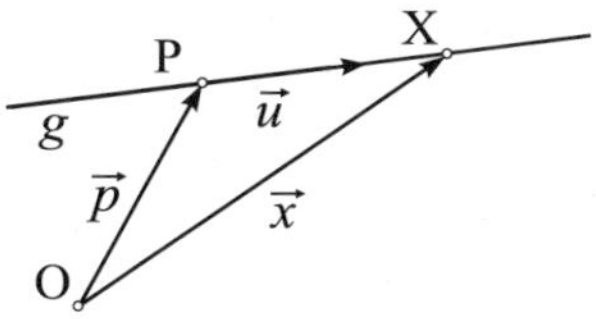

5.2.1 Aufstellen von Geradengleichungen

Stellen Sie eine Gleichung der Geraden auf, die durch die beiden Punkte geht:

a) A(1 | 0 | 2), B(3 | 1 | 3) b) C(2 | 1 | −4), D(4 | 0 | 1) c) E(1 | 1 | 0), F(0 | 0 | 1)

5.2.2 Punktprobe

Liegen die gegebenen Punkte A, B, C auf der Geraden $g: \vec{x} = \begin{pmatrix} 1 \\ 3 \\ -2 \end{pmatrix} + r \cdot \begin{pmatrix} 1 \\ 4 \\ 2 \end{pmatrix}$?

a) A(2 | 7 | 0) b) B(3 | 11 | 3) c) C(−2 | −9 | −8)

5.2.3 Gegenseitige Lage von Geraden

Zwei Geraden können auf vier verschiedene Weise zueinander liegen: Sie können parallel liegen, identisch sein, sich schneiden oder windschief sein. Die genauen Rechenwege zur Bestimmung der gegenseitigen Lage sind in den Tipps auf Seite 82 beschrieben.

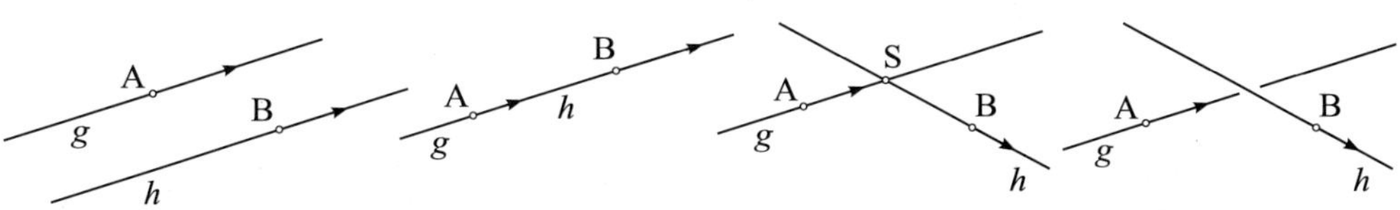

parallel identisch Schnittpunkt windschief

Bestimmen Sie die gegenseitige Lage der beiden gegebenen Geraden:

a) $g_1: \vec{x} = \begin{pmatrix} 4 \\ 2 \\ 5 \end{pmatrix} + t \cdot \begin{pmatrix} 1 \\ 1 \\ 2 \end{pmatrix}$ $\quad g_2: \vec{x} = \begin{pmatrix} 5 \\ -4 \\ -1 \end{pmatrix} + r \cdot \begin{pmatrix} -3 \\ 4 \\ 2 \end{pmatrix}$

b) $g_1: \vec{x} = \begin{pmatrix} -4 \\ 0 \\ 4 \end{pmatrix} + r \cdot \begin{pmatrix} -2 \\ 1 \\ 3 \end{pmatrix}$ $\quad g_2: \vec{x} = \begin{pmatrix} 3 \\ 2 \\ 3 \end{pmatrix} + t \cdot \begin{pmatrix} 3 \\ 4 \\ 5 \end{pmatrix}$

c) $g: \vec{x} = \begin{pmatrix} 1 \\ -3 \\ 5 \end{pmatrix} + s \cdot \begin{pmatrix} 2 \\ 1 \\ -3 \end{pmatrix}$ $\quad h: \vec{x} = \begin{pmatrix} 5 \\ 1 \\ -3 \end{pmatrix} + t \cdot \begin{pmatrix} 4 \\ -5 \\ -1 \end{pmatrix}$

d) $g: \vec{x} = \begin{pmatrix} 1 \\ 2 \\ 1 \end{pmatrix} + t \cdot \begin{pmatrix} 2 \\ 0 \\ 1 \end{pmatrix}$ $\quad h: \vec{x} = \begin{pmatrix} 2 \\ 3 \\ 4 \end{pmatrix} + r \cdot \begin{pmatrix} 0 \\ 1 \\ -1 \end{pmatrix}$

e) $g: \vec{x} = \begin{pmatrix} 4 \\ 0 \\ 1 \end{pmatrix} + s \cdot \begin{pmatrix} 2 \\ -1 \\ 3 \end{pmatrix}$ $\quad h: \vec{x} = \begin{pmatrix} 6 \\ -1 \\ 4 \end{pmatrix} + t \cdot \begin{pmatrix} -2 \\ 1 \\ -3 \end{pmatrix}$

f) $g: \vec{x} = \begin{pmatrix} 1 \\ 2 \\ 3 \end{pmatrix} + r \cdot \begin{pmatrix} 1 \\ -1 \\ 2 \end{pmatrix}$ $\quad h: \vec{x} = \begin{pmatrix} -1 \\ 4 \\ -1 \end{pmatrix} + s \cdot \begin{pmatrix} -3 \\ 3 \\ -6 \end{pmatrix}$

g) $g: \vec{x} = \begin{pmatrix} 1 \\ 4 \\ -2 \end{pmatrix} + t \cdot \begin{pmatrix} -2 \\ -1 \\ 3 \end{pmatrix}$ $\quad h: \vec{x} = \begin{pmatrix} -1 \\ 3 \\ -1 \end{pmatrix} + r \cdot \begin{pmatrix} 4 \\ 2 \\ -6 \end{pmatrix}$

h) $g: \vec{x} = \begin{pmatrix} 0 \\ 1 \\ 4 \end{pmatrix} + s \cdot \begin{pmatrix} 4 \\ 6 \\ -8 \end{pmatrix}$ $\quad h: \vec{x} = \begin{pmatrix} 4 \\ 8 \\ -4 \end{pmatrix} + t \cdot \begin{pmatrix} 2 \\ 3 \\ -4 \end{pmatrix}$

5.3 Ebenen

Tipps ab Seite 83, Lösungen ab Seite 150

Um eine Ebene zu beschreiben, gibt es verschiedene Gleichungen: Ähnlich wie für die Gerade gibt es eine *Parametergleichung*, diese lautet:

$$\text{E: } \vec{x} = \vec{p} + r \cdot \vec{u} + s \cdot \vec{v}$$

Der Vektor $\vec{p}$ ist auch hier der Stützvektor, die Vektoren $\vec{u}$ und $\vec{v}$ sind die Spannvektoren, da sie die Ebene «aufspannen».

Bei der *Punkt-Normalenform* der Ebene wird die Ebene durch einen Stützpunkt und einen Normalenvektor beschrieben. Der Normalenvektor $\vec{n}$ steht immer senkrecht auf der Ebene. Die dazugehörige Gleichung ist

$$\text{E: } (\vec{x} - \vec{p}) \cdot \vec{n} = 0$$

Anschaulich gesprochen bedeutet die Gleichung, dass das Skalarprodukt zwischen dem Normalenvektor $\vec{n}$ und jedem Vektor in der Ebene immer Null sein muss.

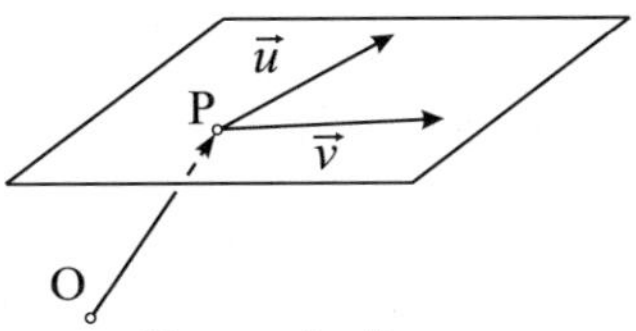

Parameterform

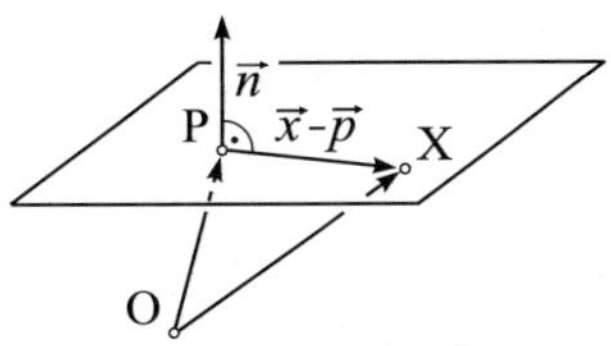

Punkt-Normalenform

Die Koordinatenform erhalten Sie durch Ausrechnen der Punkt-Normalenform. Sie lautet

$$\text{E: } a \cdot x_1 + b \cdot x_2 + c \cdot x_3 = d$$

Dabei sind a, b und c die Komponenten des Normalenvektors $\vec{n}$.

Ist eine Ebene in Parameterform gegeben und sucht man die Koordinatenform, so ist zuerst ein Normalenvektor gesucht, der senkrecht auf den beiden Spannvektoren $\vec{u}$ und $\vec{v}$ stehen muss. Diesen kann man mit Hilfe des Skalarprodukts berechnen, indem man verwendet, dass $\vec{n} \cdot \vec{u} = 0$ und $\vec{n} \cdot \vec{v} = 0$ sein muss. Man erhält so ein Gleichungssystem aus zwei Gleichungen, mit dessen Hilfe man den Vektor $\vec{n}$ bestimmen kann. Ein weiterer Weg führt über das Kreuzprodukt, siehe nächste Seite. Anschließend kann man die Punkt-Normalenform aufstellen und diese ausrechnen oder den gegebenen Punkt in den Ansatz der Koordinatenform einsetzen und d bestimmen.

Tipp: Wenn man einen Vektor $\vec{n}$ sucht, der senkrecht auf zwei gegebenen Vektoren $\vec{a}$ und $\vec{b}$ steht, geschieht dies einfach und schnell mit dem **Kreuzprodukt**:

$$\vec{n} = \left(\vec{a} \times \vec{b}\right) = \begin{pmatrix} a_2b_3 & - & a_3b_2 \\ a_3b_1 & - & a_1b_3 \\ a_1b_2 & - & a_2b_1 \end{pmatrix}$$

Die Merkhilfe dazu:

1. Beide Vektoren werden je zweimal untereinander geschrieben, dann werden die erste und die letzte Zeile gestrichen.
2. Anschließend wird «über Kreuz» multipliziert. Dabei erhalten die abwärts gerichteten Pfeile ein positives und die aufwärts gerichteten Pfeile ein negatives Vorzeichen.
3. Die einzelnen Komponenten werden subtrahiert – fertig!

$$\begin{array}{cc} \cancel{a_1} & \cancel{b_1} \\ a_2 & b_2 \\ a_3 & b_3 \\ a_1 & b_1 \\ a_2 & b_2 \\ \cancel{a_3} & \cancel{b_3} \end{array} \Rightarrow \begin{array}{ccc} a_2 & \times & b_2 \\ a_3 & \times & b_3 \\ a_1 & \times & b_1 \\ a_2 & & b_2 \end{array} \Rightarrow \begin{pmatrix} a_2b_3 - a_3b_2 \\ a_3b_1 - a_1b_3 \\ a_1b_2 - a_2b_1 \end{pmatrix}$$

Beispiel:

Sind $\vec{a} = \begin{pmatrix} 1 \\ 3 \\ 2 \end{pmatrix}$ und $\vec{b} = \begin{pmatrix} -1 \\ 4 \\ 0 \end{pmatrix}$, ergibt sich für den gesuchten Vektor:

$$\begin{array}{cc} \cancel{1} & \cancel{-1} \\ 3 & 4 \\ 2 & 0 \\ 1 & -1 \\ 3 & 4 \\ \cancel{2} & \cancel{0} \end{array} \Rightarrow \begin{array}{ccc} 3 & \times & 4 \\ 2 & \times & 0 \\ 1 & \times & -1 \\ 3 & & 4 \end{array} \Rightarrow \begin{pmatrix} 3 \cdot 0 - 2 \cdot 4 \\ 2 \cdot (-1) - 1 \cdot 0 \\ 1 \cdot 4 - 3 \cdot (-1) \end{pmatrix} = \begin{pmatrix} -8 \\ -2 \\ 7 \end{pmatrix}$$

Anmerkung:
Mit Hilfe des Kreuzprodukts lässt sich die Fläche des Dreiecks ABC direkt ausrechnen. Es ist

$$A_{\triangle} = \frac{1}{2} \left| \overrightarrow{AB} \times \overrightarrow{AC} \right|$$

5.3.1 Parameterform der Ebenengleichung

Im Folgenden sind jeweils drei Punkte bzw. eine Gerade und ein Punkt gegeben, die eine Ebene festlegen. Geben Sie zu diesen Ebenen jeweils eine Ebenengleichung in Parameterform an.

a) $A(1\,|\,4\,|\,3), B(2\,|\,7\,|\,-3), C(3\,|\,5\,|\,1)$

b) $P(3\,|\,1\,|\,2), Q(4\,|\,7\,|\,3), R(4\,|\,0\,|\,-1)$

c) $A(1\,|\,3\,|\,6),\ g\colon \vec{x} = \begin{pmatrix} -1 \\ 2 \\ 4 \end{pmatrix} + t \cdot \begin{pmatrix} 3 \\ 6 \\ -1 \end{pmatrix}$

d) $B(0\,|\,1\,|\,2),\ g\colon \vec{x} = \begin{pmatrix} 7 \\ 3 \\ 2 \end{pmatrix} + t \cdot \begin{pmatrix} 1 \\ 2 \\ 1 \end{pmatrix}$

5.3.2 Koordinatengleichung einer Ebene

Bestimmen Sie eine Koordinatengleichung der Ebene E. Es sind entweder die Normalenform, drei Punkte, ein Punkt und eine Gerade oder zwei Geraden, die die Ebene aufspannen, gegeben.

a) $E: \left(\vec{x} - \begin{pmatrix} 3 \\ 1 \\ 2 \end{pmatrix}\right) \cdot \begin{pmatrix} 2 \\ 3 \\ 1 \end{pmatrix} = 0$

b) $E: \left(\vec{x} - \begin{pmatrix} -5 \\ 4 \\ -1 \end{pmatrix}\right) \cdot \begin{pmatrix} 2 \\ -1 \\ 3 \end{pmatrix} = 0$

c) $A(2\,|\,2\,|\,2), B(4\,|\,1\,|\,3), C(8\,|\,4\,|\,5)$

d) $P(1\,|\,3\,|\,5), Q(2\,|\,7\,|\,3), R(5\,|\,1\,|\,3)$

e) $A(4\,|\,1\,|\,2),\ g: \vec{x} = \begin{pmatrix} 3 \\ 5 \\ 7 \end{pmatrix} + t \cdot \begin{pmatrix} 1 \\ 1 \\ 1 \end{pmatrix}$

f) $C(4\,|\,3\,|\,4),\ g: \vec{x} = \begin{pmatrix} 7 \\ 2 \\ 3 \end{pmatrix} + t \cdot \begin{pmatrix} 1 \\ -3 \\ -3 \end{pmatrix}$

g) $g_1: \vec{x} = \begin{pmatrix} 1 \\ 2 \\ 3 \end{pmatrix} + t \cdot \begin{pmatrix} 1 \\ 3 \\ 4 \end{pmatrix}$ $\quad g_2: \vec{x} = \begin{pmatrix} 1 \\ 2 \\ 3 \end{pmatrix} + s \cdot \begin{pmatrix} 2 \\ -1 \\ 3 \end{pmatrix}$

h) $g_1: \vec{x} = \begin{pmatrix} 1 \\ 2 \\ 4 \end{pmatrix} + s \cdot \begin{pmatrix} 1 \\ 3 \\ 2 \end{pmatrix}$ $\quad g_2: \vec{x} = \begin{pmatrix} 3 \\ 3 \\ 7 \end{pmatrix} + t \cdot \begin{pmatrix} 2 \\ 1 \\ 3 \end{pmatrix}$

i) $g_1: \vec{x} = \begin{pmatrix} 3 \\ 1 \\ 6 \end{pmatrix} + s \cdot \begin{pmatrix} 2 \\ 1 \\ 4 \end{pmatrix}$ $\quad g_2: \vec{x} = \begin{pmatrix} -1 \\ -8 \\ 4 \end{pmatrix} + t \cdot \begin{pmatrix} 1 \\ 4 \\ -1 \end{pmatrix}$

j) $g_1: \vec{x} = \begin{pmatrix} 1 \\ 0 \\ 2 \end{pmatrix} + s \cdot \begin{pmatrix} 3 \\ 1 \\ 2 \end{pmatrix}$ $\quad g_2: \vec{x} = \begin{pmatrix} 4 \\ 1 \\ 1 \end{pmatrix} + t \cdot \begin{pmatrix} 6 \\ 2 \\ 4 \end{pmatrix}$

k) $g: \vec{x} = \begin{pmatrix} 0 \\ 1 \\ 0 \end{pmatrix} + s \cdot \begin{pmatrix} 2 \\ 1 \\ 2 \end{pmatrix}$ $\quad h: \vec{x} = \begin{pmatrix} 2 \\ 0 \\ 2 \end{pmatrix} + t \cdot \begin{pmatrix} -4 \\ -2 \\ -4 \end{pmatrix}$

l) Die Ebene E ist Spiegelebene zwischen A (1 | 4 | 7) und A* (3 | 2 | 3).

m) Die Ebene E enthält die Gerade $g: \vec{x} = \begin{pmatrix} 3 \\ 1 \\ 2 \end{pmatrix} + t \cdot \begin{pmatrix} 2 \\ 0 \\ -1 \end{pmatrix}$ und ist orthogonal zur Ebene $F: -x_1 + x_2 + 2x_3 + 2 = 0$.

n) Prüfen Sie, ob die vier Punkte A (2 | 1 | 2), B (4 | 3 | 4), C (7 | 2 | 3) und D (8 | −1 | 0) in einer Ebene liegen.

5.3.3 Ebenen im Koordinatensystem ☐

Es sind verschiedene Ebenen angegeben. Zeichnen Sie diese mit Hilfe ihrer Spurpunkte in ein kartesisches Koordinatensystem ein:

Tipp: Spurpunkte sind die Punkte, in denen die Ebene die Koordinatenachsen schneidet.

a) $E: 3x_1 + 4x_2 + 3x_3 = 12$ b) $E: 4x_1 - 8x_2 + 4x_3 = 16$ c) $E: 3x_1 - 3x_2 - 3x_3 = 9$

d) $E: 2x_1 + 4x_2 = 8$ e) $E: x_1 + 2x_3 = 4$ f) $E: 3x_2 + x_3 = 3$

g) $E: x_2 = 3$ h) $E: x_1 - x_2 = 0$

5.3.4 Bestimmen von Geraden und Ebenen in einem Quader ☐

In der Abbildung ist ein Quader dargestellt, M und N seien die Mittelpunkte der beiden Kanten $\overline{BE}$ bzw. $\overline{CF}$.

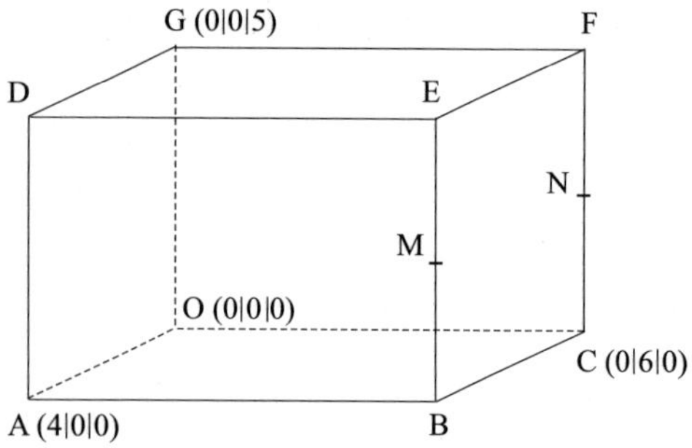

a) Bestimmen Sie die Koordinaten der übrigen Punkte.

b) Geben Sie eine Koordinatengleichung der Ebene durch B, E und F an.

c) Geben Sie je eine Geradengleichung der Geraden durch A und N sowie G und M an.

d) Bestimmen Sie die Koordinatengleichung der Ebene durch A, O, E und F.

5.4 Gegenseitige Lage von Geraden und Ebenen

Tipps ab Seite 84, Lösungen ab Seite 160

Eine Gerade und eine Ebene können auf drei verschiedene Weisen zueinander liegen: Die Gerade kann die Ebene schneiden, sie kann parallel zu ihr liegen und sie kann in der Ebene liegen. Liegt die Ebene in der Parameterform vor, werden Geraden- und Ebenengleichung gleichgesetzt. Liegt sie in der Punkt-Normalenform oder der Koordinatenform vor, schreiben Sie die Gerade als «allgemeinen Punkt» um und setzten diesen in die Ebenengleichung ein.

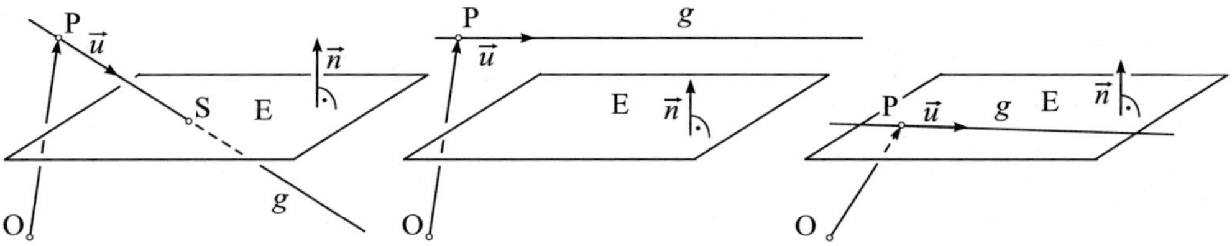

g schneidet E | *g* ist parallel zu E | *g* liegt in E

5.4.1 Gegenseitige Lage

Bestimmen Sie die gegenseitige Lage der Gerade und der Ebene:

a) $g: \vec{x} = \begin{pmatrix} 4 \\ 6 \\ 2 \end{pmatrix} + t \cdot \begin{pmatrix} 1 \\ 2 \\ 3 \end{pmatrix}$ $\quad$ $E: \; 2x_1 + 4x_2 + 6x_3 + 12 = 0$

b) $g: \vec{x} = \begin{pmatrix} 3 \\ 2 \\ 2 \end{pmatrix} + s \cdot \begin{pmatrix} 2 \\ 5 \\ 7 \end{pmatrix}$ $\quad$ $E: \; 2x_1 + x_2 - 3x_3 = 4$

c) $g: \vec{x} = \begin{pmatrix} 4 \\ 1 \\ 3 \end{pmatrix} + t \cdot \begin{pmatrix} 2 \\ -1 \\ 1 \end{pmatrix}$ $\quad$ $E: \left(\vec{x} - \begin{pmatrix} 1 \\ -2 \\ -2 \end{pmatrix} \right) \cdot \begin{pmatrix} 1 \\ -3 \\ -5 \end{pmatrix} = 0$

d) $g: \vec{x} = \begin{pmatrix} 3 \\ 4 \\ 7 \end{pmatrix} + t \cdot \begin{pmatrix} 1 \\ 0 \\ 1 \end{pmatrix}$ $\quad$ $E: \left(\vec{x} - \begin{pmatrix} 4 \\ 6 \\ 8 \end{pmatrix} \right) \cdot \begin{pmatrix} -1 \\ 6 \\ -5 \end{pmatrix} = 0$

e) $g: \vec{x} = \begin{pmatrix} 1 \\ -2 \\ 3 \end{pmatrix} + s \cdot \begin{pmatrix} 2 \\ 1 \\ 2 \end{pmatrix}$ $\quad$ $E: \; x_1 - x_3 = 0$

f) $g:\ \vec{x}=\begin{pmatrix}1\\2\\3\end{pmatrix}+t\cdot\begin{pmatrix}1\\3\\4\end{pmatrix}$ $\qquad$ $E:\ 13x_1+5x_2-7x_3-2=0$

5.4.2 Vermischte Aufgaben □

a) Gegeben ist die Ebene $E:\ 2x_1+x_2-2x_3=12$. Bestimmen Sie die Gleichung einer Geraden, welche parallel zu E ist und durch den Punkt $P(4\mid 9\mid 7)$ verläuft.

b) Die Ebene E hat die Gleichung $E:\ 4x_1-3x_2+5x_3=17$. Bestimmen Sie die Gleichung der Geraden, die orthogonal zu E ist und durch den Punkt $Q(4\mid -1\mid 3)$ verläuft.

c) Zeigen Sie, dass die Gerade $g:\ \vec{x}=\begin{pmatrix}4\\6\\8\end{pmatrix}+t\cdot\begin{pmatrix}1\\2\\2\end{pmatrix}$ und die Ebene $E:\ 4x_1-3x_2+x_3=7$ keine gemeinsamen Punkte haben.

d) Zeigen Sie, dass die Ebene $E:\ 4x_1-2x_2=4$ die Gerade $g:\ \vec{x}=\begin{pmatrix}4\\6\\8\end{pmatrix}+t\cdot\begin{pmatrix}1\\2\\3\end{pmatrix}$ enthält.

5.5 Gegenseitige Lage von Ebenen □

Tipps ab Seite 85, Lösungen ab Seite 162

Zwei Ebenen können auf drei verschiedene Arten zueinander liegen: Die beiden Ebenen können sich schneiden, sie können identisch sein oder parallel zueinander liegen. Wenn sich die beiden Ebenen schneiden, entsteht eine Schnittgerade s.

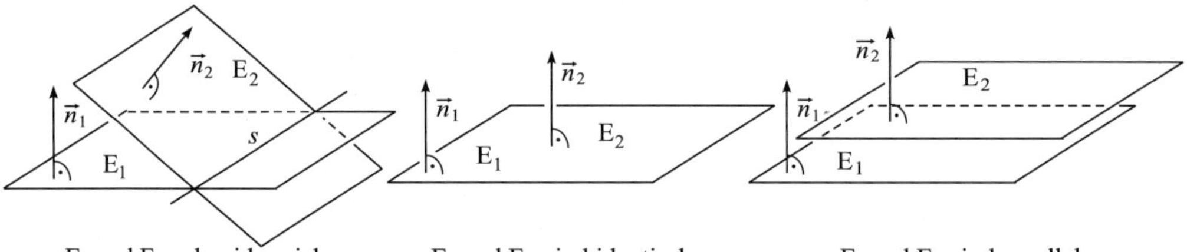

E_1 und E_2 schneiden sich $\qquad$ E_1 und E_2 sind identisch $\qquad$ E_1 und E_2 sind parallel

Liegen die Ebenen in Koordinatenform vor, so lässt sich die Aufgabe relativ einfach dadurch lösen, dass man die beiden Gleichungen als Gleichungssystem mit drei Unbekannten auffasst.

Beispiel:

Gegeben sind die Ebenen $E_1: \ 3x_1 - 2x_2 + x_3 = 6$ und $E_2: \ 2x_1 + 2x_2 - x_3 = -1$.
Damit erhält man folgendes Gleichungssystem:

$$\begin{array}{lccccccc} \text{I} & 3x_1 & - & 2x_2 & + & x_3 & = & 6 \\ \text{II} & 2x_1 & + & 2x_2 & - & x_3 & = & -1 \end{array}$$

Subtrahiert man das 3-fache von Gleichung II vom 2-fachen von Gleichung I, erhält man:
$-10x_2 + 5x_3 = 15$.
Wählt man $x_2 = t$, so ergibt sich: $-10t + 5x_3 = 15 \Rightarrow x_3 = 3 + 2t$.
Setzt man $x_2 = t$ und $x_3 = 3 + 2t$ in Gleichung I ein, erhält man:
$3x_1 - 2 \cdot t + 3 + 2t = 6 \Rightarrow x_1 = 1$.
Umschreiben zu einer Geradengleichung ergibt:

$$g: \vec{x} = \begin{pmatrix} 1 \\ 0 \\ 3 \end{pmatrix} + t \cdot \begin{pmatrix} 0 \\ 1 \\ 2 \end{pmatrix}$$

5.5.1 Schnitt von zwei Ebenen □

Bestimmen Sie eine Gleichung der Schnittgeraden der beiden Ebenen:

a) $E_1: \ 6x_1 - x_2 + x_3 = 6$
$E_2: \ 2x_1 + x_2 - x_3 = -2$

b) $E_1: \ -x_1 + 2x_2 - 3x_3 = 6$
$E_2: \ 2x_1 + 4x_2 - 2x_3 = 8$

c) $E_1: \ 2x_2 + 4x_3 = 8$
$E_2: \ 2x_1 + x_2 = -2$

d) $E_1: \ x_1 + 2x_3 = 6$
$E_2: \ x_1 + x_2 + x_3 = 1$

e) $E_1: \ 4x_2 = 8$
$E_2: \ 2x_1 + 6x_3 = 0$

5.5.2 Parallele Ebenen □

Zeigen Sie, dass die beiden Ebenen parallel sind bzw. keine gemeinsamen Punkte haben:

a) $E: \ 4x_1 + 3x_2 - 2x_3 = -7$

$F: \ 8x_1 + 6x_2 - 4x_3 = -15$

b) $E: \ -x_1 + x_2 + 2x_3 = 0$

$F: \ \left(\vec{x} - \begin{pmatrix} 5 \\ 2 \\ -1 \end{pmatrix} \right) \cdot \begin{pmatrix} 2 \\ -2 \\ -4 \end{pmatrix} = 0$

c) $E: \ 3x_1 + 6x_2 = 5$

$F: \ \left(\vec{x} - \begin{pmatrix} -1 \\ 4 \\ -1 \end{pmatrix} \right) \cdot \begin{pmatrix} -1 \\ -2 \\ 0 \end{pmatrix} = 0$

5.5.3 Orthogonale Ebenen □

a) Zeigen Sie, dass die Ebene $E: \; 3x_1 + 4x_2 - 2x_3 = 7$ orthogonal zur Ebene $F: \; 2x_1 + x_2 + 5x_3 = 9$ ist.

b) Prüfen Sie, ob die Ebenen $E: \; 2x_1 - 4x_2 - 2x_3 = 7$ und $F: \; 3x_1 + 2x_2 + x_3 = 9$ orthogonal zueinander sind.

c) Prüfen Sie, ob die Ebene $E: \; 2x_1 - x_2 - 4x_3 = 7$ orthogonal ist zur Ebene

$$F: \left(\vec{x} - \begin{pmatrix} -1 \\ 4 \\ -1 \end{pmatrix}\right) \cdot \begin{pmatrix} -1 \\ -2 \\ 0 \end{pmatrix} = 0$$

5.5.4 Lineare Gleichungssysteme □

Geben Sie die Lösungsmengen der folgenden linearen Gleichungssysteme sowie die geometrische Interpretation an:

a)
$$\begin{array}{rcrcrcr} 4x_1 & + & x_2 & - & 2x_3 & = & 9 \\ -2x_1 & + & 3x_2 & + & 3x_3 & = & 4 \\ x_1 & - & 2x_2 & - & x_3 & = & -4 \end{array}$$

b)
$$\begin{array}{rcrcrcr} x_1 & + & 2x_2 & - & 2x_3 & = & 7 \\ 2x_1 & & & + & x_3 & = & 8 \\ -3x_1 & + & x_2 & + & 2x_3 & = & -1 \end{array}$$

c)
$$\begin{array}{rcrcrcr} x_1 & + & x_2 & + & 7x_3 & = & 2 \\ 2x_1 & - & x_2 & - & 3x_3 & = & -5 \\ & - & x_2 & + & 4x_3 & = & -3 \end{array}$$

d)
$$\begin{array}{rcrcrcr} x_1 & + & 2x_2 & - & x_3 & = & 4 \\ -x_1 & + & 2x_2 & - & 3x_3 & = & 6 \\ 2x_1 & & & + & 2x_3 & = & -2 \end{array}$$

e)
$$\begin{array}{rcrcrcr} 2x_1 & + & x_2 & + & x_3 & = & 4 \\ & & 2x_2 & - & 6x_3 & = & 4 \\ -3x_1 & & & - & 6x_3 & = & -3 \end{array}$$

f)
$$\begin{array}{rcrcrcr} x_1 & + & 2x_2 & + & x_3 & = & 4 \\ -x_1 & - & 4x_2 & + & x_3 & = & 7 \\ 2x_1 & + & 8x_2 & - & 2x_3 & = & 18 \end{array}$$

6 Abstände, Winkel und Spiegelungen

6.1 Abstandsberechnungen

Tipps ab Seite 86, Lösungen ab Seite 168

Die verschiedenen Aufgaben der Abstandsberechnungen lassen sich oft auf die Berechnung des Abstands eines Punktes von einer Ebene oder des Abstands eines Punktes zu einem Punkt zurückführen. So können Sie den Abstand eines Punktes P zu einer Geraden g mit einer Hilfsebene E_H berechnen. Diese steht senkrecht auf g und enthält den Punkt P. Der Abstand ist dann die Länge des Vektors $\overrightarrow{LP}$. (Alternativ können Sie auch das Skalarprodukt benutzen.)

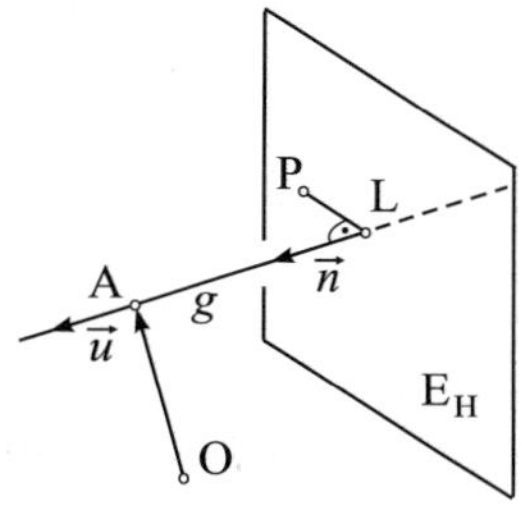

Den Abstand eines Punktes von einer Ebene berechnet man mit der Abstandsformel.

6.1.1 Abstand Punkt – Ebene

Berechnen Sie den Abstand des Punktes von der Ebene:

a) $P(2 \mid 4 \mid -1),\ E:\ 2x_1 - x_2 + 2x_3 = 1$

b) $S(9 \mid 4 \mid -3),\ E:\ x_1 + 2x_2 + 2x_3 = -3$

c) $Q(8 \mid 1 \mid 1),\ E:\ x_1 - 4x_2 - 4x_3 = 0$

d) $R(6 \mid 9 \mid 4),\ E:\ \left(\vec{x} - \begin{pmatrix} 7 \\ 5 \\ 2 \end{pmatrix}\right) \cdot \begin{pmatrix} 2 \\ 2 \\ 1 \end{pmatrix} = 0$

6.1.2 Abstand Punkt – Gerade

Berechnen Sie den Abstand des Punktes von der Geraden:

a) $g: \vec{x} = \begin{pmatrix} 4 \\ 5 \\ 6 \end{pmatrix} + t \cdot \begin{pmatrix} -2 \\ 1 \\ 1 \end{pmatrix},\ T(6 \mid -6 \mid 9)$

b) $g: \vec{x} = \begin{pmatrix} -2 \\ -4 \\ 2 \end{pmatrix} + t \cdot \begin{pmatrix} 3 \\ 0 \\ -2 \end{pmatrix},\ P(-1 \mid 2 \mid -3)$

6.1.3 Abstand paralleler Geraden

Zeigen Sie, dass die beiden Geraden parallel sind, und berechnen Sie den Abstand der beiden Geraden:

a) $g:\ \vec{x} = \begin{pmatrix} 2 \\ 1 \\ 2 \end{pmatrix} + t \cdot \begin{pmatrix} 1 \\ 0 \\ 1 \end{pmatrix}$ $\qquad h:\ \vec{x} = \begin{pmatrix} 2 \\ 3 \\ 4 \end{pmatrix} + s \cdot \begin{pmatrix} 3 \\ 0 \\ 3 \end{pmatrix}$

b) $g:\ \vec{x} = \begin{pmatrix} 5 \\ -1 \\ 3 \end{pmatrix} + t \cdot \begin{pmatrix} 1 \\ 3 \\ 4 \end{pmatrix}$ $\qquad h:\ \vec{x} = \begin{pmatrix} 7 \\ -7 \\ 7 \end{pmatrix} + s \cdot \begin{pmatrix} -2 \\ -6 \\ -8 \end{pmatrix}$

6.1.4 Abstand Gerade – Ebene

□

a) Zeigen Sie, dass $g: \vec{x} = \begin{pmatrix} 1 \\ 2 \\ 3 \end{pmatrix} + t \cdot \begin{pmatrix} 2 \\ -1 \\ 3 \end{pmatrix}$ parallel zu

E: $4x_1 - x_2 - 3x_3 = 19$ ist und berechnen Sie den Abstand von g zu E.

b) Zeigen Sie, dass $g: \vec{x} = \begin{pmatrix} 1 \\ 8 \\ 1 \end{pmatrix} + t \cdot \begin{pmatrix} -2 \\ 1 \\ -1 \end{pmatrix}$ parallel zu

E: $2x_1 + x_2 - 3x_3 = 14$ ist und berechnen Sie den Abstand von g zu E.

6.1.5 Abstand paralleler Ebenen

□

a) Zeigen Sie, dass die Ebene $E_1: \ 2x_1 - 3x_2 + x_3 = 4$ parallel ist zu
$E_2: \ -2x_1 + 3x_2 - x_3 = -7$ und berechnen Sie den Abstand von E_1 zu E_2.

b) Zeigen Sie, dass die Ebene E: $-x_1 + x_2 + 2x_3 = 0$ parallel ist zu

F: $\left(\vec{x} - \begin{pmatrix} 5 \\ 2 \\ -1 \end{pmatrix}\right) \cdot \begin{pmatrix} 2 \\ -2 \\ -4 \end{pmatrix} = 0$ und berechnen Sie den Abstand von F zu E.

□

6.1.6 Verschiedene Aufgaben

a) Bestimmen Sie denjenigen Punkt A auf $g: \vec{x} = \begin{pmatrix} 2 \\ 1 \\ 3 \end{pmatrix} + t \cdot \begin{pmatrix} 2 \\ 1 \\ 2 \end{pmatrix}$,

welcher von $P(5 \mid 1 \mid 0)$ und $Q(6 \mid 3 \mid 7)$ die gleiche Entfernung hat.

b) Welche Punkte der Geraden $g: \vec{x} = \begin{pmatrix} -1 \\ 4 \\ 1 \end{pmatrix} + t \cdot \begin{pmatrix} 2 \\ -2 \\ 1 \end{pmatrix}$ haben von der

Ebene E: $x_1 - x_3 = 1$ den Abstand $\sqrt{8}$?

c) Bestimmen Sie diejenigen Punkte auf $g: \vec{x} = \begin{pmatrix} 1 \\ 0 \\ 2 \end{pmatrix} + t \cdot \begin{pmatrix} 2 \\ 1 \\ 2 \end{pmatrix}$,

welche von $A(3 \mid 1 \mid 4)$ die Entfernung 3 LE haben.

d) Die Punkte $A(1 \mid 1 \mid 1)$, $B(3 \mid 3 \mid 1)$ und $C(0 \mid 4 \mid 5)$ sowie $S(6 \mid -2 \mid 8)$ bilden eine Pyramide mit der Grundfläche ABC. Berechnen Sie die Höhe der Pyramide.

e) Für welche Werte von a hat der Punkt $P(4 \mid 3 \mid -2)$ den Abstand $\sqrt{20}$ von der Ebene $E_a: 2x_2 - x_3 = a$?

6.2 Winkelberechnungen

Tipps ab Seite 87, Lösungen ab Seite 172

Die verschiedenen Aufgaben der Winkelberechnungen lassen sich auf die Berechnung des Winkels φ zwischen zwei Vektoren $\vec{a}$ und $\vec{b}$ zurückführen, den man mit Hilfe der Formel $\cos(\varphi) = \frac{\vec{a}\cdot\vec{b}}{|\vec{a}||\vec{b}|}$ bestimmen kann.
Will man den spitzen Winkel φ zwischen zwei Geraden oder zwei Ebenen berechnen, verwendet man die Formel $\cos(\varphi) = \frac{|\vec{u}_1\cdot\vec{u}_2|}{|\vec{u}_1||\vec{u}_2|}$ bzw. $\cos(\varphi) = \frac{|\vec{n}_1\cdot\vec{n}_2|}{|\vec{n}_1||\vec{n}_2|}$, wobei $\vec{u}_1$ und $\vec{u}_2$ die beiden Richtungsvektoren der Geraden bzw. $\vec{n}_1$ und $\vec{n}_2$ die beiden Normalenvektoren der Ebenen sind.
Will man den spitzen Winkel φ zwischen einer Geraden und einer Ebene berechnen, verwendet man die Formel $\sin(\varphi) = \frac{|\vec{u}\cdot\vec{n}|}{|\vec{u}||\vec{n}|}$, wobei $\vec{u}$ der Richtungsvektor der Geraden und $\vec{n}$ der Normalenvektor der Ebene ist.
Ohne Taschenrechner lässt sich der Winkel in der Regel nur dann bestimmen, wenn es sich um einen rechten Winkel handelt. Bestimmen Sie ansonsten den Ausdruck für den Kosinus bzw. den Sinus des Winkels.

6.2.1 Winkel zwischen Vektoren und zwischen Geraden

Tipp: Machen Sie eine Skizze. Überlegen Sie, welche Vektoren der Geraden den Winkel einschließen.

a) Berechnen Sie die Innenwinkel des Dreiecks ABC: A (6 | −1 | 1), B (4 | 3 | −3), C (0 | 5 | 1).

b) Berechnen Sie den Winkel zwischen den beiden Geraden oder bestimmen Sie einen Rechenausdruck:

I) $g:\ \vec{x} = \begin{pmatrix} 2 \\ 1 \\ -1 \end{pmatrix} + s \cdot \begin{pmatrix} -1 \\ 3 \\ 5 \end{pmatrix}$ $\qquad h:\ \vec{x} = \begin{pmatrix} 2 \\ 1 \\ -1 \end{pmatrix} + t \cdot \begin{pmatrix} 7 \\ -1 \\ 2 \end{pmatrix}$

II) $g:\ \vec{x} = \begin{pmatrix} 4 \\ 0 \\ 1 \end{pmatrix} + s \cdot \begin{pmatrix} 2 \\ -6 \\ 10 \end{pmatrix}$ $\qquad h:\ \vec{x} = \begin{pmatrix} 4 \\ 0 \\ 1 \end{pmatrix} + t \cdot \begin{pmatrix} 2 \\ 3 \\ 5 \end{pmatrix}$

6.2.2 Winkel zwischen Ebenen

Berechnen Sie den Winkel zwischen den Ebenen oder bestimmen Sie einen Rechenausdruck:

a) $E_1:\ x_1 - x_2 + 2x_3 = 7$

$E_2:\ 6x_1 + x_2 - x_3 + 7 = 0$

b) $E_1:\ 4x_2 = 5$

$E_2:\ \left(\vec{x} - \begin{pmatrix} 5 \\ 2 \\ -6 \end{pmatrix}\right) \cdot \begin{pmatrix} 6 \\ 0 \\ 5 \end{pmatrix} = 0$

6.2.3 Winkel zwischen Gerade und Ebene

Bestimmen Sie einen Rechenausdruck für den Winkel zwischen der Gerade und der Ebene:

a) $g:\ \vec{x} = \begin{pmatrix} 3 \\ 7 \\ -4 \end{pmatrix} + t \cdot \begin{pmatrix} 1 \\ 2 \\ -1 \end{pmatrix}$ $\qquad$ $E:\ 3x_1 + 5x_2 - 2x_3 - 7 = 0$

b) $g:\ x_2$-Achse $\qquad$ $E:\ 6x_1 + 10x_2 - 4x_3 = 14$

c) $g:\ \vec{x} = \begin{pmatrix} 4 \\ 6 \\ 2 \end{pmatrix} + t \cdot \begin{pmatrix} 1 \\ 2 \\ 3 \end{pmatrix}$ $\qquad$ $E:\ x_1$-x_2-Ebene

6.3 Spiegelungen

Tipps ab Seite 88, Lösungen ab Seite 174

Die Aufgaben der Spiegelungen lassen sich oft auf die Spiegelung eines Punktes an einem Punkt zurückführen. Hierzu stellt man eine geeignete Vektorkette mit Hilfe des Ursprungs auf.
Um einen Punkt an einer Ebene zu spiegeln, schneidet man die Lotgerade durch diesen Punkt mit der Ebene.
Um einen Punkt an einer Geraden zu spiegeln, stellt man eine orthogonale Hilfsebene durch diesen Punkt auf und schneidet sie mit der Geraden.

6.3.1 Punkt an Punkt

Spiegeln Sie den Punkt $P(3\,|\,4\,|\,5)$ jeweils an dem angegebenen Punkt:

a) $Q(2\,|\,1\,|\,2)$ $\qquad$ b) $R(0\,|\,3\,|\,-2)$ $\qquad$ c) $S(-3\,|\,1\,|\,4)$

6.3.2 Punkt an Ebene

Spiegeln Sie jeweils den Punkt an der Ebene:

a) $A(1\,|\,4\,|\,7)$
$E:\ x_1 - x_2 - 2x_3 + 11 = 0$

b) $S(-1\,|\,-4\,|\,-9)$
$E:\ 2x_1 - 2x_2 + x_3 = 6$

c) $P(2\,|\,3\,|\,4)$
$E:\ 4x_1 + x_2 - x_3 = 3$

6.3.3 Punkt an Gerade

Spiegeln Sie jeweils den Punkt an der Geraden:

a) $P(2\,|\,3\,|\,4),\ g:\ \vec{x} = \begin{pmatrix} 2 \\ 1 \\ 2 \end{pmatrix} + t \cdot \begin{pmatrix} 1 \\ 0 \\ 1 \end{pmatrix}$ $\qquad$ b) $B(5\,|\,-2\,|\,1),\ g:\ \vec{x} = \begin{pmatrix} -1 \\ 6 \\ 5 \end{pmatrix} + t \cdot \begin{pmatrix} 4 \\ -1 \\ -1 \end{pmatrix}$

6.3.4 Gerade an Ebene ☐

Spiegeln Sie jeweils die Gerade an der Ebene:

a) $E\colon x_1 - x_2 = 0, \qquad g: \vec{x} = \begin{pmatrix} 6 \\ 2 \\ 0 \end{pmatrix} + t \cdot \begin{pmatrix} 3 \\ 1 \\ 5 \end{pmatrix}$

b) $E\colon x_1 + 2x_2 + 2x_3 = 5, \qquad g: \vec{x} = \begin{pmatrix} 4 \\ 9 \\ 5 \end{pmatrix} + t \cdot \begin{pmatrix} 4 \\ -1 \\ -1 \end{pmatrix}$

6.4 Verständnis von Zusammenhängen

Tipps ab Seite 88, Lösungen ab Seite 178

Bei diesen Aufgaben geht es darum, Methoden und Verfahren zu beschreiben und das Verständnis von Zusammenhängen zu dokumentieren. Rechnungen werden in der Regel nicht verlangt, es genügen Skizzen sowie Ansätze für die Rechenwege.

a) Gegeben sind eine Ebene E und eine Gerade g, die in E liegt.
Beschreiben Sie ein Verfahren, mit dem man eine Gleichung der Geraden h ermitteln kann, die orthogonal zu g ist und ebenfalls in E liegt.

b) Gegeben sind die Vektoren $\vec{u}$ und $\vec{v}$ mit $|\vec{u}| = 1$, $|\vec{v}| = 2$ und $\vec{u} \cdot \vec{v} = 0$.
Alle Punkte X mit den Ortsvektoren $\vec{x} = r \cdot \vec{u} + s \cdot \vec{v}$ mit $0 \leqslant r, s \leqslant 1$ bilden eine geometrische Figur.
Skizzieren Sie diese Figur und geben Sie den Flächeninhalt der Figur an.

c) Gegeben ist eine Kugel K mit Mittelpunkt M und Radius r sowie eine Gerade g.
Die Kugel K und die Gerade g haben keine gemeinsamen Punkte.
Beschreiben Sie ein Verfahren, wie man den Abstand von K und g bestimmen kann.

d) Die Gerade g und die Ebene E schneiden sich im Punkt S.
Die Gerade g' ist das Bild von g bei der Spiegelung an der Ebene E.
Beschreiben Sie ein Verfahren, um eine Gleichung der Geraden g' zu ermitteln.

e) Gegeben sind eine Gerade g und ein Punkt A, der nicht auf g liegt.
Beschreiben Sie ein Verfahren, mit dem man denjenigen Punkt B auf g bestimmt, der den kleinsten Abstand von A hat.

f) Gegeben sind der Mittelpunkt einer Kugel sowie eine Ebene.
Die Kugel berührt diese Ebene.
Beschreiben Sie, wie man den Kugelradius und den Berührpunkt bestimmen kann.

Stochastik

7 Wahrscheinlichkeitsrechnung

7.1 Baumdiagramme und Pfadregeln

Tipps ab Seite 90, Lösungen ab Seite 181

In diesem Kapitel geht es darum, mit Hilfe bereits bekannter Wahrscheinlichkeiten von einzelnen Ergebnissen die Wahrscheinlichkeiten weiterer, oft «komplizierterer» Ereignisse zu bestimmen. Ein wichtiges Hilfsmittel zur Veranschaulichung hierfür sind *Baumdiagramme*. Sie sind insbesondere bei mehrstufigen Zufallsexperimenten hilfreich. Eine Verzweigung entspricht dabei den möglichen Versuchausgängen der jeweiligen Stufe; längs der «Äste» werden die zugehörigen Wahrscheinlichkeiten notiert.

Bei mehrstufigen Zufallsexperimenten unterscheidet man *geordnete Stichproben* (d.h. Beachtung der Reihenfolge) von *ungeordneten Stichproben*; beide Stichprobenarten können *mit oder ohne Zurücklegen* durchgeführt werden. Bei der Erstellung des Baumdiagrammes muss man darauf achten, dass sich bei Stichproben ohne Zurücklegen die Wahrscheinlichkeiten bei jeder Stufe ändern.

Manchmal ist es auch geschickt oder hilfreich die Wahrscheinlichkeit eines Ereignisses A mit der Wahrscheinlichkeit des Gegenereignisses $\bar{A}$ zu berechnen; dies ist vor allem (aber nicht immer) bei den Signalwörtern «mindestens» oder «höchstens» der Fall. Es gilt dann für die entsprechenden Wahrscheinlichkeiten:

$$P(A) = 1 - P(\bar{A})$$

1. Beispiel: Ziehen mit Zurücklegen

Ein Gefäß enthält 4 blaue und 6 rote Kugeln. Es werden 2 Kugeln mit Zurücklegen gezogen.
Da 4 blaue und 6 rote, also insgesamt 10 Kugeln in der Urne sind, beträgt die Wahrscheinlichkeit bei jedem Ziehen für die Ergebnisse blau (b): $\frac{4}{10}$ und für rot (r): $\frac{6}{10}$.
Damit erhält man folgendes Baumdiagramm:

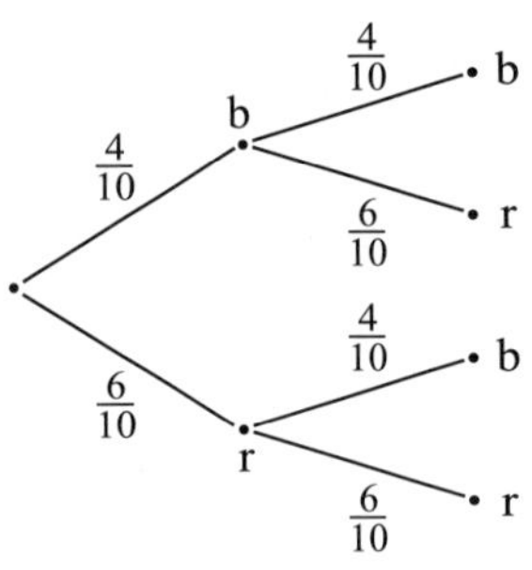

Wichtige Rechenregeln für Baumdiagramme sind die *1. Pfadregel* und die *2. Pfadregel*:
Die 1. Pfadregel (Produktregel) besagt, dass man die Wahrscheinlichkeit längs eines Pfades berechnet, indem man die Wahrscheinlichkeiten der zugehörigen Äste miteinander multipliziert.
Mit der 2. Pfadregel (Summenregel) kann man die Wahrscheinlichkeit eines Ereignisses berechnen, indem man die Wahrscheinlichkeiten aller zugehörigen Pfade addiert.

Will man beispielsweise die Wahrscheinlichkeit berechnen, dass beide Kugeln rot sind, so ergibt sich mit Hilfe der 1. Pfadregel:

$$P(\text{«beide Kugeln rot»}) = P(rr) = \frac{6}{10} \cdot \frac{6}{10} = \frac{36}{100} = 0,36$$

Will man die Wahrscheinlichkeit berechnen, dass beide Kugeln gleichfarbig sind, so ergibt sich mit Hilfe der 1. und 2. Pfadregel:

$$P(\text{«beide Kugeln gleichfarbig»}) = P(rr) + P(bb) = \frac{6}{10} \cdot \frac{6}{10} + \frac{4}{10} \cdot \frac{4}{10} = \frac{36}{100} + \frac{16}{100} = \frac{52}{100} = 0,52$$

2. Beispiel: Ziehen ohne Zurücklegen

Eine Urne enthält 2 rote und 9 schwarze Kugeln. Es werden 2 Kugeln gleichzeitig gezogen. Das gleichzeitige Ziehen entspricht dem Ziehen ohne Zurücklegen. Man erhält folgendes Baumdiagramm:

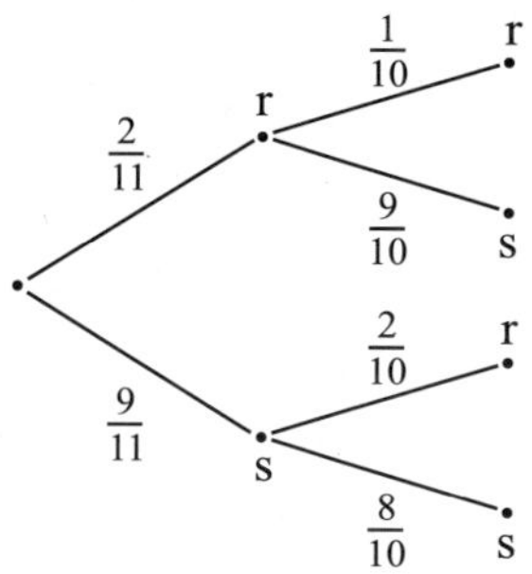

Da 2 rote und 9 schwarze, also insgesamt 11 Kugeln in der Urne sind, beträgt die Wahrscheinlichkeit beim 1. Ziehen für rot (r): $\frac{2}{11}$ und für schwarz (s): $\frac{9}{11}$.

Beim 2. Ziehen sind nur noch 10 Kugeln vorhanden und die Wahrscheinlichkeiten hängen davon ab, welche Farbe schon gezogen wurde.

Will man beispielsweise die Wahrscheinlichkeit berechnen, dass genau eine Kugel schwarz ist, ergibt sich mit Hilfe der 1. und 2. Pfadregel (Produkt- und Summenregel):

$$P(\text{«genau eine schwarze Kugel»}) = P(rs) + P(sr) = \frac{2}{11} \cdot \frac{9}{10} + \frac{9}{11} \cdot \frac{2}{10} = \frac{9}{55} + \frac{9}{55} = \frac{18}{55}$$

Will man die Wahrscheinlichkeit berechnen, dass mindestens eine der beiden Kugeln schwarz ist, erhält man mit Hilfe des Gegenereignisses:

$$\begin{aligned} P(\text{«mindestens eine schwarze Kugel»}) &= 1 - P(\text{«keine schwarze Kugel»}) \\ &= 1 - P(rr) \\ &= 1 - \frac{2}{11} \cdot \frac{1}{10} \\ &= 1 - \frac{1}{55} \\ &= \frac{54}{55} \end{aligned}$$

7.1.1 Ziehen mit Zurücklegen □

a) Eine Urne enthält 4 rote, 3 weiße und 2 gelbe Kugeln. Es werden 2 Kugeln mit Zurücklegen gezogen.
Berechnen Sie die Wahrscheinlichkeit folgender Ereignisse:
A: Es werden eine weiße und eine gelbe Kugel gezogen.
B: Es wird keine weiße Kugel gezogen.

b) Ein Gefäß enthält 8 rote, 4 blaue und 2 weiße Kugeln. Es werden 2 Kugeln mit Zurücklegen gezogen.
Berechnen Sie die Wahrscheinlichkeit folgender Ereignisse:
A: Es wird keine rote Kugel gezogen.
B: Es wird höchstens eine rote Kugel gezogen.

c) In einem Behälter befinden sich 3 rote und 5 gelbe Kugeln. Es werden 2 Kugeln mit Zurücklegen gezogen.
I) Berechnen Sie die Wahrscheinlichkeit, dass mindestens eine der beiden Kugeln gelb ist.
II) Zeichnen Sie ein Baumdiagramm, wenn im Behälter 3 rote und eine unbekannte Anzahl gelber Kugeln vorhanden sind und zwei Kugeln mit Zurücklegen gezogen werden.

d) In einer Urne befinden sich rote und schwarze Kugeln. Es ergibt sich das nebenstehende Baumdiagramm.
I) Beschreiben Sie eine Situation, die zu diesem Baumdiagramm passt.
II) Berechnen Sie die Wahrscheinlichkeit, dass mindestens eine Kugel rot ist.

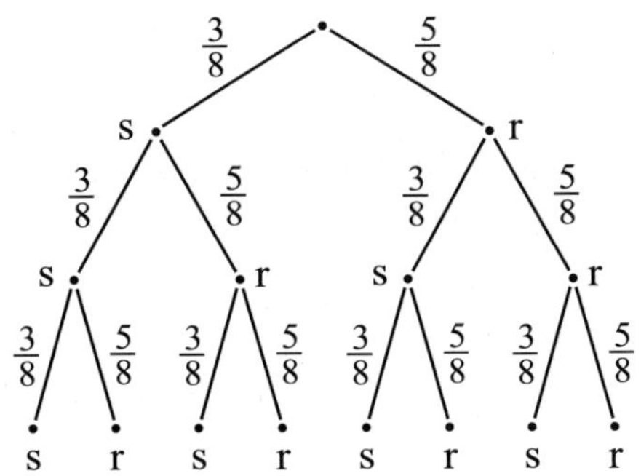

7.1.2 Ziehen ohne Zurücklegen □

a) In einer Urne befinden sich 2 grüne, 3 rote und 5 blaue Kugeln. Es werden 2 Kugeln ohne Zurücklegen gezogen.
Berechnen Sie die Wahrscheinlichkeit folgender Ereignisse:
A: Es werden eine grüne und eine rote Kugel gezogen.
B: Es wird keine blaue Kugel gezogen.

b) In einer Urne befinden sich rote und schwarze Kugeln. Es ergibt sich folgendes Baumdiagramm:

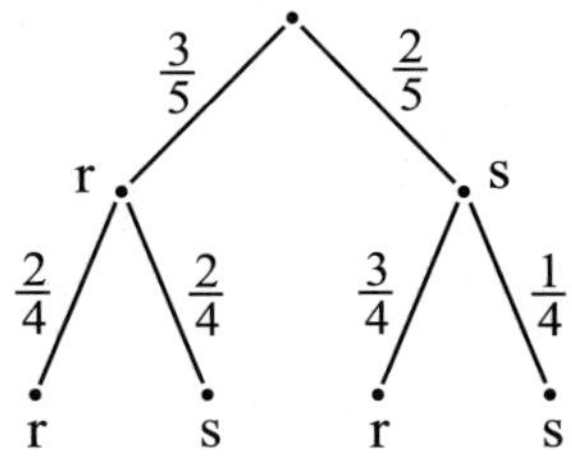

I) Beschreiben Sie eine Situation, die zu diesem Baumdiagramm passt.

II) Berechnen Sie die Wahrscheinlichkeit, dass beide Kugeln gleichfarbig sind.

c) In einer Urne sind 7 weiße, 5 schwarze und 3 rote Kugeln. Es werden 3 Kugeln gleichzeitig gezogen.
Berechnen Sie die Wahrscheinlichkeit folgender Ereignisse:
A: Es werden eine weiße und zwei schwarze Kugeln gezogen.
B: Es wird mindestens eine weiße Kugel gezogen.

d) In einer Urne sind 4 weiße und eine unbekannte Anzahl roter Kugeln. Es werden 2 Kugeln ohne Zurücklegen gezogen.

I) Berechnen Sie die Anzahl roter Kugeln, wenn die Wahrscheinlichkeit, dass beide Kugeln weiß sind, $\frac{1}{6}$ beträgt.

II) Berechnen Sie die Anzahl roter Kugeln, wenn die Wahrscheinlichkeit, dass mindestens eine Kugel weiß ist, $\frac{2}{3}$ beträgt.

7.1.3 Mehrstufige Experimente ☐

a) In einem Gefäß G_1 befinden sich 2 rote und 3 blaue Kugeln, in einem Gefäß G_2 sind 2 rote und 4 blaue Kugeln.

I) Aus G_1 werden 2 Kugeln mit Zurücklegen gezogen, anschließend wird aus G_2 eine Kugel gezogen.
Berechnen Sie die Wahrscheinlichkeit, dass mindestens 2 rote Kugeln gezogen wurden.

II) Aus G_1 werden 2 Kugeln ohne Zurücklegen gezogen und in Gefäß G_2 gelegt, anschließend wird aus G_2 eine Kugel gezogen.
Berechnen Sie die Wahrscheinlichkeit, dass genau 1 rote Kugel gezogen wurde.

b) In einer Lostrommel sind 3 Gewinne und 7 Nieten. Eine Person kauft 3 Lose.

I) Berechnen Sie die Wahrscheinlichkeit, dass genau 2 Gewinne gezogen werden.

II) Berechnen Sie die Wahrscheinlichkeit, dass ein Gewinn erst beim dritten Zug gezogen wird.

c) In drei Tablettenpackungen mit je 10 Tabletten sind gelbe und weiße Tabletten. In der ersten Packung gibt es eine gelbe Tablette, in der zweiten Packung sind zwei gelbe Tabletten und in der dritten Packung sind drei gelbe Tabletten.

I) Aus der dritten Packung werden 3 Tabletten entnommen. Berechnen Sie die r Wahrscheinlichkeit, dass mindestens 2 gelbe Tabletten gezogen werden.

II) Es wird eine Packung ausgewählt und dieser werden 2 Tabletten entnommen. Berechnen Sie die Wahrscheinlichkeit, dass beide Tabletten gelb sind.

d) Ein Kartenspiel besteht aus 2 Stapeln Karten. Im ersten Stapel sind 2 rote und 3 schwarze Karten, im zweiten Stapel gibt es 2 rote und 4 schwarze Karten.

I) Vom ersten und vom zweiten Stapel werden jeweils 2 Karten ohne Zurücklegen gezogen. Berechnen Sie die Wahrscheinlichkeit, dass alle Karten rot sind.

II) Vom ersten Stapel werden 2 Karten gezogen und mit den Karten des 2. Stapels vermischt. Anschließend wird vom 2. Stapel eine Karte gezogen. Berechnen Sie die Wahrscheinlichkeit, dass diese gezogene Karte schwarz ist.

7.2 Binomialverteilung

Tipps ab Seite 92, Lösungen ab Seite 191

Ein Zufallsexperiment, das genau zwei mögliche Ausgänge hat (z.B. Münzwurf mit Ausgängen «Kopf» und «Zahl», Wurf eines Würfels mit Ausgängen «Zahl gerade» und «Zahl ungerade» oder «1» und «Zahl größer als 1», Ziehen einer Kugel mit den Ausgängen «rot» und «nicht rot») heißt *Bernoulliexperiment*.
Bernoulliketten sind Versuchsreihen, bei denen das gleiche Bernoulliexperiment mehrmals durchgeführt wird. Bernoulliketten sind charakterisiert durch ihre *Länge* n («Anzahl der Versuche / Beobachtungen») und durch die sogenannte *Trefferwahrscheinlichkeit* p.

Eine *Wahrscheinlichkeitsverteilung* gibt an, mit welchen Wahrscheinlichkeiten eine Zufallsvariable X die möglichen Werte annimmt. Immer dann, wenn das einer Zufallsvariable zugrunde liegende Zufallsexperiment eine *Bernoullikette* ist, liegt eine Binomialverteilung vor.

Ist X Zufallsvariable für die «Anzahl der Treffer» in insgesamt n Bernoulliversuchen, so wird die Wahrscheinlichkeit P eines Ereignisses mit genau k Treffern ($0 \leqslant k \leqslant n$) mit der Trefferwahrscheinlichkeit p und der Kettenlänge n (Anzahl der Durchführungen des Experiments) mit folgender Formel berechnet:

$$P(X=k) = \binom{n}{k} \cdot p^k \cdot (1-p)^{n-k}$$

Beispiel 1:
Eine verbeulte Münze mit P(«Zahl») $= \frac{1}{3}$ wird fünfmal geworfen. Um die Wahrscheinlichkeit, dass genau zweimal «Zahl» erscheint, zu berechnen, bestimmt man die Kettenlänge $n = 5$ und die Trefferwahrscheinlichkeit $p = \frac{1}{3}$. Damit gilt:

$$P(X=2) = \binom{5}{2} \cdot \left(\frac{1}{3}\right)^2 \cdot \left(\frac{2}{3}\right)^3$$

Manchmal ist es auch geschickt oder hilfreich, mit dem Gegenereignis zu rechnen; dies ist vor allem (aber nicht immer) bei den Signalwörtern «mindestens» oder «höchstens» der Fall. Ist A ein Ereignis und $\bar{A}$ das zugehörige Gegenereignis, so gilt für die entsprechenden Wahrscheinlichkeiten:

$$P(A) = 1 - P(\bar{A})$$

Beispiel 2:
Eine verbeulte Münze mit P(«Zahl») $= \frac{1}{3}$ wird viermal geworfen. Um die Wahrscheinlichkeit, dass mindestens einmal «Zahl» erscheint, zu berechnen, bestimmt man die Kettenlänge $n = 4$

und die Trefferwahrscheinlichkeit $p = \frac{1}{3}$. Damit erhält man mit Hilfe des Gegenereignisses:

$$\begin{aligned} P(\text{«mindestens einmal Zahl»}) &= 1 - P(\text{«keine Zahl»}) \\ P(X \geqslant 1) &= 1 - P(X = 0) \\ &= 1 - \binom{4}{0} \cdot \left(\frac{1}{3}\right)^0 \cdot \left(\frac{2}{3}\right)^4 \end{aligned}$$

Oft ist auch von Interesse, mit welcher Wahrscheinlichkeit eine Zufallsvariable einen Wert kleiner oder größer als ein vorgegebenes k erzielt. Dafür müssen die einzelnen Wahrscheinlichkeiten addiert werden:

$$P(X \leqslant k) = P(X = 0) + P(X = 1) + P(X = 2) + \ldots + P(X = k)$$

bzw.

$$P(X > k) = 1 - P(X \leqslant k) = 1 - \left[P(X = 0) + P(X = 1) + P(X = 2) + \ldots + P(X = k)\right]$$

Beispiel 3:

Eine verbeulte Münze mit $P(\text{«Zahl»}) = \frac{2}{3}$ wird viermal geworfen. Um die Wahrscheinlichkeit, dass höchstens zweimal «Zahl» erscheint, zu berechnen, bestimmt man die Kettenlänge $n = 4$ und die Trefferwahrscheinlichkeit $p = \frac{2}{3}$. Damit gilt:

$$\begin{aligned} P(\text{«höchst. zweimal Zahl»}) &= P(\text{«keine Zahl»}) + P(\text{«einmal Zahl»}) + P(\text{«zweimal Zahl»}) \\ P(X \leqslant 2) &= P(X = 0) + P(X = 1) + P(X = 2) \\ &= \underbrace{\binom{4}{0} \cdot \left(\frac{2}{3}\right)^0 \cdot \left(\frac{1}{3}\right)^4}_{\text{keine Zahl}} + \underbrace{\binom{4}{1} \cdot \left(\frac{2}{3}\right)^1 \cdot \left(\frac{1}{3}\right)^3}_{\text{einmal Zahl}} + \underbrace{\binom{4}{2} \cdot \left(\frac{2}{3}\right)^2 \cdot \left(\frac{1}{3}\right)^2}_{\text{zweimal Zahl}} \end{aligned}$$

□

Aufgaben

a) Ein Basketballer hat eine Trefferwahrscheinlichkeit von 90%. Er wirft 10 Mal.

   I) Bestimmen Sie einen Rechenausdruck für die Wahrscheinlichkeit, dass er genau 9 Mal trifft.

   II) Bestimmen Sie einen Rechenausdruck für die Wahrscheinlichkeit, dass er höchstens einen Fehlwurf hat.

b) Von einer großen Ladung Apfelsinen sind 20% verdorben. Es wird eine Stichprobe von 5 Stück entnommen.

   I) Berechnen Sie die Wahrscheinlichkeit, dass in der Stichprobe genau eine Apfelsine verdorben ist.

   II) Geben Sie ein Ereignis A und ein Ereignis B an, so dass gilt:

$$P(A) = \binom{5}{3} \cdot 0,2^3 \cdot 0,8^2$$

und

$$P(B) = 1 - 0,2^5$$

c) Die Zufallsvariable X ist binomialverteilt mit $n = 20$ und $p = 0,2$.

   I) Bestimmen Sie einen Rechenausdruck für $P(X = 2)$.

   II) Bestimmen Sie einen Rechenausdruck für $P(X < 2)$ sowie für $P(X \neq 1)$.

d) Eine Blumenzwiebel keimt mit einer Wahrscheinlichkeit von 90%. Es werden 20 Zwiebeln gekauft.

   I) Berechnen Sie die Wahrscheinlichkeit, dass alle 20 Zwiebeln keimen.

   II) Geben Sie ein Ereignis A und ein Ereignis B an, so dass gilt:

$$P(A) = \binom{20}{18} \cdot 0,9^{18} \cdot 0,1^2 + \binom{20}{19} \cdot 0,9^{19} \cdot 0,1^1 + 0,9^{20}$$

   und

$$P(B) = 1 - 0,1^{20}$$

e) Die Zufallsvariable X ist binomialverteilt mit $n = 10$ und $p = 0,4$.

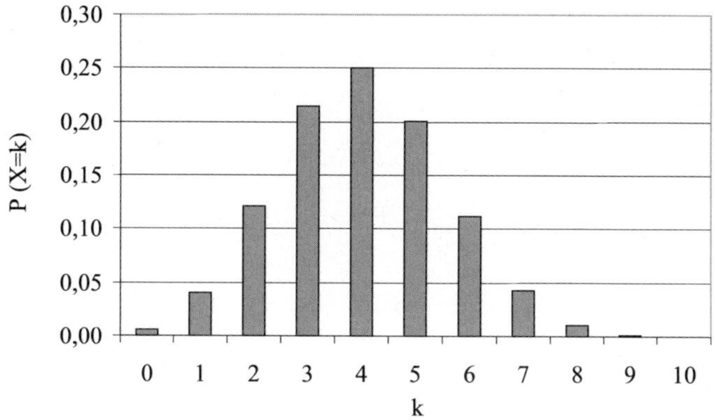

   I) Bestimmen Sie einen Rechenausdruck für $P(X = 1)$.

   II) Bestimmen Sie mit Hilfe der Abbildung näherungsweise $P(3 < X < 6)$ sowie $P(X > 6)$.

f) Eine Zufallsgröße X ist binomialverteilt mit der Trefferwahrscheinlichkeit p und dem Stichprobenumfang $n = 2$.

   I) Bestimmen Sie für $p = 0,4$ einen Rechenausdruck für die Wahrscheinlichkeit $P(X \leqslant 1)$.

   II) Zeigen Sie, dass für jeden Wert von p gilt:

$$P(X \neq 0) + P(X \neq 1) + P(X \neq 2) = 2$$

7.3 Erwartungswert

Tipps ab Seite 93, Lösungen ab Seite 195

In diesem Kapitel geht es um den Erwartungswert von *Zufallsvariablen*. Bei Zufallsvariablen handelt es sich nicht wirklich um Variablen, sondern um Funktionen. Eine Zufallsvariable ordnet den konkreten Beobachtungen eines Zufallsexperiments Werte zu.

Beispiel:

Bei der Ziehung von 4 Kugeln aus einer Urne mit 15 grünen und 5 gelben Kugeln kann man X definieren als Zufallsvariable für die Anzahl der gezogenen gelben Kugeln. Für den Versuchsausgang $\omega = \{\text{grün; gelb; gelb; gelb}\}$ gilt dann $X(\omega) = 3$, weil gelb drei Mal gezogen wurde. Eine weitere Zufallsvariable Y kann beispielsweise definiert werden für die Anzahl der gezogenen grünen Kugeln. Es ist dann $Y(\omega) = 1$.

Der *Erwartungswert* einer Zufallsvariablen wird häufig für die Gewinnerwartung eines Spiels oder für die Beurteilung der «Fairness» eines Spiels herangezogen. Anschaulich ergibt sich der Erwartungswert einer Zufallsvariable X bei genügend häufiger Wiederholung eines Zufallsexperiments als Mittelwert der Realisierungen von X.

Kann eine Zufallsvariable X bei jeder Durchführung des Zufallsexperiments k verschiedene Werte x_1; x_2; ...; x_k annehmen und sind die zugehörigen Wahrscheinlichkeiten $P(x_1)$; $P(x_2)$; ...; $P(x_k)$, so ergibt sich als Erwartungswert von X:

$$E[X] = x_1 \cdot P(x_1) + x_2 \cdot P(x_2) + \ldots + x_k \cdot P(x_k)$$

Ist die Zufallsvariable X binomialverteilt mit Kettenlänge n und Trefferwahrscheinlichkeit p, so gilt:

$$E(X) = n \cdot p$$

1. Beispiel:

Bei einem Spiel mit einem fairen Würfel erhält der Spieler die von ihm erwürfelte Augenzahl in Euro ausgezahlt. Die Zufallsvariable X, die die Höhe des Gewinns beschreibt, kann also die Werte 1; 2; ...; 6 annehmen. Da die Wahrscheinlichkeit bei jedem Wurf $p = \frac{1}{6}$ ist, beträgt der zu erwartende Gewinn:

$$E[X] = 1 \cdot \frac{1}{6} + 2 \cdot \frac{1}{6} + 3 \cdot \frac{1}{6} + 4 \cdot \frac{1}{6} + 5 \cdot \frac{1}{6} + 6 \cdot \frac{1}{6} = \frac{1}{6} + \frac{2}{6} + \frac{3}{6} + \frac{4}{6} + \frac{5}{6} + \frac{6}{6} = \frac{21}{6} = \frac{7}{2}$$

Ein Spieler hat also mit einem durchschnittlichen Gewinn von 3,50 Euro zu rechnen. Soll das Spiel fair sein, so müsste der Einsatz des Spielers ebenfalls 3,50 Euro betragen. Zahlt er einen höheren Einsatz, so begünstigt das Spiel die Bank; zahlt er einen geringeren Einsatz, so wird der Spieler begünstigt.

2. Beispiel:

Bei einem Glücksspiel zieht ein Spieler eine von insgesamt 30 Kugeln (mit Zurücklegen) aus einer Urne. 18 dieser Kugeln sind mit dem Wert 1 , die übrigen 12 sind mit dem Wert -2 beschriftet. Im ersten Fall bekommt der Spieler einen Euro von der Bank, im zweiten Fall muss er zwei Euro an die Bank zahlen. Die Zufallsgröße X für den «Gewinn» des Spielers kann die Werte 1 und -2 annehmen. Es ist $P(X=1)=\frac{18}{30}=\frac{3}{5}$ und $P(X=-2)=\frac{12}{30}=\frac{2}{5}$.

Der Erwartungswert von X ist:

$$E[X]=1\cdot\frac{3}{5}-2\cdot\frac{2}{5}=\frac{3}{5}-\frac{4}{5}=-\frac{1}{5}$$

Das Spiel ist also nicht fair; die Bank wird bevorzugt, da der Spieler durchschnittlich 0,20 Euro pro Spiel verliert.

Erwartungswert □

a) Bei einem Glücksspiel sind in einer Urne 10 Kugeln: 1 weiße, 1 rote und 8 schwarze. Es wird eine Kugel gezogen. Der Einsatz beträgt 50 Cent. Bei «weiß» erhält man 4 Euro, bei «rot» 8 Euro und bei «schwarz» nichts.
Bestimmen Sie den Erwartungswert für den Gewinn.

b) Die Zufallsgröße X sei binomialverteilt.
   I) Bestimmen Sie den Erwartungswert von X für $n=80$ und $p=0,3$.
   II) Berechnen Sie die Trefferwahrscheinlichkeit p für $n=50$ und Erwartungswert $E(X)=20$.
   III) Bestimmen Sie die Kettenlänge n für $p=0,6$ und Erwartungswert $E(X)=12$.

c) Bei einem Glücksspiel wird das abgebildete Glücksrad verwendet.
Die Mittelpunktswinkel betragen 180°, 120° und 60°.
Als Einsatz bezahlt man zwei Euro. Das Glücksrad wird einmal gedreht.
Man erhält den Betrag ausbezahlt, in dessen Sektor der Zeiger zu stehen kommt.
Berechnen Sie den Erwartungswert für den Gewinn.

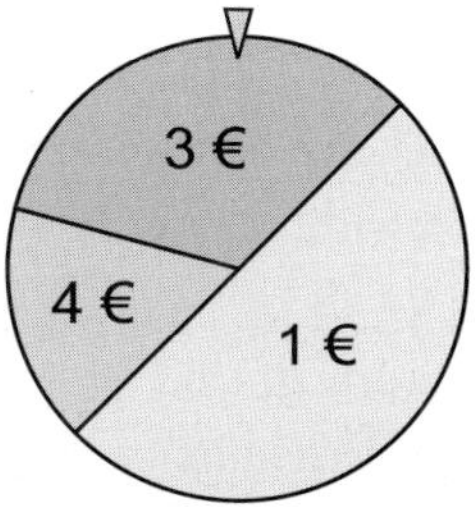

d) In einer Urne sind 10 Kugeln: 4 weiße, 4 rote und 2 schwarze. Es wird eine Kugel gezogen. Der Einsatz beträgt 1 Euro. Man erhält bei «weiß» 1 Euro, bei «rot» 2 Euro und bei «schwarz» nichts.
Bestimmen Sie den Erwartungswert für den Gewinn. Ist das Spiel fair?

e) Ein Glücksrad hat die Sektoren A, B und C mit folgender Wahrscheinlichkeitsverteilung:

Sektor	A	B	C
Wahrscheinlichkeit	$0,3$	$0,5$	$0,2$

Das Glücksrad wird für folgendes Glücksspiel verwendet:
Der Spieler zahlt einen Einsatz von 4 Euro. Dann wird das Glücksrad zweimal gedreht. Sind die zwei ermittelten Buchstaben gleich, erhält der Spieler 10 Euro. Sonst erhält er nichts. Prüfen Sie, ob das Spiel fair ist.

f) Die Zufallsvariable X hat folgende Wahrscheinlichkeitsverteilung:

x_i	-5	-1	0	3
$P(x_i)$	0,1	a	b	0,3

Der Erwartungswert von X beträgt $0,3$.
Berechnen Sie a und b.

g) Die Zufallsgröße X kann die Werte 0, 1, 2 und 3 annehmen. Die Tabelle zeigt die Wahrscheinlichkeitsverteilung von X mit $p_1,\ p_2 \in [0;\ 1]$.

k	0	1	2	3
$P(X=k)$	p_1	$\frac{3}{10}$	$\frac{1}{5}$	p_2

Zeigen Sie, dass der Erwartungswert von X nicht größer als $2,2$ sein kann.

7.4 Verständnis von Zusammenhängen

Tipps ab Seite 94, Lösungen ab Seite 198

Bei diesen Aufgaben geht es darum, Methoden und Verfahren zu beschreiben und das Verständnis von Zusammenhängen zu dokumentieren. Rechnungen werden in der Regel nicht verlangt, es genügen Skizzen sowie Ansätze für die Rechenwege.

a) Zur Premiere eines Films bringt eine Schokoladenfirma Überraschungseier mit Filmfiguren auf den Markt. Die Firma wirbt damit, dass sich in jedem 5. Überraschungsei eine Filmfigur befindet.
Für einen Kindergeburtstag werden 20 Überraschungseier gekauft, wobei man davon ausgehen kann, dass die Verteilung der Figuren zufällig ist.
Erklären Sie, welche Bedeutung in diesem Zusammenhang die folgende Rechnung hat:

$$\binom{20}{2} \cdot \left(\frac{1}{5}\right)^2 \cdot \left(\frac{4}{5}\right)^{18} \approx 0,137.$$

b) Laut Verpackungsangabe kommt es bei sachgerechter Pflanzung einer Tulpenzwiebel im nächsten Frühjahr mit einer Wahrscheinlichkeit von 98 % zu einer Blüte. Erklären Sie die Ungleichungen (I) und (II) im Kasten und interpretieren Sie das Ergebnis im Sachzusammenhang.

$$0{,}98^{n} > 0{,}75 \quad \text{(I)}$$
$$n < 14{,}24 \quad \text{(II)}$$

c) Zehn Raucher entschließen sich zu einer Entwöhnungskur. Zwei von ihnen sind starke Raucher, d.h. ihr Zigarettenkonsum übersteigt 20 Zigaretten pro Tag. Die Erfolgschancen der Behandlung liegen bei einem starken Raucher bei 60 %, bei einem nicht starken Raucher bei 70 %.
Wählen Sie die beiden Terme aus, welche die Wahrscheinlichkeit beschreiben, dass bei genau fünf der acht nicht starken Raucher die Entwöhnung erfolgreich ist. Begründen Sie kurz.

(i) $\binom{8}{3} \cdot 0{,}3^3 \cdot 0{,}7^5$ (ii) $0{,}7^5 \cdot 0{,}3^3$ (iii) $1 - \binom{8}{3} \cdot 0{,}3^3 \cdot 0{,}7^5$

(iv) $\binom{8}{5} \cdot 0{,}3^5 \cdot 0{,}7^3$ (v) $\binom{8}{5} \cdot 0{,}7^5 \cdot 0{,}3^3$ (vi) $\binom{8}{3} \cdot 0{,}7^3 \cdot 0{,}3^5$

d) Bei der Herstellung von Tassen werden erfahrungsgemäß 80% fehlerfrei glasiert. Man entnimmt der laufenden Produktion rein zufällig 10 Tassen.

I) Bestimmen Sie einen Term zur Berechnung der Wahrscheinlichkeit des Ereignisses A: «Von den entnommenen Tassen ist nur die 8. nicht fehlerfrei glasiert».

II) Beschreiben Sie in Worten ein Ereignis B, dessen Wahrscheinlichkeit folgendermaßen berechnet wird:

$$P(B) = 0{,}8^{10} + 10 \cdot 0{,}8^9 \cdot 0{,}2^1 + \binom{10}{2} \cdot 0{,}8^8 \cdot 0{,}2^2$$

Tipps – Analysis

1 Ableiten

1.1 Potenzfunktionen mit natürlichen Exponenten

a) - c) Verwenden Sie die Potenzregel $(a \cdot x^n)' = a \cdot n \cdot x^{n-1}$.

d) - f) Wenden Sie die Kettenregel an: $(u(v(x)))' = u'(v(x)) \cdot v'(x)$ (äußere Ableitung mal innere Ableitung).

g) - i) Wenden Sie die Produktregel $(u(x) \cdot v(x))' = u'(x) \cdot v(x) + u(x) \cdot v'(x)$ und die Kettenregel (äußere Ableitung mal innere Ableitung) an.

1.2 Potenzfunktionen mit negativen Exponenten

a) - c) Schreiben Sie den Bruch als Potenz mit negativem Exponenten und verwenden Sie die Potenzregel.

d) - h) Schreiben Sie den Bruch als Potenz mit negativem Exponenten und verwenden Sie die Potenzregel sowie die Kettenregel.

1.3 Potenzfunktionen mit gebrochenen Exponenten

a) - b) Schreiben Sie die Wurzel als Potenz mit gebrochenen Exponenten und verwenden Sie die Potenzregel sowie die Kettenregel.

c) Verwenden Sie die Potenzregel.

d) Verwenden Sie die Produkt- und Kettenregel.

1.4 Exponentialfunktionen

a) - d) Verwenden Sie zuerst die Produktregel und die Kettenregel.

e) - f) Verwenden Sie die Kettenregel, teilweise mehrfach.

1.5 Trigonometrische Funktionen

a) - b) Verwenden Sie die Kettenregel.

c) - e) Verwenden Sie die Produktregel und teilweise die Kettenregel.

f) Verwenden Sie die Kettenregel.

1.6 Vermischte Aufgaben

a) Verwenden Sie die Produktregel und die Kettenregel.

b) Schreiben Sie die Wurzel als Potenz mit gebrochenem Exponenten und verwenden Sie die Potenz- und Kettenregel.

c) Schreiben Sie den Bruch als Potenz mit negativem Exponenten und verwenden Sie die Produktregel und die Kettenregel.

d) Verwenden Sie die Produkt- und Kettenregel.

e) - f) Schreiben Sie den Bruch als Potenz mit negativem Exponenten und verwenden Sie die Produktregel und die Kettenregel.

g) Verwenden Sie die Produkt- und Kettenregel.

h) Schreiben Sie den Bruch als Potenz mit negativem Exponenten und verwenden Sie die Produktregel und die Kettenregel.

2 Stammfunktionen und Integrale

2.1 Stammfunktionen

2.1.1 Potenzfunktionen mit natürlichen Exponenten

a) - c) Benutzen Sie die Integrationsregel für Potenzfunktionen: Besitzt f die Form $f(x) = a \cdot x^n$, dann ist $\mathrm{F}(x) = a \cdot \frac{1}{n+1} x^{n+1} + c$; $n \neq -1$ eine Stammfunktion.

d) - f) Für verkettete (verschachtelte) Funktionen mit innerem *linearem* Ausdruck gilt die Integrationsregel für lineare Integration:
«Äußere Stammfunktion geteilt durch innere Ableitung»

2.1.2 Potenzfunktionen mit negativen Exponenten

a) - c) Schreiben Sie ggf. den Bruch als Potenz mit negativem Exponenten und verwenden Sie die Integrationsregel für Potenzfunktionen.

d) - e) Schreiben Sie den Bruch als Potenz mit negativem Exponenten und verwenden Sie die Integrationsregel für lineare Integration: «Äußere Stammfunktion geteilt durch innere Ableitung»

f) - h) Für verkettete (verschachtelte) Funktionen mit innerem *linearen* Ausdruck gilt die Integrationsregel für lineare Integration:
«Äußere Stammfunktion geteilt durch innere Ableitung».
Bei Potenzfunktionen mit $f(x) = a \cdot \frac{1}{bx+c}$, bei denen der Wert des Exponenten im Nenner gleich 1 ist, ist $\frac{1}{(...)}$ die äußere Funktion und $bx + c$ die innere Funktion. Eine Stammfunktion der äußeren Funktion ist $\ln|(...)|$. Der Parameter a verändert sich nicht beim Integrieren.

2.1.3 Potenzfunktionen mit gebrochenen Exponenten

a) Schreiben Sie die Funktionsgleichung als Potenz mit gebrochenem Exponenten und verwenden Sie die Integrationsregel für Potenzfunktionen:
Besitzt f die Form $f(x) = a \cdot x^n$, dann ist $\mathrm{F}(x) = a \cdot \frac{1}{n+1}x^{n+1} + c$; $n \neq -1$ eine Stammfunktion.
Für verkettete (verschachtelte) Funktionen mit innerem *linearen* Ausdruck gilt die Integrationsregel für lineare Integration:
«Äußere Stammfunktion geteilt durch innere Ableitung».

b) - c) Schreiben Sie die Funktionsgleichung als Potenz mit negativem gebrochenen Exponenten und verwenden Sie die Integrationsregel für Potenzfunktionen bzw. lineare Integration.

2.1.4 Exponentialfunktionen

a) - d) Für verkettete (verschachtelte) Funktionen mit innerem *linearen* Ausdruck gilt die Integrationsregel für lineare Integration:
«Äußere Stammfunktion geteilt durch innere Ableitung».
Bei einer e-Funktion mit $f(x) = a \cdot e^{k \cdot x + b}$ ist $e^{(\dots)}$ die äußere Funktion und $k \cdot x + b$ die innere Funktion. Der Parameter a verändert sich nicht beim Integrieren.

e) Lösen Sie zunächst die Klammer auf und verwenden Sie die Integrationsregeln für Potenzfunktionen bzw. lineare Integration.

f) Schreiben Sie den Bruch als Potenz mit negativem Exponenten und verwenden Sie die Integrationsregeln für Potenzfunktionen bzw. lineare Integration.

2.1.5 Trigonometrische Funktionen

a) - e) Beachten Sie, dass $\sin(x)$ eine Stammfunktion von $\cos(x)$ und $-\cos(x)$ eine Stammfunktion von $\sin(x)$ ist.
Auch bei diesen Aufgaben gilt die Regel für verkettete Funktionen mit innerem *linearen* Ausdruck:
«Äußere Stammfunktion geteilt durch innere Ableitung».
Ist $f(x) = a \cdot \sin(bx + c)$, so ist $\sin(\dots)$ die äußere Funktion und $bx + c$ die innere Funktion.
Der Parameter a verändert sich nicht beim Integrieren.

2.2 Integrale

a) - k) Verwenden Sie den Hauptsatz der Differential- und Integralrechnung
$\int_a^b f(x)dx = \mathrm{F}(b) - \mathrm{F}(a)$, wobei F eine Stammfunktion von f ist.
Verwenden Sie die Regeln für die Stammfunktionen (siehe die Tipps zu 2.1).

2.3 Integralgleichungen

a) - c) Verwenden Sie den Hauptsatz der Differential- und Integralrechnung $\int_a^b f(x)dx = \mathrm{F}(b) - \mathrm{F}(a)$, wobei F eine Stammfunktion von f ist. Lösen Sie die entstandene Gleichung durch Wurzelziehen oder Logarithmieren nach u auf.

2.4 Flächeninhalt zwischen zwei Kurven

a) - e) Bestimmen Sie jeweils die Integrationsgrenzen durch Gleichsetzen der Funktionsterme. Prüfen Sie, welche Kurve die obere Kurve ist. Stellen Sie nun ein Integral auf und wenden Sie den Hauptsatz der Differential- und Integralrechnung an: $\int_a^b f(x)dx = \mathrm{F}(b) - \mathrm{F}(a)$.

f) Den Inhalt A der markierten Fläche erhalten Sie, indem Sie die markierte Fläche in zwei Teilflächen A_1 und A_2 aufteilen. Die Teilfläche A_1 ist ein Rechteck, dessen Flächeninhalt Sie mit der Formel $A_1 = a \cdot b$ berechnen. Die Seiten a und b des Rechtecks erhalten Sie, indem Sie die positive Schnittstelle der Geraden mit der Gleichung $y = 3$ und dem Graphen von f durch Gleichsetzen der Funktionsgleichungen bestimmen. Die Fläche A_2 wird durch die Gerade und dem Graphen von f begrenzt. Den Flächeninhalt von A_2 erhalten Sie mit Hilfe eines Integrals. Verwenden Sie den Hauptsatz der Differential- und Integralrechnung. Addieren Sie die beiden Flächeninhalte der Teilflächen.

3 Gleichungen

3.1 Potenzgleichungen

a) - b) Verwenden Sie die pq- bzw. abc-Formel.

c) - d) Verwenden Sie den Satz vom Nullprodukt: Setzen Sie jeden einzelnen Faktor gleich Null und lösen Sie die entstandenen Gleichungen nach x auf.

e) - h) Klammern Sie x oder x^2 oder x^3 aus und bestimmen Sie die Lösungen mit Hilfe des Satzes vom Nullprodukt. Verwenden Sie die pq- oder abc-Formel.

i) - j) Es handelt sich um biquadratische Gleichungen. Substituieren Sie x^2 durch z. und lösen Sie die quadratische Gleichung mit Hilfe der pq- oder abc-Formel nach z auf. Anschließend resubstituieren Sie wieder und lösen die Gleichungen durch Wurzelziehen.

k) - l) Formen Sie die Gleichung um, so dass die Potenz durch Wurzelziehen gelöst werden kann.

3.2 Potenzgleichungen mit Parameter

a) - d) Verwenden Sie zur Lösung der quadratischen Gleichung die abc-Formel. Führen Sie eine Fallunterscheidung durch: Ist der Term unter der Wurzel negativ, gibt es keine Lösung, ist er Null, gibt es eine Lösung, ist er positiv, gibt es zwei Lösungen. Lösen Sie die entsprechenden Ungleichungen.

e) - f) Lösen Sie die Gleichungen durch Ausklammern von x. Beachten Sie, dass es keine Lösung gibt, wenn der Nenner gleich Null ist; ansonsten gibt es genau eine Lösung.

3.3 Exponentialgleichungen

a) Verwenden Sie den Satz vom Nullprodukt. Setzen Sie jeden einzelnen Faktor gleich Null und überlegen Sie, ob Lösungen existieren.

b) - c) Klammern Sie zuerst e^x bzw. e^{2x} aus und verwenden Sie dann den Satz vom Nullprodukt.

d) - e) Verwenden Sie den Satz vom Nullprodukt.

f) - h) Substituieren Sie $e^x = z$ bzw. $e^{2x} = z$ oder $e^{\frac{1}{2}x} = z$ und lösen Sie dann die quadratische Gleichung mit der pq- oder abc-Formel. Durch anschließende Rücksubstitution von z können Sie x berechnen (Zahlen unter der Wurzel als Bruch schreiben).

i) Multiplizieren Sie die Gleichung mit e^x, substituieren Sie $e^x = z$ und lösen Sie dann die quadratische Gleichung mit der pq- oder abc-Formel, anschließend rücksubstituieren und x berechnen.

j) - l) Lösen Sie die Gleichung durch Logarithmieren zu einer allgemeinen Basis.

3.4 Bruchgleichungen

a) - h) Multiplizieren Sie mit einer Potenz oder einem Term so, dass kein Nenner mehr vorhanden ist. Lösen Sie anschließend die entstandene Potenzgleichung mit Hilfe von Substitution und pq- bzw. abc-Formel.

3.5 Trigonometrische Gleichungen

Skizzieren Sie den Verlauf von $\sin(x)$ bzw. $\cos(x)$. Achten Sie auf das Lösungsintervall.

a) - b) Substituieren Sie den Term in der Klammer durch z, lösen Sie die Gleichung und resubstituieren Sie wieder.

c) - f) Verwenden Sie den Satz vom Nullprodukt. Eventuell müssen Sie $\sin x$ ausklammern.

g) - h) Substituieren Sie $\sin(x) = z$ bzw. $\cos(x) = z$, lösen Sie mit Hilfe der pq- oder abc-Formel die entstandene quadratische Gleichung und resubstituieren Sie wieder.

i) Verwenden Sie den Satz vom Nullprodukt und substituieren Sie den Term in der Klammer durch z, lösen Sie die Gleichung und resubstituieren Sie wieder.

3.6 Ungleichungen

a) - d) Formen Sie die gegebene Ungleichung so um, dass Null auf einer Seite steht. Überlegen Sie, wie das Schaubild der zugehörigen Funktion aussieht und bestimmen Sie die Nullstellen der Funktion mit Hilfe des Satzes vom Nullprodukt oder der *abc*-Formel. Beachten Sie, ob die x-Werte gesucht sind, für die das Schaubild oberhalb oder unterhalb der x-Achse verläuft.

e) - f) Beachten Sie, dass e^{kx} stets größer als Null ist und überlegen Sie, was dann für den anderen Faktor des Produkts gelten muss.

4 Funktionen und Schaubilder

4.1 Von der Gleichung zur Kurve

4.1.1 Ganzrationale Funktionen

Den Schnittpunkt mit der y-Achse erhalten Sie durch Einsetzen von $x = 0$ in $f(x)$, die Schnittpunkte mit der x-Achse erhalten Sie durch Lösen der Gleichung $f(x) = 0$.
Zuerst wird gespiegelt und gestreckt, anschließend verschoben (Reihenfolge beachten!).

a) - b) Die Schaubilder sind Geraden. Hat eine Gerade die Gleichung $y = mx + b$, so ist b der y-Achsenabschnitt und m die Steigung der Geraden.

c) - f) Die Schaubilder sind Variationen der Schaubilder der beiden Grundfunktionen $f(x) = x^2$ (Parabel) oder $g(x) = x^3$ (kubische Parabel).

Ist $f(x) = a(x-b)^2 + c$ bzw. $g(x) = a(x-b)^3 + c$, so gibt es folgende Verwandlungen:
a: Streckfaktor in y-Richtung; $a < 0$: zusätzlich Spiegelung an der x-Achse.
$b > 0$ bzw. $b < 0$: Verschiebung nach rechts bzw. links.
$c > 0$ bzw. $c < 0$: Verschiebung nach oben bzw. unten.

4.1.2 Potenzfunktionen

Die Asymptoten des Schaubilds der Funktionen erhalten Sie, indem Sie den Nenner gleich Null setzen und $f(x)$ für $x \to \pm\infty$ betrachten.
Die Schaubilder sind Variationen der Schaubilder der Grundfunktionen $f(x) = \frac{1}{x}$ bzw. $g(x) = \frac{1}{x^2}$.
Falls vor dem Bruch ein Minuszeichen steht, müssen Sie zuerst an der x-Achse spiegeln und anschließend in x- bzw. y-Richtung verschieben.

Ist $f(x) = \frac{a}{x-b} + c$ bzw. $g(x) = \frac{a}{(x-b)^2} + c$, so gibt es folgende Verwandlungen:
a: Streckfaktor in y-Richtung; $a < 0$: zusätzlich Spiegelung an der x-Achse.
$b > 0$ bzw. $b < 0$: Verschiebung nach rechts bzw. links.
$c > 0$ bzw. $c < 0$: Verschiebung nach oben bzw. unten.
Asymptoten: $x = b$ senkrechte Asymptote (Pol) und $y = c$ waagrechte Asymptote.

4.1.3 Trigonometrische Funktionen

Die Schaubilder sind Variationen der Grundfunktionen $f(x) = \sin(x)$ bzw. $g(x) = \cos(x)$.
Ist $f(x) = a \cdot \sin(b \cdot (x-c)) + d$ bzw. $g(x) = a \cdot \cos(b \cdot (x-c)) + d$, so gibt es folgende Verwandlungen:
a: Streckfaktor in y-Richtung; $a < 0$: zusätzlich Spiegelung an der x-Achse.
b: Streckfaktor in x-Richtung.
$c > 0$ bzw. $c < 0$: Verschiebung nach rechts bzw. links.
$d > 0$ bzw. $d < 0$: Verschiebung nach oben bzw. unten.
Periode: $p = \frac{2\pi}{b}$.

4.1.4 Exponentialfunktionen

Zur Bestimmung der Asymptoten betrachten Sie $f(x)$ für $x \to \pm\infty$.
Die Schaubilder sind Variationen der Grundfunktionen $f(x) = e^x$ bzw. $g(x) = e^{-x}$.
Ist $f(x) = a \cdot e^{x-b} + c$ bzw. $g(x) = a \cdot e^{-(x-b)} + c$, so gibt es folgende Verwandlungen:
a: Streckfaktor in y-Richtung; $a < 0$: zusätzlich Spiegelung an der x-Achse.
$b > 0$ bzw. $b < 0$: Verschiebung nach rechts bzw. links.
$c > 0$ bzw. $c < 0$: Verschiebung nach oben bzw. unten.

4.2 Aufstellen von Funktionen mit Randbedingungen

4.2.1 Ganzrationale Funktionen

Für alle ganzrationalen Funktionen gilt:

- Parabel 2. Grades: $f(x) = ax^2 + bx + c$
- Zur y-Achse symmetrische Parabel 2. Grades: $f(x) = ax^2 + c$
- Parabel 3. Grades: $f(x) = ax^3 + bx^2 + cx + d$

Zu den gegebenen Aufgaben:

1. Bilden Sie die 1. und 2. Ableitung des jeweiligen Ansatzes (dies ist nicht nötig, falls es keine Angaben über die Steigung oder über die Extrempunkte gibt).
2. Verwenden Sie die Bedingungen der Kurvendiskussion:
   - Schnittpunkt mit der x-Achse: $f(x) = 0$
   - Schnittpunkt mit der y-Achse: $x = 0$
   - Extrempunkt: $f'(x) = 0$
   - Wendepunkt: $f''(x) = 0$
3. Sie brauchen so viele Gleichungen wie Unbekannte! Stellen Sie die Gleichungen auf und lösen Sie sie nach den Parametern (a, b, c, ...) auf.

4.2.2 Potenzfunktionen

- Stellen Sie möglichst einfache Bruchterme auf.
- Eine Potenzfunktion, deren Schaubild eine waagerechte Asymptote besitzt, hat folgenden Ansatz: «$f(x) =$ Asymptotengleichung + Bruchterm»
- Polstelle: Der Nenner des Bruchterms muss gleich Null sein.
- Hat der Bruchterm die Form $\frac{1}{(x-p)^n}$, so gilt:

n ist ungerade $\Leftrightarrow$ Pol mit Vorzeichenwechsel
n ist gerade $\Leftrightarrow$ Pol ohne Vorzeichenwechsel

4.2.3 Exponentialfunktionen

Stellen Sie zwei Gleichungen mit zwei Unbekannten auf und lösen Sie das Gleichungssystem; dazu müssen Sie eventuell noch ableiten. Verwenden Sie die Tipps aus dem vorgehenden Kapitel.

4.2.4 Trigonometrische Funktionen

Eine verallgemeinerte Sinusfunktion hat die Gleichung $f(x) = a \cdot \sin(b \cdot (x-c)) + d$, eine verallgemeinerte Kosinusfunktion die Gleichung $f(x) = a \cdot \cos(b \cdot (x-c)) + d$.
Die Eigenschaften des Schaubildes und die Koeffizienten a, b, c, d hängen dabei folgendermaßen zusammen:

- Streckfaktor in y-Richtung: a
- Streckfaktor in x-Richtung: b
- Verschiebung nach links bzw. rechts: $c < 0$ bzw. $c > 0$
- Verschiebung nach unten bzw. oben: $d < 0$ bzw. $d > 0$
- Periode: $p = \frac{2\pi}{b}$ bzw. $b = \frac{2\pi}{p}$

4.3 Von der Kurve zur Gleichung

4.3.1 Ganzrationale Funktionen

Es handelt sich bei allen Schaubildern um Funktionen 2. bis 4. Grades. Es gibt verschiedene Lösungswege:

1. Ansatz als allgemeine Funktion (ähnlich wie das Aufstellen von Funktionen mit Randbedingungen), z.B. $f(x) = ax^2 + bx + c$. Aus der Zeichnung werden drei Punkte bestimmt und drei Gleichungen aufgestellt, die man anschließend nach a, b und c auflöst. Dieser Weg ist etwas langwierig, führt aber immer zum Ziel.

2. Ansatz mit Hilfe der Linearfaktoren. Dieser Ansatz funktioniert nur dann, wenn die Funktion eindeutig ablesbare Nullstellen besitzt (z.B. bei den Aufgaben c) bis f)). Sind $x_1, ..., x_n$ Nullstellen, so gilt: $f(x) = a \cdot (x-x_1) \cdot ... \cdot (x-x_n)$. Der Faktor a kann mit Hilfe eines abgelesenen Punktes bestimmt werden.

3. Ansatz als verschobene Grundfunktion: Wenn man eine Normalparabel $f(x) = x^2$ nach oben oder unten verschieben will, so addiert man eine Konstante c. Will man sie nach rechts oder links verschieben, so setzt man für eine Verschiebung nach rechts um eine Längeneinheit den Ausdruck $(x-1)$ statt x ein. Bei einer Verschiebung um 2 LE nach links entsprechend $(x+2)$ statt x.

Tipps für die Aufgaben:

a) $f(x) = x^2$, nach links verschoben

b) $f(x) = x^2$, nach links und unten verschoben

c) $f(x) = -x^2$, nach rechts und oben verschoben

d) Ansatz mit Hilfe der Nullstellen (Linearfaktorzerlegung)

4.3.2 Potenzfunktionen

Die einfachsten Potenzfunktionen sind:

$f(x) = \frac{1}{x}$ (Pol mit VZW) bzw. $f(x) = \frac{1}{x^2}$ (Pol ohne VZW)

a) - b) Nach rechts/links verschobene Grundfunktionen

c) - d) Nach rechts/links *und* oben/unten verschobene Grundfunktionen

4.3.3 Trigonometrische Funktionen

Allgemeine Tipps: Siehe Tipps zu Kapitel 4.2.4

Es handelt sich um Sinus- bzw. Kosinusfunktionen der Form $f(x) = a \cdot \sin(b \cdot (x-c)) + d$ bzw. $f(x) = a \cdot \cos(b \cdot (x-c)) + d$. Überlegen Sie, welche der in Kapitel «Von der Kurve zur Gleichung» aufgezählten Veränderungen des Schaubilds in Frage kommen. Prüfen Sie zuerst, ob das Schaubild nach oben verschoben ist (bestimmen Sie die waagerechte «Mittelachse»). Prüfen Sie dann, ob das Schaubild nach links oder rechts verschoben ist (eine unverschobene Sinusfunktion hat einen Wendepunkt bei $x = 0$) und bestimmen Sie anschließend die Periode p. Zum Schluß bestimmen Sie den Abstand des Hoch-bzw. Tiefpunkts zur «Mittelachse» und damit die Amplitude/ Streckung a.

4.4 Schaubilder von f, f' und F

4.4.1 Von f zu f'

a) I) Prüfen Sie, ob die Ableitungskurve an der Stelle $x = 1$ eine waagrechte Tangente hat.

II) Überlegen Sie, welche Steigung die Tangenten an die Ableitungskurve haben.

III) Prüfen Sie, ob die Ableitungskurve für $x > 1$ unterhalb der x-Achse verläuft.

b) I) Prüfen Sie, ob die Ableitungskurve an der Stelle $x = 1$ eine Tangente mit waagrechter Steigung sowie ein Minimum oder Maximum hat.

II) Prüfen Sie, ob die Steigung der Tangente an die Ableitungskurve bei $x = 2$ extremal ist.

III) Prüfen Sie, ob die Ableitungskurve für $x > 1$ unterhalb der x-Achse verläuft.

c) I) Prüfen Sie ob die Ableitungskurve für $x < -1$ stets unterhalb der x-Achse verläuft.

II) Prüfen Sie, ob die Ableitungskurve bei $x = 0$ eine waagrechte Tangente hat.

III) Bestimmen Sie anhand der Graphen die Werte $f'(0)$ und $f(-1)$.

4.4.2 Von f' zu f

Es sind Aussagen über eine Stammfunktion f der gezeichneten Kurve von f' zu bewerten. Dabei gilt für alle Stammfunktionen f:

- $f'(x) = 0$ und VZW von $+$ nach $- \Rightarrow$ Das Schaubild von f hat einen Hochpunkt.
- $f'(x) = 0$ und VZW von $-$ nach $+ \Rightarrow$ Das Schaubild von f hat einen Tiefpunkt.
- $f'(x)$ hat einen Extrempunkt $\Rightarrow$ Das Schaubild von f hat einen Wendepunkt.

a) I) Überlegen Sie, was es für die Ableitung einer Funktion bedeutet, wenn das Schaubild der Funktion einen Extrempunkt besitzt.

II) Was bedeutet es für eine Kurve, wenn sie in einem Punkt eine waagerechte Tangente besitzt? Welche Steigung hat die Kurve in einem derartigen Punkt?

III) Was bedeutet es für die Ableitungskurve, wenn das Schaubild der Funktion f einen Wendepunkt besitzt? Finden Sie solche Punkte in der Kurve von f'?

IV) Beachten Sie, ob das Schaubild von f' für $0 \leqslant x \leqslant 2$ oberhalb oder unterhalb der x-Achse verläuft.

b) I) Überlegen Sie, was es für die Ableitung einer Funktion bedeutet, wenn das Schaubild der Funktion einen Extrempunkt besitzt.

II) Welchen Wert nimmt die Ableitung einer Funktion an einem Extremwert an? Was muss zusätzlich noch gelten, damit es sich um einen Hochpunkt handelt (wie sehen die Vorzeichenwechsel der Steigung aus)?

III) Überlegen Sie, welchen Grad das Polynom der gezeichneten Ableitungskurve besitzt.

IV) Überlegen Sie, was man tun muss, um Informationen über die Steigung einer Kurve in einem Punkt zu bekommen. Welche Funktion gibt «Auskunft» über die Steigungswerte der Kurve in jedem Punkt?

c) I) Skizzieren Sie das Schaubild einer Funktion zur gegebenen Ableitungsfunktion; benutzen Sie dazu die Extremwerte und die Nullstelle der angegebenen Ableitungsfunktion. Hat das Schaubild von f bei $x = 0$ einen Hoch- oder Tiefpunkt (Vorzeichenwechsel beachten)?

II) Beachten Sie, ob das Schaubild von f' stets oberhalb oder unterhalb der x-Achse verläuft.

III) Prüfen Sie, welche Bedingungen die Kurve der angegebenen Ableitungsfunktion erfüllen muss, damit die Funktion f an der Stelle $x = 0$ einen Tiefpunkt hat. Beachten Sie den Vorzeichenwechsel.

IV) Überlegen Sie, was es für das Schaubild der Ableitung bedeutet, wenn eine Kurve einen oder mehrere Extrempunkte besitzt.

4.4.3 Von f zu F

Allgemeine Tipps:

- Skizzieren Sie zuerst die Ableitung bzw. eine Stammfunktion.
- Das Schaubild von F hat einen Hochpunkt an der Stelle x_1, wenn $f(x_1) = 0$ und an dieser Nullstelle bei f ein Vorzeichenwechsel (VZW) von $+$ nach $-$ stattfindet.
- Das Schaubild von F hat einen Tiefpunkt an der Stelle x_2, wenn $f(x_2) = 0$ und bei f an dieser Stelle ein VZW von $-$ nach $+$ stattfindet.
- Das Schaubild von F hat einen Wendepunkt an der Stelle x_3, wenn f einen Extrempunkt an dieser Stelle hat.

Die Stammfunktion

a) I) Überlegen Sie, welche Art von Funktion vorliegt. Wie sieht das Schaubild der Ableitungsfunktion einer Geraden aus?

II) Bestimmen Sie $f(1)$ und beachten Sie, dass $f(x) = \mathrm{F}'(x)$ ist.

III) Streng monoton zunehmend für f bedeutet, dass f' immer > 0 ist (warum?). In der Aufgabe ist allerdings gefragt, ob f' monoton zunehmend ist. Also muss man f'' untersuchen.

IV) y-achsensymmetrisch bedeutet $f(-x) = f(x)$.

b) I) Welche Gestalt besitzt das Schaubild der Ableitungsfunktion einer Parabel 2. Grades? Überlegen Sie, welche Aussagen Sie sicher über dieses Schaubild treffen können.

II) Beachten Sie, ob das Schaubild von f für $0 \leqslant x \leqslant 1$ oberhalb oder unterhalb der x-Achse verläuft.

III) Überlegen Sie, was es für die Funktion f bedeutet, wenn die Stammfunktion Extremstellen besitzt (f ist die 1. Ableitung von F).

Die Integralfunktion

Allgemeine Tipps zur Integralfunktion:

Wie man an den Aufgaben I und II sehen kann, lässt sich die Stammfunktion einer Funktion f in y-Richtung verschieben. Dies geschieht durch die Konstante c im unbestimmten Integral, das sogenannte absolute Glied.

Bei der Integralfunktion wird die Variable x als obere Grenze behandelt und die Funktion erst nach t integriert. Durch das Einsetzen der Grenzen entsteht zum Schluss eine Funktion $\mathrm{J}_0(x)$.

- Falls es möglich ist, stellen Sie zuerst einen Funktionsterm für f auf (Parabeln, nach rechts und unten verschoben). Bilden Sie dann die Integralfunktion und skizzieren Sie die Integralfunktion zum Schluss in das Koordinatensystem.
- Falls es nicht möglich ist, einen Funktionsterm aufzustellen, benutzt man die Tatsache, dass der Funktionswert der Integralfunktion dem orientierten Flächeninhalt entspricht. Die Funktion $\mathrm{J}_0(x)$ geht durch $(0 \mid 0)$. Man bestimmt zuerst die charakteristischen Stellen (Extrem- und Wendestellen). Für diese bestimmt man den Funktionswert von $\mathrm{J}_0(x)$ durch das Aufsummieren der orientierten Flächeninhalte. (Orientierter Flächeninhalt bedeutet, dass Flächen unterhalb der x-Achse ein negatives Vorzeichen erhalten.)

a) I) Überlegen Sie, wie das Schaubild der Ableitungsfunktion aussehen muss.

II) Skizzieren Sie die Integralfunktion. Prüfen Sie die Intervallgrenzen.

III) Überlegen Sie, was eine Extremstelle der Integralfunktion für die Funktion f bedeuten würde.

b) I) Bilden Sie die Integralfunktion und skizzieren Sie sie in das Koordinatensystem. Dabei können Sie die Steigung der Integralfunktion am gegebenen Schaubild ablesen (z.B. hat für $x = 4$ die Integralfunktion die Steigung -2).

II) Überlegen Sie, was eine Extremstelle der Integralfunktion für die Funktion f bedeuten würde.

III) Überlegen Sie, welche Art von Funktion die Integralfunktion ist und wie viele Extremstellen ganzrationale Funktionen 3.Grades besitzen können.

IV) Monoton fallend für eine Funktion f bedeutet: $f'(x) \leqslant 0$. Beachten Sie, dass in der Aufgabe Aussagen über f' gemacht werden. Daher müssen Sie f'' untersuchen.

4.5 Kurvendiskussion

4.5.1 Elemente der Kurvendiskussion

a) Die Bedingungen für ein Minimum sind $f'(x) = 0$ und Vorzeichenwechsel von f' von $-$ nach $+$. Prüfen Sie, ob diese auf den Punkt zutreffen.

b) Zur Berechnung von $f(g(2))$ setzen Sie $x = 2$ in $g(x)$ und das Ergebnis in $f(x)$ ein. Zur Berechnung von $g(f(2))$ setzen Sie $x = 2$ in $f(x)$ und das Ergebnis in $g(x)$ ein.
Setzen Sie $g(x)$ in $f(x)$ ein und lösen Sie die Gleichung $f(g(x)) = 0,1$ durch Wurzelziehen.

c) Lösen Sie die Ungleichung $(x+3) \cdot (x-1) > 0$ durch funktionale Betrachtung: Überlegen Sie, wie das Schaubild von f verläuft und bestimmen Sie die Nullstellen von f. Alternativ können Sie die Ungleichung auch durch Fallunterscheidung lösen.

d) Überlegen Sie, durch welche Punkte das Schaubild von f verläuft und ob es Extrem- oder Wendepunkte gibt. Beachten Sie Symmetrien.

e) Die Bedingungen für einen Tiefpunkt sind: $f'(x) = 0$ und Vorzeichenwechsel von f' von $-$ nach $+$ bzw. $f''(x) > 0$. Prüfen Sie, ob diese auf den Punkt zutreffen. Benutzen Sie zum Ableiten die Produktregel.

f) Lösen Sie die Ungleichung $-x^2 + 3x + 7 > 3$ durch funktionale Betrachtung: Überlegen Sie, wie das Schaubild von f verläuft und bestimmen Sie die Schnittstellen von f mit der Geraden $y = 3$. Lösen Sie die entstandene Gleichung mit Hilfe der pq- oder abc-Formel.

g) Bestimmen Sie die 1. Ableitung von f mit Hilfe der Produkt- und Kettenregel. Beachten Sie, dass Graph der Funktion f streng monoton fallend ist, wenn $f'(x) < 0$ gilt. Lösen Sie die Ungleichung und beachten Sie, dass $e^{-2x} > 0$ist.

h) Die Bedingung für einen Sattelpunkt ist $f'(x_0) = 0$ und kein Vorzeichenwechsel von f' an der Stelle x_0.

i) Schreiben Sie den Bruch als Potenz mit negativem Exponenten und bestimmen Sie die 1. Ableitung mit der Kettenregel. Setzen Sie $f'(x) = 0$ und lösen Sie die Gleichung nach x auf. Berechnen Sie den zugehörigen y-Wert und prüfen Sie, ob bei $f'(x)$ an der berechneten Stelle ein Vorzeichenwechsel vorliegt.

j) Punkte mit waagerechter Tangente haben die Steigung Null, also wird die 1. Ableitung Null gesetzt. Für die Gleichung der Geraden durch die beiden Punkte ist zuerst die Steigung zu berechnen: $m = \frac{y_2 - y_1}{x_2 - x_1}$.

k) Wendepunkte bestimmen Sie mit Hilfe von $f''(x)$ und $f'''(x)$.

l) Überlegen Sie, an welcher Stelle x die 1. Ableitung Null ist und ob die 1. Ableitung das Vorzeichen von $-$ nach $+$ wechselt.

m) Berechnen Sie die Steigung in P mit Hilfe der 1. Ableitung. Überlegen Sie, welche Art von Punkten eine waagerechte Tangente hat.

n) Für den Nachweis eines Wendepunkts verwenden Sie die 2. und 3. Ableitung.

4.5.2 Symmetrie

Die Bedingung für y-Achsensymmetrie ist $f(-x) = f(x)$, die Bedingung für Ursprungssymmetrie ist $f(-x) = -f(x)$. Setzen Sie $-x$ in $f(x)$ ein und formen Sie den Term um.

4.5.3 Tangenten und Normalen

Die Gleichung einer Tangente lautet: $y = f'(u) \cdot (x-u) + f(u)$, die entsprechende Normale hat die Gleichung $y = -\frac{1}{f'(u)} \cdot (x-u) + f(u)$.

a) Bestimmen Sie die Tangentensteigung in P mit Hilfe der 1. Ableitung. Setzen Sie die Koordinaten des Punktes P und die Tangentensteigung in die Tangentengleichung ein. Für die Normalensteigung m_n gilt: $m_n = -\frac{1}{m_t}$ mit m_t = Steigung der Tangente.

b) Bestimmen Sie zuerst den Wendepunkt und dann die Steigung der Tangente bzw. der Normalen und stellen Sie die Geradengleichungen auf.

c)
- Da die Tangentensteigung schon bekannt ist, muss in dieser Aufgabe der Punkt P bestimmt werden, in dem das Schaubild von f die Steigung $m = -2$ besitzt. Also wird die erste Ableitung gleich -2 gesetzt und x_P bestimmt. Mit den Koordinaten des Punktes und der Steigung wird anschließend die Tangentengleichung aufgestellt.
- Man verfährt ähnlich wie bei I), nur muss die Steigung der Tangente erst aus der Steigung der angegebenen Geraden ermittelt werden. Für die Steigung zweier aufeinander senkrecht stehender Geraden m_1 und m_2 gilt: $m_2 = -\frac{1}{m_1}$.
- Man verfährt ähnlich wie bei I), die Steigung paralleler Geraden ist gleich: $m_t = m_g$.

d) Schreiben Sie den Bruch als Potenz mit negativem Exponenten und bestimmen Sie die 1. Ableitung mit Hilfe der Kettenregel. Bestimmen Sie die Tangentensteigung in P mit Hilfe der 1. Ableitung. Benutzen Sie dann die Steigung und den Punkt, um die Geradengleichung aufzustellen. Für die Normalensteigung m_n gilt: $m_n = -\frac{1}{m_t}$ mit m_t = Steigung der Tangente.

e) Wenn von einem Punkt P, der nicht auf einer Kurve liegt, eine Tangente an eine Kurve gelegt werden soll, kann man folgendermaßen vorgehen:

I) Der Berührpunkt hat die Koordinaten B $(u \mid f(u))$.

II) Mit Hilfe der 1. Ableitung und B bestimmt man die Tangentengleichung in Abhängigkeit von u.

III) Der Punkt P wird in die Tangentengleichung eingesetzt und die Gleichung nach u aufgelöst.

4.5.4 Berührpunkte zweier Kurven

a) - b) Bei diesen Aufgaben müssen Sie zeigen, dass die Bedingungen für das Berühren erfüllt sind.

c) - d) Gesucht sind die Punkte, an denen sich die Kurven berühren. Dazu müssen beide Bedingungen erfüllt sein. Sie können also die Ableitungen der beiden Funktionen gleichsetzen, um mögliche Punkte zu bestimmen. Anschließend müssen Sie aber noch prüfen, ob es sich tatsächlich um gemeinsame Punkte beider Kurven handelt.

4.6 Verständnis von Zusammenhängen

a) Überlegen Sie, welche Stellen durch das Gleichsetzen der Funktionsterme bestimmt werden und welche Bedeutung das Integral haben kann.

b) Überlegen Sie, welche Summe jeweils durch die Integrale gebildet wird.

c) Überlegen Sie, welcher Punkt des Schaubilds bestimmt wird, welche Steigung die Funktion an diesem Punkt hat und was für eine Gerade beschrieben wird.

d) Überlegen Sie, welche Summe durch das Integral bestimmt wird und welche Bedeutung die Integrationsgrenzen haben. Beachten Sie, dass ein Jahr 52 Wochen hat.

e) Skizzieren Sie das Schaubild von f. Überlegen Sie, welche Fläche durch das Integral beschrieben wird und welche Bedeutung der Grenzwert hat.
Bestimmen Sie zur Ergänzung des Rechenwegs eine Stammfunktion von f und verwenden Sie den Hauptsatz der Differential- und Integralrechnung: $\int_a^b f(x)dx = \mathrm{F}(b) - \mathrm{F}(a)$.

f) Verwenden Sie als Ansatz für eine ganzrationale Funktion f vierten Grades die Gleichung $f(x) = ax^4 + bx^3 + cx^2 + dx + e$ sowie deren Ableitungen. Beachten Sie, dass als notwendige Bedingung für Wendepunkte des Graphen von f die Gleichung $f''(x) = 0$ zu lösen wäre. Überlegen Sie, wie viele Lösungen diese Gleichung maximal hat und was dies für die maximale Anzahl der Wendepunkte des Graphen von f bedeutet.

g) Überlegen Sie, welche Bedeutung $x = u$ und damit $d(u)$ hat. Beachten Sie, dass durch $d'(u) = 0$ Extremstellen berechnet werden. Überlegen Sie, welche Bedeutung ein negatives Ergebnis der 2. Ableitung hat.

h) Beachten Sie, dass mit Hilfe der angegebenen Formel der Abstand zweier Punkte bestimmt wird. Überlegen, Sie, welches der zweite Punkt neben P ist und welche Bedeutung die Gleichung dann hat.

Geometrie

5 Punkte, Geraden und Ebenen

5.1 Rechnen mit Vektoren

5.1.1 Rechenregeln und Betrag

Für das Rechnen mit Vektoren gelten folgende Gesetze:

Addition: $\begin{pmatrix} a_1 \\ a_2 \\ a_3 \end{pmatrix} + \begin{pmatrix} b_1 \\ b_2 \\ b_3 \end{pmatrix} = \begin{pmatrix} a_1+b_1 \\ a_2+b_2 \\ a_3+b_3 \end{pmatrix}$ Subtraktion: $\begin{pmatrix} a_1 \\ a_2 \\ a_3 \end{pmatrix} - \begin{pmatrix} b_1 \\ b_2 \\ b_3 \end{pmatrix} = \begin{pmatrix} a_1-b_1 \\ a_2-b_2 \\ a_3-b_3 \end{pmatrix}$

Skalare Multiplikation: $s \cdot \begin{pmatrix} a_1 \\ a_2 \\ a_3 \end{pmatrix} = \begin{pmatrix} s \cdot a_1 \\ s \cdot a_2 \\ s \cdot a_3 \end{pmatrix}$ (Zahl · Vektor = Vektor), für $s \in \mathbb{R}$

Skalarprodukt: $\begin{pmatrix} a_1 \\ a_2 \\ a_3 \end{pmatrix} \cdot \begin{pmatrix} b_1 \\ b_2 \\ b_3 \end{pmatrix} = a_1 \cdot b_1 + a_2 \cdot b_2 + a_3 \cdot b_3$ (Vektor · Vektor = Zahl)

Betrag bzw. Länge: $\left| \begin{pmatrix} a_1 \\ a_2 \\ a_3 \end{pmatrix} \right| = \sqrt{a_1^2 + a_2^2 + a_3^2}$

5.1.2 Orts- und Verbindungsvektoren

a) Ortsvektoren setzen am Ursprung $O(0 \mid 0 \mid 0)$ an. Verbindungsvektoren zwischen zwei Punkten erhalten Sie mit Hilfe der Differenz der Ortsvektoren. Bestimmen Sie jeweils die Länge (Betrag) der Verbindungsvektoren.

b) Stellen Sie jeweils drei Verbindungsvektoren zwischen je zwei Punkten auf und berechnen Sie deren Länge.

c) Tragen Sie in Ihre Skizze jeweils die gegebenen und gesuchten Punkte sowie den Ursprung O ein. Bestimmen Sie mit Hilfe einer Vektorkette den Ortsvektor des gesuchten Punktes. Geben Sie die Koordinaten des gesuchten Punktes an.

d) Tragen Sie in Ihre Skizze die gegebenen und gesuchten Punkte sowie den Ursprung O ein. Achten Sie dabei auf die Reihenfolge der Punkte (*gegen* den Uhrzeigersinn). Bestimmen Sie mit Hilfe einer Vektorkette den Ortsvektor des gesuchten Punktes. Geben Sie die Koordinaten des gesuchten Punktes an.

e) Da je vier Kanten parallel sind, gilt
$\overrightarrow{BF} = \overrightarrow{CG} = \overrightarrow{DH} = \overrightarrow{AE}$, $\overrightarrow{BC} = \overrightarrow{AD} = \overrightarrow{FG} = \overrightarrow{EH}$ und $\overrightarrow{AB} = \overrightarrow{EF} = \overrightarrow{DC} = \overrightarrow{HG}$.
Bestimmen Sie mit Hilfe einer Vektorkette den Ortsvektor des gesuchten Punktes. Geben Sie die Koordinaten des gesuchten Punktes an.

f) Tragen Sie in Ihre Skizze die gegebenen und gesuchten Punkte sowie den Ursprung O ein. Bestimmen Sie mit Hilfe einer Vektorkette den Ortsvektor des gesuchten Punktes. Geben Sie die Koordinaten des gesuchten Punktes an. Die Länge einer Kante ist die Länge des Verbindungsvektors der beiden Eckpunkte.

5.1.3 Orthogonalität von Vektoren

a) Zwei Vektoren stehen genau dann senkrecht aufeinander, wenn das Skalarprodukt gleich Null ist. Ist das Skalarprodukt ungleich Null, dann sind die beiden Vektoren nicht orthogonal.

b) Es sind Vektoren zu suchen, deren Skalarprodukt mit $\vec{n}$ Null ergibt.

c) Bestimmen Sie das Skalarprodukt von je zwei Verbindungsvektoren. Falls ein Ergebnis Null ergibt, sind die beiden Vektoren orthogonal.

5.2 Geraden

5.2.1 Aufstellen von Geradengleichungen

Verwenden Sie den Ortsvektor des einen Punktes als Stützvektor. Bilden Sie den Richtungsvektor, indem Sie den Verbindungsvektor zwischen den beiden Punkten aufstellen.

5.2.2 Punktprobe

Setzen Sie den Ortsvektor des Punktes in die Geradengleichung ein und prüfen Sie, ob sich für alle drei Komponenten der gleiche Parameter ergibt.

5.2.3 Gegenseitige Lage von Geraden

Für die gegenseitige Lage von zwei Geraden gibt es vier Möglichkeiten: Die Geraden können sich schneiden, parallel, identisch oder windschief sein.

Zur Bestimmung der gegenseitigen Lage prüft man zuerst die Richtungsvektoren auf lineare Abhängigkeit bzw. Unabhängigkeit:

1. Sind die Richtungsvektoren ein Vielfaches voneinander (linear abhängig), können die Geraden parallel oder identisch sein.
   Sie sind identisch, wenn ein Punkt der einen Geraden auf der anderen Geraden liegt (positive Punktprobe), sonst sind sie parallel (negative Punktprobe).

2. Sind die Richtungsvektoren kein Vielfaches voneinander (linear unabhängig), können die Geraden sich schneiden oder windschief sein.
   Durch Gleichsetzen erhält man den Schnittpunkt oder einen Widerspruch, welcher angibt, dass die Geraden windschief sind.

5.3 Ebenen

5.3.1 Parameterform der Ebenengleichung

a), b) Nehmen Sie einen der Punkte als «Stützpunkt». Die Verbindungsvektoren zwischen den Punkten ergeben die Spannvektoren.

c), d) Der Stützvektor der Geraden dient als Stützvektor der Ebene, der Richtungsvektor bildet den ersten Spannvektor. Den zweiten Spannvektor erhalten Sie, indem Sie den Verbindungsvektor zwischen dem Stützpunkt und dem angegebenen Punkt bilden.

5.3.2 Koordinatengleichung einer Ebene

Um eine Ebenengleichung aufzustellen, braucht man in der Regel entweder einen Punkt, der in der Ebene liegt, und zwei Spannvektoren oder einen Punkt A, der in der Ebene liegt, und einen Normalenvektor $\vec{n}$, welche man dann in die Punkt-Normalenform $(\vec{x}-\vec{a})\cdot\vec{n}=0$ einsetzt.

Ein Normalenvektor $\vec{n}$ errechnet sich mit Hilfe des Kreuzprodukts aus den beiden Spannvektoren (siehe Seite 42).

Zur Koordinatengleichung kommt man durch Ausmultiplizieren der Punkt-Normalenform. Alternativ kann man die Koordinaten eines gegebenen Punktes in den Ansatz $ax_1+bx_2+cx_3=d$ einsetzen und d bestimmen.

a), b) Berechnen Sie das Skalarprodukt der gegebenen Punkt-Normalenform, um die Koordinatengleichung zu erhalten.

c), d) Wählen Sie einen der 3 Punkte als «Stützpunkt» und bestimmen Sie die Spannvektoren als Verbindungsvektoren zwischen dem ersten Punkt und den beiden anderen Punkten. Anschließend bestimmt man einen Normalenvektor wie oben beschrieben und rechnet über die Punkt-Normalenform die Koordinatenform aus.

e), f) Als Stützvektor bietet sich der Stützvektor der Geraden an. Als 1. Spannvektor benutzt man den Richtungsvektor der Geraden, als 2. Spannvektor nimmt man den Verbindungsvektor zwischen dem Punkt außerhalb der Geraden und dem «Stützpunkt» der Geraden.

g) - i) Bestimmen Sie zuerst den Stützvektor der Ebene. Bestimmen Sie dazu den Schnittpunkt der beiden Geraden. Der Ortsvektor des Schnittpunktes dient als Stützvektor, die beiden Richtungsvektoren der Geraden werden als Spannvektoren der Ebene genommen. (wichtig: Wenn man s und t mit Hilfe von zwei Gleichungen bestimmt hat, muss man s und t in der 3. Gleichung überprüfen).

j), k) Wenn das Gleichungssystem zu einem Widerspruch wie z.B. $3=0$ führt, besitzt es keine Lösung. Die Geraden schneiden sich dann nicht. Untersuchen Sie die beiden Richtungsvektoren. Sind diese linear abhängig, dann sind die Geraden parallel.

l) Um die Ebenengleichung aufzustellen, brauchen Sie einen Punkt der Ebene und einen Normalenvektor. Die Spiegelebene befindet sich genau in der Mitte zwischen A und A^*. Anhand einer Skizze kann man sich gut klarmachen, wie der Normalenvektor aussehen muss.

m) Wenn die Ebene E die Gerade g enthält, dann sind der Normalenvektor von E und der Richtungsvektor von g orthogonal. Damit ist das Skalarprodukt dieser beiden gleich Null. Gleiches gilt für den Normalenvektor von E und den Normalenvektor der bekannten Ebene F. Wenn man die beiden Skalarprodukte ausrechnet, erhält man zwei Gleichungen mit den 3 Unbekannten n_1, n_2 und n_3. Eine Unbekannte wird gesetzt, die anderen ausgerechnet. Auf diese Weise erhält man $\vec{n}$. Zum Schluss setzt man noch $\vec{n}$ und den «Stützpunkt» der Geraden in die Punkt-Normalenform ein und rechnet diese aus.

n) Drei der gegebenen Punkte benutzt man, um eine Ebene aufzustellen. Mit dem letzten macht man eine Punktprobe.

5.3.3 Ebenen im Koordinatensystem

Zuerst bestimmt man die Spurpunkte, dies sind die Schnittpunkte der Ebene mit den Koordinatenachsen. Überlegen Sie, welchen Wert die x_2- und die x_3-Koordinate für einen Schnittpunkt der Ebene mit der x_1-Achse besitzen. Man setzt ein und formt nach x_1 um. Ebenso verfährt man für die anderen Spurpunkte.

5.3.4 Bestimmen von Geraden und Ebenen in einem Quader

a) Der Punkt O des Quaders liegt im Ursprung des Koordinatensystems. Bestimmen Sie die übrigen Punkte, indem Sie die Ortsvektoren addieren.

b) Die Gleichung kann wie im vorherigen Kapitel rechnerisch bestimmt werden, oder durch Überlegung und Ablesen an der Zeichnung.

c) Um eine Geradengleichung aufzustellen, braucht man einen Stützvektor und einen Richtungsvektor.

d) Wählen Sie drei der angegebenen Punkte und stellen Sie die Ebenengleichung wie im vorangegangenen Kapitel auf.

5.4 Gegenseitige Lage von Geraden und Ebenen

5.4.1 Gegenseitige Lage

Eine Gerade und eine Ebene können auf drei verschiedene Arten zueinander liegen: g schneidet E, g ist parallel zu E oder g liegt in E.

Liegt die Ebene in Koordinatenform vor, wird die Gerade als «allgemeiner Punkt» geschrieben und in die Ebenengleichung eingesetzt. Anschließend wird der Parameter der Geraden bestimmt und gegebenenfalls in die Geradengleichung eingesetzt, um den Schnittpunkt zu bestimmen. Liegt die Ebene in der Normalenform vor, wird sie zuerst in die Koordinatenform umgewandelt.

Beim Lösen der Gleichung können drei Fälle auftreten:

1. Es gibt eine eindeutige Lösung: Die Gerade schneidet die Ebene.
2. Es tritt ein Widerspruch auf (wie z.B. $3 = 0$): Die Gerade ist parallel zur Ebene.
3. Die Gleichung hat unendlich viele Lösungen (beim Lösen ergibt sich z.B. $3 = 3$ oder $0 = 0$): Die Gerade liegt in der Ebene.

5.4.2 Vermischte Aufgaben

a) Wenn $g \parallel \mathrm{E}$, so gilt: $\vec{u} \cdot \vec{n} = 0$. Für den Richtungsvektor $\vec{u}$ der Geraden gibt es unendlich viele Möglichkeiten.

b) Da $g \perp \mathrm{E}$, so gilt: $\vec{u} = k \cdot \vec{n}$; $k \in \mathbb{R}$, d.h. der Richtungsvektor $\vec{u}$ ist linear abhängig zum Normalenvektor zu wählen.

c) Setzen Sie den allgemeinen Punkt von g in die Ebenengleichung ein; bei einem Widerspruch haben g und E keine gemeinsamen Punkte.

d) Setzen Sie den allgemeinen Punkt von g in die Ebenengleichung ein; bei einer wahren Aussage enthält E die Gerade g.

5.5 Gegenseitige Lage von Ebenen

Zwei Ebenen können auf drei verschiedene Arten zueinander liegen: Die beiden Ebenen schneiden sich, sie liegen parallel zueinander oder sie sind identisch.

Auch hier gibt es verschiedene Lösungswege, abhängig davon, welche Art von Ebenengleichung vorliegt. Da der Weg über die Koordinatengleichung gut nachvollziehbar ist, werden die Aufgaben auf diese Weise gelöst.

Die beiden Ebenengleichungen bilden ein lineares Gleichungssystem mit zwei Gleichungen und drei Variablen.

Beim Lösen des Gleichungssystems bzw. der Gleichung können drei Fälle auftreten:

1. Es gibt eine Lösung, wenn man eine Variable als t einsetzt und nach den anderen Variablen auflöst: Die Ebenen schneiden sich in einer Schnittgerade.
2. Es tritt ein Widerspruch auf (wie z.B. $3 = 0$): Die beiden Ebenen sind parallel.
3. Die eine Gleichung ist ein Vielfaches der anderen Gleichung: Die beiden Ebenen sind identisch.

5.5.1 Schnitt von zwei Ebenen

Eliminieren Sie eine Unbekannte, so dass Sie nur noch zwei Unbekannte haben. Setzen Sie bei einer Gleichung mit zwei Unbekannten die eine Unbekannte gleich t und bestimmen Sie die übrigen Unbekannten in Abhängigkeit von t. Stellen Sie anschließend die Gleichung der Schnittgeraden s auf. Bei Aufgabe e) lässt sich x_2 direkt berechnen.

5.5.2 Parallele Ebenen

Entweder Sie lösen das zugehörige Gleichungssystem oder Sie prüfen, ob der Normalenvektor der einen Ebene ein Vielfaches des Normalenvektors der anderen Ebene ist; anschließend machen Sie noch eine Punktprobe.

5.5.3 Orthogonale Ebenen

Berechnen Sie das Skalarprodukt der beiden Normalenvektoren. Ist das Ergebnis Null, sind die beiden Ebenen orthogonal zueinander.

5.5.4 Lineare Gleichungssysteme

Verwenden Sie das Gaußsche Eliminierungsverfahren und bringen Sie das Gleichungssystem auf Dreiecksform.
Überlegen Sie, welche gemeinsamen Punkte drei Ebenen miteinander haben können.

6 Abstände, Winkel und Spiegelungen

6.1 Abstandsberechnungen

6.1.1 Abstand Punkt – Ebene

Für den Punkt $\mathrm{P}(p_1 \mid p_2 \mid p_3)$ und die Ebene $\mathrm{E}\colon\; ax_1 + bx_2 + cx_3 = d$ mit dem Normalenvektor $\vec{n} = \begin{pmatrix} a \\ b \\ c \end{pmatrix}$ gilt folgende Abstandsformel: $\mathrm{d}(\mathrm{P};\mathrm{E}) = \frac{|a\cdot p_1 + b\cdot p_2 + c\cdot p_3 - d|}{\sqrt{a^2+b^2+c^2}}$.

6.1.2 Abstand Punkt – Gerade

Den Abstand eines Punktes P von einer Geraden g bestimmt man in drei Schritten:

1. Zuerst stellt man eine Hilfsebene $\mathrm{E_H}$ auf. Diese Hilfsebene enthält den Punkt P und ist orthogonal zu g, d.h. der Richtungsvektor von g dient als Normalenvektor der Ebene.
2. Die Hilfsebene wird mit g geschnitten, dies ergibt den Schnittpunkt L.
3. Der Verbindungsvektor $\overrightarrow{\mathrm{LP}}$ wird aufgestellt, sein Betrag ist der gesuchte Abstand.

6.1.3 Abstand paralleler Geraden

Zuerst muss bewiesen werden, dass die beiden Geraden echt parallel sind. Dies geschieht mit Hilfe der Richtungsvektoren und einer Punktprobe. Anschließend berechnet man den Abstand eines Punktes der Geraden h zur Geraden g wie in den vorangehenden Aufgaben.

6.1.4 Abstand Gerade – Ebene

Zuerst ist zu zeigen, dass die Gerade parallel zur Ebene ist. Dazu benötigt man das Skalarprodukt. Anschließend setzt man einen Punkt der Geraden und die Ebene in die Abstandsformel ein und berechnet den Abstand.

6.1.5 Abstand paralleler Ebenen

Zeigen Sie, dass der Normalenvektor der einen Ebene ein Vielfaches des Normalenvektors der anderen Ebene ist. Dann bestimmen Sie einen Punkt in einer der Ebenen und setzen diesen und die andere Ebene in die Abstandsformel ein und berechnen so den Abstand.

6.1.6 Verschiedene Aufgaben

a) Schreiben Sie die Gerade als «allgemeinen Punkt» A. Wenn dieser von P und Q gleich weit entfernt sein soll, muss gelten: $|\overrightarrow{PA}| = |\overrightarrow{QA}|$. Man setzt ein, löst nach t auf und setzt in die Geradengleichung ein.

b) Schreiben Sie die Gerade g als «allgemeine Punkt» P_t. Setzen Sie P_t und die Ebene E in die Abstandsformel ein. Lösen Sie die Gleichung $d(P_t;E) = \sqrt{8}$ nach t auf; beachten Sie, dass bei einer Betragsgleichung eine Fallunterscheidung erforderlich ist. Setzen Sie die erhaltenen t-Werte in P_t ein.

c) Auch bei dieser Aufgabe wird die Gerade als «allgemeiner Punkt» P_t geschrieben. Lösen Sie die Gleichung $|\overrightarrow{AP_t}| = 3$ nach t auf.

d) Stellen Sie zuerst die Gleichung der Ebene E durch ABC auf und berechnen Sie den Abstand des Punktes S zu E mit Hilfe der Abstandsformel.

e) Setzen Sie die Koordinaten von P und die Ebene E_a in die Abstandsformel ein. Lösen Sie die Gleichung $d(P;E_a) = \sqrt{20}$ nach a auf; beachten Sie, dass bei einer Betragsgleichung eine Fallunterscheidung erforderlich ist.

6.2 Winkelberechnungen

6.2.1 Winkel zwischen Vektoren und zwischen Geraden

a) Überlegen Sie, zwischen welchen Vektoren man den Winkel berechnet (Orts- oder Verbindungsvektoren). Wenn zwei Kosinuswerte gleich sind, was gilt dann für die entsprechenden Winkel? Machen Sie sich eine Skizze.

b) Auf welche Vektoren kommt es bei der Winkelberechnung zwischen zwei Geraden an?

6.2.2 Winkel zwischen Ebenen

Überlegen Sie, mit Hilfe welcher Vektoren man den Winkel zwischen den beiden Ebenen bestimmen könnte.

6.2.3 Winkel zwischen Gerade und Ebene

Welche Vektoren der Geraden und der Ebene kommen für die Winkelbestimmung in Betracht? Machen Sie eine Skizze. Wird in diesem Fall der Kosinus oder der Sinus des Winkels berechnet?

6.3 Spiegelungen

6.3.1 Punkt an Punkt

Machen Sie eine Skizze. Überlegen Sie, welche Vektoren man aneinanderhängen muss, um von P zum Spiegelpunkt P^* zu gelangen, wenn z.B. Q in der Mitte liegen soll.

6.3.2 Punkt an Ebene

Machen Sie eine Skizze. Der Punkt A wird an dem Punkt der Ebene, der A am nächsten ist, gespiegelt. Um diesen Punkt zu bestimmen, braucht man eine Hilfsgerade durch A, die senkrecht auf der Ebene steht.

6.3.3 Punkt an Gerade

Machen Sie eine Skizze. Der Punkt P wird an dem Punkt der Gerade gespiegelt, der den kleinsten Abstand zu P besitzt. Um diesen zu bestimmen, braucht man eine Hilfsebene. Diese geht durch P und steht senkrecht zur Geraden.

6.3.4 Gerade an Ebene

Machen Sie eine Skizze. Überlegen Sie, ob die Gerade die Ebene schneidet oder parallel zu ihr liegt. Berechnen Sie gegebenenfalls den Schnittpunkt. Spiegeln Sie den Stützpunkt der Geraden an der Ebene mit Hilfe einer Lotgeraden und einer Vektorkette. Überlegen Sie, welchen Richtungsvektor die Spiegelgerade hat.

6.4 Verständnis von Zusammenhängen

a) Skizzieren Sie die Problemstellung. Als Stützpunkt der Geraden h können Sie einen beliebigen Punkt A der Ebene E verwenden. Überlegen Sie, auf welchen Vektoren der Richtungsvektor $\vec{v}$ der Geraden h orthogonal ist; verwenden Sie das Kreuzprodukt oder das Skalarprodukt.
Alternativ können Sie auch eine zur Geraden g orthogonale Hilfsebene E_H durch einen beliebigen Punkt A von E aufstellen und diese mit g schneiden; überlegen Sie, wie Sie mit Hilfe des Schnittpunkts den Richtungsvektor $\vec{v}$ der Geraden h erhalten.

b) Beachten Sie, dass zwei Vektoren senkrecht aufeinander stehen, wenn das Skalarprodukt Null ergibt und dass die beiden Vektoren $\vec{u}$ und $\vec{v}$ aufgrund der verschiedenen Beträge unterschiedlich lang sind. Skizzieren Sie die beiden Vektoren. Beachten Sie die Parameter r und s und skizzieren Sie damit die Figur, in welcher alle Punkte X liegen müssen. Bestimmen Sie die Länge und die Breite der Figur und damit ihren Flächeninhalt.

c) Skizzieren Sie die Problemstellung. Überlegen Sie, wie Sie den Abstand vom Mittelpunkt M der Kugel K zur Geraden g mit Hilfe einer Hilfsebene E_H bestimmen können.

d) Skizzieren Sie die Problemstellung.
Überlegen Sie, wie Sie den Spiegelpunkt A' des Stützpunktes A der Geraden erhalten können.
Stellen Sie mit Hilfe von S und A' eine Geradengleichung der Spiegelgeraden g' auf.

e) Skizzieren Sie die Problemstellung.
Überlegen Sie, wie man eine Hilfsebene E_H aufstellen kann, die durch A geht und orthogonal zu g ist. Überlegen Sie, wie man den Punkt B mit Hilfe von E_H und g erhalten kann.

f) Skizzieren Sie die Problemstellung.
Überlegen Sie, wie Sie den Abstand von M zur Ebene E bestimmen können.
Zur Bestimmung des Berührpunkts B verwenden Sie eine geeignete Lotgerade.

Stochastik

7 Wahrscheinlichkeitsrechnung

7.1 Baumdiagramme und Pfadregeln

7.1.1 Ziehen mit Zurücklegen

a) Zeichnen Sie ein Baumdiagramm mit den Ästen rot (r), weiß (w) und gelb (g). Beachten Sie, dass die Wahrscheinlichkeiten bei jedem Ziehen gleich bleiben. Überlegen Sie, welche Ergebnisse zum gesuchten Ereignis A gehören und verwenden Sie die Pfadregeln.
Zeichnen Sie ein Baumdiagramm mit den Ästen weiß (w) und nicht weiß ($\bar{w}$). Beachten Sie, dass die Wahrscheinlichkeiten bei jedem Ziehen gleich bleiben. Überlegen Sie, welches Ergebnis zum gesuchten Ereignis B gehört und verwenden Sie die 1. Pfadregel.

b) Zeichnen Sie ein Baumdiagramm mit den Ästen rot (r) und nicht rot ($\bar{r}$). Beachten Sie, dass die Wahrscheinlichkeiten bei jedem Ziehen gleich bleiben. Überlegen Sie, welches Ergebnis zum gesuchten Ereignis A gehört und verwenden Sie die 1. Pfadregel.
Überlegen Sie, welche Ergebnisse zum gesuchten Ereignis B gehören und verwenden Sie die Pfadregeln oder rechnen Sie alternativ mit dem Gegenereignis $\overline{B}$ und verwenden Sie $P(B) = 1 - P(\bar{B})$.

c) I) Zeichnen Sie ein Baumdiagramm mit den Ästen rot (r) und gelb (g). Beachten Sie, dass die Wahrscheinlichkeiten bei jedem Ziehen gleich bleiben. Überlegen Sie, welche Ergebnisse zum gesuchten Ereignis gehören und verwenden Sie die Pfadregeln oder rechnen Sie alternativ mit dem Gegenereignis $\overline{A}$ und verwenden Sie $P(A) = 1 - P(\bar{A})$.

II) Wählen Sie n als Anzahl der gelben Kugeln und überlegen Sie, wie viele Kugeln insgesamt vorhanden sind.

d) I) Überlegen Sie, wie viele Kugeln insgesamt mindestens vorhanden sein müssen und beachten Sie, ob sich die Wahrscheinlichkeiten für rot oder schwarz bei jedem Ziehen ändern oder nicht.

II) Rechnen Sie mit dem Gegenereignis $\overline{A}$ und verwenden Sie $P(A) = 1 - P(\bar{A})$ sowie die 1. Pfadregel.

7.1.2 Ziehen ohne Zurücklegen

a) Zeichnen Sie ein Baumdiagramm mit den Ästen rot (r), grün (g) und blau (b). Beachten Sie, dass sich die Wahrscheinlichkeiten bei jedem Ziehen ändern. Überlegen Sie, welche Ergebnisse zum gesuchten Ereignis A gehören und verwenden Sie die Pfadregeln.
Zeichnen Sie ein Baumdiagramm mit den Ästen blau (b) und nicht blau ($\bar{b}$). Beachten Sie, dass sich die Wahrscheinlichkeiten bei jedem Ziehen ändern. Überlegen Sie, welches Ergebnis zum gesuchten Ereignis B gehört und verwenden Sie die 1. Pfadregel.

b) I) Überlegen Sie, wie viele Kugeln insgesamt mindestens vorhanden sein müssen und beachten Sie, ob sich die Wahrscheinlichkeiten für rot oder schwarz bei jedem Ziehen ändern oder nicht.

II) Überlegen Sie, welche Ergebnisse zum gesuchten Ereignis gehören und verwenden Sie die Pfadregeln.

c) Beachten Sie, dass gleichzeitiges Ziehen einem Ziehen ohne Zurücklegen entspricht und dass sich die Wahrscheinlichkeiten bei jedem Ziehen ändern. Überlegen Sie, welche Ergebnisse zum gesuchten Ereignis A gehören und verwenden Sie die Pfadregeln.
Zeichnen Sie ein Baumdiagramm mit den Ästen weiß (w) und nicht weiß ($\bar{w}$). Beachten Sie, dass sich die Wahrscheinlichkeiten bei jedem Ziehen ändern. Rechnen Sie mit dem Gegenereignis $\overline{B}$ und verwenden Sie $P(B) = 1 - P(\bar{B})$ sowie die 1. Pfadregel.

d) I) Wählen Sie n als Anzahl der roten Kugeln und zeichnen Sie ein Baumdiagramm mit den Ästen rot (r) und weiß (w). Beachten Sie, dass sich die Wahrscheinlichkeiten bei jedem Ziehen ändern. Bestimmen Sie die Wahrscheinlichkeit für das gesuchte Ereignis mit Hilfe der 1. Pfadregel in Abhängigkeit von n, stellen Sie eine quadratische Gleichung auf und lösen Sie diese mit Hilfe der *pq*- bzw. *abc*-Formel. Beachten Sie, dass $n > 0$ sein muss.

II) Bestimmen Sie die Wahrscheinlichkeit für das gesuchte Ereignis mit Hilfe des Gegenereignisses in Abhängigkeit von n; verwenden Sie $P(A) = 1 - P(\bar{A})$. Stellen Sie eine quadratische Gleichung auf und lösen Sie diese mit Hilfe der *pq*- bzw. *abc*-Formel. Beachten Sie, dass $n > 0$ sein muss.

7.1.3 Mehrstufige Experimente

a) I) Zeichnen Sie ein Baumdiagramm mit den Ästen rot (r) und blau (b). Beachten Sie, dass es sich um ein dreistufiges Experiment handelt und sich beim Ziehen mit Zurücklegen die Wahrscheinlichkeiten nicht ändern. Überlegen Sie, welche Ergebnisse zum gesuchten Ereignis gehören und verwenden Sie die Pfadregeln.

II) Zeichnen Sie ein Baumdiagramm mit den Ästen rot (r) und blau (b). Beachten Sie, dass es sich um ein dreistufiges Experiment handelt und sich die Wahrscheinlichkeiten bei jedem Ziehen ändern. Überlegen Sie, welche Ergebnisse zum gesuchten Ereignis gehören und verwenden Sie die Pfadregeln.

b) I) Zeichnen Sie ein Baumdiagramm mit den Ästen Gewinn (g) und Niete (n). Beachten Sie, dass sich beim Ziehen ohne Zurücklegen die Wahrscheinlichkeiten bei jedem Ziehen ändern. Überlegen Sie, welche Ergebnisse zum gesuchten Ereignis gehören und verwenden Sie die Pfadregeln.

II) Überlegen Sie, welche Lose zuerst gezogen werden müssen und verwenden Sie die 1. Pfadregel.

c) I) Zeichnen Sie ein Baumdiagramm mit den Ästen Packung (P_1 bzw. P_2 und P_3) sowie gelb (g) und weiß (w). Beachten Sie, dass sich beim Ziehen ohne Zurücklegen die Wahrscheinlichkeiten bei jedem Ziehen ändern. Überlegen Sie, welche Ergebnisse zum gesuchten Ereignis gehören und verwenden Sie die Pfadregeln.

II) Beachten Sie, dass es sich um ein dreistufiges Experiment handelt. Bestimmen Sie jeweils die Wahrscheinlichkeit für das Wählen einer Schachtel und anschließend die Wahrscheinlichkeiten für das Ziehen von zwei gelben Tabletten (falls möglich). Beachten Sie, dass sich beim Ziehen ohne Zurücklegen die Wahrscheinlichkeiten bei jedem Zug ändern.

d) I) Beachten Sie, dass es sich um ein vierstufiges Experiment handelt, bei welchem die Wahrscheinlichkeiten miteinander multipliziert werden. Die Wahrscheinlichkeiten einer jeden Stufe erhalten Sie mit Hilfe der 1. Pfadregel für das Ziehen ohne Zurücklegen.

II) Zeichnen Sie ein Baumdiagramm mit den Ästen rot (r) und schwarz (s). Beachten Sie, dass sich beim Ziehen ohne Zurücklegen die Wahrscheinlichkeiten bei jedem Ziehen ändern. Überlegen Sie, wie viele Karten am Ende in Stapel 2 sind und welche Ergebnisse zum gesuchten Ereignis gehören; verwenden Sie die Pfadregeln.

7.2 Binomialverteilung

a) I) Legen Sie X als binomialverteilte Zufallsvariable für die Anzahl der Treffer mit den Parametern p und n fest.
Verwenden Sie die Bernoulli-Formel $P(X=k)=\binom{n}{k}\cdot p^k\cdot(1-p)^{n-k}$.

II) Bestimmen Sie die Wahrscheinlichkeit für einen Fehlwurf. Legen Sie Y als binomialverteilte Zufallsvariable für die Anzahl der Fehlwürfe mit den Parametern p und n fest. Verwenden Sie die Bernoulli-Formel $P(X=k)=\binom{n}{k}\cdot p^k\cdot(1-p)^{n-k}$ zweimal.

b) I) Bestimmen Sie n, p und k und verwenden Sie die Bernoulli-Formel
$P(X=k)=\binom{n}{k}\cdot p^k\cdot(1-p)^{n-k}$.

II) Für ein Ereignis A beachten Sie den Zusammenhang zur Bernoulli-Formel
$P(X=k)=\binom{n}{k}\cdot p^k\cdot(1-p)^{n-k}$.
Für ein Ereignis B formen Sie die gegebene Wahrscheinlichkeit so um, dass die obige Formel sichtbar wird: Beachten Sie, dass für ein Gegenereignis gilt: $P(A)=1-P(\bar{A})$.

c) I) Verwenden Sie die Bernoulli-Formel $P(X=k)=\binom{n}{k}\cdot p^k\cdot(1-p)^{n-k}$.

II) Überlegen Sie, welche Wahrscheinlichkeiten addiert werden müssen bzw. rechnen Sie mit dem Gegenereignis $\overline{A}$ und verwenden Sie $P(A)=1-P(\bar{A})$.

d) I) Bestimmen Sie n, p und k und verwenden Sie die Bernoulli-Formel
$P(X=k)=\binom{n}{k}\cdot p^k\cdot(1-p)^{n-k}$.

II) Für das Ereignis A beachten Sie, dass es aus drei Ergebnissen besteht; stellen Sie den Zusammenhang zur Bernoulli-Formel $P(X=k)=\binom{n}{k}\cdot p^k\cdot(1-p)^{n-k}$ her.
Für das Ereignis B formen Sie die gegebene Wahrscheinlichkeit so um, dass die obige Formel sichtbar wird; beachten Sie, dass für ein Gegenereignis gilt: $P(A)=1-P(\bar{A})$.

e) I) Verwenden Sie die Bernoulli-Formel $P(X=k)=\binom{n}{k}\cdot p^k\cdot(1-p)^{n-k}$.

II) Überlegen Sie, welche Wahrscheinlichkeiten addiert werden müssen.

f) I) Verwenden Sie zur Berechnung der Wahrscheinlichkeit $P(X\leqslant 1)$ die Bernoulli-Formel $P(X=k)=\binom{n}{k}\cdot p^k\cdot(1-p)^{n-k}$. Beachten Sie, dass $P(X\leqslant 1)=P(X=0)+P(X=1)$ gilt. Alternativ erhalten Sie die Wahrscheinlichkeit $P(X\leqslant 1)$ mit Hilfe der Wahrscheinlichkeit des Gegenereignisses und der Bernoulli-Formel.

II) Verwenden Sie zur Berechnung die Wahrscheinlichkeiten der jeweiligen Gegenereignisse, z.B. $P(X\neq 0)=P(X=1)+P(X=2)$. Beachten Sie, dass gilt: $P(X=0)+P(X=1)+P(X=2)=1$.

7.3 Erwartungswert

a) Bestimmen Sie die Wahrscheinlichkeiten für die möglichen Ereignisse. Den Erwartungswert E von X (Zufallsvariable für die Höhe des Gewinns) erhalten Sie, indem Sie die möglichen Auszahlungsbeträge mit den zugehörigen Wahrscheinlichkeiten multiplizieren und den Einsatz subtrahieren.

b) Verwenden Sie jeweils die Formel: $E(X)=n\cdot p$.

c) Bestimmen Sie die Wahrscheinlichkeiten für die möglichen Ereignisse. Den Erwartungswert E von X (Zufallsvariable für die Höhe des Gewinns) erhalten Sie, indem Sie die möglichen Auszahlungsbeträge mit den zugehörigen Wahrscheinlichkeiten multiplizieren und den Einsatz subtrahieren.

d) Bestimmen Sie die Wahrscheinlichkeiten für die möglichen Ereignisse. Den Erwartungswert E von X (Zufallsvariable für die Höhe des Gewinns) erhalten Sie, indem Sie die möglichen Auszahlungsbeträge mit den zugehörigen Wahrscheinlichkeiten multiplizieren und den Einsatz subtrahieren. Beachten Sie, dass ein Spiel fair ist, wenn der Erwartungswert für den Gewinn Null beträgt.

e) Bestimmen Sie zunächst mit Hilfe eines Baumdiagrammes und den Pfadregeln die Wahrscheinlichkeit für das gesuchte Ereignis. Den Erwartungswert E von X (Zufallsvariable für die Höhe der Auszahlung) erhalten Sie, indem Sie die möglichen Auszahlungsbeträge mit den zugehörigen Wahrscheinlichkeiten multiplizieren und den Einsatz subtrahieren. Beachten Sie, dass ein Spiel fair ist, wenn der Erwartungswert für den Gewinn Null beträgt.

f) Den Erwartungswert $E(X)$ der Zufallsvariablen X erhalten Sie, indem Sie die möglichen Werte von x_i mit den zugehörigen Wahrscheinlichkeiten multiplizieren und die Ergebnisse addieren. Lösen Sie die Gleichung $E(X)=0{,}3$ nach a auf. Beachten Sie, dass die Summe aller Wahrscheinlichkeiten 1 ergeben muss und bestimmen Sie damit b.

g) Bestimmen Sie den Erwartungswert von X, indem Sie die Werte von X mit der zugehörigen Wahrscheinlichkeit multiplizieren und die Ergebnisse addieren. Überlegen Sie, welchen Wert p_2 höchstens annehmen kann und bestimmen Sie damit den Maximalwert des Erwartungswerts.

7.4 Verständnis von Zusammenhängen

a) Überlegen Sie, welche Bedeutung $P(X=k) = \binom{n}{k} \cdot p^k \cdot (1-p)^{n-k}$ bei einer Binomialverteilung mit Kettenlänge n und Trefferwahrscheinlichkeit p hat, wobei X Zufallsvariable für die Anzahl der Treffer sei.

b) Überlegen Sie zunächst, was der Term $0{,}98^n$ beschreibt, wenn 0,98 die Erfolgswahrscheinlichkeit ist, dass eine zufällig ausgewählte und sachgerecht gepflanzte Tulpenzwiebel im Frühjahr tatsächlich blüht.
Erläutern Sie damit Ungleichung (I) und überlegen Sie, wie man zu Ungleichung (II) kommt.

c) Überlegen Sie, wie groß die Anzahl der nicht starken Raucher ist. Da man auch mit dem Gegenereignis rechnen kann, gibt es zwei richtige Lösungswege, von denen einer das Gegenereignis berechnet.

d) I) Multiplizieren Sie die Wahrscheinlichkeiten jeder Stufe.

II) Bestimmen Sie die Wahrscheinlichkeit, dass eine Tasse nicht fehlerfrei glasiert ist und überlegen Sie, wie viele von den entnommenen Tassen höchstens nicht fehlerfrei glasiert sind.

Lösungen – Analysis

1 Ableiten

Klammern und Multiplikationszeichen werden bei den Lösungen dazu verwendet, um Ausdrücke übersichtlich zu machen (z.B. um bei der Produktregel zu zeigen, wo sich u' und v' befinden).

1.1 Potenzfunktionen mit natürlichen Exponenten

a) $f'(x) = 4 \cdot 5x^4 - 2 \cdot 3x^2 = 20x^4 - 6x^2$

b) $f'(x) = 2 \cdot 3x^2 - 6 \cdot 2x = 6x^2 - 12x$

c) $f'(x) = 4x^3 - 3 \cdot 2x + 0 = 4x^3 - 6x$

d) $f'(x) = 3 \cdot (4x+1)^2 \cdot 4 = 12 \cdot (4x+1)^2$

e) $f'(x) = 5 \cdot 4 \cdot \left(2x^2+1\right)^3 \cdot 4x = 80x \cdot \left(2x^2+1\right)^3$

f) $f'(x) = 2 \cdot 3 \cdot \left(3x^2+x\right)^2 \cdot (6x+1) = 6 \cdot \left(3x^2+x\right)^2 \cdot (6x+1)$

g) $f'(x) = 3x^2 \cdot (3x+2) + x^3 \cdot 3 = 9x^3 + 6x^2 + 3x^3 = 12x^3 + 6x^2$

h) $f'(x) = 3x^2 \cdot (2x+1)^4 + x^3 \cdot 4 \cdot (2x+1)^3 \cdot 2 = 3x^2 \cdot (2x+1)^4 + 8x^3 \cdot (2x+1)^3$

i) $f'(x) = 6x^2 \cdot \left(3x^2+x\right)^3 + 2x^3 \cdot 3 \cdot \left(3x^2+x\right)^2 \cdot (6x+1)$

1.2 Potenzfunktionen mit negativen Exponenten

a) Für die Funktion $f(x) = \frac{2}{x^2} = 2 \cdot x^{-2}$ ergibt sich:
$f'(x) = 2 \cdot (-2) \cdot x^{-3} = -4 \cdot x^{-3} = -\frac{4}{x^3}$

b) Für die Funktion $f(x) = 4 - \frac{2}{x} = 4 - 2 \cdot x^{-1}$ ergibt sich:
$f'(x) = 0 - 2 \cdot (-1) \cdot x^{-2} = 2 \cdot x^{-2} = \frac{2}{x^2}$

c) Für die Funktion $f(x) = 2x + \frac{2}{x^3} = 2x + 2 \cdot x^{-3}$ ergibt sich:
$f'(x) = 2 + 2 \cdot (-3) \cdot x^{-4} = 2 - 6 \cdot x^{-4} = 2 - \frac{6}{x^4}$

d) Für die Funktion $f(x) = \frac{2}{3x-4} = 2 \cdot (3x-4)^{-1}$ ergibt sich:
$f'(x) = 2 \cdot (-1) \cdot (3x-4)^{-2} \cdot 3 = -\frac{6}{(3x-4)^2}$

e) Für die Funktion $f(x) = \frac{2}{3x^2-4} = 2 \cdot \left(3x^2-4\right)^{-1}$ ergibt sich:
$f'(x) = 2 \cdot (-1) \cdot \left(3x^2-4\right)^{-2} \cdot 6x = -\frac{12x}{\left(3x^2-4\right)^2}$

f) Für die Funktion $f(x) = \frac{4}{(2x+1)^2} = 4 \cdot (2x+1)^{-2}$ ergibt sich:
$f'(x) = 4 \cdot (-2) \cdot (2x+1)^{-3} \cdot 2 = -\frac{16}{(2x+1)^3}$

g) Für die Funktion $f(x) = 3x^2 - \frac{5}{(3x-1)^3} = 3x^2 - 5 \cdot (3x-1)^{-3}$ ergibt sich:
$f'(x) = 6x - 5 \cdot (-3) \cdot (3x-1)^{-4} \cdot 3 = 6x + \frac{45}{(3x-1)^4}$

h) Für die Funktion $f(x) = \frac{3}{\left(2x^2+3\right)^4} = 3 \cdot \left(2x^2+3\right)^{-4}$ ergibt sich:
$f'(x) = 3 \cdot (-4) \cdot \left(2x^2+3\right)^{-5} \cdot 4x = -\frac{48x}{\left(2x^2+3\right)^5}$

1.3 Potenzfunktionen mit gebrochenen Exponenten

a) Mit $f(x) = \sqrt{x^2+4} = \left(x^2+4\right)^{\frac{1}{2}}$ erhält man:
$f'(x) = \frac{1}{2} \cdot \left(x^2+4\right)^{-\frac{1}{2}} \cdot 2x = \frac{x}{\sqrt{x^2+4}}$

b) Mit $f(x) = \sqrt{4x^2-2x} = \left(4x^2-2x\right)^{\frac{1}{2}}$ erhält man:
$f'(x) = \frac{1}{2} \cdot \left(4x^2-2x\right)^{-\frac{1}{2}} \cdot (8x-2) = \frac{8x-2}{2\sqrt{4x^2-2x}} = \frac{4x-1}{\sqrt{4x^2-2x}}$

c) Mit $f(x) = 6 \cdot \sqrt[3]{x} = 6 \cdot x^{\frac{1}{3}}$ erhält man:
$f'(x) = 6 \cdot \frac{1}{3} \cdot x^{-\frac{2}{3}} = \frac{2}{x^{\frac{2}{3}}} = \frac{2}{\sqrt[3]{x^2}}$

d) Mit $f(x) = 2x \cdot \sqrt{x^2+1} = 2x \cdot \left(x^2+1\right)^{\frac{1}{2}}$ erhält man:
$f'(x) = 2 \cdot \left(x^2+1\right)^{\frac{1}{2}} + 2x \cdot \frac{1}{2} \cdot \left(x^2+1\right)^{-\frac{1}{2}} \cdot 2x = 2 \cdot \sqrt{x^2+1} + \frac{2x^2}{\sqrt{x^2+1}}$

1.4 Exponentialfunktionen

a) $f'(x) = 6x \cdot e^{-4x} + 3x^2 \cdot e^{-4x} \cdot (-4) = e^{-4x}\left(6x - 12x^2\right) = 6xe^{-4x}(1-2x)$

b) $f'(x) = \frac{3}{2}x^2 \cdot e^{2x} + \frac{1}{2}x^3 \cdot e^{2x} \cdot 2 = e^{2x}\left(\frac{3}{2}x^2 + x^3\right) = x^2e^{2x}\left(\frac{3}{2} + x\right)$

c) $f'(x) = 2e^{-x} + (2x+5) \cdot e^{-x} \cdot (-1) = e^{-x}(-2x-3)$

d) $f'(x) = 6x \cdot e^{-2x} + (3x^2-4) \cdot e^{-2x} \cdot (-2) = e^{-2x}\left(6x - 6x^2 + 8\right)$

e) $f'(x) = 2 \cdot (4x + e^{-x}) \cdot (4 + e^{-x} \cdot (-1)) = 2 \cdot (4x + e^{-x}) \cdot (4 - e^{-x})$

f) $f'(x) = 3 \cdot (e^x + e^{-x})^2 \cdot (e^x + e^{-x} \cdot (-1)) = 3 \cdot (e^x + e^{-x})^2 \cdot (e^x - e^{-x})$

1.5 Trigonometrische Funktionen

a) $f'(x) = \frac{1}{6} \cdot \cos\left(3x^2\right) \cdot 6x = x \cdot \cos\left(3x^2\right)$

b) $f'(x) = \frac{1}{2} \cdot \left(-\sin\left(2x^3\right)\right) \cdot 6x^2 = -3x^2 \cdot \sin\left(2x^3\right)$

c) $f'(x) = 2 \cdot \cos\left(\frac{1}{2}x^2 + 4\right) + 2x \cdot \left(-\sin\left(\frac{1}{2}x^2+4\right)\right) \cdot x = 2 \cdot \cos\left(\frac{1}{2}x^2+4\right) - 2x^2 \cdot \sin\left(\frac{1}{2}x^2+4\right)$

d) $f'(x) = 2x \cdot \sin(4x+3) + x^2 \cdot \cos(4x+3) \cdot 4 = 2x \cdot \sin(4x+3) + 4x^2 \cdot \cos(4x+3)$

e) $f'(x) = 2x \cdot \cos\left(\frac{1}{2}x - 1\right) + x^2 \cdot \left(-\sin\left(\frac{1}{2}x-1\right)\right) \cdot \frac{1}{2} = 2x \cdot \cos\left(\frac{1}{2}x-1\right) - \frac{1}{2}x^2 \cdot \sin\left(\frac{1}{2}x-1\right)$

f) $f'(x) = 3 \cdot (x + \cos(x))^2 \cdot (1 - \sin(x))$

1.6 Vermischte Aufgaben

a) $f'(x) = e^{3x} \cdot 3 \cdot \sin(2x) + e^{3x} \cdot \cos(2x) \cdot 2 = e^{3x} \cdot (3 \cdot \sin(2x) + 2 \cdot \cos(2x))$

b) Mit $f(x) = \sqrt{e^{4x}+1} = \left(e^{4x}+1\right)^{\frac{1}{2}}$ erhält man:

$f'(x) = \frac{1}{2} \cdot \left(e^{4x}+1\right)^{-\frac{1}{2}} \cdot 4e^{4x} = \frac{2e^{4x}}{\left(e^{4x}+1\right)^{\frac{1}{2}}} = \frac{2e^{4x}}{\sqrt{e^{4x}+1}}$

c) Mit $f(x) = \frac{x^2}{e^{2x}} = x^2 \cdot e^{-2x}$ erhält man:

$f'(x) = 2x \cdot e^{-2x} + x^2 \cdot e^{-2x} \cdot (-2) = e^{-2x} \cdot \left(2x - 2x^2\right) = \frac{2x-2x^2}{e^{2x}}$

d) $f'(x) = 8x \cdot \sin\left(e^{2x}\right) + 4x^2 \cdot \cos\left(e^{2x}\right) \cdot e^{2x} \cdot 2 = 8x \cdot \sin\left(e^{2x}\right) + 8x^2 \cdot \cos\left(e^{2x}\right) \cdot e^{2x}$

e) Mit $f(x) = \frac{2x+3}{e^{2x}} = (2x+3) \cdot e^{-2x}$ erhält man:

$f'(x) = 2 \cdot e^{-2x} + (2x+3) \cdot e^{-2x} \cdot (-2) = (-4x-4) \cdot e^{-2x} = \frac{-4x-4}{e^{2x}}$

f) Mit $f(x) = 2x \cdot \frac{1}{2x+3} = 2x \cdot (2x+3)^{-1}$ erhält man:

$f'(x) = 2 \cdot (2x+3)^{-1} + 2x \cdot (-1) \cdot (2x+3)^{-2} \cdot 2 = \frac{2}{2x+3} - \frac{4x}{(2x+3)^2} = \frac{2(2x+3)-4x}{(2x+3)^2} = \frac{6}{(2x+3)^2}$

g) $f'(x) = e^x \cdot (4-2x)^3 + e^x \cdot 3 \cdot (4-2x)^2 \cdot (-2) = e^x \cdot (4-2x)^3 - 6e^x \cdot (4-2x)^2$

h) Mit $f(x) = \frac{\sin\left(x^2\right)}{e^{2x}} = \sin\left(x^2\right) \cdot e^{-2x}$ erhält man:

$f'(x) = \cos\left(x^2\right) \cdot 2x \cdot e^{-2x} + \sin\left(x^2\right) \cdot e^{-2x} \cdot (-2) = e^{-2x} \cdot \left(2x \cdot \cos\left(x^2\right) - 2 \cdot \sin\left(x^2\right)\right)$

$= \frac{2x \cdot \cos\left(x^2\right) - 2 \cdot \sin\left(x^2\right)}{e^{2x}}$

2 Stammfunktionen und Integrale

2.1 Stammfunktionen

2.1.1 Potenzfunktionen mit natürlichen Exponenten

a) $F(x) = \frac{2}{4}x^4 - \frac{\frac{4}{3}}{3}x^3 + 2x + c = \frac{1}{2}x^4 - \frac{4}{9}x^3 + 2x + c$

b) $F(x) = \frac{10}{5}x^5 + \frac{2}{4}x^4 - \frac{1}{2}x^2 + c = 2x^5 + \frac{1}{2}x^4 - \frac{1}{2}x^2 + c$

c) $F(x) = \frac{3}{4}x^4 - \frac{4}{2}x^2 + c = \frac{3}{4}x^4 - 2x^2 + c$

Für verkettete (verschachtelte) Funktionen mit innerem *linearem* Ausdruck gilt die Integrationsregel für lineare Integration: «Äußere Stammfunktion geteilt durch innere Ableitung»

d) Lineare Integration: $F(x) = 6 \cdot \frac{\frac{1}{4}(3x-1)^4}{3} + c = \frac{1}{2}(3x-1)^4 + c$

e) Lineare Integration: $F(x) = -12 \cdot \frac{\frac{1}{3}(2x-3)^3}{2} + c = -2(2x-3)^3 + c$

f) Lineare Integration: $F(x) = 5 \cdot \frac{\frac{1}{5}(3x-4)^5}{3} + c = \frac{1}{3}(3x-4)^5 + c$

2.1.2 Potenzfunktionen mit negativen Exponenten

a) Die Stammfunktion der Funktion $f(x) = 3 \cdot x^{-2} + 4x^2$ erhält man mit der Potenzregel:
$F(x) = \frac{3}{-1} \cdot x^{-1} + \frac{4}{3}x^3 + c = -\frac{3}{x} + \frac{4}{3}x^3 + c$

b) Umschreiben des Bruchs in einen Ausdruck mit negativem Exponenten ergibt:
$f(x) = -4 \cdot x^{-3} + 2 \cdot x^3$. Daraus folgt:
$F(x) = \frac{-4}{-2} \cdot x^{-2} + \frac{2}{4} \cdot x^4 + c = \frac{2}{x^2} + \frac{1}{2}x^4 + c$

c) Umschreiben des Bruchs in einen Ausdruck mit negativem Exponenten ergibt:
$f(x) = 3 \cdot x^{-4} - 6x^2$. Daraus folgt:
$F(x) = \frac{3}{-3}x^{-3} - \frac{6}{3}x^3 + c = -\frac{1}{x^3} - 2x^3 + c$

d) Umschreiben des Bruchs in einen Ausdruck mit negativem Exponenten ergibt:
$f(x) = 4(2x-3)^{-2}$
Lineare Integration: $F(x) = 4\,\frac{\frac{1}{-1}(2x-3)^{-1}}{2} + c = -2(2x-3)^{-1} + c = -\frac{2}{2x-3} + c$

e) Umschreiben des Bruchs in einen Ausdruck mit negativem Exponenten ergibt:
$f(x) = 12(4x-2)^{-4}$
Lineare Integration: $F(x) = 12\,\frac{\frac{1}{-3}(4x-2)^{-3}}{4} + c = -1(4x-2)^{-3} + c = -\frac{1}{(4x-2)^3} + c$

f) Lineare Integration: $F(x) = 3 \cdot \frac{\ln|2x|}{2} + c = \frac{3}{2} \cdot \ln|2x| + c$
oder alternativ: $f(x) = \frac{3}{2} \cdot \frac{1}{x} \Rightarrow F(x) = \frac{3}{2} \cdot \ln x + c$

g) Lineare Integration: $F(x) = 6 \cdot \frac{\ln|x-2|}{1} + c = 6 \cdot \ln|x-2| + c$

h) Lineare Integration: $F(x) = 4 \cdot \frac{\ln|2x-1|}{2} + c = 2 \cdot \ln|2x-1| + c$

2.1.3 Potenzfunktionen mit gebrochenen Exponenten

a) Umschreiben der Wurzel in einen Ausdruck mit gebrochenem Exponenten:
$f(x) = 2 \cdot (2x+1)^{\frac{1}{2}}$
Lineare Integration: $\mathrm{F}(x) = 2 \cdot \frac{\frac{1}{\frac{3}{2}}(2x+1)^{\frac{3}{2}}}{2} + c = \frac{2}{3}(2x+1)^{\frac{3}{2}} + c = \frac{2}{3}\sqrt{(2x+1)^3} + c$

b) Umschreiben der Wurzel in einen Ausdruck mit negativem Exponenten: $f(x) = 3 \cdot x^{-\frac{1}{2}}$
Daraus folgt: $\mathrm{F}(x) = \frac{3}{\frac{1}{2}} \cdot x^{\frac{1}{2}} + c = 6 \cdot \sqrt{x} + c$

c) Umschreiben der Wurzel in einen Ausdruck mit negativem Exponenten: $f(x) = 4 \cdot (2x+1)^{-\frac{1}{2}}$
Lineare Integration: $\mathrm{F}(x) = 4 \cdot \frac{\frac{1}{\frac{1}{2}}(2x+1)^{\frac{1}{2}}}{2} + c = 4 \cdot (2x+1)^{\frac{1}{2}} + c = 4 \cdot \sqrt{2x+1} + c$

2.1.4 Exponentialfunktionen

a) Lineare Integration: $\mathrm{F}(x) = \frac{3}{2}e^{2x} + c$

b) Lineare Integration: $\mathrm{F}(x) = 4 \cdot \frac{e^{-x}}{-1} + c = -4e^{-x} + c$

c) Lineare Integration: $\mathrm{F}(x) = 3 \cdot \frac{e^{-3x}}{-3} + \frac{1}{4}x^4 + c = -e^{-3x} + \frac{1}{4}x^4 + c$

d) Lineare Integration: $\mathrm{F}(x) = 6 \cdot \frac{e^{3x+2}}{3} + c = 2e^{3x+2} + c$

e) Zuerst wird die Klammer aufgelöst: $f(x) = 2x^2 - 12e^{3x}$, daraus folgt:
$\mathrm{F}(x) = 2 \cdot \frac{1}{3} \cdot x^3 - 12 \cdot \frac{1}{3} \cdot e^{3x} + c = \frac{2}{3}x^3 - 4e^{3x} + c$

f) Zuerst wird der Bruch als Potenz mit negativem Exponenten geschrieben:
$f(x) = 2 \cdot e^{-2x} + x^{-2}$, daraus folgt:
$\mathrm{F}(x) = 2 \cdot \frac{e^{-2x}}{-2} + \frac{1}{-1}x^{-1} + c = -e^{-2x} - \frac{1}{x} + c$

2.1.5 Trigonometrische Funktionen

a) Lineare Integration: $\mathrm{F}(x) = 3 \cdot \frac{\sin(2x+1)}{2} + c = \frac{3}{2}\sin(2x+1) + c$

b) Lineare Integration: $\mathrm{F}(x) = 4 \cdot \frac{-\cos(-3x+2)}{-3} + c = \frac{4}{3}\cos(-3x+2) + c$

c) Lineare Integration: $\mathrm{F}(x) = \frac{2}{3} \cdot \frac{\sin(\pi x)}{\pi} + c = \frac{2}{3\pi}\sin(\pi x) + c$

d) Lineare Integration: $\mathrm{F}(x) = 4 \cdot \frac{\sin(4x+4)}{4} + c = \sin(4x+4) + c$

e) Lineare Integration: $\mathrm{F}(x) = 3 \cdot \frac{-\cos(3x-9)}{3} + c = -\cos(3x-9) + c$

2.2 Integrale

Mit Hilfe des Hauptsatzes der Differential- und Integralrechnung $\int_a^b f(x)dx = \mathrm{F}(b) - \mathrm{F}(a)$ ergibt sich:

a) $\int_0^{\frac{\pi}{2}} (4 \cdot \sin(2x))\,\mathrm{d}x = \left[\frac{4\cdot(-\cos(2x))}{2}\right]_0^{\frac{\pi}{2}} = [-2 \cdot \cos(2x)]_0^{\frac{\pi}{2}} = -2 \cdot \cos\left(2 \cdot \frac{\pi}{2}\right) - (-2 \cdot \cos(2 \cdot 0))$
$= -2 \cdot (-1) - (-2) = 4$

b) $\int_{-1}^{0} (1 + e^{-x})\,\mathrm{d}x = \left[x + \frac{e^{-x}}{-1}\right]_{-1}^{0} = [x - e^{-x}]_{-1}^{0} = 0 - e^{-0} - \left(-1 - e^{-(-1)}\right) = -1 + 1 + e = e$

c) $\int_1^4 \left(x + \frac{1}{\sqrt{x}}\right)\mathrm{d}x = \int_1^4 \left(x + x^{-\frac{1}{2}}\right)\mathrm{d}x = \left[\frac{1}{2}x^2 + \frac{1}{\frac{1}{2}}x^{\frac{1}{2}}\right]_1^4 = \left[\frac{1}{2}x^2 + 2 \cdot \sqrt{x}\right]_1^4$
$= \frac{1}{2} \cdot 4^2 + 2 \cdot \sqrt{4} - \left(\frac{1}{2} \cdot 1^2 + 2 \cdot \sqrt{1}\right) = 9{,}5$

d) $\int_0^1 \left(2 - \frac{1}{\sqrt[3]{x}}\right)\mathrm{d}x = \int_0^1 \left(2 - x^{-\frac{1}{3}}\right)\mathrm{d}x = \left[2x - \frac{1}{\frac{2}{3}}x^{\frac{2}{3}}\right]_0^1 = \left[2x - \frac{3}{2} \cdot \sqrt[3]{x^2}\right]_0^1$
$= 2 \cdot 1 - \frac{3}{2} \cdot \sqrt[3]{1^2} - \left(2 \cdot 0 - \frac{3}{2} \cdot \sqrt[3]{0^2}\right) = 2 - \frac{3}{2} - 0 = \frac{1}{2}$

e) $\int_1^2 \left(1 + \frac{3}{x^2}\right)\mathrm{d}x = \int_1^2 (1 + 3 \cdot x^{-2})\,\mathrm{d}x = \left[x + \frac{3}{-1}x^{-1}\right]_1^2 = \left[x - \frac{3}{x}\right]_1^2 = 2 - \frac{3}{2} - \left(1 - \frac{3}{1}\right) = 2{,}5$

f) $\int_2^3 \frac{1}{x+2}\mathrm{d}x = \Big[\ln|x+2|\Big]_2^3 = \ln|3+2| - \ln|2+2| = \ln(5) - \ln(4)$

g) $\int_2^3 \frac{4}{2x+3}\mathrm{d}x = \left[\frac{4\cdot\ln|2x+3|}{2}\right]_2^3 = \Big[2 \cdot \ln|2x+3|\Big]_2^3 = (2 \cdot \ln|2 \cdot 3 + 3| - 2 \cdot \ln|2 \cdot 2 + 3|)$
$= 2 \cdot \ln(9) - 2 \cdot \ln(7)$

h) $\int_0^1 (2x+1)^3\,\mathrm{d}x = \left[\frac{\frac{1}{4}\cdot(2x+1)^4}{2}\right]_0^1 = \left(\frac{1}{8} \cdot (2 \cdot 1 + 1)^4\right) - \left(\frac{1}{8} \cdot (2 \cdot 0 + 1)^4\right) = \frac{81}{8} - \frac{1}{8} = 10$

i) $\int_0^3 \frac{4}{(x+1)^2}\mathrm{d}x = \int_0^3 (4 \cdot (x+1)^{-2})\,\mathrm{d}x = \left[\frac{4}{-1} \cdot (x+1)^{-1}\right]_0^3 = \left[-\frac{4}{x+1}\right]_0^3$
$= \left(-\frac{4}{3+1}\right) - \left(-\frac{4}{0+1}\right) = -1 + 4 = 3$

j) $\int_0^{\frac{\pi}{6}} (6 \cdot \cos(3x))\,\mathrm{d}x = \left[\frac{6\cdot\sin(3x)}{3}\right]_0^{\frac{\pi}{6}} = \Big[2 \cdot \sin(3x)\Big]_0^{\frac{\pi}{6}} = 2 \cdot \sin\left(3 \cdot \frac{\pi}{6}\right) - (2 \cdot \sin(3 \cdot 0))$
$= 2 \cdot 1 - 2 \cdot 0 = 2$

k) $\int_0^2 (2x - 2e^{-2x})\,\mathrm{d}x = \left[x^2 - \frac{2e^{-2x}}{-2}\right]_0^2 = \left[x^2 + e^{-2x}\right]_0^2 = (2^2 + e^{-2\cdot2}) - (0^2 + e^{-2\cdot0})$
$= 4 + e^{-4} - 1 = 3 + e^{-4}$

2.3 Integralgleichungen

a) Mit Hilfe des Hauptsatzes der Differential- und Integralrechnung kann man die Gleichung durch Wurzelziehen nach u auflösen:

$$\begin{aligned} \int_0^u \frac{1}{2}x^2 \mathrm{d}x &= \frac{9}{2} \\ \left[\frac{1}{6}x^3\right]_0^u &= \frac{9}{2} \\ \frac{1}{6}u^3 - \frac{1}{6}\cdot 0^3 &= \frac{9}{2} \\ \frac{1}{6}u^3 &= \frac{9}{2} \\ u^3 &= 27 \\ u &= 3 \end{aligned}$$

b) Mit Hilfe des Hauptsatzes der Differential- und Integralrechnung kann man die Gleichung durch Wurzelziehen nach u auflösen:

$$\begin{aligned} \int_1^u x^4 \mathrm{d}x &= \frac{31}{5} \\ \left[\frac{1}{5}x^5\right]_1^u &= \frac{31}{5} \\ \frac{1}{5}u^5 - \frac{1}{5}\cdot 1^5 &= \frac{31}{5} \\ \frac{1}{5}u^5 - \frac{1}{5} &= \frac{31}{5} \\ u^5 - 1 &= 31 \\ u^5 &= 32 \\ u &= 2 \end{aligned}$$

c) Mit Hilfe des Hauptsatzes der Differential- und Integralrechnung kann man die Gleichung durch Logarithmieren nach u auflösen:

$$\begin{aligned} \int_0^u 2e^x \mathrm{d}x &= 1 \\ \left[2e^x\right]_0^u &= 1 \\ 2e^u - \left(2e^0\right) &= 1 \\ 2e^u - 2 &= 1 \\ 2e^u &= 3 \\ e^u &= \frac{3}{2} \\ u &= \ln\left(\frac{3}{2}\right) \end{aligned}$$

2.4 Flächeninhalt zwischen zwei Kurven

a) Schnittstellen bestimmen durch Gleichsetzen und Ausklammern:
$x - x^2 = 0 \Rightarrow x \cdot (1-x) = 0 \Rightarrow x_1 = 0, x_2 = 1$
Obere Kurve: $f(x)$ (z.B. durch Einsetzen für $x = \frac{1}{2}$)

$$\text{A} = \int_0^1 \left(x+1-(x^2+1)\right) \text{d}x = \int_0^1 \left(-x^2+x\right) \text{d}x = \left[-\tfrac{1}{3}x^3 + \tfrac{1}{2}x^2\right]_0^1 = -\tfrac{1}{3} + \tfrac{1}{2} - 0 = \tfrac{1}{6} \text{ FE}$$

b) Schnittstellen bestimmen durch Gleichsetzen und Wurzelziehen: $x_1 = -2, x_2 = 2$
Obere Kurve: $f(x)$ (nach unten geöffnete Parabel).

$$\text{A} = \int_{-2}^2 \left(4-x^2-(x^2-4)\right) \text{d}x = \int_{-2}^2 \left(-2x^2+8\right) \text{d}x = \left[-\tfrac{2}{3}x^3 + 8x\right]_{-2}^2$$
$$= -\tfrac{16}{3} + 16 - \left(+\tfrac{16}{3} - 16\right) = 32 - \tfrac{32}{3} = \tfrac{64}{3} = 21{,}33 \text{ FE}$$

c) Gesucht ist die Fläche im Intervall $\text{I} = [0; \pi]$. Schnittstellen bestimmen durch Gleichsetzen: $2 \cdot \sin(x) = -\sin(x) \Rightarrow 3 \cdot \sin(x) = 0 \Rightarrow x_1 = 0,\ x_2 = \pi$
Obere Kurve: $f(x)$, (da $2\sin(x) \geqslant 0$ und $-\sin(x) \leqslant 0$ im Intervall I gilt)

$$\text{A} = \int_0^\pi (2 \cdot \sin(x) - (-\sin(x)))\, \text{d}x = \int_0^\pi (3 \cdot \sin(x))\, \text{d}x = \left[-3 \cdot \cos(x)\right]_0^\pi$$
$$= -3 \cdot \cos\pi - (-3 \cdot \cos 0) = -3 \cdot (-1) + 3 \cdot 1 = 6 \text{ FE}$$

d) Gesucht ist die Fläche im Intervall $\text{I} = [0; 1]$. Schnittstelle bestimmen: $e = e^x \Rightarrow x = 1$
Obere Kurve: $f(x)$, da $y = e \approx 2{,}72$ im Intervall I größer als e^x ist.

$$\text{A} = \int_0^1 (e - e^x)\, \text{d}x = \left[e \cdot x - e^x\right]_0^1 = e \cdot 1 - e^1 - \left(e \cdot 0 - e^0\right)$$
$$= 0 + e^0 = 1 \text{ FE}$$

e) Gesucht ist die Fläche im Intervall $\text{I} = [0; 2]$. Schnittstelle bestimmen: $2 = \frac{1}{2}x^2 \Rightarrow x = 2$
Obere Kurve: Gerade g

$$\text{A} = \int_0^2 \left(2 - \tfrac{1}{2}x^2\right) \text{d}x = \left[2 \cdot x - \tfrac{1}{6}x^3\right]_0^2 = 2 \cdot 2 - \tfrac{1}{6} \cdot 2^3 - \left(2 \cdot 0 - \tfrac{1}{6} \cdot 0^3\right)$$
$$= 4 - \tfrac{8}{6} = \tfrac{8}{3} \text{ FE}$$

f) Den Inhalt A der markierten Fläche erhält man, indem man die markierte Fläche in zwei Teilflächen A_1 und A_2 aufteilt.
Der Graph von f schneidet die x-Achse bei $x = 1$, weil $f(1) = 1^2 - 1 = 0$.

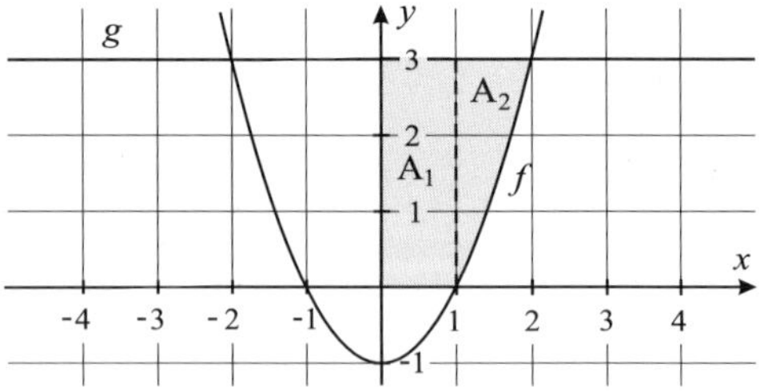

Die Schnittstelle der Geraden mit der Gleichung $y = 3$ und dem Graphen von f erhält man durch Gleichsetzen:

$$\begin{aligned} x^2 - 1 &= 3 \\ x^2 &= 4 \\ x_{1,2} &= \pm 2 \end{aligned}$$

Wegen $x > 0$ kommt nur $x_1 = 2$ als Schnittstelle in Frage.
Die Fläche A_1 ist ein Rechteck mit den Seiten $a = 1$ und $b = 3$.
Damit gilt:

$$\mathrm{A}_1 = a \cdot b = 1 \cdot 3 = 3$$

Die Fläche A_2 wird durch die Gerade g und dem Graph von f begrenzt. Den Flächeninhalt A_2 erhält man mit Hilfe eines Integrals. Da die Gerade g oberhalb des Graphen von f verläuft, gilt:

$$\begin{aligned} \mathrm{A}_2 &= \int_1^2 (3 - f(x))\,\mathrm{d}x \\ &= \int_1^2 \left(3 - \left(x^2 - 1\right)\right)\mathrm{d}x \\ &= \int_1^2 \left(4 - x^2\right)\mathrm{d}x \\ &= \left[4x - \frac{1}{3}x^3\right]_1^2 \\ &= 4 \cdot 2 - \frac{1}{3} \cdot 2^3 - \left(4 \cdot 1 - \frac{1}{3} \cdot 1^3\right) \\ &= 8 - \frac{8}{3} - 4 + \frac{1}{3} \\ &= 4 - \frac{7}{3} \\ &= \frac{5}{3} \end{aligned}$$

Damit erhält man für den Flächeninhalt der markierten Fläche:

$$\mathrm{A} = \mathrm{A}_1 + \mathrm{A}_2 = 3 + \frac{5}{3} = \frac{14}{3}$$

Der Flächeninhalt beträgt $\frac{14}{3}$ FE.

3 Gleichungen

3.1 Potenzgleichungen

a) Die Gleichung $x^2 + 3x - 4 = 0$ lässt sich mit der pq- bzw. der abc-Formel lösen: $x_1 = 1$ und $x_2 = -4$.

b) Die Gleichung $x^2 + \frac{2}{5}x - \frac{3}{5} = 0$ lässt sich mit der pq- bzw. der abc-Formel lösen: $x_1 = \frac{3}{5}$, $x_2 = -1$.

c) Die Gleichung $(x-1) \cdot (x-4)^2 = 0$ löst man mit dem Satz vom Nullprodukt: $x - 1 = 0$ führt zur Lösung $x_1 = 1$ und $(x-4)^2 = 0$ bzw. $x - 4 = 0$ führt zur Lösung $x_2 = 4$.

d) Die Gleichung $x^2 \cdot (3x - 6) = 0$ löst man mit dem Satz vom Nullprodukt: $x^2 = 0$ führt zu $x_1 = 0$ und $3x - 6 = 0$ führt zu $x_2 = 2$.

e) Bei der Gleichung $x^3 - 4x = 0$ kann man x ausklammern: $x \cdot (x^2 - 4) = 0$. Diese Gleichung löst man mit dem Satz vom Nullprodukt: $x = 0$ führt zu $x_1 = 0$ und $x^2 - 4 = 0$ führt durch Wurzelziehen zu $x_2 = 2$ und $x_3 = -2$.

f) Bei der Gleichung $2x^4 - 3x^3 = 0$ kann man x^3 ausklammern: $x^3 \cdot (2x - 3) = 0$. Diese Gleichung löst man mit dem Satz vom Nullprodukt: $x^3 = 0$ führt zu $x_1 = 0$ und $2x - 3 = 0$ führt zu $x_2 = \frac{3}{2}$.

g) Bei der Gleichung $x^4 - 3x^3 + 2x^2 = 0$ kann man x^2 ausklammern: $x^2 \cdot (x^2 - 3x + 2) = 0$. Diese Gleichung löst man mit dem Satz vom Nullprodukt: $x^2 = 0$ führt zu $x_1 = 0$ und $x^2 - 3x + 2 = 0$ führt mit Hilfe der pq- oder abc-Formel zu $x_2 = 1$ und $x_3 = 2$.

h) Bei der Gleichung $x^3 - 5x^2 + 6x = 0$ kann man x ausklammern: $x \cdot \left(x^2 - 5x + 6\right) = 0$. Diese Gleichung löst man mit dem Satz vom Nullprodukt: $x_1 = 0$ und $x^2 - 5x + 6 = 0$ führt mit Hilfe der pq- bzw. abc-Formel zu $x_2 = 2$ und $x_3 = 3$.

i) Bei der Gleichung $x^4 - 4x^2 + 3 = 0$ führt die Substitution $x^2 = z$ zu $z^2 - 4z + 3 = 0$. Lösen mit Hilfe der pq- oder abc-Formel ergibt $z_1 = 1$ und $z_2 = 3$. Die Rücksubstitution $x^2 = 1$ führt durch Wurzelziehen zu $x_{1,2} = \pm 1$ und $x^2 = 3$ führt zu $x_{3,4} = \pm\sqrt{3}$.

j) Bei der Gleichung $2x^4 - 5x^2 + 2 = 0$ führt die Substitution $x^2 = z$ zu $2z^2 - 5z + 2 = 0$. Lösen mit Hilfe der pq- oder abc-Formel ergibt $z_1 = 2$ und $z_2 = \frac{1}{2}$. Die Rücksubstitution $x^2 = 2$ führt durch Wurzelziehen zu $x_{1,2} = \pm\sqrt{2}$ und $x^2 = \frac{1}{2}$ führt zu $x_{3,4} = \pm\sqrt{\frac{1}{2}}$.

k) Die Gleichung $2x^3 - 5 = 15$ führt zu $x^3 = 10$. Durch Wurzelziehen erhält man die Lösung $x = \sqrt[3]{10}$.

l) Die Gleichung $3x^4 + 8 = 29$ führt zu $x^4 = 7$. Durch Wurzelziehen erhält man die Lösungen $x_1 = \sqrt[4]{7}$ und $x_2 = -\sqrt[4]{7}$.

3.2 Potenzgleichungen mit Parameter

a) Die Gleichung $x^2+4x+2t=0$ löst man mit Hilfe der abc-Formel:

$$x_{1,2}=\frac{-4\pm\sqrt{4^2-4\cdot 1\cdot 2t}}{2\cdot 1}=\frac{-4\pm\sqrt{16-8t}}{2}$$

Ist der Term unter der Wurzel negativ, gibt es keine Lösung, ist er Null, gibt es eine Lösung, ist er positiv, gibt es zwei Lösungen. Dies führt zu folgenden Fallunterscheidungen:
Keine Lösung für $16-8t<0$ bzw. $2<t$.
Eine Lösung für $16-8t=0$ bzw. $t=2$.
Zwei Lösungen für $16-8t>0$ bzw. $2>t$.

b) Die Gleichung $3x^2-4x=2a$ bzw. $3x^2-4x-2a=0$ löst man mit Hilfe der abc-Formel:

$$x_{1,2}=\frac{-(-4)\pm\sqrt{(-4)^2-4\cdot 3\cdot(-2a)}}{2\cdot 3}=\frac{4\pm\sqrt{16+24a}}{6}$$

Ist der Term unter der Wurzel negativ, gibt es keine Lösung, ist er Null, gibt es eine Lösung, ist er positiv, gibt es zwei Lösungen. Dies führt zu folgenden Fallunterscheidungen:
Keine Lösung für $16+24a<0$ bzw. $a<-\frac{2}{3}$.
Eine Lösung für $16+24a=0$ bzw. $a=-\frac{2}{3}$.
Zwei Lösungen für $16+24a>0$ bzw. $a>-\frac{2}{3}$.

c) Die Gleichung $x^2-3tx+\frac{9}{4}=0$ löst man mit Hilfe der abc-Formel:

$$x_{1,2}=\frac{-(-3t)\pm\sqrt{(-3t)^2-4\cdot 1\cdot\frac{9}{4}}}{2\cdot 1}=\frac{3t\pm\sqrt{9t^2-9}}{2}$$

Ist der Term unter der Wurzel negativ, gibt es keine Lösung, ist er Null, gibt es eine Lösung, ist er positiv, gibt es zwei Lösungen. Dies führt zu folgenden Fallunterscheidungen:
Keine Lösung für $9t^2-9<0$ bzw. $t^2<1$, also $-1<t<1$.
Eine Lösung für $9t^2-9=0$ bzw. $t^2=1$, also $t_1=-1$ und $t_2=1$.
Zwei Lösungen für $9t^2-9>0$ bzw. $t^2>1$, also $t<-1$ oder $t>1$.

d) Die Gleichung $9x^2-3ux+1=0$ löst man mit Hilfe der abc-Formel:

$$x_{1,2}=\frac{-(-3u)\pm\sqrt{(-3u)^2-4\cdot 9\cdot 1}}{2\cdot 9}=\frac{3u\pm\sqrt{9u^2-36}}{18}$$

Ist der Term unter der Wurzel negativ, gibt es keine Lösung, ist er Null, gibt es eine Lösung, ist er positiv, gibt es zwei Lösungen. Dies führt zu folgenden Fallunterscheidungen:
Keine Lösung für $9u^2-36<0$ bzw. $u^2<4$, also $-2<u<2$.
Eine Lösung für $9u^2-36=0$ bzw. $u^2=4$, also $u_1=-2$ und $u_2=2$.
Zwei Lösungen für $9u^2-36>0$ bzw. $u^2>4$, also $u<-2$ oder $u>2$.

e) Die Gleichung $ax-2x=5$ löst man durch Ausklammern von x. Es ergibt sich:
$x\cdot(a-2)=5 \Rightarrow x=\frac{5}{a-2}$.
Es gibt keine Lösung, wenn der Nenner gleich Null ist: $a-2=0 \Rightarrow a=2$.
Für $a\neq 2$ gibt es genau eine Lösung.

f) Die Gleichung $tx = 3x + 4$ bzw. $tx - 3x = 4$ löst man durch Ausklammern von x. Es ergibt sich: $x \cdot (t-3) = 4$ bzw. $x = \frac{4}{t-3}$.
Es gibt keine Lösung, wenn der Nenner gleich Null ist: $t - 3 = 0 \Rightarrow t = 3$.
Für $t \neq 3$ gibt es genau eine Lösung.

3.3 Exponentialgleichungen

a) Die Gleichung $\left(x^2-4\right) \cdot e^{0,5x} = 0$ löst man mit dem Satz vom Nullprodukt: $x^2 - 4 = 0$ führt zu den Lösungen $x_1 = -2$ und $x_2 = 2$. Die Gleichung $e^{0,5x} = 0$ besitzt keine weitere Lösung.

b) Die Gleichung $e^{3x} - 3e^x = 0$ führt durch Ausklammern zu $e^x \cdot \left(e^{2x} - 3\right) = 0$. Mithilfe des Satzes vom Nullprodukt ergibt sich: Die Gleichung $e^x = 0$ besitzt keine Lösung, die Gleichung $e^{2x} - 3 = 0$ führt zu $x = \frac{\ln(3)}{2}$.

c) Die Gleichung $e^{5x} = 4e^{2x}$ führt zu $e^{5x} - 4e^{2x} = 0$. Klammert man e^{2x} aus, erhält man: $e^{2x} \cdot \left(e^{3x} - 4\right) = 0$. Mithilfe des Satzes vom Nullprodukt ergibt sich: Die Gleichung $e^{2x} = 0$ besitzt keine Lösung, die Gleichung $e^{3x} - 4 = 0$ führt zu $x = \frac{\ln(4)}{3}$.

d) Die Gleichung $(2x+4) \cdot \left(e^{2x} - 4\right) = 0$ löst man mit dem Satz vom Nullprodukt: $2x + 4 = 0$ führt zur Lösung $x_1 = -2$ und $e^{2x} - 4 = 0$ hat die Lösung $x_2 = \frac{\ln(4)}{2}$.

e) Die Gleichung $\left(2x^2 - 2\right) \cdot \left(e^{-x} - 2\right) = 0$ löst man mit dem Satz vom Nullprodukt: $2x^2 - 2 = 0$ führt zu den Lösungen $x_{1,2} = \pm 1$ und $e^{-x} - 2 = 0$ hat die Lösung $x_3 = -\ln(2)$.

f) Bei der Gleichung $e^{2x} - 6e^x + 5 = 0$ substituiert man $e^x = z$: Wegen $e^{2x} = (e^x)^2$ gilt $e^{2x} = z^2$. Die Gleichung $e^{2x} - 6e^x + 5 = 0$ wird damit zu $z^2 - 6z + 5 = 0$. Lösen mit pq- oder abc-Formel ergibt $z_1 = 5$ und $z_2 = 1$. Die Rücksubstitution $e^x = 5$ führt zur Lösung $x_1 = \ln(5)$, die Rücksubstitution $e^x = 1$ führt zur Lösung $x_2 = \ln(1) = 0$.

g) Bei der Gleichung $e^{4x} - 5e^{2x} + 6 = 0$ substituiert man $e^{2x} = z$: Da $e^{4x} = \left(e^{2x}\right)^2$ gilt $e^{4x} = z^2$. Die Gleichung $e^{4x} - 5e^{2x} + 6 = 0$ wird damit zu $z^2 - 5z + 6 = 0$. Lösen mit Hilfe der pq- oder abc-Formel ergibt $z_1 = 2$ und $z_2 = 3$. Die Rücksubstitution $e^{2x} = 2$ führt zur Lösung $x_1 = \frac{\ln(2)}{2}$, die Rücksubstitution $e^{2x} = 3$ führt zur Lösung $x_2 = \frac{\ln(3)}{2}$.

h) Bei der Gleichung $2e^x - 5e^{\frac{1}{2}x} + 2 = 0$ substituiert man $e^{\frac{1}{2}x} = z$: Wegen $e^x = \left(e^{\frac{1}{2}x}\right)^2$ gilt $e^x = z^2$. Die Gleichung $2e^x - 5e^{\frac{1}{2}x} + 2 = 0$ wird damit zu $2z^2 - 5z + 2 = 0$. Lösen mit pq- oder abc-Formel ergibt $z_1 = 2$ und $z_2 = \frac{1}{2}$. Die Rücksubstitution $e^{\frac{1}{2}x} = 2$ führt zur Lösung $x_1 = 2\ln(2)$, die Rücksubstitution $e^{\frac{1}{2}x} = \frac{1}{2}$ führt zur Lösung $x_2 = 2\ln\left(\frac{1}{2}\right)$.

i) Die Gleichung $e^x - 8e^{-x} = 2$ multipliziert man mit e^x und erhält: $e^x \cdot e^x - 8e^{-x} \cdot e^x = 2e^x$ bzw. $e^{2x} - 2e^x - 8 = 0$. Substituiert man $e^x = z$ ergibt sich: $z^2 - 2z - 8 = 0$. Lösen mit Hilfe der pq- oder abc-Formel ergibt $z_1 = 4$ und $z_2 = -2$. Rücksubstitution $e^x = 4$ führt zur Lösung $x = \ln(4)$, die Rücksubstitution $e^x = -2$ führt zu keiner weiteren Lösung, da e^x stets größer als Null ist.

j) Die Gleichung $3 \cdot 4^x = 9$ führt zu $4^x = 3$. Durch Logarithmieren erhält man als Lösung: $x = \log_4(3)$.

k) Die Gleichung $2 \cdot 3^{4x} = 10$ führt zu $3^{4x} = 5$. Durch Logarithmieren erhält man: $4x = \log_3(5) \Rightarrow x = \frac{\log_3(5)}{4}$.

l) Die Gleichung $4 \cdot 2^{-3x} + 1 = 17$ führt zu $2^{-3x} = 4$. Durch Logarithmieren erhält man: $-3x = \log_2(4) \Rightarrow x = \frac{\log_2(4)}{-3}$.

3.4 Bruchgleichungen

a) Die Gleichung $\frac{4}{x^2} + \frac{2}{x} = 2$ wird mit x^2 multipliziert.
Man erhält: $4 + 2x = 2x^2$ bzw. $2x^2 - 2x - 4 = 0$.
Mit Hilfe der pq- bzw. abc-Formel ergeben sich die Lösungen: $x_1 = 2$ und $x_2 = -1$.

b) Die Gleichung $6 - \frac{12}{x^2+1} = 0$ wird mit $x^2 + 1$ multipliziert.
Man erhält: $6 \cdot \left(x^2 + 1\right) - 12 = 0$ bzw. $6x^2 + 6 - 12 = 0$ bzw. $x^2 = 1$.
Durch Wurzelziehen ergeben sich die Lösungen: $x_1 = 1$ und $x_2 = -1$.

c) Die Gleichung $x^2 - \frac{4}{x^2} = 3$ wird mit x^2 multipliziert.
Man erhält: $x^4 - 4 = 3x^2$ bzw. $x^4 - 3x^2 - 4 = 0$.
Substituiert man $x^2 = z$, ergibt sich: $z^2 - 3z - 4 = 0$.
Mit Hilfe der pq- bzw. abc-Formel erhält man: $z_1 = 4$ und $z_2 = -1$.
Die Resubstitution $x^2 = 4$ ergibt die Lösungen $x_1 = 2$ und $x_2 = -2$, die Resubstitution $x^2 = -1$ ergibt keine weiteren Lösungen.

d) Die Gleichung $\frac{2}{x^4} - \frac{1}{x^2} = 1$ wird mit x^4 multipliziert.
Man erhält: $2 - x^2 = x^4$ bzw. $0 = x^4 + x^2 - 2$.
Substituiert man $x^2 = z$, ergibt sich: $0 = z^2 + z - 2$.
Mit Hilfe der pq- bzw. abc-Formel erhält man: $z_1 = 1$ und $z_2 = -2$.
Die Resubstitution $x^2 = 1$ ergibt die Lösungen $x_1 = 1$ und $x_2 = -1$, die Resubstitution $x^2 = -2$ ergibt keine weiteren Lösungen.

e) Die Gleichung $1 - \frac{4x}{x^2+3} = 0$ wird mit $x^2 + 3$ multipliziert.
Man erhält: $x^2 + 3 - 4x = 0$ bzw. $x^2 - 4x + 3 = 0$.
Mit Hilfe der pq- bzw. abc-Formel ergeben sich die Lösungen: $x_1 = 3$ und $x_2 = 1$.

f) Die Gleichung $\frac{4}{x-2} - x = 1$ wird mit $x - 2$ multipliziert.
Man erhält: $4 - x \cdot (x - 2) = 1 \cdot (x - 2)$ bzw. $4 - x^2 + 2x = x - 2$ bzw. $0 = x^2 - x - 6$.
Mit Hilfe der pq- bzw. abc-Formel ergeben sich die Lösungen: $x_1 = 3$ und $x_2 = -2$.

g) Die Gleichung $\frac{x}{x+2} = \frac{3}{4}$ wird mit 4 und mit $x + 2$ multipliziert. Man erhält: $4x = 3 \cdot (x + 2)$.
Dies führt zur Lösung $x = 6$.

h) Die Gleichung $x^{-4} - 1 = 15$ führt zu $\frac{1}{x^4} = 16$ bzw. $\frac{1}{16} = x^4$. Dies führt durch Wurzelziehen zu den Lösungen $x_1 = -\frac{1}{2}$ und $x_2 = \frac{1}{2}$.

3.5 Trigonometrische Gleichungen

a) Bei der Gleichung $\sin(3x) = 1;\ x \in [0; 2\pi]$ substituiert man $3x = z$.
Dies führt zu $\sin(z) = 1$ mit den möglichen Lösungen $z_1 = \frac{\pi}{2}$, $z_2 = \frac{5}{2}\pi$, $z_3 = \frac{9}{2}\pi, \ldots$
Die Resubstitution $z_1 = \frac{\pi}{2} = 3x$ ergibt $x_1 = \frac{\pi}{6}$, $z_2 = \frac{5}{2}\pi = 3x$ ergibt $x_2 = \frac{5}{6}\pi$,
$z_3 = \frac{9}{2}\pi = 3x$ ergibt $x_3 = \frac{3}{2}\pi$, $z_4 = \frac{13}{2}\pi$ ergibt keine weitere Lösung, da $\frac{13}{6}\pi \notin [0; 2\pi]$
Als Lösungsmenge erhält man $L = \left\{ \frac{1}{6}\pi; \frac{5}{6}\pi; \frac{3}{2}\pi \right\}$.

b) Bei der Gleichung $\cos\left(x - \frac{\pi}{2}\right) = -1;\ x \in [-\pi; 2\pi]$ substituiert man $x - \frac{\pi}{2} = z$.
Dies führt zu $\cos(z) = -1$ mit den möglichen Lösungen $z_1 = -\pi$, $z_2 = \pi$, $z_3 = 3\pi, \ldots$
Die Resubstitution $z_1 = -\pi = x - \frac{\pi}{2}$ ergibt $x_1 = -\frac{\pi}{2}$, $z_2 = \pi = x - \frac{\pi}{2}$ ergibt $x_2 = \frac{3}{2}\pi$,
$z_3 = 3\pi$ ergibt keine weitere Lösung.
Als Lösungsmenge erhält man $L = \left\{ -\frac{\pi}{2}; \frac{3}{2}\pi \right\}$.

c) Die Gleichung $\cos(x) \cdot (\sin(x) - 1) = 0;\ x \in [0; \pi]$ löst man mit dem Satz vom Nullprodukt: $\cos(x) = 0$ hat im angegebenen Intervall die Lösung $x = \frac{\pi}{2}$.
$\sin(x) - 1 = 0$ bzw. $\sin(x) = 1$ hat ebenfalls die Lösung $x = \frac{\pi}{2}$.
Als Lösungsmenge erhält man $L = \left\{ \frac{\pi}{2} \right\}$.

d) Die Gleichung $\sin(x) \cdot (\sin(x) + 1) = 0;\ x \in [0; 2\pi]$ löst man mit dem Satz vom Nullprodukt: $\sin(x) = 0$ hat im angegebenen Intervall die Lösungen $x_1 = 0$, $x_2 = \pi$ und $x_3 = 2\pi$.
$\sin(x) + 1 = 0$ bzw. $\sin(x) = -1$ hat die Lösung $x_4 = \frac{3}{2}\pi$.
Als Lösungsmenge erhält man $L = \left\{ 0; \pi; \frac{3}{2}\pi; 2\pi \right\}$.

e) Die Gleichung $\cos(x) \cdot (\cos(x) + 1) = 0;\ x \in [0; \pi]$ löst man mit dem Satz vom Nullprodukt: $\cos(x) = 0$ hat im angegebenen Intervall die Lösung $x_1 = \frac{1}{2}\pi$.
$\cos(x) + 1 = 0$ bzw. $\cos(x) = -1$ hat die Lösung $x_2 = \pi$.
Als Lösungsmenge erhält man $L = \left\{ \frac{1}{2}\pi; \pi \right\}$.

f) Bei der Gleichung $\sin^2(x) - 2\sin(x) = 0;\ x \in [0; 2\pi]$ klammert man $\sin x$ aus. Es ergibt sich: $\sin(x) \cdot (\sin(x) - 2) = 0$.
Diese Gleichung löst man mit dem Satz vom Nullprodukt:
$\sin(x) = 0$ hat im angegebenen Intervall die Lösungen $x_1 = 0$, $x_2 = \pi$ und $x_3 = 2\pi$.
$\sin(x) - 2 = 0$ bzw. $\sin(x) = 2$ hat keine weitere Lösung.
Als Lösungsmenge erhält man $L = \{0; \pi; 2\pi\}$.

g) Bei der Gleichung $\cos^2(x) + \cos(x) - 2 = 0;\ x \in [0; 2\pi]$ substituiert man $\cos(x) = z$.
Damit ergibt sich: $z^2 + z - 2 = 0$.
Mit Hilfe der pq- bzw. abc-Formel erhält man: $z_1 = 1$ und $z_2 = -2$.
Die Resubstitution $\cos(x) = 1$ ergibt im angegebenen Intervall die Lösungen $x_1 = 0$ und $x_2 = 2\pi$, die Resubstitution $\cos(x) = -2$ ergibt keine weiteren Lösungen.
Als Lösungsmenge erhält man $L = \{0; 2\pi\}$.

h) Bei der Gleichung $\sin^2(x) + 4\sin(x) + 3 = 0;\ x \in [0; 2\pi]$ substituiert man $\sin(x) = z$.
Damit ergibt sich: $z^2 + 4z + 3 = 0$.
Mit Hilfe der pq- bzw. abc-Formel erhält man: $z_1 = -1$ und $z_2 = -3$.
Die Resubstitution $\sin(x) = -1$ ergibt im angegebenen Intervall die Lösung $x_1 = \frac{3}{2}\pi$, die

Resubstitution $\sin x = -3$ ergibt keine weiteren Lösungen.
Als Lösungsmenge erhält man $L = \left\{ \frac{3}{2}\pi \right\}$.

i) Die Gleichung $\left(x^2-4\right)\cdot\sin\left(x-\frac{\pi}{2}\right)=0;\ x\in[0;2\pi]$ löst man mit dem Satz vom Nullprodukt. $x^2-4=0$ hat die Lösungen $x_{1,2}=\pm 2$, es kommt aber wegen $x\in[0;2\pi]$ nur $x_1=2$ als Lösung in Frage. Bei der Gleichung $\sin\left(x-\frac{\pi}{2}\right)=0$ substituiert man $x-\frac{\pi}{2}=z$. Dies führt zu $\sin(z)=0$ mit den möglichen Lösungen $z_1=0$, $z_2=\pi$, $z_3=2\pi, \ldots$ Die Resubstitution $z_1=0=x-\frac{\pi}{2}$ ergibt $x_1=\frac{\pi}{2}$, $z_2=\pi=x-\frac{\pi}{2}$ ergibt $x_2=\frac{3}{2}\pi$, $z_3=2\pi$ ergibt keine weitere Lösung.
Als Lösungsmenge erhält man $L=\left\{\frac{\pi}{2};2;\frac{3}{2}\pi\right\}$.

3.6 Ungleichungen

a) Die Lösungsmenge der Ungleichung $2x > x^2$ bzw. $0 > x^2-2x$ kann man sich anhand des Schaubilds der zugehörigen Funktion überlegen. Die Funktion $f(x)=x^2-2x$ ist eine nach oben geöffnete Normalparabel.
Die Lösungsmenge der Ungleichung $0 > x^2-2x$ sind alle x-Werte, für die die Parabel unterhalb der x-Achse verläuft.

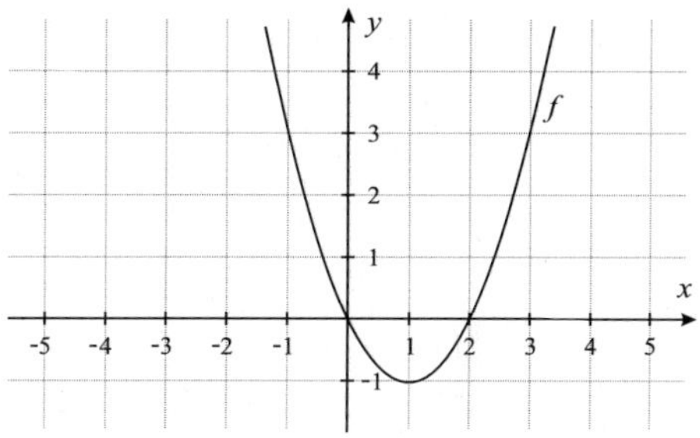

Die Nullstellen der Funktion erhält man durch Lösen der Gleichung $x^2-2x=0$ bzw. $x\cdot(x-2)=0$. Die Lösungen dieser Gleichung sind $x_1=0$ und $x_2=2$. Damit verläuft die Parabel für x-Werte zwischen 0 und 2 unterhalb der x-Achse.
Damit gilt für die Lösung der Ungleichung: $L=\{x\in\mathbb{R}\mid 0<x<2\}$ oder $L=]0;2[$.

b) Die Lösungsmenge der Ungleichung $4x < x^2$ bzw. $0 < x^2-4x$ kann man sich anhand des Schaubilds der zugehörigen Funktion überlegen. $f(x)=x^2-4x$ ist eine nach oben geöffnete Normalparabel.
Die Lösungsmenge der Ungleichung $0<x^2-4x$ sind alle x-Werte, für die die Parabel oberhalb der x-Achse verläuft.
Die Nullstellen der Funktion erhält man durch Lösen der Gleichung $x^2-4x=0$ bzw. $x\cdot(x-4)=0$.
Die Lösungen dieser Gleichung sind $x_1=0$ und $x_2=4$. Also verläuft die Parabel für x-Werte, kleiner als Null oder größer als vier, oberhalb der x-Achse.

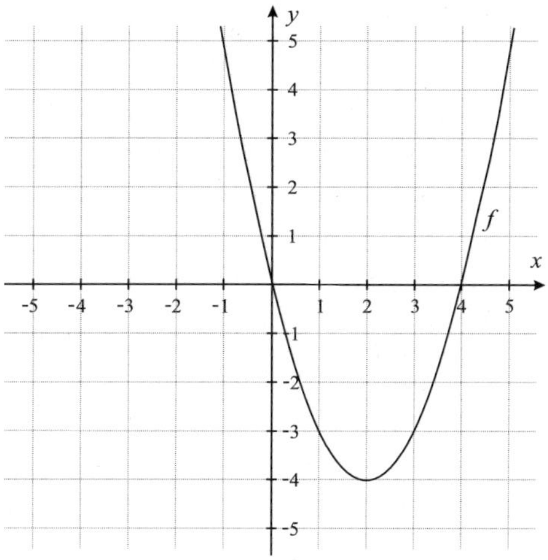

Damit gilt für die Lösung der Ungleichung: $L=\{x\in\mathbb{R}\mid x<0 \text{ oder } x>4\}$.

c) Die Lösungsmenge der Ungleichung $x^2 + 2x < 3$ bzw. $x^2 + 2x - 3 < 0$ kann man sich anhand des Schaubilds der zugehörigen Funktion überlegen.
Die Funktion $f(x) = x^2 + 2x - 3$ ist eine nach oben geöffnete Normalparabel.

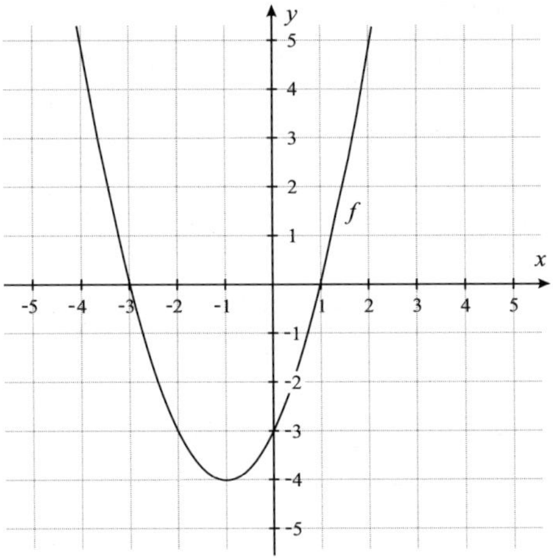

Die Lösungsmenge der Ungleichung $x^2 + 2x - 3 < 0$ sind alle x-Werte, für die die Parabel unterhalb der x-Achse verläuft.
Die Nullstellen der Funktion erhält man durch Lösen der Gleichung $x^2 + 2x - 3 = 0$.
Mit Hilfe der *abc*-Formel erhält man die Lösungen $x_1 = -3$ und $x_2 = 1$.
Damit verläuft die Parabel für x-Werte, die größer als -3 und kleiner als 1 sind, unterhalb der x-Achse.
Damit gilt für die Lösung der Ungleichung: $\mathrm{L} = \{x \in \mathbb{R} \mid -3 < x < 1\}$ oder $\mathrm{L} = \,]-3\,; 1\,[$.

d) Die Lösungsmenge der Ungleichung $x^2 + 2x > 8$ bzw. $x^2 + 2x - 8 > 0$ kann man sich anhand des Schaubilds der zugehörigen Funktion überlegen.
Die Funktion $f(x) = x^2 + 2x - 8$ ist eine nach oben geöffnete Normalparabel.

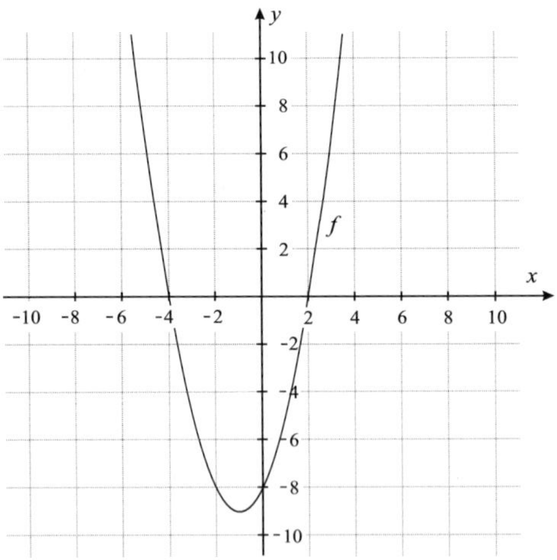

Die Lösungsmenge der Ungleichung $x^2 + 2x - 8 > 0$ sind alle x-Werte, für die die Parabel oberhalb der x-Achse verläuft.
Die Nullstellen der Funktion erhält man durch Lösen der Gleichung $x^2 + 2x - 8 = 0$.
Mit Hilfe der abc-Formel erhält man die Lösungen $x_1 = -4$ und $x_2 = 2$.
Damit verläuft die Parabel für x-Werte, die kleiner als -4 oder größer als 2 sind, oberhalb der x-Achse.
Damit gilt für die Lösung der Ungleichung: $\mathrm{L} = \{x \in \mathbb{R} \mid x < -4 \text{ oder } x > 2\}$.

e) Die Lösungsmenge der Ungleichung $(x+2) \cdot e^{2x} > 0$ kann man sich folgendermaßen überlegen:
Wegen $e^{2x} > 0$ muss $x + 2 > 0$ sein, da nur dann das Produkt $(x+2) \cdot e^{2x}$ größer als Null ist.
Somit erhält man: $x > -2$.
Damit gilt für die Lösung der Ungleichung: $\mathrm{L} = \{x \in \mathbb{R} \mid x > -2\}$.

f) Die Lösungsmenge der Ungleichung $(2x - 2) \cdot e^{-2x} < 0$ kann man sich folgendermaßen überlegen:
Wegen $e^{-2x} > 0$ muss $2x - 2 < 0$ sein, da nur dann das Produkt $(2x - 2) \cdot e^{-2x}$ kleiner als Null ist.
Somit erhält man: $2x < 2$ bzw. $x < 1$.
Damit gilt für die Lösung der Ungleichung: $\mathrm{L} = \{x \in \mathbb{R} \mid x < 1\}$.

4 Funktionen und Schaubilder

4.1 Von der Gleichung zur Kurve

4.1.1 Ganzrationale Funktionen

a) g_1: $f(x) = \frac{1}{2}x + 1$. Schnittpunkt mit der y-Achse: $f(0) = \frac{1}{2} \cdot 0 + 1 = 1 \Rightarrow \text{S}(0 \mid 1)$
Schnittpunkt mit der x-Achse: $f(x) = 0$ bzw. $\frac{1}{2}x + 1 = 0$ führt zu $x = -2 \Rightarrow \text{N}(-2 \mid 0)$

Es handelt sich um eine Gerade mit y-Achsenabschnitt $b = 1$ und Steigung $m = \frac{1}{2}$.

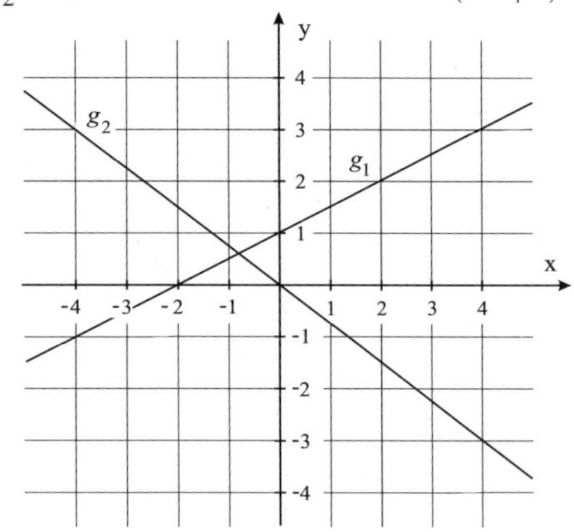

b) g_2: $f(x) = -\frac{3}{4}x$. Schnittpunkt mit der y-Achse: $f(0) = -\frac{3}{4} \cdot 0 = 0 \Rightarrow \text{S}(0 \mid 0)$. Schnittpunkt mit der x-Achse: $f(x) = 0$ bzw. $-\frac{3}{4}x = 0$ führt zu $x = 0 \Rightarrow \text{N}(0 \mid 0)$. Es handelt sich um eine Ursprungsgerade (Gerade durch den Koordinatenursprung) mit y-Achsenabschnitt $b = 0$ und Steigung $m = -\frac{3}{4}$.

c) $f(x) = (x-1)^2 - 4$. Schnittpunkt mit der y-Achse: $f(0) = (0-1)^2 - 4 = -3 \Rightarrow \text{S}(0 \mid -3)$
Schnittpunkt mit der x-Achse: $f(x) = 0$ bzw. $(x-1)^2 - 4 = 0$ führt zu $x_1 = 3$, $x_2 = -1 \Rightarrow \text{N}_1(3 \mid 0), \text{N}_2(-1 \mid 0)$. Es handelt sich um eine Normalparabel, die um eine LE nach rechts und 4 LE nach unten verschoben wurde, d.h. eine nach oben geöffnete Normalparabel mit Scheitel bei $(1 \mid -4)$.

d) $f(x) = -x^2 + 4$. Schnittpunkt mit der y-Achse: $f(0) = -0^2 + 4 = 4 \Rightarrow \text{S}(0 \mid 4)$
Schnittpunkt mit der x-Achse: $f(x) = 0$ bzw. $-x^2 + 4 = 0$ führt zu $x_1 = 2, x_2 = -2$
$\Rightarrow \text{N}_1(2 \mid 0), \text{N}_2(-2 \mid 0)$.
Es handelt sich um eine Normalparabel, die an der x-Achse gespiegelt und dann um vier LE nach oben verschoben wurde, d.h. eine nach unten geöffnete Normalparabel mit S $(0 \mid 4)$.

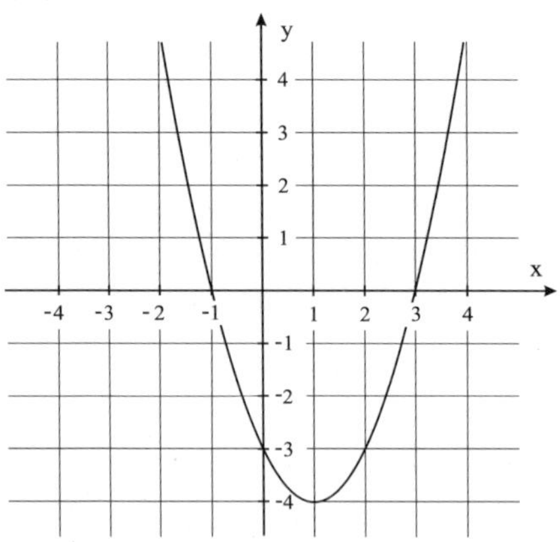

c) $f(x) = (x-1)^2 - 4$

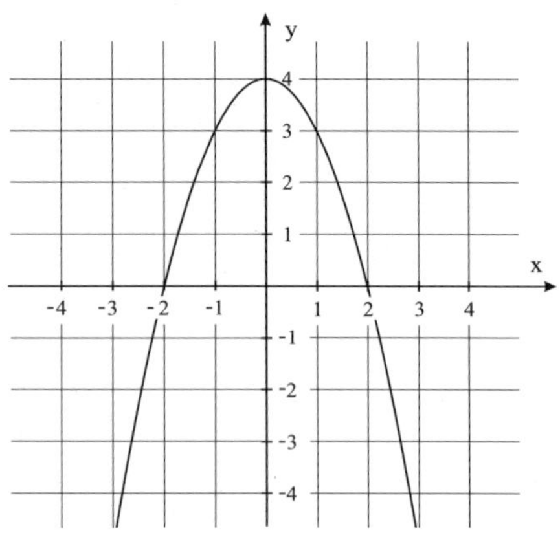

d) $f(x) = -x^2 + 4$

e) $f(x) = -\frac{1}{2}x^2 + 4,5$.
Schnittpunkt mit der y-Achse: $f(0) = -\frac{1}{2} \cdot 0^2 + 4,5 = 4,5 \Rightarrow S(0 \mid 4,5)$.
Schnittpunkt mit der x-Achse: $f(x) = 0$ bzw. $f(x) = -\frac{1}{2}x^2 + 4,5 = 0$ führt zu den Lösungen $x_1 = 3$, $x_2 = -3$. Daraus folgt: $N_1(3 \mid 0)$, $N_2(-3 \mid 0)$.
Es handelt sich um eine Normalparabel, die an der x-Achse gespiegelt, mit Faktor $\frac{1}{2}$ in y-Richtung gestaucht und um 4,5 LE nach oben verschoben wurde.

f) $f(x) = (x-1)^3 + 1$. Schnittpunkt mit der y-Achse: $f(0) = (0-1)^3 + 1 = 0 \Rightarrow S(0 \mid 0)$.
Schnittpunkt mit der x-Achse: $f(x) = 0$ bzw. $f(x) = (x-1)^3 + 1 = 0$ führt zu $x = 0 \Rightarrow N(0 \mid 0)$.
Es handelt sich um eine kubische Parabel, die um eine LE nach rechts und eine LE nach oben verschoben wurde.

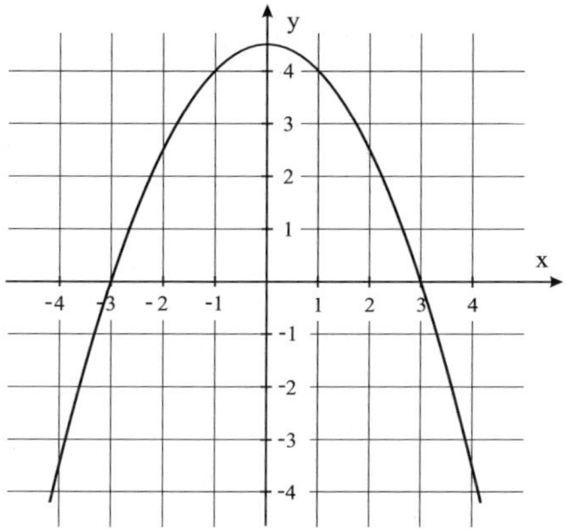

e) $f(x) = -\frac{1}{2}x^2 + 4,5$

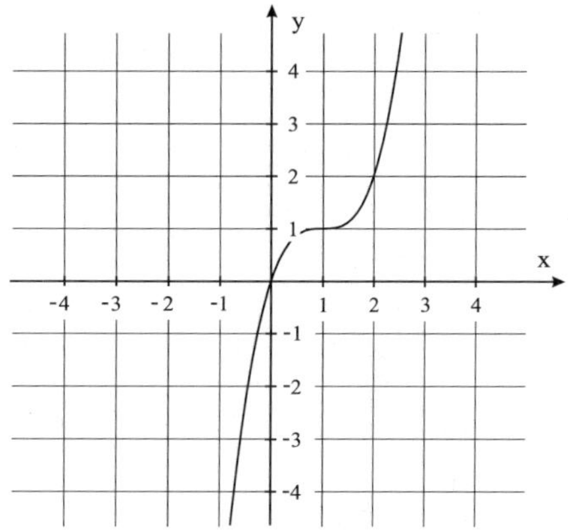

f) $f(x) = (x-1)^3 + 1$

4.1.2 Potenzfunktionen

a) $f(x) = \frac{1}{x+1} + 2$. Asymptoten: $x + 1 = 0$ führt zu $x = -1$, senkrechte Asymptote (Pol); $x \to \pm\infty$ führt zu $y = 2$ (waagerechte Asymptote), da der Bruchterm gegen Null geht. Das Schaubild von $g(x) = \frac{1}{x}$ wurde um eine LE nach links und zwei LE nach oben verschoben.

b) $f(x) = -\frac{2}{x-1}$. Asymptoten: $x - 1 = 0$ führt zu $x = 1$, senkrechte Asymptote (Pol); $x \to \pm\infty$ führt zu $y = 0$ (waagerechte Asymptote), da der Bruchterm gegen Null geht. Das Schaubild der Funktion $g(x) = \frac{1}{x}$ wurde an der x-Achse gespiegelt, mit dem Faktor 2 in y-Richtung gestreckt und anschließend um eine LE nach rechts verschoben.

c) $f(x) = -\frac{3}{x-1} - 2$. Asymptoten: $x - 1 = 0$ führt zu $x = 1$, senkrechte Asymptote (Pol); $x \to \pm\infty$ führt zu $y = -2$ (waagerechte Asymptote), da der Bruchterm gegen Null geht. Das Schaubild der Funktion $g(x) = \frac{1}{x}$ wurde an der x-Achse gespiegelt, mit dem Faktor 3 in y-Richtung gestreckt und anschließend um eine LE nach rechts und zwei LE nach unten verschoben.

d) $f(x) = \frac{1}{(x+1)^2} - 1$. Asymptoten: $x + 1 = 0$ führt zu $x = -1$, senkrechte Asymptote (Pol); $x \to \pm\infty$ führt zu $y = -1$ (waagerechte Asymptote), da der Bruchterm gegen Null geht. Das Schaubild der Funktion $g(x) = \frac{1}{x^2}$ wurde um eine LE nach links und eine LE nach unten verschoben.

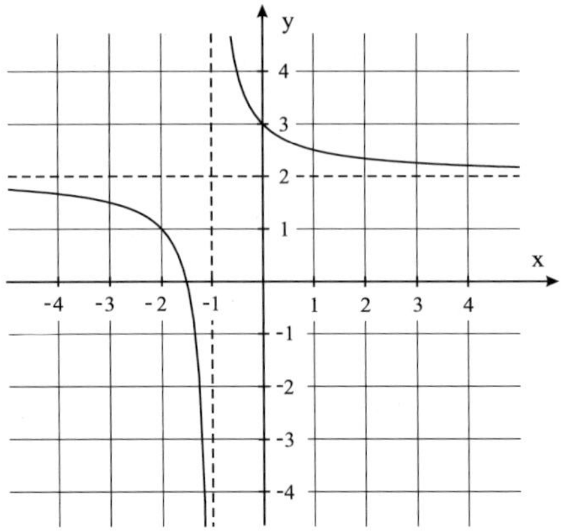

a) $f(x) = \frac{1}{x+1} + 2$

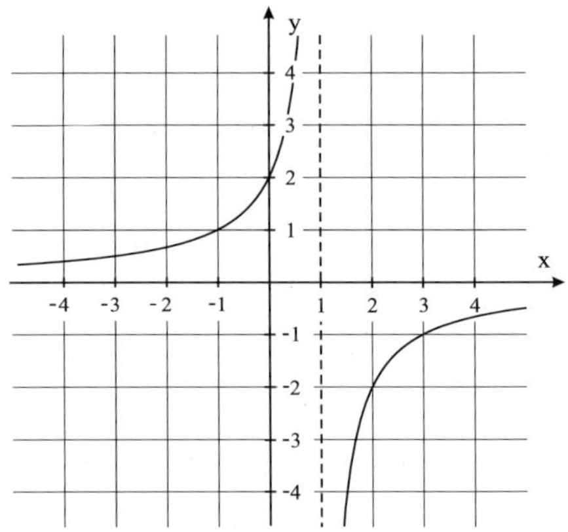

b) $f(x) = -\frac{2}{x-1}$

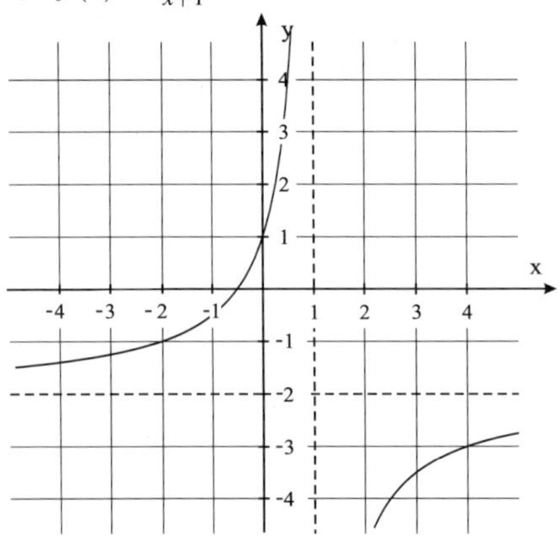

c) $f(x) = -\frac{3}{x-1} - 2$

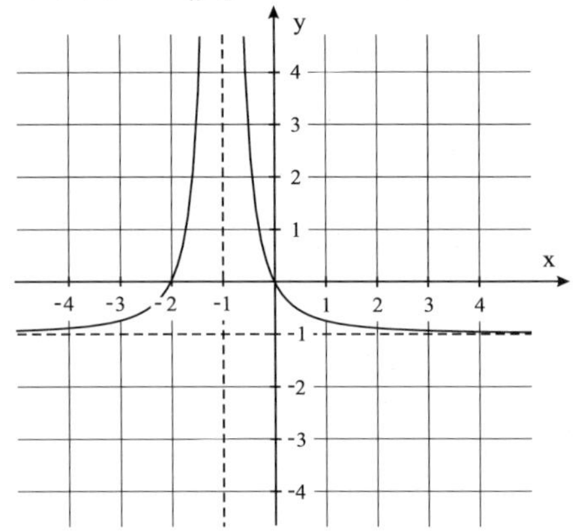

d) $f(x) = \frac{1}{(x+1)^2} - 1$

e) $f(x) = -\frac{2}{(x+1)^2}$

Asymptoten: $x + 1 = 0$ führt zu $x = -1$, senkrechte Asymptote (Pol); $x \to \pm\infty$ führt zu $y = 0$ (waagerechte Asymptote), da der Bruchterm gegen Null geht.

Das Schaubild der Funktion $g(x) = \frac{1}{x^2}$ wurde an der x-Achse gespiegelt, mit dem Faktor 2 in y-Richtung gestreckt und dann um eine LE nach links verschoben.

f) $f(x) = -\frac{3}{(x-1)^2} + 2$

Asymptoten: $x - 1 = 0$ führt zu $x = 1$, senkrechte Asymptote (Pol); $x \to \pm\infty$ führt zu $y = 2$ (waagerechte Asymptote), da der Bruchterm gegen Null geht.

Das Schaubild der Funktion $g(x) = \frac{1}{x^2}$ wurde an der x-Achse gespiegelt, mit dem Faktor 3 in y-Richtung gestreckt und dann um eine LE nach rechts und zwei LE nach oben verschoben.

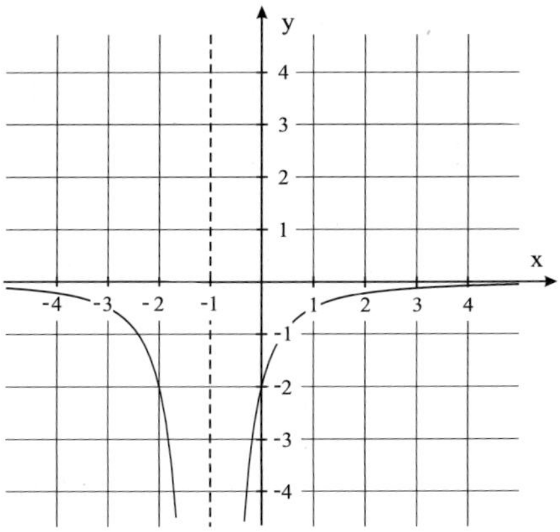

e) $f(x) = -\frac{2}{(x+1)^2}$

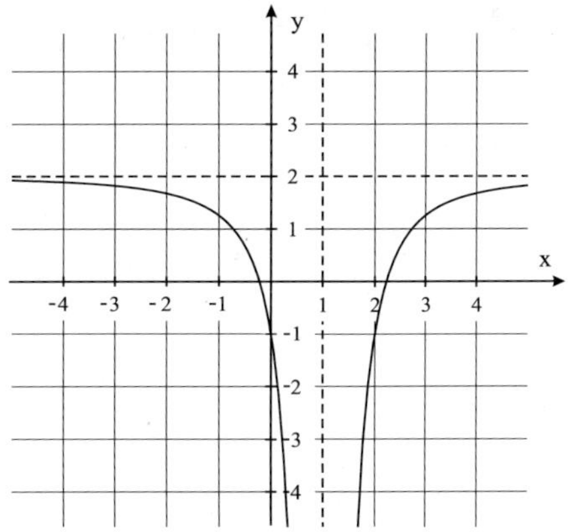

f) $f(x) = -\frac{3}{(x-1)^2} + 2$

4.1.3 Trigonometrische Funktionen

a) $f(x) = 2\sin(x)$, Periode: $p = \frac{2\pi}{1} = 2\pi$. Das Schaubild der Funktion $g(x) = \sin(x)$ wurde mit Faktor 2 in y-Richtung gestreckt.

b) $f(x) = \frac{1}{2}\cos(x)$, Periode: $p = \frac{2\pi}{1} = 2\pi$. Das Schaubild von $g(x) = \cos(x)$ wurde mit Faktor $\frac{1}{2}$ in y-Richtung gestaucht (bzw. gestreckt).

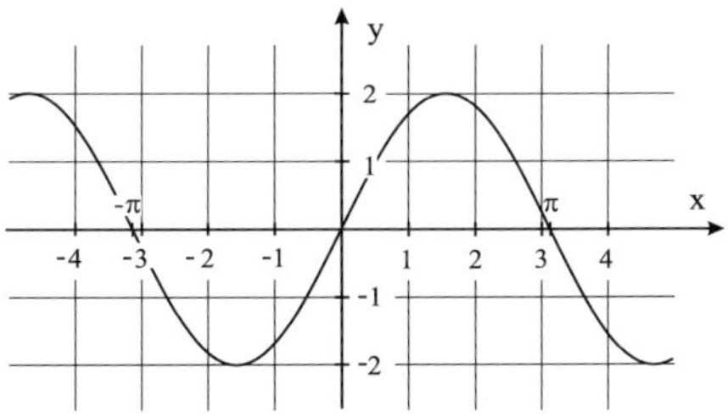

a) $f(x) = 2\sin(x)$

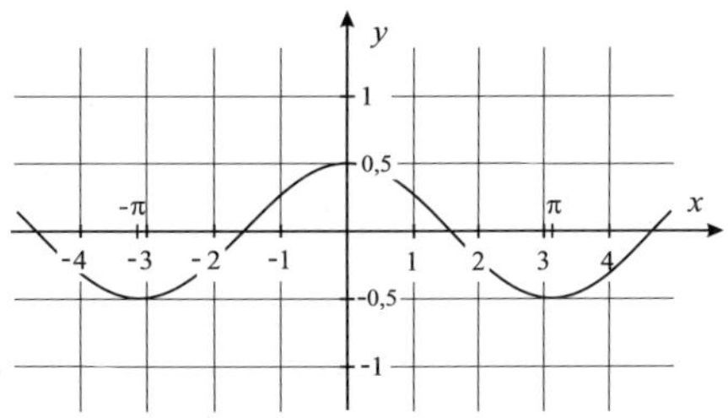

b) $f(x) = \frac{1}{2}\cos(x)$

c) $f(x) = \sin(2x)$, Periode: $p = \frac{2\pi}{2} = \pi$.
Das Schaubild der Funktion $g(x) = \sin(x)$ wurde mit Faktor 2 in x-Richtung gestaucht.

d) $f(x) = -\sin(2x) + 1$, Periode: $p = \frac{2\pi}{2} = \pi$.
Das Schaubild der Funktion $g(x) = \sin(x)$ wurde an der x-Achse gespiegelt, mit Faktor 2 in x-Richtung gestaucht und um eine LE nach oben verschoben.

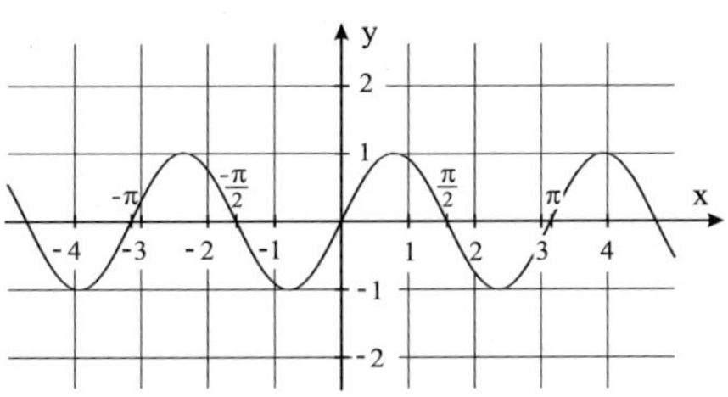

c) $f(x) = \sin(2x)$

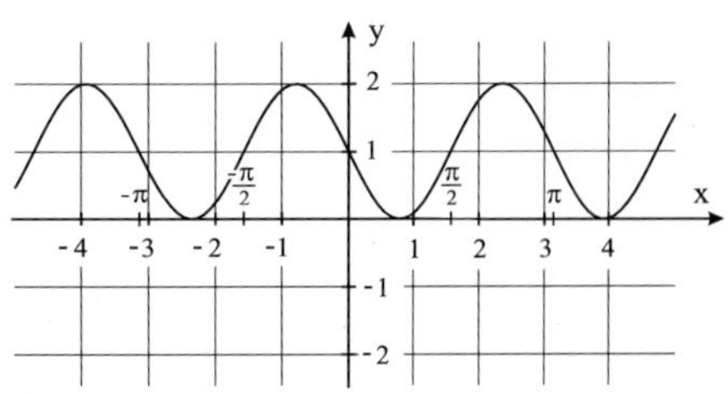

d) $f(x) = -\sin(2x) + 1$

e) $f(x) = \sin\left(\frac{1}{2}\pi(x+1)\right)$, Periode: $p = \frac{2\pi}{\frac{1}{2}\pi} = 4$. Das Schaubild der Funktion $g(x) = \sin(x)$ wurde in x-Richtung gestaucht und um eine LE nach links verschoben.

f) $f(x) = \frac{1}{2}\sin(\frac{\pi}{4}x) + \frac{3}{2}$, Periode: $p = \frac{2\pi}{\frac{\pi}{4}} = 8$. Das Schaubild der Funktion $g(x) = \sin(x)$ wurde in x-Richtung gestreckt und in y-Richtung mit Faktor $\frac{1}{2}$ gestaucht, anschließend wurde es um $\frac{3}{2}$ LE nach oben verschoben.

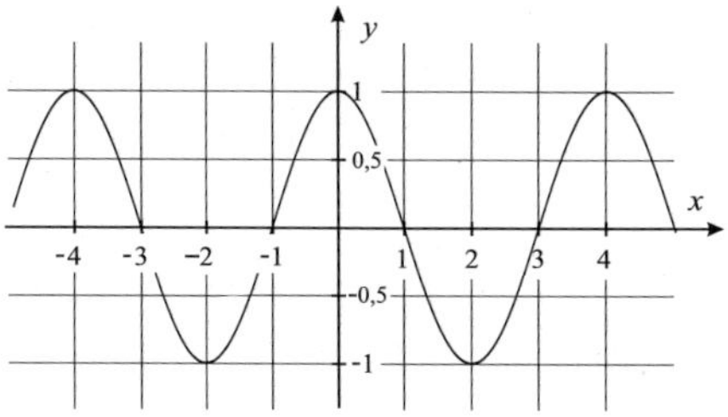

e) $f(x) = \sin\left(\frac{1}{2}\pi(x+1)\right)$

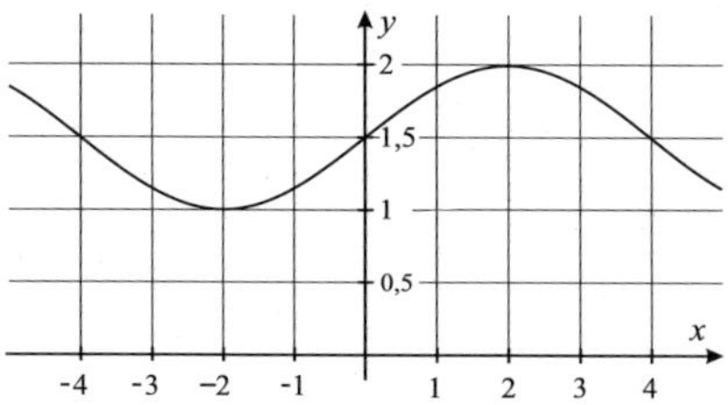

f) $f(x) = \frac{1}{2}\sin(\frac{\pi}{4}x) + \frac{3}{2}$

4.1.4 Exponentialfunktionen

a) $f(x) = e^{x-1} + 1$. Asymptote: $x \to -\infty$ führt zu $y = 1$ (waagerechte Asymptote). Das Schaubild der Funktion $g(x) = e^x$ wurde um eine LE nach rechts und eine LE nach oben verschoben.

b) $f(x) = -e^{x-1} + 1$. Asymptote: $x \to -\infty$ führt zu $y = 1$ (waagerechte Asymptote). Das Schaubild der Funktion $g(x) = e^x$ wurde an der x-Achse gespiegelt und anschließend um eine LE nach rechts und eine LE nach oben verschoben.

c) $f(x) = e^{-(x-1)} + 2$. Asymptote: $x \to \infty$ führt zu $y = 2$ (waagerechte Asymptote). Das Schaubild der Funktion $g(x) = e^x$ wurde erst an der y-Achse gespiegelt und dann um eine LE nach rechts und zwei LE nach oben verschoben.

d) $f(x) = e^{-x+3} + 1 = e^{-(x-3)} + 1$. Asymptote: $x \to \infty$ führt zu $y = 1$ (waagerechte Asympt.). Das Schaubild der Funktion $g(x) = e^x$ wurde erst an der y-Achse gespiegelt und dann um drei LE nach rechts und eine LE nach oben verschoben.

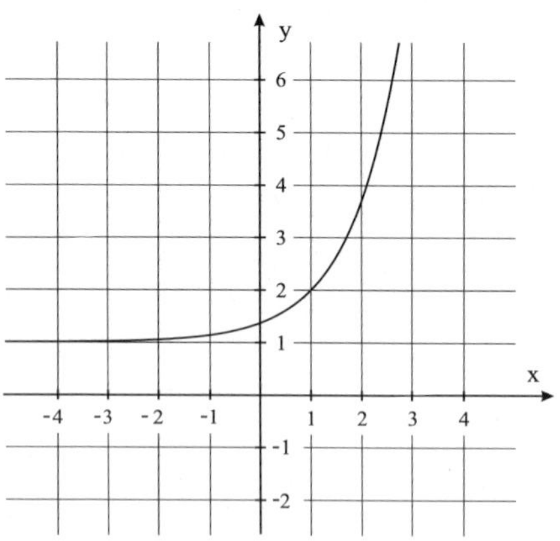

a) $f(x) = e^{x-1} + 1$

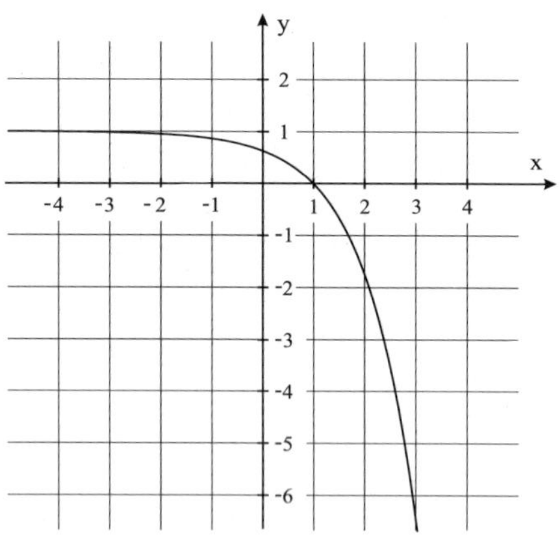

b) $f(x) = -e^{x-1} + 1$

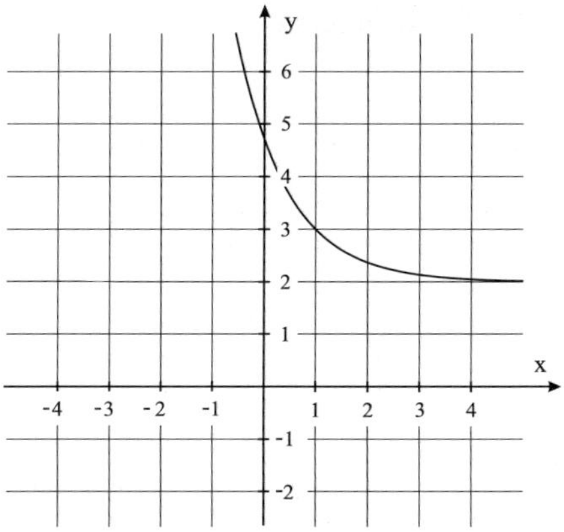

c) $f(x) = e^{-(x-1)} + 2$

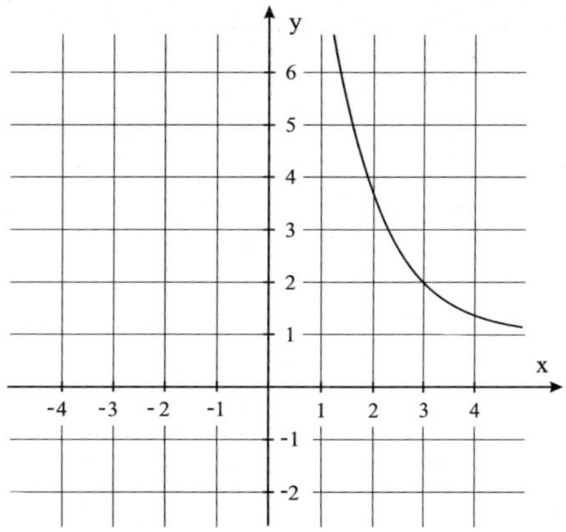

d) $f(x) = e^{-x+3} + 1$

4.2 Aufstellen von Funktionen mit Randbedingungen

4.2.1 Ganzrationale Funktionen

a) Ansatz: $f(x) = ax^2 + bx + c$. Die drei Bedingungen ergeben

$$\begin{array}{lcrcrcrcr} f(0)=4 & \Rightarrow & a\cdot 0^2 & + & b\cdot 0 & + & c & = & 4 \\ f(1)=0 & \Rightarrow & a\cdot 1^2 & + & b\cdot 1 & + & c & = & 0 \\ f(2)=18 & \Rightarrow & a\cdot 2^2 & + & b\cdot 2 & + & c & = & 18 \end{array}$$

Daraus ergibt sich das folgende Gleichungssystem:

$$\begin{array}{lrcrcrcr} \text{I} & & & & & c & = & 4 \\ \text{II} & a & + & b & + & c & = & 0 \\ \text{III} & 4a & + & 2b & + & c & = & 18 \end{array}$$

Einsetzen von c und Auflösen von II und III führt auf $a = 11$ und $b = -15$. Damit ergibt sich für die Funktionsgleichung $f(x) = 11x^2 - 15x + 4$.

b) Ansatz: $f(x) = ax^2 + bx + c$ und $f'(x) = 2ax + b$. Die drei Bedingungen ergeben

$$\begin{array}{lcrcrcrcr} f(0)=2 & \Rightarrow & a\cdot 0^2 & + & b\cdot 0 & + & c & = & 2 \\ f(1)=3 & \Rightarrow & a\cdot 1^2 & + & b\cdot 1 & + & c & = & 3 \\ f'(1)=0 & \Rightarrow & 2a\cdot 1 & + & b & & & = & 0 \end{array}$$

Daraus ergibt sich das folgende Gleichungssystem:

$$\begin{array}{lrcrcrcr} \text{I} & & & & & c & = & 2 \\ \text{II} & a & + & b & + & c & = & 3 \\ \text{III} & 2a & + & b & & & = & 0 \end{array}$$

Einsetzen von c und Auflösen von II und III führt auf $a = -1$ und $b = 2$. Damit ergibt sich für die Funktionsgleichung $f(x) = -x^2 + 2x + 2$. (Da es sich um eine nach unten geöffnete Parabel handelt, muss $M(1 \mid 3)$ ein Hochpunkt sein.)

c) Ansatz: $f(x) = ax^2 + c$ und $f'(x) = 2ax$. Die zwei Bedingungen ergeben

$$\begin{array}{lcrcrcr} f(1) = 6 & \Rightarrow & a \cdot 1^2 & + & c & = & 6 \\ f'(1) = 2 & \Rightarrow & 2a \cdot 1 & & & = & 2 \end{array}$$

Daraus ergibt sich das folgende Gleichungssystem:

$$\begin{array}{rcrcr} a & + & c & = & 6 \\ 2a & & & = & 2 \end{array}$$

Auflösen führt auf $a = 1$ und $c = 5$. Damit ergibt sich für die Funktionsgleichung $f(x) = x^2 + 5$.

d) Ansatz: $f(x) = ax^2 + c$. Die zwei Bedingungen ergeben:

$$\begin{array}{lcrcrcr} f(\sqrt{3}) = 0 & \Rightarrow & a \cdot \left(\sqrt{3}\right)^2 & + & c & = & 0 \\ f(0) = -3 & \Rightarrow & a \cdot 0 & + & c & = & -3 \end{array}$$

Daraus ergibt sich das folgende Gleichungssystem:

$$\begin{array}{rcrcr} 3a & + & c & = & 0 \\ & & c & = & -3 \end{array}$$

Auflösen führt auf $c = -3$ und $a = 1$. Damit ergibt sich für die Funktionsgleichung: $f(x) = x^2 - 3$.

e) Ansatz: $f(x) = ax^3 + bx^2 + cx + d$, $f'(x) = 3ax^2 + 2bx + c$, $f''(x) = 6ax + 2b$. Die vier Bedingungen ergeben

$$\begin{array}{lcrcrcrcrcr} f(0) = 0 & \Rightarrow & a \cdot 0^3 & + & b \cdot 0^2 & + & c \cdot 0 & + & d & = & 0 \\ f''(0) = 0 & \Rightarrow & 6a \cdot 0 & + & 2b & & & & & = & 0 \\ f(2) = 2 & \Rightarrow & a \cdot 2^3 & + & b \cdot 2^2 & + & c \cdot 2 & + & d & = & 2 \\ f'(2) = 0 & \Rightarrow & 3a \cdot 2^2 & + & 2b \cdot 2 & + & c & & & = & 0 \end{array}$$

Daraus ergibt sich das folgende Gleichungssystem:

$$\begin{array}{rcrcrcrcr} & & & & & & d & = & 0 \\ & & 2b & & & & & = & 0 \\ 8a & + & 4b & + & 2c & + & d & = & 2 \\ 12a & + & 4b & + & c & & & = & 0 \end{array}$$

Es ergeben sich $d = 0$, $b = 0$. Einsetzen in die beiden unteren Gleichungen und Auflösen nach a und c ergibt $a = -\frac{1}{8}$ und $c = \frac{3}{2} = 1,5$. Damit ergibt sich für die Funktionsgleichung $f(x) = -\frac{1}{8}x^3 + \frac{3}{2}x$.

f) Ansatz: $f(x) = ax^3 + bx^2 + cx + d$, $f'(x) = 3ax^2 + 2bx + c$, $f''(x) = 6ax + 2b$. Die vier Bedingungen ergeben

$$\begin{array}{lcrcrcrcrcr} f(0)=1 & \Rightarrow & a\cdot 0^3 & + & b\cdot 0^2 & + & c\cdot 0 & + & d & = & 1 \\ f'(0)=-1 & \Rightarrow & 3a\cdot 0^2 & + & 2b\cdot 0 & + & c & & & = & -1 \\ f(-1)=4 & \Rightarrow & a\cdot(-1)^3 & + & b\cdot(-1)^2 & + & c\cdot(-1) & + & d & = & 4 \\ f''(-1)=0 & \Rightarrow & 6a\cdot(-1) & + & 2b & & & & & = & 0 \end{array}$$

Daraus ergibt sich das folgende Gleichungssystem:

$$\begin{array}{rcrcrcrcr} & & & & & & d & = & 1 \\ & & & & c & & & = & -1 \\ -a & + & b & - & c & + & d & = & 4 \\ -6a & + & 2b & & & & & = & 0 \end{array}$$

Es ergeben sich $a = 1, b = 3, c = -1, d = 1$. Damit ergibt sich für die Funktionsgleichung $f(x) = x^3 + 3x^2 - x + 1$.

g) Ansatz: $f(x) = ax^4 + bx^2$, $f'(x) = 4ax^3 + 2bx$, $f''(x) = 12ax^2 + 2b$. Die zwei Bedingungen ergeben

$$\begin{array}{lcrcrcr} f(1)=-2,5 & \Rightarrow & a\cdot 1^4 & + & b\cdot 1^2 & = & -2,5 \\ f''(1)=0 & \Rightarrow & 12a\cdot 1^2 & + & 2b & = & 0 \end{array}$$

Daraus ergibt sich das folgende Gleichungssystem:

$$\begin{array}{rcrcr} a & + & b & = & -2,5 \\ 12a & + & 2b & = & 0 \end{array}$$

Auflösen führt auf $a = \frac{1}{2}$ und $b = -3$. Damit ist die Funktionsgleichung: $f(x) = \frac{1}{2}x^4 - 3x^2$.

4.2.2 Potenzfunktionen

Die Funktionsgleichung einer einfachen Potenzfunktion mit waagerechter Asymptote a hat folgende mögliche Form:

$$f(x) = a + \frac{b}{(x-p_1)^m \cdot (x-p_2)^n}$$

a: Gleichung der waagerechten Asymptote; p_1, p_2: Polstellen; m, n: gerade Zahlen bei Pol ohne VZW; ungerade Zahlen bei Pol mit VZW; b: wird mit Hilfe eines gegebenen Punktes bestimmt, indem man diesen in den Ansatz einsetzt.

a) Ansatz: $f(x) = 4 + \frac{b}{(x-1)^1}$. Mit $f(2) = 6$ ergibt sich $4 + \frac{b}{(2-1)^1} = 6 \Rightarrow b = 2$,
mögliche Lösung: $f(x) = 4 + \frac{2}{(x-1)}$

b) Ansatz: $f(x) = -1 + \frac{b}{(x-2)^1}$. Mit $f(1) = 4$ ergibt sich $-1 + \frac{b}{(1-2)^1} = 4 \Rightarrow b = -5$,
mögliche Lösung: $f(x) = -1 - \frac{5}{(x-2)}$

c) Ansatz: $f(x) = 3 + \frac{b}{(x-1)^2}$. Mit $f(-1) = 2$ ergibt sich $3 + \frac{b}{(-1-1)^2} = 2 \Rightarrow b = -4$,
mögliche Lösung: $f(x) = 3 - \frac{4}{(x-1)^2}$

d) Ansatz: $f(x) = 0 + \frac{b}{(x-2)^2}$. Mit $f(0) = 4$ ergibt sich $0 + \frac{b}{(0-2)^2} = 4 \Rightarrow b = 16$, mögliche Lösung: $f(x) = \frac{16}{(x-2)^2}$

4.2.3 Exponentialfunktionen

Der allgemeine Ansatz der e-Funktionen ist $f(x) = a \cdot e^{kx}$. Ihre Ableitung ist $f'(x) = k \cdot a \cdot e^{kx}$.

a) Zuerst wird a bestimmt: $f(0) = 2 \Rightarrow a \cdot e^{k \cdot 0} = 2 \Rightarrow a = 2$. Anschließend setzt man dies in die Funktionsgleichung ein und bestimmt k: $f(4) = 2e^{12} \Rightarrow 2 \cdot e^{k \cdot 4} = 2 \cdot e^{12}$. Teilen durch 2 ergibt $e^{k \cdot 4} = e^{12}$. Logarithmieren mit ln führt zu $k \cdot 4 = 12 \Rightarrow k = 3$. Damit ist $f(x) = 2 \cdot e^{3x}$.

b) Zuerst wird a bestimmt: $f(0) = 3 \Rightarrow a \cdot e^{k \cdot 0} = 3 \Rightarrow a = 3$. Anschließend setzt man dies in die Funktionsgleichung ein und bestimmt k: $f(2) = 3e^8 \Rightarrow 3 \cdot e^{k \cdot 2} = 3 \cdot e^8$. Teilen durch 3 ergibt $e^{k \cdot 2} = e^8$. Logarithmieren mit ln führt zu $k \cdot 2 = 8 \Rightarrow k = 4$. Damit ist $f(x) = 3 \cdot e^{4x}$.

c) Zuerst wird wie in den vorangegangenen Aufgaben a bestimmt: $f(0) = 3 \Rightarrow a \cdot e^{k \cdot 0} = 3 \Rightarrow a = 3$. Dies setzt man in die zweite Aussage über die Ableitung ein, um k zu bestimmen: $f'(0) = 6 \Rightarrow k \cdot 3 \cdot e^{k \cdot 0} = 6 \Rightarrow k \cdot 3 = 6 \Rightarrow k = 2$. Damit ist $f(x) = 3 \cdot e^{2x}$.

d) Zuerst wird wie in den vorangegangenen Aufgaben a bestimmt: $f(0) = 2 \Rightarrow a \cdot e^{k \cdot 0} = 2 \Rightarrow a = 2$. Dies setzt man in die zweite Aussage über die Ableitung ein, um k zu bestimmen: $f'(0) = 4 \Rightarrow k \cdot 2 \cdot e^{k \cdot 0} = 4 \Rightarrow k \cdot 2 = 4 \Rightarrow k = 2$. Damit ist $f(x) = 2 \cdot e^{2x}$.

e) Wird das Schaubild von $g(x) = e^x$ an der x-Achse gespiegelt und um 2 LE nach rechts und 3 LE nach unten verschoben, so erhält man als Funktionsgleichung: $f(x) = -e^{x-2} - 3$.

4.2.4 Trigonometrische Funktionen

Eine verallgemeinerte Sinusfunktion hat die Gleichung $f(x) = a \cdot \sin(b \cdot (x - c)) + d$, eine verallgemeinerte Kosinusfunktion die Gleichung $f(x) = a \cdot \cos(b \cdot (x - c)) + d$.

a) Verschiebung um 3 LE nach oben: $d = 3$. Periode $p = \pi \Rightarrow b = \frac{2\pi}{p} = \frac{2\pi}{\pi} = 2$.
Keine Verschiebung nach links/ rechts: $c = 0$, keine Streckung in y-Richtung: $a = 1$
Setzt man die Koeffizienten ein, erhält man als Lösung $f(x) = \sin(2x) + 3$.

b) Streckfaktor 2,5 in y-Richtung: $a = 2{,}5$. Periode $p = \frac{\pi}{2} \Rightarrow b = \frac{2\pi}{p} = \frac{2\pi}{\frac{\pi}{2}} = 4$.
Verschiebung um 3 LE nach rechts: $c = 3$, Verschiebung um 1,5 LE nach unten: $d = -1{,}5$
Setzt man die Koeffizienten ein, erhält man als Lösung $f(x) = 2{,}5 \cdot \sin(4(x - 3)) - 1{,}5$.

c) Verschiebung um 2 LE nach links: $c = -2$. Verschiebung um 4 LE nach oben: $d = 4$. Streckfaktor 0,8 in y-Richtung: $a = 0{,}8$, Abstand zwischen zwei Hochpunkten = Periodenlänge $\Rightarrow p = 3\pi \Rightarrow b = \frac{2\pi}{p} = \frac{2\pi}{3\pi} = \frac{2}{3}$. Setzt man die Koeffizienten ein, erhält man als Lösung $f(x) = 0{,}8 \cdot \cos\left(\frac{2}{3} \cdot (x + 2)\right) + 4$.

d) Verschiebung um 1 LE nach rechts: $c = 1$. Verschiebung um 2 LE nach unten: $d = -2$. Streckfaktor 1,7 in y-Richtung: $a = 1{,}7$. Abstand zwischen zwei Wendepunkten = halbe Periodenlänge $= \frac{\pi}{2} \Rightarrow p = 2 \cdot \frac{\pi}{2} = \pi. \Rightarrow b = \frac{2\pi}{p} = \frac{2\pi}{\pi} = 2$. Setzt man die Koeffizienten ein, erhält man als Lösung $f(x) = 1{,}7 \cdot \cos(2 \cdot (x - 1)) - 2$.

4.3 Von der Kurve zur Gleichung

4.3.1 Ganzrationale Funktionen

Zu jeder Aufgabe gibt es verschiedene Lösungswege, diese sind bei den Tipps zu dieser Aufgabe ausführlich beschrieben.

a) 1. Ansatz als allgemeine Parabel 2. Grades $f(x) = ax^2 + bx + c$. Aus der Zeichnung liest man ab: $f(-2) = 0$, $f(-1) = 1$, $f(0) = 4$. Einsetzen in die allgemeine Funktion ergibt folgende Gleichungen:

$$\begin{array}{rcrcrcr} 4a & - & 2b & + & c & = & 0 \\ a & - & b & + & c & = & 1 \\ & & & & c & = & 4 \end{array}$$

Einsetzen von c und Auflösen der beiden oberen Gleichungen führt auf $a = 1$ und $b = 4$, damit ist $f(x) = x^2 + 4x + 4$.

2. Ansatz mit Linearfaktoren: Das Schaubild hat nur eine Nullstelle bei $x = -2$ und geht durch den Punkt P(0 | 4).
Also ist $f(x) = a \cdot (x+2) \cdot (x+2)$ und es gilt:
$f(0) = 4 \Rightarrow 4 = a \cdot (0+2) \cdot (0+2) \Rightarrow a = 1$.
Damit ist die Lösung $f(x) = (x+2)^2$ bzw. $f(x) = x^2 + 4x + 4$.

3. Ansatz als verschobene Normalparabel: Es handelt sich um eine um 2 LE nach links verschobene Normalparabel, daher wird $g(x) = x^2$ zu $f(x) = (x+2)^2$. Auch hier zur Kontrolle einsetzen: $f(0) = 4$, es herrscht Übereinstimmung. Ausmultiplizieren führt zu $f(x) = x^2 + 4x + 4$.

b) 1. Ansatz als allgemeine Funktion 2. Grades $f(x) = ax^2 + bx + c$. Aus der Zeichnung liest man ab: $f(-1) = -2$, $f(0) = -1$, $f(1) = 2$. Einsetzen in die allgemeine Funktion ergibt folgende Gleichungen:

$$\begin{array}{rcrcrcr} a & - & b & + & c & = & -2 \\ & & & & c & = & -1 \\ a & + & b & + & c & = & 2 \end{array}$$

Einsetzen von c und Auflösen der oberen und unteren Gleichung führt zu $a = 1$ und $b = 2$, damit ist $f(x) = x^2 + 2x - 1$.

2. Ansatz mit Linearfaktoren ist nicht möglich, da sich die Nullstellen nicht genau bestimmen lassen.

3. Ansatz als verschobene Normalparabel: Es handelt sich um eine Normalparabel, die um 1 LE nach links und um 2 LE nach unten verschoben ist:
$f(x) = x^2$ wird zu $f(x) = (x+1)^2 - 2$. Kontrolle für $x = 0$: $f(0) = -1$, d.h. Übereinstimmung. Ausmultiplizieren führt zu $f(x) = x^2 + 2x - 1$.

c) 1. Ansatz als allgemeine Funktion 2. Grades $f(x) = ax^2 + bx + c$. Aus der Zeichnung liest man ab: $f(0) = -3$, $f(1) = 0$, $f(2) = 1$. Einsetzen in die allgemeine Funktion ergibt folgende Gleichungen:

$$\begin{array}{rcrcrcr} a & + & b & + & c & = & 0 \\ 4a & + & 2b & + & c & = & 1 \\ & & & & c & = & -3 \end{array}$$

Einsetzen von c und Auflösen der beiden oberen Gleichungen führt zu $a = -1$ und $b = 4$, damit ist $f(x) = -x^2 + 4x - 3$.

2. Ansatz mit Linearfaktoren: Das Schaubild hat Nullstellen bei $x = 1$ und $x = 3$ und geht durch den Punkt $\mathrm{P}(2 \mid 1)$.
Also ist $f(x) = a \cdot (x-1) \cdot (x-3)$ und es gilt:
$f(2) = 1 \Rightarrow 1 = a \cdot (2-1) \cdot (2-3) \Rightarrow a = -1$.
Damit ist die Lösung $f(x) = -1 \cdot (x-1) \cdot (x-3)$ bzw. $f(x) = -x^2 + 4x - 3$.

3. Ansatz als verschobene Normalparabel: Es handelt sich um eine nach unten geöffnete Normalparabel, die um 2 LE nach rechts und um 1 LE nach oben verschoben ist: $f(x) = -x^2$ wird zu $f(x) = -(x-2)^2 + 1$. Auch hier Kontrolle für $x = 2$: $f(2) = 1$, es herrscht Übereinstimmung. Ausmultiplizieren führt zu $f(x) = -x^2 + 4x - 3$.

d) 1. Der Ansatz als allgemeine Funktion 3. Grades $f(x) = ax^3 + bx^2 + cx + d$ ist zwar möglich, aber etwas langwierig: Aus der Zeichnung kann man folgende Bedingungen ablesen: $f(-1) = 0$, $f(0) = 3$, $f(1) = 0$ und $f(3) = 0$. Einsetzen in die allgemeine Funktion ergibt folgendes Gleichungssystem:

$$\begin{array}{rcrcrcrcr} -a & + & b & - & c & + & d & = & 0 \\ & & & & & & d & = & 3 \\ a & + & b & + & c & + & d & = & 0 \\ 27a & + & 9b & + & 3c & + & d & = & 0 \end{array}$$

Einsetzen von $d = 3$ und Lösen des Gleichungssystems führt zu $a = 1$, $b = -3$ und $c = -1$, damit ist $f(x) = x^3 - 3x^2 - x + 3$.

2. Ansatz mit Linearfaktoren: Das Schaubild hat Nullstellen bei $x = -1$, $x = 1$ und $x = 3$ und geht durch den Punkt $\mathrm{P}(2 \mid -3)$.
Also ist $f(x) = a \cdot (x+1) \cdot (x-1) \cdot (x-3)$ und es gilt:
$f(2) = -3 \Rightarrow -3 = a \cdot (2+1) \cdot (2-1) \cdot (2-3) \Rightarrow a = 1$.
Damit ist die Lösung $f(x) = 1 \cdot (x+1) \cdot (x-1) \cdot (x-3) = x^3 - 3x^2 - x + 3$.

4.3.2 Potenzfunktionen

Allgemein gilt, dass man zum Überprüfen der Funktionsterme (mindestens) einen der Punkte zum Schluss einsetzen sollte.

a) Das Schaubild der Grundfunktion $y = \frac{1}{x}$ ist um 2 LE nach rechts verschoben, also steht im Nenner $x - 2$. Die Punktprobe mit $P(3 \mid 1)$ bestätigt die Funktionsgleichung $f(x) = \frac{1}{x-2}$.

b) Das Schaubild der Grundfunktion $y = \frac{1}{x^2}$ ist um 1 LE nach links verschoben, also steht im Nenner $(x+1)^2$. Die Punktprobe mit $P(-2 \mid 1)$ bestätigt die Funktionsgleichung $f(x) = \frac{1}{(x+1)^2}$.

c) Das Schaubild der Grundfunktion $y = \frac{1}{x^2}$ ist um 1 LE nach rechts und um 1 LE nach oben verschoben. Die Punktprobe mit $P(2 \mid 2)$ bestätigt die Funktionsgleichung $f(x) = \frac{1}{(x-1)^2} + 1$.

d) Das Schaubild der Grundfunktion $y = \frac{1}{x}$ ist um 1 LE nach links und um 1 LE nach unten verschoben. Die Punktprobe mit $P(0 \mid 0)$ bestätigt die Funktionsgleichung $f(x) = \frac{1}{x+1} - 1$.

4.3.3 Trigonometrische Funktionen

a) Als möglichen Ansatz kann man eine Sinusfunktion der Form $f(x) = a \cdot \sin(b \cdot (x - c)) + d$ verwenden. Die «Mittelachse» des Schaubildes liegt genau auf der x-Achse, also ist das Schaubild der Grundfunktion $g(x) = \sin(x)$ nicht in y-Richtung verschoben, somit ist $d = 0$. Da das Schaubild durch den Ursprung geht, ist die Grundfunktion $g(x) = \sin(x)$ nicht in x-Richtung verschoben, somit ist $c = 0$. Da die Periode $p = 2\pi$ ist, gilt: $b = \frac{2\pi}{p} = \frac{2\pi}{2\pi} = 1$. Der Abstand des Hoch- bzw. Tiefpunkts zur «Mittelachse» (Amplitude) beträgt 2 LE, also ist der Streckfaktor in y-Richtung $a = 2$.
Eine mögliche Funktionsgleichung ist $f(x) = 2 \cdot \sin(x)$.

b) Da das Maximum des Schaubilds im Punkt $H(1 \mid 1{,}5)$ liegt, kann man eine Kosinusfunktion der Form $f(x) = a \cdot \cos(b \cdot (x - c)) + d$ verwenden. Die «Mittelachse» des Schaubildes liegt genau auf der x-Achse, also ist das Schaubild der Grundfunktion $g(x) = \cos(x)$ nicht in y-Richtung verschoben, somit ist $d = 0$. Wegen $H(1 \mid 1{,}5)$ ist das Schaubild der Grundfunktion $g(x) = \cos(x)$ um 1 LE in x-Richtung verschoben, somit ist $c = 1$. Da die Periode $p = 2\pi$ ist, gilt: $b = \frac{2\pi}{p} = \frac{2\pi}{2\pi} = 1$. Der Abstand des Hoch- bzw. Tiefpunkts zur «Mittelachse» (Amplitude) beträgt 1,5 LE, also ist der Streckfaktor in y-Richtung $a = 1{,}5$.
Eine mögliche Funktionsgleichung ist damit $f(x) = 1{,}5 \cdot \cos(x - 1)$.
Bei einem Ansatz mit einer Sinusfunktion ergibt sich beispielsweise $f(x) = 1{,}5 \cdot \sin(x + 0{,}5)$, da das Schaubild der Grundfunktion $\sin(x)$ um 0,5 LE nach links verschoben und mit Faktor 1,5 in y-Richtung gestreckt wurde.

c) Als möglichen Ansatz kann man eine Sinusfunktion der Form $f(x) = a \cdot \sin(b \cdot (x-c)) + d$ verwenden. Die «Mittelachse» des Schaubildes liegt genau auf der Geraden $y = 1$, also ist das Schaubild der Grundfunktion $g(x) = \sin(x)$ um 1 LE in y-Richtung verschoben, somit ist $d = 1$. Da das Schaubild durch den Punkt $(0 \mid 1)$ geht, ist die Grundfunktion $g(x) = \sin(x)$ nicht in x-Richtung verschoben, somit ist $c = 0$. Da die Periode $p = 2\pi$ beträgt, gilt: $b = \frac{2\pi}{p} = \frac{2\pi}{2\pi} = 1$. Der Abstand des Hoch- bzw. Tiefpunkts zur «Mittelachse» (Amplitude) beträgt 2 LE, also ist der Streckfaktor in y-Richtung $a = 2$.
Eine mögliche Funktionsgleichung ist damit $f(x) = 2 \cdot \sin(x) + 1$.

d) Als möglichen Ansatz kann man eine Sinusfunktion der Form $f(x) = a \cdot \sin(b \cdot (x-c)) + d$ verwenden. Die «Mittelachse» des Schaubildes liegt genau auf der x-Achse, also ist das Schaubild der Grundfunktion $g(x) = \sin(x)$ nicht in y-Richtung verschoben, somit ist $d = 0$. Da das Schaubild durch den Ursprung geht, ist die Grundfunktion $g(x) = \sin(x)$ nicht in x-Richtung verschoben, somit ist $c = 0$. Die Periodenlänge lässt sich an den Schnittpunkten mit der x-Achse ablesen, sie beträgt $p = 6$, also gilt: $b = \frac{2\pi}{6} = \frac{\pi}{3}$. Der Abstand des Hoch- bzw. Tiefpunkts zur «Mittelachse» (Amplitude) beträgt 4 LE, also ist der Streckfaktor in y-Richtung $a = 4$.
Eine mögliche Funktionsgleichung ist damit $f(x) = 4 \cdot \sin\left(\frac{\pi}{3}x\right)$.
Bemerkung: Diese Aussagen sind über diese Funktion nur möglich, weil vorher bekannt war, dass es sich um eine trigonometrische Funktion handelt. Wäre dies nicht bekannt, könnte es sich auch um eine Funktion der Gestalt $f(x) = ax^4 - bx^2$ handeln.

4.4 Schaubilder von f, f' und F

4.4.1 Von f zu f'

Es wird zuerst die Tangentensteigung in einigen Punkten näherungsweise bestimmt (z.B. mit Hilfe einer gezeichneten Tangente, deren Steigung dann ermittelt wird).

a)

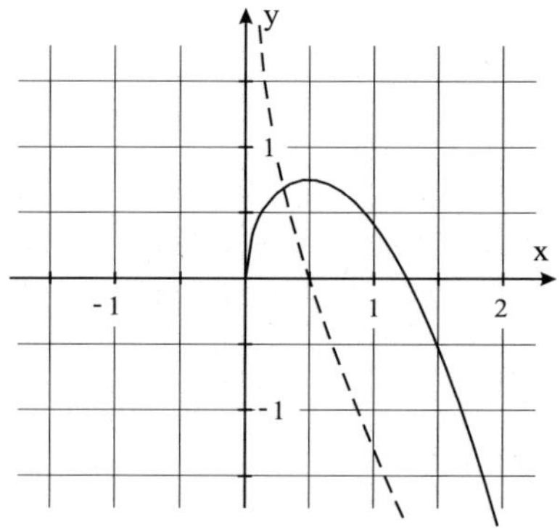

I) Antwort: nein, die Ableitungskurve hat an der Stelle $x = 1$ keine waagrechte Tangente, also kein relatives Maximum.

II) Antwort: ja, die Tangenten an die Ableitungskurve haben alle eine negative Steigung.

III) Antwort: ja, die Ableitungskurve verläuft für $x > 1$ unterhalb der x-Achse.

b)

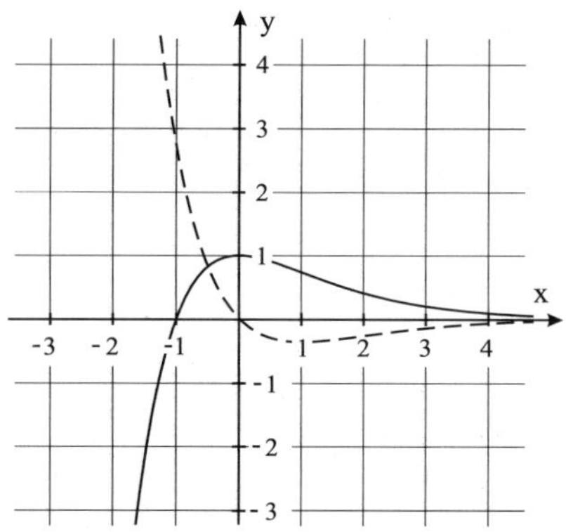

I) Antwort: ja, die Ableitungskurve hat an der Stelle $x = 1$ eine Tangente mit waagrechter Steigung sowie ein Minimum, also einen Extrempunkt.

II) Antwort: ja, bei $x = 2$ ist die Steigung der Tangente an die Ableitungskurve extremal.

III) Antwort: ja, die Ableitungskurve verläuft sogar für $x > 0$ unterhalb der x-Achse, also ist f' für $x > 1$ negativ.

c)

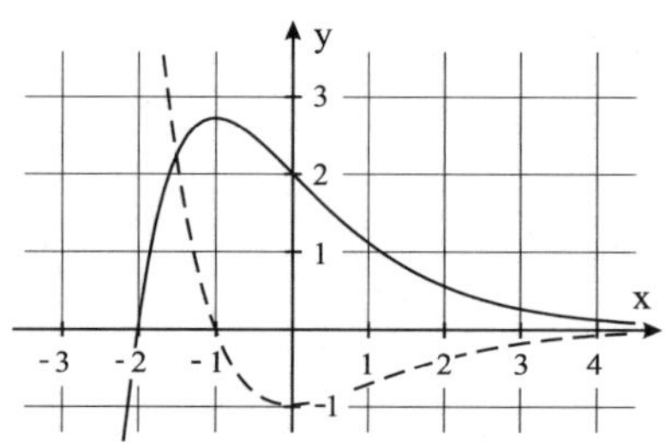

I) Antwort: nein, da die Ableitungskurve für $x < -1$ oberhalb der x-Achse verläuft.

II) Antwort: ja, bei $x = 0$ hat die Ableitungskurve eine waagrechte Tangente.

III) Antwort: nein, da $f'(0) = -1$ und $f(-1) \approx 2{,}7$.

4.4.2 Von f' zu f

a)

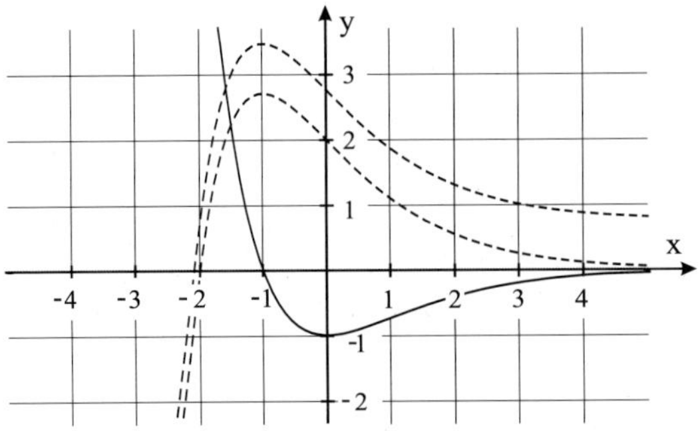

- Ableitung $f'(x)$: ——
- Mögliche Funktionen $f(x)$: - - -
- Die Funktion ist in Bezug auf Verschiebungen in y-Richtung nicht festgelegt.

I) Antwort: nein, die Ableitungskurve hat an dieser Stelle einen Extrempunkt, daher hat das Schaubild der Funktion für $x = 0$ einen Wendepunkt.

II) Antwort: ja, die Ableitungskurve hat an dieser Stelle eine Nullstelle und einen Vorzeichenwechsel. Dies bedeutet, dass das Schaubild der Funktion einen Extrempunkt für $x = -1$ besitzt. Da die Tangenten in Extrempunkten immer waagerecht sind (Steigung $= 0$), ist die Aussage richtig.

III) Antwort: nein, die Kurve der Ableitung hat an der Stelle $x = 0$ einen Tiefpunkt. Das bedeutet, dass das Schaubild der Funktion f an dieser Stelle einen Wendepunkt besitzt.

IV) Antwort: nein, da das Schaubild von f' für $0 \leqslant x \leqslant 2$ unterhalb der x-Achse verläuft und damit f streng monoton fallend ist.

b)

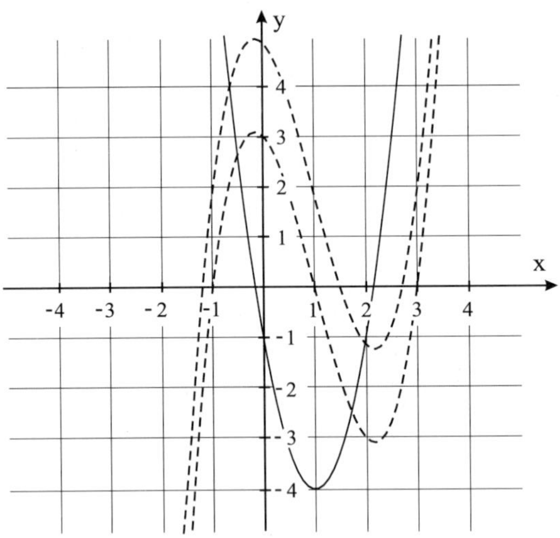

- Ableitung $f'(x)$: ——
- Mögliche Funktionen $f(x)$: - - -
- Die Funktion ist in Bezug auf Verschiebungen in y-Richtung nicht festgelegt.

I) Antwort: nein, das Schaubild der angegebenen Ableitungsfunktion f' hat an dieser Stelle einen Tiefpunkt. Das bedeutet, dass das Schaubild der Funktion f für $x = 1$ einen Wendepunkt besitzt.

II) Antwort: ja, das Schaubild der Ableitungsfunktion hat für $x \approx -0,2$ eine Nullstelle. Zusätzlich wechselt das Vorzeichen von f' von $+$ nach $-$ (die Steigung war erst positiv und ist nun negativ): Es liegt ein Hochpunkt vor.

III) Antwort: ja, da die Ableitungsfunktion mindestens den Grad 2 hat (Parabel), muss der Grad der Funktion f mindestens 3 sein.

IV) Antwort: ja, die Gerade $y = 2x$ hat die Steigung 2. Die Funktionswerte der angegebenen Ableitungsfunktion f' geben in jedem Punkt die Steigung der Funktion f an. Die Ableitungsfunktion hat für $x \approx 2,4$ den Wert $f'(2,4) = 2$. Daher ist die Tangente parallel zur Geraden $y = 2x$.

c)

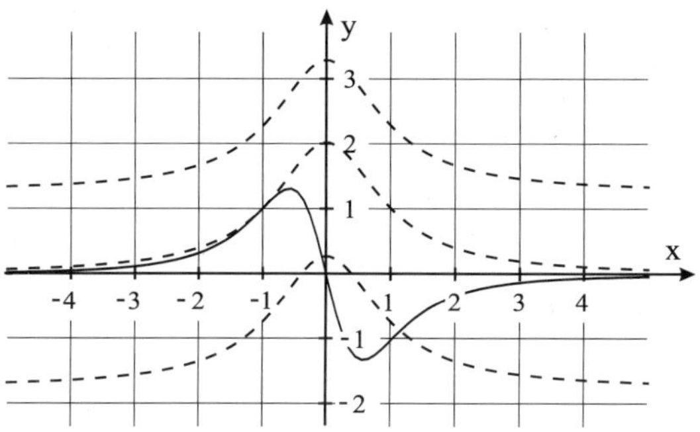

- Ableitung $f'(x)$: ——
- Mögliche Funktionen $f(x)$: - - -
- Die Funktion ist in Bezug auf Verschiebungen in y-Richtung nicht festgelegt.

I) Antwort: ja, bei $x = 0$ wechselt f' das Vorzeichen von $+$ nach $-$ $\Rightarrow$ Das Schaubild von f hat bei $x = 0$ einen Hochpunkt. Das gezeichnete Schaubild der Ableitungsfunktion ist ursprungssymmetrisch, damit unterscheiden sich die Steigungswerte rechts und links der y-Achse nur durch ihr Vorzeichen und das Schaubild von f ist y-achsensymmetrisch.

II) Antwort: ja, da das Schaubild von f' für $x > 0$ stets unterhalb der x-Achse verläuft und damit f streng monoton fallend ist.

III) Antwort: nein, die angegebene Ableitungsfunktion f' hat für $x = 0$ zwar eine Nullstelle, es handelt sich aber um einen Hochpunkt des Schaubilds von f, da an der Nullstelle ein Vorzeichenwechsel von $+$ nach $-$ stattfindet.

IV) Antwort: nein, die gezeichnete Ableitungsfunktion f' hat nur eine Nullstelle mit Vorzeichenwechsel. Daher besitzt das Schaubild von f genau einen Extrempunkt.

4.4.3 Von f zu F

Die Stammfunktion F

a)

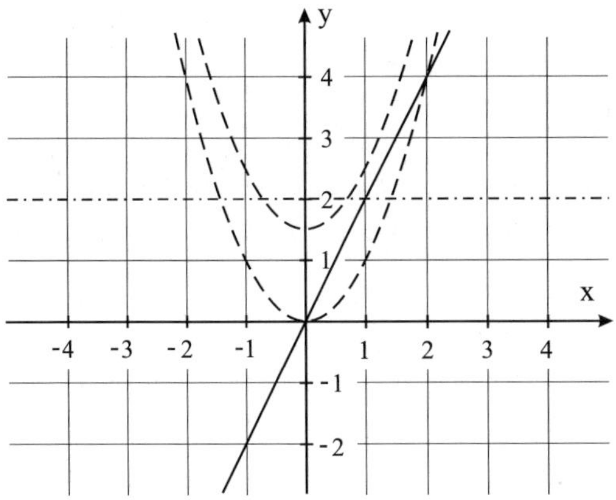

- Funktion $f(x)$: ——
- Mögliche Stammfunktionen F(x): – – –
- Ableitung $f'(x)$: –·–·
- Die eingezeichneten Stammfunktionen sind nur einige von vielen möglichen Stammfunktionen, da diese in Bezug auf eine Verschiebung in y-Richtung nicht festgelegt sind.

I) Antwort: ja, die Ableitung einer Geraden ist immer eine waagerechte Gerade, da die Steigung einer Geraden konstant ist. Daher ist das Schaubild der Ableitungsfunktion parallel zur Geraden $y = 1$.

II) Antwort: ja, da $f(x)$ die Steigung von F(x) beschreibt und $f(1) = 2 = \mathrm{F}'(1)$ ist.

III) Antwort: nein, streng monoton wachsend bedeutet für das Schaubild, dass die y-Werte für zunehmende x-Werte immer größer werden, dass bedeutet $f'(x) > 0$, die Steigung ist an jedem Punkt des Schaubildes positiv. Dies gilt zwar für f, nicht aber für f'.

IV) Antwort: ja, das Schaubild der Ableitungsfunktion ist eine waagerechte Gerade. Diese erfüllt die Bedingung $f'(-x) = f'(x) = 2$.

b)

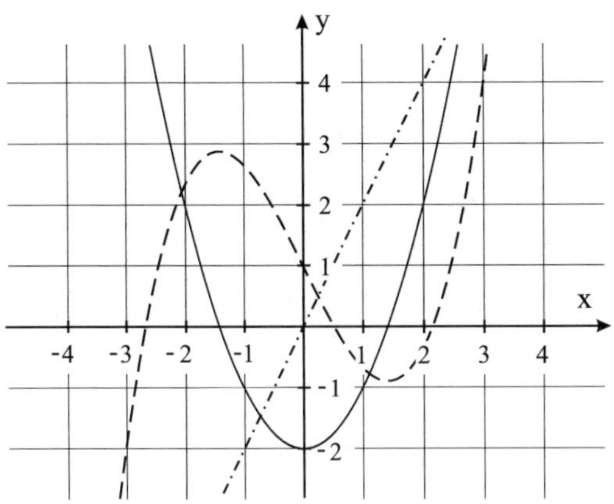

- Funktion $f(x)$: ——
- Mögliche Stammfunktionen F(x): – – –
- Ableitung $f'(x)$: –·–·
- Die eingezeichnete Stammfunktion ist nur eine von vielen möglichen Stammfunktionen, da diese in Bezug auf eine Verschiebung in y-Richtung nicht festgelegt sind.

I) Antwort: ja, die Ableitungskurve einer Parabel ist eine Gerade mit einer Steigung ungleich Null. Diese besitzt genau eine Nullstelle am Extrempunkt der Parabel. Da die Parabel diesen für $x = 0$ hat, liegt die Nullstelle auch im fraglichen Intervall.

II) Antwort: nein, da das Schaubild von f für $0 \leqslant x \leqslant 1$ stets unterhalb der x-Achse verläuft.

III) Antwort: ja, die Extremstellen einer Funktion sind Nullstellen der 1. Ableitung. Da die Funktion f die Ableitung von F ist, besitzt F genau 2 Extremstellen im Intervall. Da die Nullstellen von f an den Stellen $x \approx \pm 1{,}4$ liegen, befinden sich die Extrempunkte an den Punkten $(1{,}4 \mid (\mathrm{F}(1{,}4))$ bzw. $(-1{,}4 \mid (\mathrm{F}(-1{,}4))$.

Die Integralfunktion

Lässt sich der Funktionsterm der Kurve bestimmen, so ist es meist ohne Schwierigkeiten möglich, die Intergralfunktion $\mathrm{J}_0(x)$ zu bestimmen und das entsprechende Schaubild zu zeichnen, da die Integralfunktion $\mathrm{J}_0(x)$ eine Nullstelle für $x = 0$ besitzt, also durch $(0 \mid 0)$ geht.

Lässt sich der Funktionsterm nicht bestimmen, so verfährt man wie folgt: Es wird der orientierte Flächeninhalt benutzt, das heißt, Flächen unterhalb der x-Achse bekommen ein negatives Vorzeichen, Flächen oberhalb der x-Achse bekommen ein positives Vorzeichen. Auch wenn sich bei allen Aufgaben der Funktionsterm bestimmen lässt, werden beide Lösungsmöglichkeiten vorgestellt.

a) Es handelt sich um eine drei LE nach rechts und drei LE nach unten verschobene Normalparabel. Daher kann man einen Funktionsterm aufstellen:

$$f(x) = (x-3)^2 - 3 = x^2 - 6x + 6$$

Die Integralfunktion ist damit:

$$\mathrm{J}_0(x) = \int_0^x t^2 - 6t + 6\,dt = \left[\tfrac{1}{3}t^3 - 3t^2 + 6t\right]_0^x = \tfrac{1}{3}x^3 - 3x^2 + 6x$$

Anhand dieses Funktionsterms lässt sich nun das Schaubild der Integralfunktion in dem Koordinatensystem skizzieren. Für die Skizze setzt man am besten die x-Werte der Extrempunkte bzw. der Wendepunkte ein. (Das sind die Nullstellen bzw. die Extremstellen der angegebenen Ableitung.)

Alternativ kann man wie beschrieben anhand des Schaubildes vorgehen:

1. Das Schaubild der Integralfunktion $\mathrm{J}_0(x)$ geht durch den Koordinatenursprung. Hier setzt man mit der Skizze an.

2. Als erstes werden die Stellen bestimmt, an denen die Funktion f Extrem- und Wendepunkte hat:

   $x \approx 1{,}3$: Nullstelle von f mit VZW von + nach − $\Rightarrow$ Maximum von J_0

   $x = 3$: Minimum von $f \Rightarrow$ Wendestelle von J_0

   $x \approx 4{,}7$: Nullstelle von f mit VZW von − nach + $\Rightarrow$ Minimum von J_0

3. Nun wird die genaue Lage der entsprechenden Hoch-, Tief- und Wendepunkte bestimmt: Um diese zu bestimmen, benutzt man die Tatsache, dass der Wert der Integralfunktion an jeder Stelle dem (orientierten) Flächeninhalt zwischen Kurve K_f und x-Achse entspricht. Also unterteilt man die Fläche zwischen der Kurve und der x-Achse in entsprechende Flächenstücke (siehe Zeichnung). Zwischen $x = 0$ und $x = 1,3$ (Nullstelle von f) beträgt dieser Flächeninhalt ca. 3,5 FE (durch Abzählen an der Zeichnung bestimmt). Also liegt der Hochpunkt bei ca. $(1,3 \mid 3,5)$.

4. Als nächstes wird der Wendepunkt bestimmt: Seine x-Koordinate hat den Wert $x = 3$. Die Fläche II zwischen $x \approx 1,3$ und $x = 3$ beträgt ca. $-3,5$ FE. Damit ist
$$\mathrm{J}_0(3) = 3,5 + (-3,5) = 0$$
Entsprechend ist W $(3 \mid 0)$.

5. Da die Kurve achsensymmetrisch zu $x = 3$ ist, ist Fläche III genauso groß wie Fläche II. Für den Wert von $\mathrm{J}_0(x)$ an der zweiten Extremstelle $x \approx 4,7$ gilt damit
$$\mathrm{J}_0(4,7) = 3,5 + (-3,5) + (-3,5) = -3,5\,\text{FE}$$
Der Tiefpunkt hat damit die Koordinaten $(4,7 \mid -3,5)$.

6. Abschließend kann man noch die nächste Nullstelle von $\mathrm{J}_0(x)$ bestimmen: Diese muss an der Stelle liegen, an der die Fläche IV genau $+3,5$ FE beträgt. Durch Abzählen (oder eine Symmetriebetrachtung) ergibt sich die Nullstelle für $x = 6$, da
$$\mathrm{J}_0(6) = 3,5 + (-3,5) + (-3,5) + 3,5 = 0$$
Nun kann das Schaubild eingezeichnet werden.

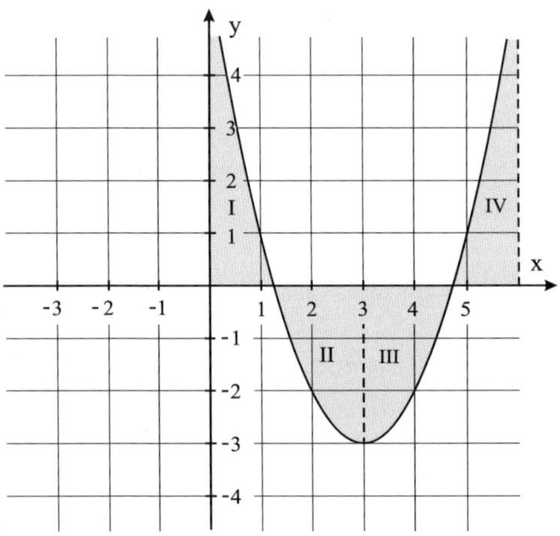

Funktion $f(x)$: ——
Ableitung $f'(x)$: -·-·

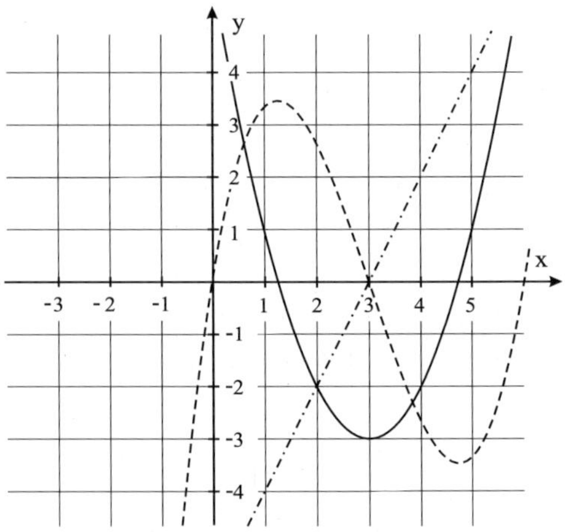

Integralfunktion $\mathrm{J}_0(x)$: - - -
Die eingezeichnete Integralfunktion ist eindeutig festgelegt.

Zu den Aussagen:

I) Antwort: ja, das Schaubild der Ableitungsfunktion ist eine Gerade. Diese schneidet die x-Achse für $x = 3$.

II) Antwort: ja, die Integralfunktion besitzt zwar 3 Nullstellen, doch befindet sich die 3. Nullstelle außerhalb des Intervalls I.

III) Antwort: ja, die Extremstellen von $\mathrm{J}_0(x)$ sind die Nullstellen der Funktion f. Diese befinden sich beide innerhalb des Intervalls I.

b) Es handelt sich um eine zwei LE nach rechts und zwei LE nach oben verschobene Normalparabel, die nach unten geöffnet ist. Ein Funktionsterm ist:

$$f(x) = -(x-2)^2 + 2 = -x^2 + 4x - 2$$

Die Integralfunktion ist damit:

$$\mathrm{J}_0(x) = \int_0^x -t^2 + 4t - 2\,dt = \left[-\frac{1}{3}t^3 + 2t^2 - 2t\right]_0^x = -\frac{1}{3}x^3 + 2x^2 - 2x$$

Anhand dieses Funktionsterms lässt sich nun das Schaubild der Integralfunktion in das Koordinatensystem skizzieren. Für die Skizze setzt man am besten die x-Werte der Extrempunkte bzw. der Wendepunkte ein. (Das sind die Nullstellen bzw. die Extremstellen der angegebenen Ableitung.)

Ohne Bestimmung des Funktionsterms geht man vor wie folgt:

1. Ansetzen beim Koordinatenursprung

2. Extrem- und Wendepunkte:
$x \approx 0,6$: Nullstelle von $f(x)$ mit VZW von $-$ nach $+ \Rightarrow$ Minimum von $\mathrm{J}_0(x)$
$x = 2$: Maximum von $f(x) \Rightarrow$ Wendestelle von $\mathrm{J}_0(x)$
$x \approx 3,4$: Nullstelle von $f(x)$ mit VZW von $+$ nach $- \Rightarrow$ Maximum von $\mathrm{J}_0(x)$

3. Bestimmen der genauen Lage der Kurve:
Die Fläche I beträgt ca. $-0,5$ FE, damit ist $\mathrm{J}_0(0,6) = -0,5$ daraus folgt: $\mathrm{T}(0,6 \mid -0,5)$.
Die Fläche II beträgt ca. $1,8$ FE. Der Funktionswert von J_0 ist damit

$$\mathrm{J}_0(2) = -0,5 + 1,8 = 1,3$$

Der Wendepunkt liegt also bei $\mathrm{W}(2 \mid 1,3)$.
Fläche III beträgt auch ca. $1,8$ FE. Für den Hochpunkt ist also

$$\mathrm{J}_0(3,4) = -0,5 + 1,8 + 1,8 = 3,1$$

Der Hochpunkt liegt daher bei $\mathrm{H}(3,4 \mid 3,1)$.

4. Einen Randpunkt für $x = 4$ kann man noch bestimmen, indem man die Fläche IV bestimmt und dazu zählt: Fläche IV beträgt aus Symmetriegründen auch ca. $-0,5$ FE. Damit ist

$$\mathrm{J}_0(4) = -0,5 + 1,8 + 1,8 - 0,5 = 2,6$$

Das Schaubild von $\mathrm{J}_0(x)$ geht also durch den Punkt $(4 \mid 2,6)$.

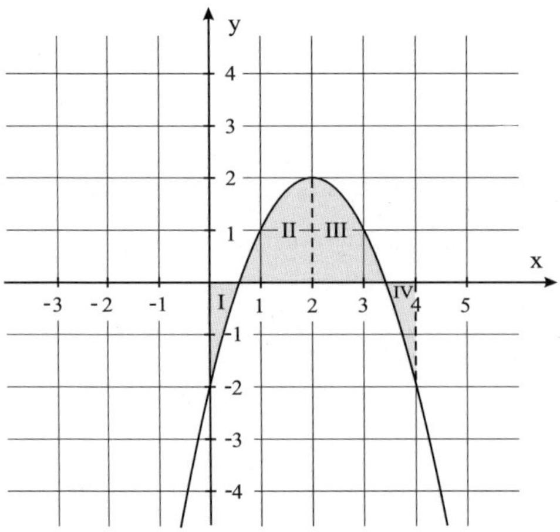

Funktion $f(x)$: ——
Ableitung $f'(x)$: –·–·

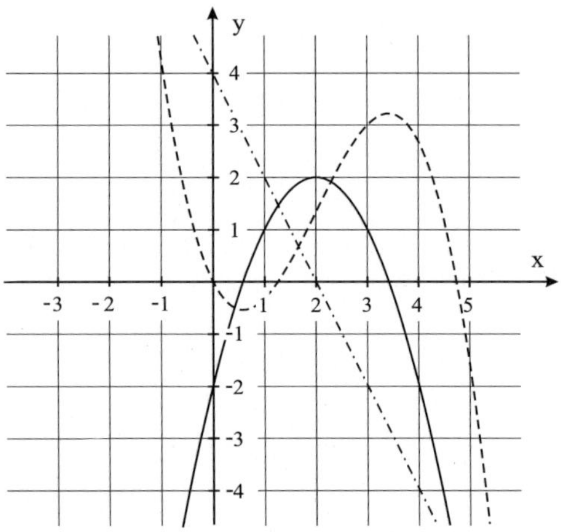

Integralfunktion $J_0(x)$: – – –
Die eingezeichnete Integralfunktion ist eindeutig festgelegt.

Zu den Aussagen:

I) Antwort: ja, die Nullstellen befinden sich bei $x = 0$, $x \approx 1,3$ und $x \approx 4,7$ und damit noch im Intervall I.

II) Antwort: ja, die Extremstellen der Integralfunktion befinden sich an den Stellen, an denen die Funktion f Nullstellen hat. Diese befinden sich mit $x \approx 0,6$ und $x \approx 3,4$ im Intervall I.

III) Antwort: nein, das Schaubild der Funktion f ist eine Parabel. Daraus ergibt sich, dass die Integralfunktion eine ganzrationale Funktion 3. Grades sein muss. Eine ganzrationale Funktion 3. Grades kann aber maximal zwei Extremstellen besitzen.

IV) Antwort: ja, das Schaubild der Funktion f ist eine nach unten geöffnete Parabel. Das Schaubild der Ableitungsfunktion $f'(x)$ ist damit eine Gerade mit negativer Steigung. Damit erfüllt die Ableitungsfunktion die Bedingung für monoton fallend: $(f'(x))' \leqslant 0$ für alle $x \in$ I, wobei sich dies in diesem Fall auf die zweite Ableitung der ursprünglichen Funktion bezieht, da ja die Steigung des Schaubildes der Ableitungsfunktion von Interesse ist.

4.5 Kurvendiskussion

4.5.1 Elemente der Kurvendiskussion

a) Es ist $f(x) = \frac{1}{4}x^4 - x^3 + 4x - 2$, $f'(x) = x^3 - 3x^2 + 4$, $f''(x) = 3x^2 - 6x$, $f'''(x) = 6x - 6$
Einsetzen von $x = 2$: $f'(2) = 0$, $f''(2) = 0$, $f'''(2) = 6 \neq 0$. An der Stelle $x = 2$ hat das Schaubild von f einen Wendepunkt mit Steigung Null, also einen Sattelpunkt und keinen Tiefpunkt.

b) Es ist $f(x) = \frac{1}{x}$ und $g(x) = x^2 + 1$. Damit erhält man: $g(2) = 2^2 + 1 = 5$ und
$f(g(2)) = f(5) = \frac{1}{5}$ sowie $f(2) = \frac{1}{2}$ und $g(f(2)) = g\left(\frac{1}{2}\right) = \left(\frac{1}{2}\right)^2 + 1 = \frac{5}{4}$.
Setzt man $g(x)$ in $f(x)$ ein, ergibt sich: $f(g(x)) = \frac{1}{x^2+1}$.
Die Gleichung $f(g(x)) = 0,1$ führt zu $\frac{1}{x^2+1} = 0,1$ bzw.
$1 = 0,1x^2 + 0,1 \Rightarrow 9 = x^2 \Rightarrow x_{1,2} = \pm 3$.

c) Um zu bestimmen, für welche Werte von x das Schaubild der Funktion f mit $f(x) = (x+3)\cdot(x-1)$ oberhalb der x-Achse verläuft, löst man die Ungleichung $(x+3)\cdot(x-1) > 0$ durch funktionale Betrachtung: Das Schaubild von $f(x) = (x+3)\cdot(x-1) = x^2 + 2x - 3$ ist eine nach oben geöffnete Parabel mit den Nullstellen $x_1 = -3$ und $x_2 = 1$.
Somit verläuft das Schaubild von f für $x < -3$ oder $x > 1$ oberhalb der x-Achse.
Alternativ kann man die Ungleichung $(x+3)\cdot(x-1) > 0$ auch durch Fallunterscheidung lösen:
I) $x + 3 > 0$ und $x - 1 > 0$ führt zu $x > -3$ und $x > 1$, also $x > 1$
II) $x + 3 < 0$ und $x - 1 < 0$ führt zu $x < -3$ und $x < 0$, also $x < -3$
Für $x < -3$ oder $x > 1$ verläuft das Schaubild von f oberhalb der x-Achse.

d) Für eine ganzrationale Funktion 3. Grades mit $f(1) = 4$, $f'(1) = 0$, $f''(1) < 0$, $f(0) = 2$, $f''(0) = 0$ und $f'''(0) \neq 0$ kann man folgende Aussagen treffen:
Wegen $f(1) = 4$, $f'(1) = 0$, $f''(1) < 0$ ist der Punkt $H(1 \mid 4)$ Hochpunkt des Schaubilds von f.
Wegen $f(0) = 2$, $f''(0) = 0$ und $f'''(0) \neq 0$ ist der Punkt $W(0 \mid 2)$ Wendepunkt des Schaubilds von f.
Da bei einer ganzrationalen Funktion 3. Grades der Wendepunkt der Mittelpunkt der Strecke vom Hochpunkt zum Tiefpunkt ist, hat der Tiefpunkt des Schaubilds von f die Koordinaten $T(-1 \mid 0)$.

e) Es ist $f(x) = x^2 \cdot e^x$. Die 1. und 2. Ableitung von f erhält man mit der Produktregel:
$f'(x) = (x^2 + 2x)\cdot e^x$ und $f''(x) = \left(x^2 + 4x + 2\right)\cdot e^x$. Setzt man $x = 0$ in $f'(x)$ ein, erhält man:
$f'(0) = (0^2 + 2\cdot 0)\cdot e^0 = 0$ Damit hat die Funktion hat einen möglichen Extremwert für $x = 0$. Setzt man $x = 0$ in $f''(x)$ ein, ergibt sich: $f''(0) = (0^2 + 4\cdot 0 + 2)e^0 = 2 > 0$. Also handelt es sich um ein Minimum.

f) Um zu bestimmen, für welche Werte von x das Schaubild der Funktion f mit $f(x) = -x^2 + 3x + 7$ oberhalb der Geraden mit der Gleichung $y = 3$ verläuft, löst man die Ungleichung $-x^2 + 3x + 7 > 3$ durch funktionale Betrachtung: Das Schaubild von $f(x) = -x^2 + 3x + 7$ ist eine nach unten geöffnete Parabel. Die Schnittstellen der Parabel mit der Geraden erhält man durch Lösen der Gleichung $-x^2 + 3x + 7 = 3$ bzw. $-x^2 + 3x + 4 = 0$. Mit Hilfe der pq- oder abc-Formel erhält man die Schnittstellen $x_1 = -1$ und $x_2 = 4$. Somit verläuft das Schaubild von f für $-1 < x < 4$ oberhalb der Geraden mit der Gleichung $y = 3$.

g) Es ist $f(x) = -x \cdot e^{-2x}$. Die 1. Ableitung erhält man mit Hilfe der Produkt- und Kettenregel:
$f'(x) = -1 \cdot e^{-2x} + \left(-x \cdot e^{-2x}\right) \cdot (-2) = -1 \cdot e^{-2x} + 2x \cdot e^{-2x} = (2x-1) \cdot e^{-2x}$
Der Graph der Funktion f ist streng monoton fallend, wenn $f'(x) < 0$ gilt.
$(2x-1) \cdot e^{-2x} < 0$ führt wegen $e^{-2x} > 0$ zu $2x - 1 < 0 \Rightarrow x < \frac{1}{2}$.
Somit ist für $x < \frac{1}{2}$ der Graph von f streng monoton fallend.

h) Es ist $f(x) = 3x^3 + 4$, Ableiten ergibt $f'(x) = 9x^2$, $f''(x) = 18x$, $f'''(x) = 18$. Setzt man $x = 0$ in $f'(x)$ ein, erhält man: $f'(0) = 9 \cdot 0^2 = 0$. Außerdem hat $f'(x)$ bei $x = 0$ keinen Vorzeichenwechsel. Also besitzt das Schaubild der Funktion einen Sattelpunkt in $(0 \mid 4)$.

i) Es ist $f(x) = \frac{4}{x^2+1} = 4 \cdot \left(x^2+1\right)^{-1}$. Ableiten mit der Kettenregel ergibt:
$f'(x) = -4 \cdot \left(x^2+1\right)^{-2} \cdot 2x = -\frac{8x}{\left(x^2+1\right)^2}$. Die notwendige Bedingung $f'(x) = 0$ führt zu $-\frac{8x}{\left(x^2+1\right)^2} = 0 \Rightarrow x = 0$. Da $f'(x)$ an der Stelle $x = 0$ das Vorzeichen von + nach − wechselt, handelt es sich um einen Hochpunkt. Mit $f(0) = \frac{4}{0^2+1} = 4$ ergibt sich: $\mathrm{H}(0 \mid 4)$.

j) Es ist $f'(x) = 2xe^{-x} + x^2 \cdot e^{-x} \cdot (-1) = \left(2x - x^2\right)e^{-x}$.
Bei Punkten mit waagerechter Tangente ist $f'(x) = 0$, also $\left(2x - x^2\right)e^{-x} = 0 \Rightarrow x_1 = 0$ und $x_2 = 2$. Um die y-Werte zu erhalten, setzt man die x-Werte in $f(x)$ ein: $y_1 = 0^2 e^{-0} = 0$ und $y_2 = 2^2 e^{-2} = 4e^{-2} \Rightarrow \mathrm{P}_1\,(0 \mid 0)$ und $\mathrm{P}_2\left(2 \mid 4e^{-2}\right)$. Die Steigung einer Geraden durch die zwei Punkte ist $m = \frac{y_2 - y_1}{x_2 - x_1} = \frac{4e^{-2} - 0}{2 - 0} = 2 \cdot e^{-2}$. Eingesetzt in die Punkt-Steigungsform $y - y_1 = m \cdot (x - x_1)$ ergibt sich $y - 0 = 2e^{-2} \cdot (x - 0)$, also hat die Gerade die Gleichung $y = 2e^{-2} \cdot x$.

k) Es ist $f'(x) = 1e^{-x} + x \cdot e^{-x} \cdot (-1) = (1-x)e^{-x}$,
$f''(x) = -1e^{-x} + (1-x)e^{-x} \cdot (-1) = (x-2)e^{-x}$,
$f'''(x) = 1e^{-x} + (x-2)e^{-x} \cdot (-1) = (3-x)e^{-x}$.
Setzt man $f''(x) = 0$, so erhält man $(x-2)e^{-x} = 0 \Rightarrow x = 2$.
Setzt man $x = 2$ in $f'''(x)$ ein, so ergibt sich $f'''(2) = (3-2)e^{-2} \neq 0$, also existiert genau ein Wendepunkt $\mathrm{W}\left(2 \mid 2e^{-2}\right)$.

l) Es ist $f'(x) = (x-2)^3$.
Da $f'(2) = (2-2)^3 = 0$, ist die notwendige Bedingung für einen lokalen Tiefpunkt erfüllt. Zur Ermittlung des Vorzeichenwechsels betrachtet man $x-$Werte, die kleiner bzw. größer

als 2 sind:

$x < 2 \Rightarrow f'(x) < 0$, da der Term in der Klammer kleiner als Null ist und «hoch 3» das Vorzeichen beibehält.

$x > 2 \Rightarrow f'(x) > 0$, da der Term in der Klammer größer als Null ist und «hoch 3» das Vorzeichen beibehält.

Somit wechselt f' das Vorzeichen an der Stelle $x = 2$ von $-$ nach $+$.

Also hat das Schaubild von f bei $x = 2$ einen Tiefpunkt.

m) Es ist $f(x) = 2 \cdot \sin\left(x - \frac{\pi}{2}\right)$.
P liegt auf dem Schaubild von f, da $f(\pi) = 2 \cdot \sin\left(\pi - \frac{\pi}{2}\right) = 2 \cdot \sin\left(\frac{\pi}{2}\right) = 2$.
Es ist $f'(x) = 2 \cdot \cos\left(x - \frac{\pi}{2}\right)$ (Kettenregel). Die Steigung im Punkt $\mathrm{P}(\pi \mid 2)$ erhält man durch Einsetzen von $x = \pi$ in $f'(x)$: Es ist $f'(\pi) = 2 \cdot \cos\left(\pi - \frac{\pi}{2}\right) = 2 \cdot \cos\left(\frac{\pi}{2}\right) = 0$, also liegt im Punkt P eine waagrechte Tangente vor.

n) Es ist $f(x) = \frac{1}{2} \cdot \sin(2x - \pi)$,
$f'(x) = \frac{1}{2} \cdot \cos(2x - \pi) \cdot 2 = \cos(2x - \pi)$,
$f''(x) = -\sin(2x - \pi) \cdot 2 = -2 \cdot \sin(2x - \pi)$,
$f'''(x) = -2 \cdot \cos(2x - \pi) \cdot 2 = -4 \cdot \cos(2x - \pi)$.
Da $f''(\pi) = -2 \cdot \sin(2\pi - \pi) = -2 \cdot \sin(\pi) = -2 \cdot 0 = 0$
und $f'''(\pi) = -4 \cdot \cos(2\pi - \pi) = -4 \cdot \cos(\pi) = 4 \neq 0$,
hat das Schaubild von f bei $x = \pi$ einen Wendepunkt.

4.5.2 Symmetrie

a) Da die Funktion f mit $f(x) = \frac{1}{x^2} + 3$ nur gerade Exponenten enthält, erfüllt sie das Kriterium für y-Achsensymmetrie: $f(-x) = \frac{1}{(-x)^2} + 3 = \frac{1}{x^2} + 3 = f(x)$.

b) Da die Funktion f mit $f(x) = 3x^5 - 7{,}2x^3 + x$ nur ungerade Exponenten enthält und durch den Ursprung verläuft, erfüllt sie das Kriterium für Punktsymmetrie zum Ursprung:
$f(-x) = 3 \cdot (-x)^5 - 7{,}2 \cdot (-x)^3 + (-x) = -3x^5 + 7{,}2x^3 - x = -\left(3x^5 - 7{,}2x^3 + x\right) = -f(x)$.

c) Um zu zeigen, dass das Schaubild der Funktion f mit $f(x) = 2 \cdot e^{x^2+2} + 3$ achsensymmetrisch zur y-Achse ist, setzt man $-x$ in $f(x)$ ein:

$$f(-x) = 2 \cdot e^{(-x)^2+2} + 3 = 2 \cdot e^{x^2+2} + 3 = f(x)$$

Wegen $f(-x) = f(x)$ ist das Schaubild von f achsensymmetrisch zur y-Achse.

d) Um zu zeigen, dass das Schaubild der Funktion f mit $f(x) = -\frac{4}{x}$ punktsymmetrisch zum Ursprung ist, setzt man $-x$ in $f(x)$ ein:

$$f(-x) = -\frac{4}{-x} = -\left(-\frac{4}{x}\right) = -f(x)$$

Wegen $f(-x) = -f(x)$ ist das Schaubild von f punktsymmetrisch zum Ursprung.

4.5.3 Tangenten und Normalen

a) Aus $f(x) = x^2 - 4x + 2$ folgt $f'(x) = 2x - 4$. Für die Steigung m_t der Tangente im Punkt $\mathrm{P}(1 \mid -1)$ gilt: $m_t = f'(1) = 2 \cdot 1 - 4 = -2$. Setzt man $\mathrm{P}(1 \mid -1)$ und $m_t = -2$ in die Tangentengleichung $y = f'(u) \cdot (x - u) + f(u)$ ein, so erhält man $y = -2 \cdot (x - 1) + (-1)$ und damit die Tangentengleichung $t: \; y = -2x + 1$. Für die Normalensteigung m_n gilt: $m_n = -\frac{1}{m_t} = -\frac{1}{-2} = \frac{1}{2}$. Setzt man P und m_n in die Gleichung $y = -\frac{1}{f'(u)} \cdot (x - u) + f(u)$ ein, so erhält man $y = \frac{1}{2} \cdot (x - 1) + (-1)$ und damit die Normalengleichung $n: \; y = \frac{1}{2}x - \frac{3}{2}$.

b) Aus $f(x) = x^3 + x + 1$ folgt $f'(x) = 3x^2 + 1$, $f''(x) = 6x$ und $f'''(x) = 6$. Um den Wendepunkt zu bestimmen, wird die 2. Ableitung gleich Null gesetzt: $f''(x) = 6x = 0 \Rightarrow x_\mathrm{W} = 0$. Probe in f''' ergibt $f'''(0) = 6 \neq 0$, es handelt sich also um einen Wendepunkt. Der y-Wert wird bestimmt, indem man $x_\mathrm{W} = 0$ in $f(x)$ einsetzt, was zu $\mathrm{W}(0 \mid 1)$ führt.
Die Tangentensteigung in W ist $m_t = f'(0) = 1$. Setzt man $\mathrm{W}(0 \mid 1)$ und $m_t = 1$ in die Tangentengleichung $y = f'(u) \cdot (x - u) + f(u)$ ein, so erhält man $y = 1 \cdot (x - 0) + 1$ und damit die Tangentengleichung $t: \; y = x + 1$.
Für die Normalensteigung gilt: $m_n = -\frac{1}{m_t} = -\frac{1}{1} = -1$.
Setzt man $\mathrm{W}(0 \mid 1)$ und $m_n = -1$ in die Normalengleichung $y = -\frac{1}{f'(u)} \cdot (x - u) + f(u)$ ein, so erhält man $y = -1 \cdot (x - 0) + 1$ und damit die Normalengleichung $n: \; y = -x + 1$.

c) I) Da die Steigung der Tangente schon angegeben ist, muss zuerst der Punkt P bestimmt werden, in dem die Tangente die Kurve berührt. In diesem Punkt soll die Steigung der Kurve gleich -2 sein. Daher setzt man die 1. Ableitung gleich -2.
Es ist $f(x) = x^2 + 4x - 3$ und $f'(x) = 2x + 4$. Gleichsetzen der 1. Ableitung: $f'(x) = 2x + 4 = -2 \Rightarrow x_\mathrm{P} = -3$. Durch Einsetzen in $f(x)$ wird die y-Koordinate des Punktes bestimmt. Damit ist der gesuchte Punkt $\mathrm{P}(-3 \mid -6)$. Setzt man $\mathrm{P}(-3 \mid -6)$ und $m_t = -2$ in die Tangentengleichung $y = f'(u) \cdot (x - u) + f(u)$ ein, so erhält man $y = -2 \cdot (x - (-3)) + (-6)$ und damit die Tangentengleichung $t: \; y = -2x - 12$.

II) Da die Tangente orthogonal zu der angegebenen Geraden g ist, gilt für ihre Steigung $m_t = -\frac{1}{m_g}$, die Steigung der Tangente ist damit $m_t = -\frac{1}{-\frac{1}{3}} = 3$. Nun muss der Punkt P bestimmt werden, in dem die Tangente die Kurve berührt: Da in diesem Punkt die Steigung der Kurve gleich 3 sein muss, setzt man die 1. Ableitung gleich 3 und löst nach x auf: $f'(x) = 2x + 4 = 3 \Rightarrow x_\mathrm{P} = -\frac{1}{2}$. Durch Einsetzen in $f(x)$ wird die y-Koordinate des Punktes bestimmt. Damit ist der gesuchte Punkt $\mathrm{P}\left(-\frac{1}{2} \mid -\frac{19}{4}\right)$. Setzt man $\mathrm{P}\left(-\frac{1}{2} \mid -\frac{19}{4}\right)$ und $m_t = 3$ in die Tangentengleichung $y = f'(u) \cdot (x - u) + f(u)$ ein, so erhält man $y = 3 \cdot \left(x - \left(-\frac{1}{2}\right)\right) + \left(-\frac{19}{4}\right)$ und damit die Tangentengleichung:
$t: \; y = 3x - \frac{13}{4}$.

III) Da die Tangente parallel zur angegebenen Geraden ist und die Tangentensteigung damit gleich groß ist wie die Geradensteigung, muss zuerst der Punkt P bestimmt werden, in dem die Tangente die Kurve berührt: In diesem Punkt ist die Steigung gleich 4. Daher setzt man die 1. Ableitung gleich 4: $f'(x) = 2x + 4 = 4 \Rightarrow x_\mathrm{P} = 0$.

Durch Einsetzen in $f(x)$ wird der y-Wert des Punktes bestimmt. Damit ist der gesuchte Punkt $P(0 \mid -3)$. Setzt man $P(0 \mid -3)$ und $m_t = 4$ in die Tangentengleichung $y = f'(u) \cdot (x-u) + f(u)$ ein, so erhält man $y = 4 \cdot (x-0) + (-3)$ und damit die Tangentengleichung $t:\ y = 4x - 3$.

d) Es ist $f(x) = \frac{4}{(x-1)^2} = 4 \cdot (x-1)^{-2}$. Den y-Wert des Punktes P erhält man, indem man $x = 3$ in $f(x)$ einsetzt: $f(3) = \frac{4}{(3-1)^2} = 1 \Rightarrow P(3 \mid 1)$. Die 1. Ableitung von f erhält man mit der Kettenregel: $f'(x) = -8 \cdot (x-1)^{-3} \cdot 1 = -\frac{8}{(x-1)^3}$. Damit ist die Tangentensteigung in $P(3 \mid 1)$: $m_t = f'(3) = -\frac{8}{(3-1)^3} = -1$. Setzt man $P(3 \mid 1)$ und $m_t = -1$ in die Tangentengleichung $y = f'(u) \cdot (x-u) + f(u)$ ein, so erhält man $y = -1 \cdot (x-3) + 1$ und damit die Tangentengleichung $t:\ y = -x + 4$.
Für die Normalensteigung m_n gilt: $m_n = -\frac{1}{m_t} = -\frac{1}{-1} = 1$.
Setzt man P und m_n in die Normalengleichung $y = -\frac{1}{f'(u)} \cdot (x-u) + f(u)$ ein, so erhält man: $y = 1 \cdot (x-3) + 1$ und damit die Normalengleichung $n:\ y = x - 2$.

e) Die Tangente berührt die Kurve in einem noch unbekannten Punkt $B(u \mid f(u))$ beziehungsweise $B\left(u \mid u^2 - 2u + 3\right)$. Die Tangentensteigung in diesem Punkt bestimmt man mit Hilfe der 1. Ableitung: Es ist $f(x) = x^2 - 2x + 3$ und $f'(x) = 2x - 2$. Somit gilt: $m_t = f'(u) = 2u - 2$.
Setzt man $B(u \mid f(u))$ und $m_t = f'(u)$ in die Tangentengleichung $y = f'(u) \cdot (x-u) + f(u)$ ein, so erhält man als Tangentengleichung in Abhängigkeit von u:

$$t:\ y = (2u-2) \cdot (x-u) + \left(u^2 - 2u + 3\right)$$

Da $P(0 \mid -6)$ auf der Tangente liegt, kann man diesen in die Tangentengleichung einsetzen:
$-6 = (2u-2) \cdot (0-u) + \left(u^2 - 2u + 3\right)$ bzw. $u^2 = 9 \Rightarrow u_1 = 3 \quad u_2 = -3$.
Setzt man u_1 bzw. u_2 in $B(u \mid f(u))$ ein, so erhält man $B_1(3 \mid 6)$ und $B_2(-3 \mid 18)$.
Setzt man u_1 bzw. u_2 in die Tangentengleichung ein, so erhält man:
$y = (2 \cdot 3 - 2) \cdot (x-3) + \left(3^2 - 2 \cdot 3 + 3\right)$ bzw.
$y = (2 \cdot (-3) - 2) \cdot (x - (-3)) + \left((-3)^2 - 2 \cdot (-3) + 3\right)$.
Somit ergeben sich als Tangentengleichungen $t_1:\ y = 4x - 6$ und $t_2:\ y = -8x - 6$.

4.5.4 Berührpunkte zweier Kurven

Wenn sich zwei Schaubilder K_f und K_g in einem Punkt $B(x_B \mid y_B)$ berühren, gelten folgende zwei Bedingungen:

1. Da B gemeinsamer Punkt ist, gilt $f(x_B) = g(x_B)$.

2. Da in B eine gemeinsame Tangente vorhanden ist, gilt $f'(x_B) = g'(x_B)$.

a) Es genügt zu zeigen, dass im Punkt B $(0 \mid 3)$ die beiden Bedingungen $f(x) = g(x)$ und $f'(x) = g'(x)$ erfüllt sind:
Es ist $f(0) = \frac{1}{5} \cdot 0^3 - 2 \cdot 0^2 + 5 \cdot 0 + 3 = 3$ und $g(0) = -0^2 + 5 \cdot 0 + 3 = 3$, also $f(0) = g(0)$, d.h. B $(0 \mid 3)$ ist gemeinsamer Punkt.
Ferner gilt $f'(x) = \frac{3}{5}x^2 - 4x + 5$ und $g'(x) = -2x + 5$.
Es ist $f'(0) = \frac{3}{5} \cdot 0^2 - 4 \cdot 0 + 5 = 5$ und $g'(0) = -2 \cdot 0 + 5 = 5$,
also $f'(0) = g'(0)$, d.h. in B $(0 \mid 3)$ existiert eine gemeinsame Tangente. Somit berühren sich die beiden Kurven in B $(0 \mid 3)$.

b) Es genügt zu zeigen, dass im Punkt B $\left(\frac{1}{2} \mid \frac{3}{4}\right)$ die beiden Bedingungen $f(x) = g(x)$ und $f'(x) = g'(x)$ erfüllt sind:
Es ist $f\left(\frac{1}{2}\right) = \left(\frac{1}{2}\right)^2 + \frac{1}{2} = \frac{1}{4} + \frac{1}{2} = \frac{3}{4}$ und $g\left(\frac{1}{2}\right) = -4 \cdot \left(\frac{1}{2}\right)^4 + 4 \cdot \left(\frac{1}{2}\right)^3 + \frac{1}{2} = \frac{3}{4}$, also $f\left(\frac{1}{2}\right) = g\left(\frac{1}{2}\right)$, d.h. B $\left(\frac{1}{2} \mid \frac{3}{4}\right)$ ist gemeinsamer Punkt.
Ferner gilt $f'(x) = 2x$ und $g'(x) = -16x^3 + 12x^2$.
Es ist $f'\left(\frac{1}{2}\right) = 2 \cdot \frac{1}{2} = 1$ und $g'\left(\frac{1}{2}\right) = -16 \cdot \left(\frac{1}{2}\right)^3 + 12 \cdot \left(\frac{1}{2}\right)^2 = -\frac{16}{8} + \frac{12}{4} = 1$,
also $f'\left(\frac{1}{2}\right) = g'\left(\frac{1}{2}\right)$, d.h. in B $\left(\frac{1}{2} \mid \frac{3}{4}\right)$ existiert eine gemeinsame Tangente. Somit berühren sich die beiden Kurven in B $\left(\frac{1}{2} \mid \frac{3}{4}\right)$.

c) Um mögliche Berührpunkte zu berechnen, kann man entweder die Funktionsgleichungen oder die Tangentensteigungen gleichsetzen. Anschließend muss die jeweils andere Bedingung überprüft werden. Es ist $f'(x) = x^2 - 4x + 3$ und $g'(x) = -2x + 3$.
Gleichsetzen der Tangentensteigungen führt auf $x^2 - 4x + 3 = -2x + 3$ bzw. $x^2 - 2x = 0$ mit den Lösungen $x_1 = 2$ und $x_2 = 0$.
Setzt man $x_1 = 2$ in $f(x)$ bzw. $g(x)$ ein, so ergibt sich $f(2) = \frac{1}{3} \cdot 2^3 - 2 \cdot 2^2 + 3 \cdot 2 + 4 = 4\frac{2}{3}$ und $g(2) = -2^2 + 3 \cdot 2 + 4 = 6$, d.h. $f(2) \neq g(2)$, also liegt kein gemeinsamer Punkt vor.
Setzt man $x_2 = 0$ in $f(x)$ bzw. $g(x)$ ein, so ergibt sich $f(0) = \frac{1}{3} \cdot 0^3 - 2 \cdot 0^2 + 3 \cdot 0 + 4 = 4$ und $g(0) = -0^2 + 3 \cdot 0 + 4 = 4$, also ist auch $f(0) = g(0)$, d.h. B $(0 \mid 4)$ ist ein Berührpunkt.

d) Um mögliche Berührpunkte zu berechnen, kann man entweder die Funktionsgleichungen oder die Tangentensteigungen gleichsetzen. Anschließend muss die jeweils andere Bedingung überprüft werden.
Es ist $f'(x) = 2x$ und $g'(x) = -x^3 + 3x^2$.
Gleichsetzen der Tangentensteigungen führt auf $2x = -x^3 + 3x^2$ bzw. $x^3 - 3x^2 + 2x = 0$ bzw. $x \cdot \left(x^2 - 3x + 2\right) = 0$ mit den Lösungen $x_1 = 0$, $x_2 = 1$ und $x_3 = 2$.
Setzt man $x_1 = 0$ in $f(x)$ bzw. $g(x)$ ein, so ergibt sich $f(0) = 0^2 + 1 = 1$ und $g(0) = -\frac{1}{4} \cdot 0^4 + 0^3 + 1 = 1$, also ist $f(0) = g(0)$, und somit $B_1\,(0 \mid 1)$ ein Berührpunkt.
Setzt man $x_2 = 1$ in $f(x)$ bzw. $g(x)$ ein, so ergibt sich $f(1) = 1^2 + 1 = 2$ und $g(1) = -\frac{1}{4} \cdot 1^4 + 1^3 + 1 = \frac{7}{4}$, also $f(1) \neq g(1) \Rightarrow$ kein Berührpunkt.
Setzt man $x_3 = 2$ in $f(x)$ bzw. $g(x)$ ein, so ergibt sich $f(2) = 2^2 + 1 = 5$ und $g(2) = -\frac{1}{4} \cdot 2^4 + 2^3 + 1 = 5$, also ist $f(2) = g(2)$, und somit $B_2\,(2 \mid 5)$ ein Berührpunkt.
Ergebnis: $B_1\,(0 \mid 1)$ und $B_2\,(2 \mid 5)$ sind Berührpunkte.

4.6 Verständnis von Zusammenhängen

a) Gegeben sind die Funktionen $f(x) = 9 - x^2$ und $g(x) = x^2 - 9$.
Mit Hilfe des Rechenschritts (1) $9 - x^2 = x^2 - 9 \Rightarrow x_1 = -3$ und $x_2 = 3$ werden die Schnittstellen der Graphen der beiden Funktionen bestimmt.
Durch das Integral $\int_{-3}^{3} (9 - x^2 - (x^2 - 9))\,\mathrm{d}x = 72$ wird der Inhalt der Fläche, die von den Graphen der beiden Funktionen f und g eingeschlossen wird, bestimmt. Er beträgt 72 FE.

b) Die Produktionskosten eines Werkstücks in Abhängigkeit von der produzierten Stückzahl werden durch die Funktion P mit $\mathrm{P}(x) = \frac{20}{(x+2)^2} + 4$; $x \geqslant 0$ beschrieben.
(x: Stückzahl, $\mathrm{P}(x)$: Herstellungskosten des x-ten Werkstücks in Euro).
I) Mit Hilfe des Integrals

$$\int_0^{50} \left(\frac{20}{(x+2)^2} + 4 \right) \mathrm{d}x$$

werden die Gesamtkosten der Herstellung der 50 ersten Werkstücke berechnet, da durch das Integral die Kosten der einzelnen Werkstücke summiert werden.
II) Mit Hilfe des Integrals

$$\frac{1}{100} \cdot \int_0^{100} \left(\frac{20}{(x+2)^2} + 4 \right) \mathrm{d}x$$

werden die durchschnittlichen Kosten eines Werkstücks bei der Herstellung der 100 ersten Werkstücke berechnet, da die Gesamtkosten der Herstellung der 100 ersten Werkstücke noch durch 100 geteilt werden.

c) In Rechenschritt (1) wird $x = 2$ in $f(x)$ eingesetzt, so dass man den zugehörigen y-Wert erhält; damit werden die Koordinaten eines Punktes P des Schaubilds von f berechnet: $\mathrm{P}(2 \mid 1)$.
In Rechenschritt (2) wird die 1. Ableitung von f bestimmt und der x-Wert des Punktes P eingesetzt; damit erhält man die (Tangenten-)Steigung $m = f'(2) = 3$ im Punkt P.
In Schritt (3) werden m und die Koordinaten von P in die Punkt-Steigungsform einer Geraden eingesetzt; so erhält man die Gleichung der Tangente in P an das Schaubild von f.

d) Durch das Integral

$$\int_0^{52} f(t)\,\mathrm{d}t$$

wird die Anzahl der Zahnpastatuben berechnet, die insgesamt innerhalb eines Jahres verkauft werden. Teilt man diese Summe durch 52, so erhält man die durchschnittliche Anzahl an Zahnpastatuben, die wöchentlich verkauft werden, was durch das gegebene Integral $\frac{1}{52} \cdot \int_0^{52} f(t)\,\mathrm{d}t$ beschrieben wird.

e) Gegeben ist die Funktion f durch $f(x) = \frac{1}{(x+1)^2}$; $x \neq -1$.
In Rechenschritt

$$(1) \quad \mathrm{A}(z) = \int_0^z f(x)\mathrm{d}x$$

wird der Rechenausdruck für den Flächeninhalt $\mathrm{A}(z)$ der Fläche zwischen der x-Achse, der y-Achse und dem Graphen von f sowie der Geraden $x = z$ aufgestellt.
In Rechenschritt

$$(2) \quad \int_0^z \frac{1}{(x+1)^2}\mathrm{d}x = -\frac{1}{z+1} + 1$$

wird das Integral berechnet, welches den Flächeninhalt $\mathrm{A}(z)$ in Abhängigkeit von z angibt.
In Rechenschritt

$$(3) \quad \lim_{z \to \infty} \mathrm{A}(z) = 1$$

wird der Grenzwert von $\mathrm{A}(z)$ für $z \to \infty$ bestimmt und damit der Flächeninhalt der nach rechts ins Unendliche reichenden Fläche. Er beträgt 1 FE.
Der gesamte Rechenweg hat folgende Darstellung:

$$\mathrm{A}(z) = \int_0^z \frac{1}{(x+1)^2}\mathrm{d}x = \int_0^z (x+1)^{-2}\mathrm{d}x = \left[\frac{1}{-1}(x+1)^{-1}\right]_0^z = \left[-\frac{1}{x+1}\right]_0^z$$
$$= -\frac{1}{z+1} - \left(-\frac{1}{0+1}\right) = -\frac{1}{z+1} + 1$$

Für $z \to \infty$ geht $\mathrm{A}(z) = -\frac{1}{z+1} + 1 \to 1$, da der Bruchterm gegen Null geht.
Es ist also $\lim\limits_{z \to \infty} \mathrm{A}(z) = 1$, damit beträgt der Flächeninhalt 1 FE.

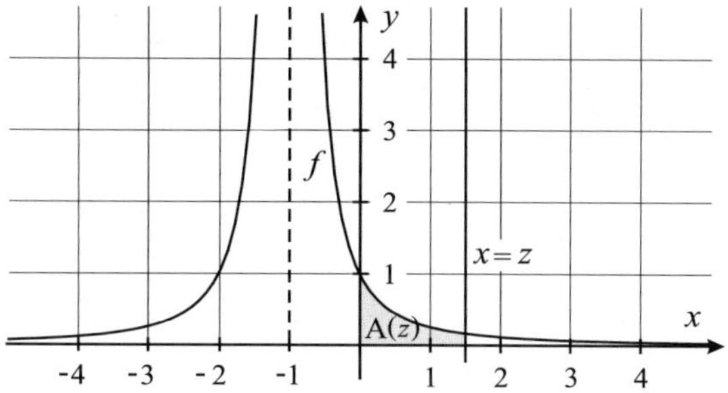

f) Eine ganzrationale Funktion f vierten Grades hat allgemein die Gleichung $f(x) = ax^4 + bx^3 + cx^2 + dx + e$ mit $f'(x) = 4ax^3 + 3bx^2 + 2cx + d$ und $f''(x) = 12ax^2 + 6bx + 2c$.
Als notwendige Bedingung für Wendepunkte des Graphen von f müsste man die Gleichung $f''(x) = 0$ lösen, also $12ax^2 + 6bx + 2c = 0$. Dies ist eine quadratische Gleichung, welche maximal zwei Lösungen für x hat. Damit hat der Graph von f auch nur maximal zwei Wendepunkte.
Somit gibt es keine ganzrationale Funktion vierten Grades, deren Graph drei Wendepunkte besitzt.

g) Die Schaubilder von f und g zeigt folgende Abbildung:

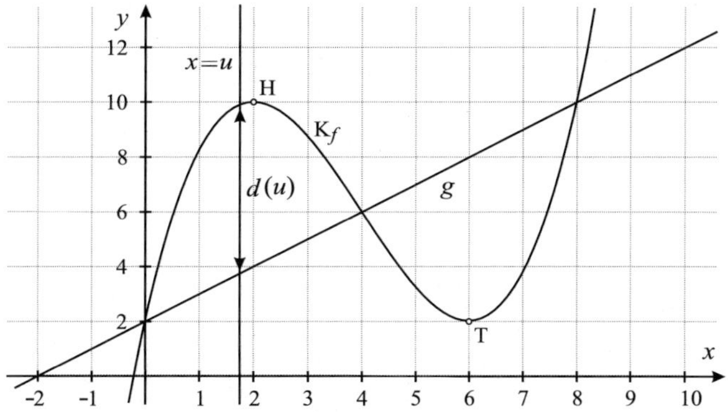

In Rechenschritt (1) schneidet die Gerade $x = u$ für $0 \leqslant u \leqslant 4$ aus den beiden Schaubildern eine Strecke mit der Länge $d(u)$ aus.
In Rechenschritt (2) wird die 1. Ableitung der Längenfunktion $d(u)$ gleich Null gesetzt, d.h. es werden die Extremstellen u_1 und u_2 von $d(u)$ berechnet.
In Rechenschritt (3) wird eine der Extremstellen in die 2. Ableitung von $d(u)$ eingesetzt. Da das Ergebnis negativ ist, handelt es sich um ein Maximum.
Somit hat die Strecke zwischen den beiden Schaubildern im Bereich $0 \leqslant u \leqslant 4$ für $u \approx 1{,}69$ die maximale Länge.

h) Gegeben ist die Funktion f mit $f(x) = x^2$. Ihr Schaubild sei K_f.
In Rechenschritt (1) werden die Koordinaten eines Punktes P, der auf dem Schaubild K_f liegt, in Abhängigkeit von x festgelegt. In Rechenschritt (2) wird der Abstand von P zum Ursprung in Abhängigkeit von x bestimmt und mit $\sqrt{20}$ gleichgesetzt, d.h. der Abstand von P zum Ursprung soll $\sqrt{20}$ LE betragen. In Rechenschritt (3) werden die Lösungen der Gleichung angegeben sowie die zugehörigen Punkte, d.h. die Punkte $\mathrm{P}_1(-2 \mid 4)$ und $\mathrm{P}_2(2 \mid 4)$ haben vom Ursprung den Abstand $\sqrt{20}$ LE.

Geometrie

5 Punkte, Geraden und Ebenen

5.1 Rechnen mit Vektoren

5.1.1 Rechenregeln und Betrag

Gegeben sind die Vektoren $\vec{a} = \begin{pmatrix} -1 \\ 2 \\ 4 \end{pmatrix}$ und $\vec{b} = \begin{pmatrix} 3 \\ 1 \\ 2 \end{pmatrix}$.

a) $\vec{a}+\vec{b} = \begin{pmatrix} 2 \\ 3 \\ 6 \end{pmatrix}$ b) $\vec{a}-\vec{b} = \begin{pmatrix} -4 \\ 1 \\ 2 \end{pmatrix}$ c) $2\cdot\vec{a} = \begin{pmatrix} -2 \\ 4 \\ 8 \end{pmatrix}$

d) $-\vec{a} = \begin{pmatrix} 1 \\ -2 \\ -4 \end{pmatrix}$ e) $2\vec{a}+3\vec{b} = \begin{pmatrix} 7 \\ 7 \\ 14 \end{pmatrix}$

f) $\vec{a}\cdot\vec{b} = (-1)\cdot 3 + 2\cdot 1 + 4\cdot 2 = 7$

g) $|\vec{a}| = \sqrt{(-1)^2+2^2+4^2} = \sqrt{1+4+16} = \sqrt{21}$

h) $|\vec{b}| = \sqrt{3^2+1^2+2^2} = \sqrt{14}$

i) $|\vec{a}+\vec{b}| = \left|\begin{pmatrix} 2 \\ 3 \\ 6 \end{pmatrix}\right| = \sqrt{2^2+3^2+6^2} = \sqrt{49} = 7$

5.1.2 Orts- und Verbindungsvektoren

a) Gegeben sind die Punkte A (2 | 3 | 2), B (7 | 4 | 3) und C (1 | 5 | −2).

Die Ortsvektoren sind: $\vec{a} = \begin{pmatrix} 2 \\ 3 \\ 2 \end{pmatrix}$, $\vec{b} = \begin{pmatrix} 7 \\ 4 \\ 3 \end{pmatrix}$, $\vec{c} = \begin{pmatrix} 1 \\ 5 \\ -2 \end{pmatrix}$.

Die Verbindungsvektoren sind:

$$\overrightarrow{AB} = \vec{b}-\vec{a} = \begin{pmatrix} 7 \\ 4 \\ 3 \end{pmatrix} - \begin{pmatrix} 2 \\ 3 \\ 2 \end{pmatrix} = \begin{pmatrix} 5 \\ 1 \\ 1 \end{pmatrix}$$

$$\overrightarrow{AC} = \vec{c}-\vec{a} = \begin{pmatrix} 1 \\ 5 \\ -2 \end{pmatrix} - \begin{pmatrix} 2 \\ 3 \\ 2 \end{pmatrix} = \begin{pmatrix} -1 \\ 2 \\ -4 \end{pmatrix}$$

$$\overrightarrow{BC} = \vec{c} - \vec{b} = \begin{pmatrix} 1 \\ 5 \\ -2 \end{pmatrix} - \begin{pmatrix} 7 \\ 4 \\ 3 \end{pmatrix} = \begin{pmatrix} -6 \\ 1 \\ -5 \end{pmatrix}$$

Die Längen der Dreiecksseiten erhält man mit Hilfe der Beträge der Verbindungsvektoren:

$$\overline{AB} = \left|\overrightarrow{AB}\right| = \left|\begin{pmatrix} 5 \\ 1 \\ 1 \end{pmatrix}\right| = \sqrt{5^2+1^2+1^2} = \sqrt{27}$$

$$\overline{AC} = \left|\overrightarrow{AC}\right| = \left|\begin{pmatrix} -1 \\ 2 \\ -4 \end{pmatrix}\right| = \sqrt{(-1)^2+2^2+(-4)^2} = \sqrt{21}$$

$$\overline{BC} = \left|\overrightarrow{BC}\right| = \left|\begin{pmatrix} -6 \\ 1 \\ -5 \end{pmatrix}\right| = \sqrt{(-6)^2+1^2+(-5)^2} = \sqrt{62}$$

Da alle drei Seiten des Dreiecks unterschiedlich lang sind, ist das Dreieck ABC nicht gleichschenklig.

b) I) $\overrightarrow{AB} = \begin{pmatrix} -4 \\ -2 \\ -1 \end{pmatrix}, \overrightarrow{AC} = \begin{pmatrix} -1 \\ -4 \\ -2 \end{pmatrix}, \overrightarrow{BC} = \begin{pmatrix} 3 \\ -2 \\ -1 \end{pmatrix}.$

Die Länge der Dreiecksseiten erhält man mit Hilfe der Beträge der Verbindungsvektoren:

$$\overline{AB} = \left|\overrightarrow{AB}\right| = \left|\begin{pmatrix} -4 \\ -2 \\ -1 \end{pmatrix}\right| = \sqrt{(-4)^2+(-2)^2+(-1)^2} = \sqrt{21}$$

$$\overline{AC} = \left|\overrightarrow{AC}\right| = \left|\begin{pmatrix} -1 \\ -4 \\ -2 \end{pmatrix}\right| = \sqrt{(-1)^2+(-4)^2+(-2)^2} = \sqrt{21}$$

Wegen $\overline{AB} = \overline{AC} = \sqrt{21}$ ist das Dreieck ABC gleichschenklig.

II) $\overrightarrow{AB} = \begin{pmatrix} 5 \\ 3 \\ -2 \end{pmatrix}, \overrightarrow{AC} = \begin{pmatrix} 4 \\ 4 \\ -2 \end{pmatrix}, \overrightarrow{BC} = \begin{pmatrix} -1 \\ 1 \\ 0 \end{pmatrix}$, es ist $\overline{AB} = \sqrt{38}$, $\overline{AC} = 6$

und $\overline{BC} = \sqrt{2}$, damit ist das Dreieck ABC nicht gleichschenklig.

c) I)

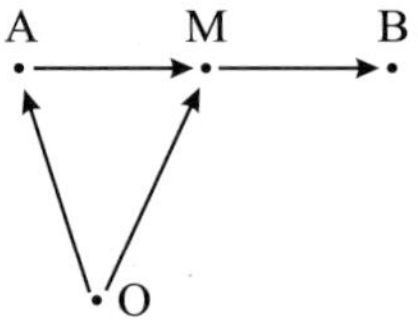

$$\overrightarrow{OM} = \overrightarrow{OA} + \tfrac{1}{2}\overrightarrow{AB} = \begin{pmatrix} 4 \\ 1 \\ 3 \end{pmatrix} + \tfrac{1}{2} \cdot \begin{pmatrix} -6 \\ 4 \\ -8 \end{pmatrix} = \begin{pmatrix} 1 \\ 3 \\ -1 \end{pmatrix}$$

$\Rightarrow M(1 \mid 3 \mid -1)$

II)

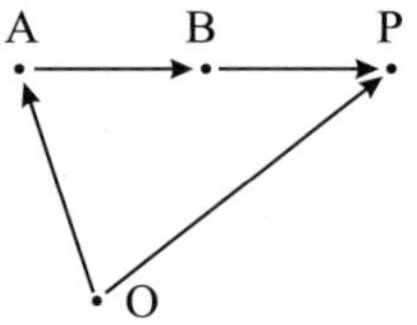

$$\overrightarrow{OP} = \overrightarrow{OA} + 2 \cdot \overrightarrow{AB} = \begin{pmatrix} 3 \\ -1 \\ -4 \end{pmatrix} + 2 \cdot \begin{pmatrix} 1 \\ 3 \\ 9 \end{pmatrix} = \begin{pmatrix} 5 \\ 5 \\ 14 \end{pmatrix}$$

$\Rightarrow P(5 \mid 5 \mid 14)$

d) I)

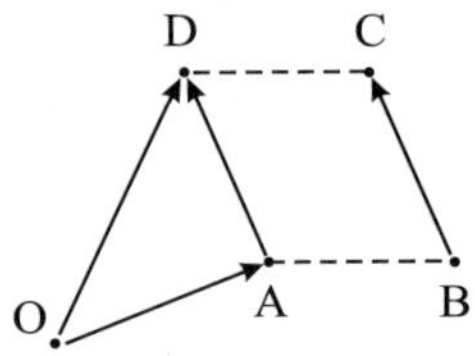

$$\overrightarrow{OD} = \overrightarrow{OA} + \overrightarrow{BC} = \begin{pmatrix} 4 \\ 2 \\ 3 \end{pmatrix} + \begin{pmatrix} -3 \\ -7 \\ -8 \end{pmatrix} = \begin{pmatrix} 1 \\ -5 \\ -5 \end{pmatrix}$$

$\Rightarrow D(1 \mid -5 \mid -5)$

II)

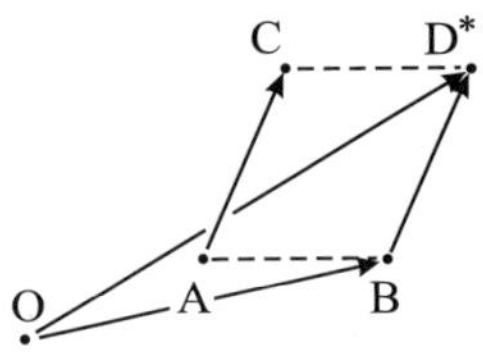

$$\overrightarrow{OD^*} = \overrightarrow{OB} + \overrightarrow{AC} = \begin{pmatrix} 1 \\ 8 \\ 5 \end{pmatrix} + \begin{pmatrix} -6 \\ -1 \\ -6 \end{pmatrix} = \begin{pmatrix} -5 \\ 7 \\ -1 \end{pmatrix}$$

$\Rightarrow D^*(-5 \mid 7 \mid -1)$

III)

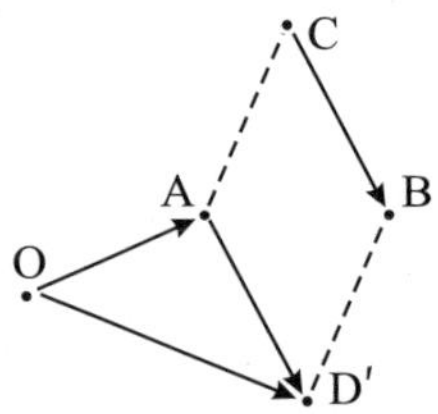

$$\overrightarrow{OD'} = \overrightarrow{OA} + \overrightarrow{CB} = \begin{pmatrix} 4 \\ 2 \\ 3 \end{pmatrix} + \begin{pmatrix} 3 \\ 7 \\ 8 \end{pmatrix} = \begin{pmatrix} 7 \\ 9 \\ 11 \end{pmatrix}$$

$\Rightarrow D'(7 \mid 9 \mid 11)$

e) I) Es ergeben sich folgende mögliche Vektorketten:

$$\overrightarrow{OD} = \overrightarrow{OA} + \overrightarrow{BC} = \begin{pmatrix} 3 \\ 1 \\ 4 \end{pmatrix} + \begin{pmatrix} 7 \\ -3 \\ 6 \end{pmatrix} = \begin{pmatrix} 10 \\ -2 \\ 10 \end{pmatrix} \Rightarrow D(10 \mid -2 \mid 10)$$

$$\overrightarrow{OE} = \overrightarrow{OA} + \overrightarrow{BF} = \begin{pmatrix} 3 \\ 1 \\ 4 \end{pmatrix} + \begin{pmatrix} 11 \\ 1 \\ 9 \end{pmatrix} = \begin{pmatrix} 14 \\ 2 \\ 13 \end{pmatrix} \Rightarrow E(14 \mid 2 \mid 13)$$

$$\overrightarrow{OG} = \overrightarrow{OC} + \overrightarrow{BF} = \begin{pmatrix} 5 \\ -2 \\ 3 \end{pmatrix} + \begin{pmatrix} 11 \\ 1 \\ 9 \end{pmatrix} = \begin{pmatrix} 16 \\ -1 \\ 12 \end{pmatrix} \Rightarrow G(16 \mid -1 \mid 12)$$

$$\overrightarrow{OH} = \overrightarrow{OD} + \overrightarrow{BF} = \begin{pmatrix} 10 \\ -2 \\ 10 \end{pmatrix} + \begin{pmatrix} 11 \\ 1 \\ 9 \end{pmatrix} = \begin{pmatrix} 21 \\ -1 \\ 19 \end{pmatrix} \Rightarrow H(21 \mid -1 \mid 19)$$

II) Die Länge der Raumdiagonalen AG ist die Länge des Verbindungsvektors $\overrightarrow{AG}$:

$$AG = |\overrightarrow{AG}| = \left|\begin{pmatrix} 13 \\ -2 \\ 8 \end{pmatrix}\right| = \sqrt{169+4+64} = \sqrt{237}\,\text{LE}.$$

f) Bei einem schiefen Dreiecksprisma sind folgende 3 Kanten parallel: AD, BE und CF $\Rightarrow$

$\overrightarrow{AD} = \overrightarrow{BE} = \overrightarrow{CF}$. Daher gilt: $\overrightarrow{OE} = \overrightarrow{OB} + \overrightarrow{AD} = \begin{pmatrix} 5 \\ -2 \\ -1 \end{pmatrix} + \begin{pmatrix} 3 \\ 3 \\ 5 \end{pmatrix} = \begin{pmatrix} 8 \\ 1 \\ 4 \end{pmatrix}$

$\Rightarrow E(8\,|\,1\,|\,4)$

$$\overrightarrow{OF} = \overrightarrow{OC} + \overrightarrow{AD} = \begin{pmatrix} -1 \\ 3 \\ -2 \end{pmatrix} + \begin{pmatrix} 3 \\ 3 \\ 5 \end{pmatrix} = \begin{pmatrix} 2 \\ 6 \\ 3 \end{pmatrix} \Rightarrow F(2\,|\,6\,|\,3)$$

Die Länge der Kante EF ist $|\overrightarrow{EF}| = \left|\begin{pmatrix} -6 \\ 5 \\ -1 \end{pmatrix}\right| = \sqrt{36+25+1} = \sqrt{62}$ LE.

5.1.3 Orthogonalität von Vektoren

a) I) $\vec{a}\cdot\vec{b} = \begin{pmatrix} -1 \\ 0 \\ 1 \end{pmatrix} \cdot \begin{pmatrix} 2 \\ 2 \\ 0 \end{pmatrix} = (-1)\cdot 2 + 0\cdot 2 + 1\cdot 0 = -2 \Rightarrow \vec{a}$ steht nicht orthogonal auf $\vec{b}$.

II) $\vec{r}\cdot\vec{n} = \begin{pmatrix} 5 \\ -1 \\ 3 \end{pmatrix} \cdot \begin{pmatrix} 2 \\ 1 \\ -3 \end{pmatrix} = 5\cdot 2 + (-1)\cdot 1 + 3\cdot(-3) = 0 \Rightarrow \vec{r}$ steht orthogonal auf $\vec{n}$.

III) $\vec{z}\cdot\vec{w} = \begin{pmatrix} 2 \\ -2 \\ 4 \end{pmatrix} \cdot \begin{pmatrix} 1 \\ 3 \\ 1 \end{pmatrix} = 2\cdot 1 + (-2)\cdot 3 + 4\cdot 1 = 0 \Rightarrow \vec{z}$ steht orthogonal auf $\vec{w}$.

b) Es sind Vektoren zu bestimmen, deren Skalarprodukt mit $\vec{n}$ Null ergibt. Dazu kann man zwei Komponenten des Vektors frei wählen, die dritte ergibt sich dann, z.B.:

$$\vec{a} = \begin{pmatrix} 4 \\ -2 \\ 0 \end{pmatrix}, \text{ denn } \vec{a}\cdot\vec{n} = \begin{pmatrix} 4 \\ -2 \\ 0 \end{pmatrix} \cdot \begin{pmatrix} 1 \\ 2 \\ -3 \end{pmatrix} = 4\cdot 1 + (-2)\cdot 2 + 0\cdot(-3) = 4 - 4 = 0$$

$$\vec{b} = \begin{pmatrix} 0 \\ 3 \\ 2 \end{pmatrix}, \text{ denn } \vec{b}\cdot\vec{n} = \begin{pmatrix} 0 \\ 3 \\ 2 \end{pmatrix} \cdot \begin{pmatrix} 1 \\ 2 \\ -3 \end{pmatrix} = 0\cdot 1 + 3\cdot 2 + 2\cdot(-3) = 6 - 6 = 0$$

$$\vec{c} = \begin{pmatrix} 5 \\ -1 \\ 1 \end{pmatrix}, \text{denn } \vec{c} \cdot \vec{n} = \begin{pmatrix} 5 \\ -1 \\ 1 \end{pmatrix} \cdot \begin{pmatrix} 1 \\ 2 \\ -3 \end{pmatrix} = 5 \cdot 1 + (-1) \cdot 2 + 1 \cdot (-3) = 5 - 2 - 3 = 0$$

c) $$\overrightarrow{AB} = \begin{pmatrix} -4 \\ 4 \\ 2 \end{pmatrix}, \ \overrightarrow{AC} = \begin{pmatrix} -6 \\ 0 \\ 6 \end{pmatrix}, \ \overrightarrow{BC} = \begin{pmatrix} -2 \\ -4 \\ 4 \end{pmatrix}$$

$$\overrightarrow{AB} \cdot \overrightarrow{AC} = \begin{pmatrix} -4 \\ 4 \\ 2 \end{pmatrix} \cdot \begin{pmatrix} -6 \\ 0 \\ 6 \end{pmatrix} = 24 + 0 + 12 = 36$$

$$\overrightarrow{AB} \cdot \overrightarrow{BC} = \begin{pmatrix} -4 \\ 4 \\ 2 \end{pmatrix} \cdot \begin{pmatrix} -2 \\ -4 \\ 4 \end{pmatrix} = 8 - 16 + 8 = 0$$

$$\overrightarrow{AC} \cdot \overrightarrow{BC} = \begin{pmatrix} -6 \\ 0 \\ 6 \end{pmatrix} \cdot \begin{pmatrix} -2 \\ -4 \\ 4 \end{pmatrix} = 12 + 0 + 24 = 36$$

Da das Skalarprodukt von $\overrightarrow{AB}$ und $\overrightarrow{BC}$ gleich Null ist, stehen diese beiden Vektoren senkrecht aufeinander, d.h. das Dreieck ABC hat bei B einen rechten Winkel.

5.2 Geraden

5.2.1 Aufstellen von Geradengleichungen

Der Ortsvektor des einen Punktes wird als Stützvektor für die Gerade benutzt. Einen Richtungsvektor erhält man, indem man einen Verbindungsvektor zwischen den beiden Punkten aufstellt. Da es beliebig ist, welcher Punkt als «Stützpunkt» genommen wird bzw. in welche Richtung man den Richtungsvektor aufstellt, gibt es mehrere Lösungen. Für Aufgabe a) sind alle vier Lösungen dargestellt, für die Aufgaben b) und c) ist eine mögliche Lösung aufgeführt.

a) I) $$g: \vec{x} = \begin{pmatrix} 1 \\ 0 \\ 2 \end{pmatrix} + r \cdot \begin{pmatrix} 2 \\ 1 \\ 1 \end{pmatrix}$$ II) $$g: \vec{x} = \begin{pmatrix} 3 \\ 1 \\ 3 \end{pmatrix} + r \cdot \begin{pmatrix} 2 \\ 1 \\ 1 \end{pmatrix}$$

III) $$g: \vec{x} = \begin{pmatrix} 1 \\ 0 \\ 2 \end{pmatrix} + r \cdot \begin{pmatrix} -2 \\ -1 \\ -1 \end{pmatrix}$$ IV) $$g: \vec{x} = \begin{pmatrix} 3 \\ 1 \\ 3 \end{pmatrix} + r \cdot \begin{pmatrix} -2 \\ -1 \\ -1 \end{pmatrix}$$

b) $$g: \vec{x} = \begin{pmatrix} 2 \\ 1 \\ -4 \end{pmatrix} + s \cdot \begin{pmatrix} 2 \\ -1 \\ 5 \end{pmatrix}$$ c) $$g: \vec{x} = \begin{pmatrix} 1 \\ 1 \\ 0 \end{pmatrix} + t \cdot \begin{pmatrix} 1 \\ 1 \\ -1 \end{pmatrix}$$

5.2.2 Punktprobe

Die Ortsvektoren der Punkte werden in die Geradengleichung eingesetzt. Dann ermittelt man den Parameter mit Hilfe der Gleichungen des dazugehörigen Gleichungssystems. Es muss sich für alle drei Gleichungen der gleiche Parameter ergeben.

a) Einsetzen ergibt

$$\begin{array}{lrcrcr} \text{I} & 2 & = & 1 & + & r \\ \text{II} & 7 & = & 3 & + & 4r \\ \text{III} & 0 & = & -2 & + & 2r \end{array}$$

Lösen der Gleichungen I, II und III führt zu $r = 1$. Also liegt der Punkt A auf der Geraden.

b) Einsetzen ergibt

$$\begin{array}{lrcrcr} \text{I} & 3 & = & 1 & + & r \\ \text{II} & 11 & = & 3 & + & 4r \\ \text{III} & 3 & = & -2 & + & 2r \end{array}$$

Lösen der Gleichungen I und II führt zu $r = 2$. Lösen von Gleichung III ergibt $r = 2,5$. Dies ist ein Widerspruch. Der Punkt liegt also nicht auf der Geraden.

c) Lösen der Gleichungen I, II und III führt zu $r = -3$. Also liegt der Punkt C auf der Geraden.

5.2.3 Gegenseitige Lage von Geraden

Für einige Aufgaben ist die Lösung ausführlich dargestellt, ansonsten sind Zwischenergebnisse und das Endergebnis angegeben.

a) Die Richtungsvektoren der Geraden sind kein Vielfaches voneinander, da es kein k gibt, so dass gilt: $k \cdot \begin{pmatrix} 1 \\ 1 \\ 2 \end{pmatrix} = \begin{pmatrix} -3 \\ 4 \\ 2 \end{pmatrix}$, also können sich die Geraden schneiden oder windschief sein.

Gleichsetzen der Geraden führt zu:

$$\begin{array}{lrcrcrcrcr} \text{I} & 4 & + & t & = & 5 & - & 3r \\ \text{II} & 2 & + & t & = & -4 & + & 4r \\ \text{III} & 5 & + & 2t & = & -1 & + & 2r \end{array}$$

Gleichung I − Gleichung II ergibt $r = 1$. Eingesetzt in Gleichung I ergibt: $t = -2$. Prüfen in Gleichung III ergibt eine wahre Aussage: $1 = 1$. Setzt man $t = -2$ in g_1 oder $r = 1$ in g_2 ein, ergibt sich der Schnittpunkt S mit $S\,(2 \mid 0 \mid 1)$.

b) Die Richtungsvektoren der Geraden sind kein Vielfaches voneinander, da es kein k gibt, mit: $k \cdot \begin{pmatrix} -2 \\ 1 \\ 3 \end{pmatrix} = \begin{pmatrix} 3 \\ 4 \\ 5 \end{pmatrix}$, also können sich die Geraden schneiden oder windschief sein.

Gleichsetzen der Geraden führt zu:

$$\begin{array}{llcllcl} \text{I} & -4 & - & 2r & = & 3 & + & 3t \\ \text{II} & & & r & = & 2 & + & 4t \\ \text{III} & 4 & + & 3r & = & 3 & + & 5t \end{array}$$

Gleichung I + 2·Gleichung II ergibt $t = -1$. Eingesetzt in Gleichung II ergibt sich $r = -2$. Prüfen in Gleichung III ergibt eine wahre Aussage: $-2 = -2$. Setzt man $t = -1$ in g_2 oder $r = -2$ in g_1 ein, ergibt sich der Schnittpunkt S mit $S(0 \mid -2 \mid -2)$.

c) Die Richtungsvektoren der Geraden sind kein Vielfaches voneinander, da es kein k gibt, so dass gilt: $k \cdot \begin{pmatrix} 2 \\ 1 \\ -3 \end{pmatrix} = \begin{pmatrix} 4 \\ -5 \\ -1 \end{pmatrix}$.

Gleichsetzen der Geraden führt zu

$$\begin{array}{llcllcl} \text{I} & 1 & + & 2s & = & 5 & + & 4t \\ \text{II} & -3 & + & s & = & 1 & - & 5t \\ \text{III} & 5 & - & 3s & = & -3 & - & t \end{array}$$

Gleichung I − 2· Gleichung II ergibt $t = \frac{2}{7}$. Eingesetzt in Gleichung II ergibt sich $s = \frac{18}{7}$. Prüfen in Gleichung III ergibt: $-\frac{19}{7} = -\frac{23}{7}$. Dies ist ein Widerspruch, also sind die Geraden windschief.

d) Die Richtungsvektoren der Geraden sind kein Vielfaches voneinander, da es kein k gibt, so dass gilt: $k \cdot \begin{pmatrix} 2 \\ 0 \\ 1 \end{pmatrix} = \begin{pmatrix} 0 \\ 1 \\ -1 \end{pmatrix}$. Gleichsetzen der Geradengleichungen und Berechnen von t und r mit Gleichung I und II ergibt $t = \frac{1}{2}$ und $r = -1$. Prüfen in Gleichung III führt auf einen Widerspruch, also sind die Geraden windschief.

e) Prüfung der Richtungsvektoren:

$k \cdot \begin{pmatrix} 2 \\ -1 \\ 3 \end{pmatrix} = \begin{pmatrix} -2 \\ 1 \\ -3 \end{pmatrix} \Rightarrow k = -1$, d.h. die Richtungsvektoren sind ein Vielfaches voneinander (linear abhängig), also können die Geraden parallel oder identisch sein.

Man prüft nun, ob $P(4 \mid 0 \mid 1)$ der Geraden g auch auf der Geraden h liegt:

$$\begin{pmatrix} 4 \\ 0 \\ 1 \end{pmatrix} = \begin{pmatrix} 6 \\ -1 \\ 4 \end{pmatrix} + t \cdot \begin{pmatrix} -2 \\ 1 \\ -3 \end{pmatrix}$$

$4 = 6 - 2t \Rightarrow t = 1$

$0 = -1 + t \Rightarrow t = 1$

$1 = 4 - 3t \Rightarrow t = 1$, positive Punktprobe, also sind die Geraden identisch.

f) Prüfung der Richtungsvektoren:

$$k \cdot \begin{pmatrix} 1 \\ -1 \\ 2 \end{pmatrix} = \begin{pmatrix} -3 \\ 3 \\ -6 \end{pmatrix} \Rightarrow k = -3,$$ d.h. die Richtungsvektoren sind ein Vielfaches voneinander (linear abhängig), also können die Geraden parallel oder identisch sein.

Man prüft nun, ob $P(1 \mid 2 \mid 3)$ der Geraden h auch auf der Geraden g liegt:

$$\begin{pmatrix} 1 \\ 2 \\ 3 \end{pmatrix} = \begin{pmatrix} -1 \\ 4 \\ -1 \end{pmatrix} + s \cdot \begin{pmatrix} -3 \\ 3 \\ -6 \end{pmatrix}$$

$1 = -1 - 3s \Rightarrow s = -\frac{2}{3}$

$2 = 4 + 3s \Rightarrow s = -\frac{2}{3}$

$3 = -1 - 6s \Rightarrow s = -\frac{2}{3}$, positive Punktprobe, also sind die Geraden identisch.

g) Prüfung der Richtungsvektoren:

$$k \cdot \begin{pmatrix} -2 \\ -1 \\ 3 \end{pmatrix} = \begin{pmatrix} 4 \\ 2 \\ -6 \end{pmatrix} \Rightarrow k = -2,$$ d.h. die Richtungsvektoren sind ein Vielfaches voneinander (linear abhängig), also können die Geraden parallel oder identisch sein.

Man prüft nun, ob $P(1 \mid 4 \mid -2)$ der Geraden g auch auf der Geraden h liegt:

$$\begin{pmatrix} 1 \\ 4 \\ -2 \end{pmatrix} = \begin{pmatrix} -1 \\ 3 \\ -1 \end{pmatrix} + r \cdot \begin{pmatrix} 4 \\ 2 \\ -6 \end{pmatrix}$$

$1 = -1 + 4r \Rightarrow r = \frac{1}{2}$

$4 = 3 + 2r \Rightarrow r = \frac{1}{2}$

$-2 = -1 - 6r \Rightarrow r = \frac{1}{6}$, dies ist ein Widerspruch, d.h. negative Punktprobe, also sind die Geraden parallel.

h) Prüfung der Richtungsvektoren:

$$k \cdot \begin{pmatrix} 4 \\ 6 \\ -8 \end{pmatrix} = \begin{pmatrix} 2 \\ 3 \\ -4 \end{pmatrix} \Rightarrow k = \frac{1}{2},$$ d.h. die Richtungsvektoren sind ein Vielfaches voneinander (linear abhängig), also können die Geraden parallel oder identisch sein.

Man prüft nun, ob $P(0 \mid 1 \mid 4)$ der Geraden g auch auf der Geraden h liegt:

$$\begin{pmatrix} 0 \\ 1 \\ 4 \end{pmatrix} = \begin{pmatrix} 4 \\ 8 \\ -4 \end{pmatrix} + t \cdot \begin{pmatrix} 2 \\ 3 \\ -4 \end{pmatrix}$$

$0 = 4 + 2t \Rightarrow t = -2$

$1 = 8 + 3t \Rightarrow t = -\frac{7}{3}$

$4 = -4 - 4t \Rightarrow t = -2$, Widerspruch, d.h. negative Punktprobe, also sind die Geraden parallel.

5.3 Ebenen

5.3.1 Parameterform der Ebenengleichung

a) Einer der angegebenen Punkte, z.B. A, wird als «Stützpunkt» genommen; die Verbindungsvektoren $\overrightarrow{AB}$ und $\overrightarrow{AC}$ sind dann die Spannvektoren der Ebene. Konkret ergibt sich damit:

$$\text{E: } \vec{x} = \begin{pmatrix} 1 \\ 4 \\ 3 \end{pmatrix} + r \cdot \begin{pmatrix} 1 \\ 3 \\ -6 \end{pmatrix} + s \cdot \begin{pmatrix} 2 \\ 1 \\ -2 \end{pmatrix}$$

b) Auch hier wird einer der angegebenen Punkte als Stützpunkt genommen, die Verbindungsvektoren $\overrightarrow{PQ}$ und $\overrightarrow{PR}$ ermittelt und als Spannvektoren genommen. Damit gilt:

$$\text{E: } \vec{x} = \begin{pmatrix} 3 \\ 1 \\ 2 \end{pmatrix} + r \cdot \begin{pmatrix} 1 \\ 6 \\ 1 \end{pmatrix} + s \cdot \begin{pmatrix} 1 \\ -1 \\ -3 \end{pmatrix}$$

c) Der «Stützpunkt» und der erste Spannvektor können direkt von der Geraden g übernommen werden. Den zweiten Spannvektor erhält man, indem man den Verbindungsvektor zwischen dem Stützpunkt und dem angegebenen Punkt aufstellt. Damit gilt:

$$\text{E: } \vec{x} = \begin{pmatrix} -1 \\ 2 \\ 4 \end{pmatrix} + r \cdot \begin{pmatrix} 3 \\ 6 \\ -1 \end{pmatrix} + s \cdot \begin{pmatrix} 2 \\ 1 \\ 2 \end{pmatrix}$$

d) Auch hier können der «Stützpunkt» und der erste Spannvektor direkt von der Geraden g übernommen werden. Den zweiten Spannvektor erhält man, indem man den Verbindungsvektor zwischen dem angegebenen Punkt und dem Stützpunkt aufstellt. Damit gilt:

$$\text{E: } \vec{x} = \begin{pmatrix} 7 \\ 3 \\ 2 \end{pmatrix} + r \cdot \begin{pmatrix} 1 \\ 2 \\ 1 \end{pmatrix} + s \cdot \begin{pmatrix} 7 \\ 2 \\ 0 \end{pmatrix}$$

5.3.2 Koordinatengleichung einer Ebene

Es gibt verschiedene Wege, die Koordinatenform der Ebenengleichung zu bestimmen. In der Lösung ist der Weg über die Punkt-Normalenform gewählt, weil er der anschaulichste ist. Alternativ ist es aber z.B. auch möglich, die Koordinatenform zu bestimmen, indem man die Koordinaten eines gegebenen Punktes in den Ansatz $ax_1 + bx_2 + cx_3 = d$ einsetzt und d bestimmt.

a) Die gegebene Punkt-Normalenform der Ebene E : $\left(\vec{x} - \begin{pmatrix} 3 \\ 1 \\ 2 \end{pmatrix}\right) \cdot \begin{pmatrix} 2 \\ 3 \\ 1 \end{pmatrix} = 0$ wird durch Ausrechnen des Skalarprodukts in die Koordinatengleichung übergeführt:

$$\left(\begin{pmatrix} x_1 \\ x_2 \\ x_3 \end{pmatrix} - \begin{pmatrix} 3 \\ 1 \\ 2 \end{pmatrix}\right) \cdot \begin{pmatrix} 2 \\ 3 \\ 1 \end{pmatrix} = 0$$

$$(x_1 - 3) \cdot 2 + (x_2 - 1) \cdot 3 + (x_3 - 2) \cdot 1 = 0$$

$$2x_1 - 6 + 3x_2 - 3 + x_3 - 2 = 0$$

$$2x_1 + 3x_2 + x_3 = 11$$

Alternativ kann man auch die Koordinaten des Punktes $(3 \mid 1 \mid 2)$ in den Ansatz $2x_1 + 3x_2 + x_3 = d$ einsetzen:

$$2 \cdot 3 + 3 \cdot 1 + 2 = d \Rightarrow d = 11$$

Damit erhält man die Koordinatengleichung: $2x_1 + 3x_2 + x_3 = 11$.

b) Die gegebene Punkt-Normalenform der Ebene E : $\left(\vec{x} - \begin{pmatrix} -5 \\ 4 \\ -1 \end{pmatrix}\right) \cdot \begin{pmatrix} 2 \\ -1 \\ 3 \end{pmatrix} = 0$ wird durch Ausrechnen des Skalarprodukts in die Koordinatengleichung übergeführt:

$$\left(\begin{pmatrix} x_1 \\ x_2 \\ x_3 \end{pmatrix} - \begin{pmatrix} -5 \\ 4 \\ -1 \end{pmatrix}\right) \cdot \begin{pmatrix} 2 \\ -1 \\ 3 \end{pmatrix} = 0$$

$$(x_1 + 5) \cdot 2 + (x_2 - 4) \cdot (-1) + (x_3 + 1) \cdot 3 = 0$$

$$2x_1 + 10 - x_2 + 4 + 3x_3 + 3 = 0$$

$$2x_1 - x_2 + 3x_3 = -17$$

Alternativ kann man auch die Koordinaten des Punktes $(-5 \mid 4 \mid -1)$ in den Ansatz $2x_1 - x_2 + 3x_3 = d$ einsetzen:

$$2 \cdot (-5) + -4 + 3 \cdot (-1) = d \Rightarrow d = -17$$

Damit erhält man die Koordinatengleichung: $2x_1 - x_2 + 3x_3 = -17$.

c) Zuerst legt man fest, welcher Ortsvektor als Stützvektor benutzt wird, dann bildet man zwei Spannvektoren und errechnet mit diesen den Normalenvektor $\vec{n}$. Dieser wird in die Punkt-Normalenform eingesetzt und ausgerechnet:

Als Stützvektor wird $\vec{a}$ gewählt, damit ergibt sich für die Spannvektoren $\overrightarrow{AB} = \begin{pmatrix} 2 \\ -1 \\ 1 \end{pmatrix}$ und $\overrightarrow{AC} = \begin{pmatrix} 6 \\ 2 \\ 3 \end{pmatrix}$. Das Kreuzprodukt (siehe Seite 42) der Spannvektoren ergibt $\begin{pmatrix} -5 \\ 0 \\ 10 \end{pmatrix}$.

Ausklammern von 5 führt zu $\vec{n} = \begin{pmatrix} -1 \\ 0 \\ 2 \end{pmatrix}$. Einsetzen von $\vec{a}$ und $\vec{n}$ in die Punkt-Normalenform $(\vec{x} - \vec{a}) \cdot \vec{n} = 0$ und Ausrechnen ergibt:

$$\left(\begin{pmatrix} x_1 \\ x_2 \\ x_3 \end{pmatrix} - \begin{pmatrix} 2 \\ 2 \\ 2 \end{pmatrix}\right) \cdot \begin{pmatrix} -1 \\ 0 \\ 2 \end{pmatrix} = 0 \Rightarrow (x_1 - 2) \cdot (-1) + (x_2 - 2) \cdot 0 + (x_3 - 2) \cdot 2 = 0.$$

Ordnen der Gleichung führt zu: $-x_1 + 2x_3 = 2$.
Alternativ kann man auch die Koordinaten des Punktes A(2 | 2 | 2) in den Ansatz $-x_1 + 2x_3 = d$ einsetzen:

$$-2 + 2 \cdot 2 = d \Rightarrow d = 2$$

Damit erhält man die Koordinatengleichung: $-x_1 + 2x_3 = 2$.

d) Stützvektor $= \vec{p}$, Spannvektoren $\overrightarrow{PQ} = \begin{pmatrix} 1 \\ 4 \\ -2 \end{pmatrix}$ und $\overrightarrow{PR} = \begin{pmatrix} 4 \\ -2 \\ -2 \end{pmatrix}$. Das Kreuzprodukt (siehe Seite 42) der Spannvektoren ergibt $\begin{pmatrix} -12 \\ -6 \\ -18 \end{pmatrix}$. Ausklammern von (-6) führt zu $\vec{n} = \begin{pmatrix} 2 \\ 1 \\ 3 \end{pmatrix}$. Einsetzen von $\vec{p}$ und $\vec{n}$ in die Punkt-Normalenform und Ausrechnen führt zu $2x_1 + x_2 + 3x_3 = 20$.
Alternativ kann man auch die Koordinaten des Punktes P(1 | 3 | 5) in den Ansatz $2x_1 + x_2 + 3x_3 = d$ einsetzen:

$$2 \cdot 1 + 3 + 3 \cdot 5 = d \Rightarrow d = 20$$

Damit erhält man die Koordinatengleichung: $2x_1 + x_2 + 3x_3 = 20$.

e) Der Stützvektor der Geraden wird als Punkt der Ebene in der Punkt-Normalenform benutzt. Der erste Spannvektor ist der Richtungsvektor der Geraden, der zweite Spannvektor ergibt sich als Verbindungsvektor des «Stützpunktes» der Geraden zu dem gegebenen Punkt. Mit den beiden Spannvektoren wird $\vec{n}$ berechnet und über die Punkt-Normalenform die Koordinatengleichung ausgerechnet.
Stützvektor $= \vec{s} = \begin{pmatrix} 3 \\ 5 \\ 7 \end{pmatrix}$, Spannvektoren $\begin{pmatrix} 1 \\ 1 \\ 1 \end{pmatrix}$ und $\begin{pmatrix} 1 \\ -4 \\ -5 \end{pmatrix}$. Das Kreuzprodukt (siehe Seite 42) der Spannvektoren und Ausklammern von (-1) führt zu $\vec{n} = \begin{pmatrix} 1 \\ -6 \\ 5 \end{pmatrix}$. Einsetzen von $\vec{s}$ und $\vec{n}$ in die Punkt-Normalenform und Ausrechnen führt zu $x_1 - 6x_2 + 5x_3 = 8$.

Alternativ kann man auch die Koordinaten des Punktes $(3 \mid 5 \mid 7)$ in den Ansatz $x_1 - 6x_2 + 5x_3 = d$ einsetzen:

$$3 - 6 \cdot 5 + 5 \cdot 7 = d \Rightarrow d = 8$$

Damit erhält man die Koordinatengleichung: $x_1 - 6x_2 + 5x_3 = 8$.

f) Stützvektor $= \vec{s} = \begin{pmatrix} 7 \\ 2 \\ 3 \end{pmatrix}$, Spannvektoren $\begin{pmatrix} 1 \\ -3 \\ -3 \end{pmatrix}$ und $\begin{pmatrix} -3 \\ 1 \\ 1 \end{pmatrix}$. Das Kreuzprodukt (siehe Seite 42) der Spannvektoren und Ausklammern von 8 führt zu $\vec{n} = \begin{pmatrix} 0 \\ 1 \\ -1 \end{pmatrix}$. Einsetzen von $\vec{s}$ und $\vec{n}$ in die Punkt-Normalenform und Ausrechnen führt zu $x_2 - x_3 = -1$.
Alternativ kann man auch die Koordinaten des Punktes $(7 \mid 2 \mid 3)$ in den Ansatz $x_2 - x_3 = d$ einsetzen:

$$2 - 3 = d \Rightarrow d = -1$$

Damit erhält man die Koordinatengleichung: $x_2 - x_3 = -1$.

g) Zuerst wird der Schnittpunkt der Geraden ermittelt, um auszuschließen, dass die Geraden windschief sind. Bevor man die Gleichungen gleichsetzt, überprüft man, ob sie den gleichen Stützvektor besitzen. Der eine Richtungsvektor bildet einen Spannvektor, der andere Richtungsvektor den anderen. Mit den beiden Spannvektoren wird $\vec{n}$ berechnet und über die Punkt-Normalenform die Koordinatengleichung ausgerechnet.

Beide Geraden besitzen den gleichen Stützvektor $\vec{s} = \begin{pmatrix} 1 \\ 2 \\ 3 \end{pmatrix}$, die Spannvektoren sind $\begin{pmatrix} 1 \\ 3 \\ 4 \end{pmatrix}$ und $\begin{pmatrix} 2 \\ -1 \\ 3 \end{pmatrix}$. Damit ist $\vec{n} = \begin{pmatrix} 13 \\ 5 \\ -7 \end{pmatrix}$. Einsetzen von $\vec{s}$ und $\vec{n}$ in die Punkt-Normalenform und Ausrechnen führt zu $13x_1 + 5x_2 - 7x_3 = 2$.
Alternativ kann man auch die Koordinaten des Punktes $(1 \mid 2 \mid 3)$ in den Ansatz $13x_1 + 5x_2 - 7x_3 = d$ einsetzen:

$$13 \cdot 1 + 5 \cdot 2 - 7 \cdot 3 = d \Rightarrow d = 2$$

Damit erhält man die Koordinatengleichung: $13x_1 + 5x_2 - 7x_3 = 2$.

h) Die Geraden besitzen nicht den gleichen Stützvektor, daher wird zuerst der Schnittpunkt der Geraden durch Gleichsetzen der dazugehörigen Gleichungen bestimmt:

$$\begin{array}{lrcrcrcr} \text{I} & 1 & + & s & = & 3 & + & 2t \\ \text{II} & 2 & + & 3s & = & 3 & + & t \\ \text{III} & 4 & + & 2s & = & 7 & + & 3t \end{array}$$

Die Gleichung II wird mit -2 multipliziert und zu I addiert. Auflösen nach s ergibt: $s = 0$. Einsetzen in I führt zu $t = -1$. Beide Variablen müssen noch in III überprüft werden. Um den Schnittpunkt zu bestimmen, setzt man s oder t in eine der beiden Geradengleichungen ein. Der Schnittpunkt S ist damit $S(1 \mid 2 \mid 4)$. Nun wählt man wieder die beiden Richtungsvektoren als Spannvektoren und bestimmt $\vec{n}$: Damit ist $\vec{n} = \begin{pmatrix} 7 \\ 1 \\ -5 \end{pmatrix}$. Einsetzen von $\vec{s}$ und $\vec{n}$ in die Punkt-Normalenform und Ausrechnen führt zu $7x_1 + x_2 - 5x_3 = -11$.
Alternativ kann man auch die Koordinaten des Punktes $S(1 \mid 2 \mid 4)$ in den Ansatz $7x_1 + x_2 - 5x_3 = d$ einsetzen:

$$7 \cdot 1 + 2 - 5 \cdot 4 = d \Rightarrow d = -11$$

Damit erhält man die Koordinatengleichung: $7x_1 + x_2 - 5x_3 = -11$.

i) Zuerst wird der Schnittpunkt durch Gleichsetzen der Gleichungen bestimmt: $s = -1$ und $t = 2$. Der Schnittpunkt S ist damit $S(1 \mid 0 \mid 2)$. Nun wählt man wieder die beiden Richtungsvektoren als Spannvektoren und bestimmt $\vec{n}$: $\vec{n} = \begin{pmatrix} -17 \\ 6 \\ 7 \end{pmatrix}$. Einsetzen von $\vec{s}$ und $\vec{n}$ in die Punkt-Normalenform und Ausrechnen führt zu $-17x_1 + 6x_2 + 7x_3 = -3$.
Alternativ kann man auch die Koordinaten des Punktes $S(1 \mid 0 \mid 2)$ in den Ansatz $-17x_1 + 6x_2 + 7x_3 = d$ einsetzen:

$$-17 \cdot 1 + 6 \cdot 0 + 7 \cdot 2 = d \Rightarrow d = -3$$

Damit erhält man die Koordinatengleichung: $-17x_1 + 6x_2 + 7x_3 = -3$.

j) Zuerst wird der Schnittpunkt durch Gleichsetzen der dazugehörigen Gleichungen bestimmt:

$$\begin{array}{lrcrcrcr} \text{I} & 1 & + & 3s & = & 4 & + & 6t \\ \text{II} & & & s & = & 1 & + & 2t \\ \text{III} & 2 & + & 2s & = & 1 & + & 4t \end{array}$$

Die Gleichung II wird mit -2 multipliziert zu III addiert. Es ergibt sich der Ausdruck $3 = 0$. Dies ist ein Widerspruch. Die Gleichung hat damit keine Lösung, d.h. die Geraden schneiden sich nicht. Da die Richtungsvektoren linear abhängig sind, sind die Geraden parallel. Der «Stützpunkt» der einen Geraden wird als Punkt in der Punkt-Normalenform benutzt.
Der erste Spannvektor der Ebene ist der Richtungsvektor der Geraden, der zweite Spannvektor ergibt sich aus dem Verbindungsvektor zwischen den «Stützpunkten» der beiden Geraden. Mit den beiden Spannvektoren wird $\vec{n}$ berechnet und über die Punkt-Normalenform

die Koordinatengleichung ausgerechnet. Der Stützvektor ist $\vec{s} = \begin{pmatrix} 1 \\ 0 \\ 2 \end{pmatrix}$, die Spannvektoren sind $\begin{pmatrix} 3 \\ 1 \\ 2 \end{pmatrix}$ und $\begin{pmatrix} 3 \\ 1 \\ -1 \end{pmatrix}$. Das Kreuzprodukt (siehe Seite 42) der Spannvektoren und Ausklammern von (-3) führt zu $\vec{n} = \begin{pmatrix} 1 \\ -3 \\ 0 \end{pmatrix}$. Einsetzen von $\vec{s}$ und $\vec{n}$ in die Punkt-Normalenform und Ausrechnen führt zu $x_1 - 3x_2 = 1$.
Alternativ kann man auch die Koordinaten des Punktes $(1 \mid 0 \mid 2)$ in den Ansatz $x_1 - 3x_2 = d$ einsetzen:

$$1 - 3 \cdot 0 = d \Rightarrow d = 1$$

Damit erhält man die Koordinatengleichung: $x_1 - 3x_2 = 1$.

k) Zuerst wird der Schnittpunkt durch Gleichsetzen bestimmt. Das Lösen des Gleichungssystems führt zu einem Widerspruch, daher schneiden sich die Geraden nicht. Die Richtungsvektoren sind linear abhängig $\Rightarrow$ die Geraden sind parallel. Die Ebene wird wie in der vorangehenden Aufgabe aufgestellt, die Spannvektoren sind $\begin{pmatrix} 2 \\ 1 \\ 2 \end{pmatrix}$ und $\begin{pmatrix} 2 \\ -1 \\ 2 \end{pmatrix}$.
Das Kreuzprodukt (siehe Seite 42) der Spannvektoren und Ausklammern von 4 führt zu $\vec{n} = \begin{pmatrix} 1 \\ 0 \\ -1 \end{pmatrix}$.
Einsetzen in die Punkt-Normalenform und Ausrechnen führt zu $x_1 - x_3 = 0$.
Alternativ kann man auch die Koordinaten des Punktes $(0 \mid 1 \mid 0)$ in den Ansatz $x_1 - x_3 = d$ einsetzen:

$$0 - 0 = d \Rightarrow d = 0$$

Damit erhält man die Koordinatengleichung: $x_1 - x_3 = 0$.

l) Der Verbindungsvektor $\overrightarrow{AA^*}$ ist orthogonal zur Spiegelebene. Damit kann man ihn als Normalenvektor der Ebene benutzen. Dann wird der Punkt P in der Mitte der beiden Punkte ausgerechnet.
Es ist $\overrightarrow{AA^*} = \begin{pmatrix} 2 \\ -2 \\ -4 \end{pmatrix}$. Ausklammern von 2 ergibt $\vec{n} = \begin{pmatrix} 1 \\ -1 \\ -2 \end{pmatrix}$. Für $\vec{p}$ ergibt sich $\vec{p} = \overrightarrow{OA} + \frac{1}{2} \cdot \overrightarrow{AA^*} = \begin{pmatrix} 2 \\ 3 \\ 5 \end{pmatrix}$. Einsetzen in die Punkt-Normalenform ergibt die Koordinatengleichung $x_1 - x_2 - 2x_3 = -11$.

Alternativ kann man auch die Koordinaten des Punktes P(2 | 3 | 5) in den Ansatz $x_1 - x_2 - 2x_3 = d$ einsetzen:

$$2 - 3 - 2 \cdot 5 = d \Rightarrow d = -11$$

Damit erhält man die Koordinatengleichung: $x_1 - x_2 - 2x_3 = -11$.

m) Da E die Gerade g enthalten soll, muss der Normalenvektor $\vec{n}$ senkrecht auf dem Richtungsvektor $\begin{pmatrix} 2 \\ 0 \\ -1 \end{pmatrix}$ der Geraden g stehen. Außerdem soll die Ebene E auch auf der angegebenen Ebene F mit $\overrightarrow{n_F} = \begin{pmatrix} -1 \\ 1 \\ 2 \end{pmatrix}$ senkrecht stehen. Somit muss der Normalenvektor $\vec{n}$ auch noch senkrecht auf dem Normalenvektor $\begin{pmatrix} -1 \\ 1 \\ 2 \end{pmatrix}$ stehen. Damit erhält man den Normalenvektor $\vec{n}$ von E mithilfe des Kreuzprodukts (siehe Seite 42) der beiden Vektoren $\begin{pmatrix} 2 \\ 0 \\ -1 \end{pmatrix}$ und $\begin{pmatrix} -1 \\ 1 \\ 2 \end{pmatrix}$. Es ergibt sich: Spannvektoren und Ausklammern von 4 führt zu $\vec{n} = \begin{pmatrix} 1 \\ 0 \\ -1 \end{pmatrix}$.

Einsetzen in die Punkt-Normalenform und Ausrechnen führt zu $x_1 - x_3 = 0$.
Alternativ kann man auch die Koordinaten des Punktes (0 | 1 | 0) in den Ansatz $x_1 - x_3 = d$ einsetzen:

$$0 - 0 = d \Rightarrow d = 0$$

Damit erhält man die Koordinatengleichung: $x_1 - x_3 = 0$. Es ergibt sich: $\vec{n} = \begin{pmatrix} 1 \\ -3 \\ 2 \end{pmatrix}$.

Setzt man $\vec{n}$ und den Stützvektor von g in die Punkt-Normalenform ein, erhält man die Koordinatenform: $x_1 - 3x_2 + 2x_3 = 4$.
Alternativ kann man auch die Koordinaten des Punktes (3 | 1 | 2) in den Ansatz $x_1 - 3x_2 + 2x_3 = d$ einsetzen:

$$3 - 3 \cdot 1 + 2 \cdot 2 = d \Rightarrow d = 4$$

Damit erhält man die Koordinatengleichung: $x_1 - 3x_2 + 2x_3 = 4$.

n) Mit drei Punkten wird eine Ebene aufgestellt. Anschließend prüft man, ob der 4. Punkt in der Ebene liegt. Da eine Punktprobe in der Parameterform relativ aufwändig ist, lohnt es sich, die Koordinatenform aufzustellen.

Als Stützvektor wird $\vec{a}$ gewählt, damit ergibt sich für die Spannvektoren $\overrightarrow{AB} = \begin{pmatrix} 2 \\ 2 \\ 2 \end{pmatrix}$ und $\overrightarrow{AC} = \begin{pmatrix} 5 \\ 1 \\ 1 \end{pmatrix}$. Das Kreuzprodukt (siehe Seite 42) der Spannvektoren und Ausklammern von 8 führt zu $\vec{n} = \begin{pmatrix} 0 \\ 1 \\ -1 \end{pmatrix}$. Einsetzen in die Punkt-Normalenform und Ausrechnen ergibt: $x_2 - x_3 = -1$.

Alternativ kann man auch die Koordinaten des Punktes A $(2 \mid 1 \mid 2)$ in den Ansatz $x_2 - x_3 = d$ einsetzen:

$$1 - 2 = d \Rightarrow d = -1$$

Damit erhält man die Koordinatengleichung: $x_2 - x_3 = -1$.

Einsetzen von D $(8 \mid -1 \mid 0)$ in die Koordinatengleichung ergibt $-1 = -1$.

Aufgrund der wahren Aussagen liegen damit alle vier Punkte in einer Ebene.

5.3.3 Ebenen im Koordinatensystem

Die Spurpunkte einer Ebene liegen auf den Koordinatenachsen. Für den Spurpunkt auf der x_1-Achse sind die x_2- und die x_3-Komponente des Punktes gleich Null. Also setzt man in der Koordinatengleichung für diese 0 ein und stellt nach x_1 um. Die Spurgeraden sind die Verbindungsgeraden der entsprechenden Spurpunkte.

a) Koordinatengleichung von E: $3x_1 + 4x_2 + 3x_3 = 12$. Spurpunkt auf der x_1-Achse: Für x_2 und x_3 wird 0 eingesetzt, man erhält $3x_1 = 12 \Rightarrow x_1 = 4 \Rightarrow$ Spurpunkt $S_1 (4 \mid 0 \mid 0)$. Entsprechend verfährt man für die anderen Punkte: $4x_2 = 12 \Rightarrow x_2 = 3 \Rightarrow S_2 (0 \mid 3 \mid 0)$ und $3x_3 = 12 \Rightarrow x_3 = 4 \Rightarrow S_3 (0 \mid 0 \mid 4)$.

b) $E: 4x_1 - 8x_2 + 4x_3 = 16$. Spurpunkte: $4x_1 = 16, \Rightarrow S_1 (4 \mid 0 \mid 0)$, $-8x_2 = 16 \Rightarrow S_2 (0 \mid -2 \mid 0)$ und $4x_3 = 16 \Rightarrow S_3 (0 \mid 0 \mid 4)$.

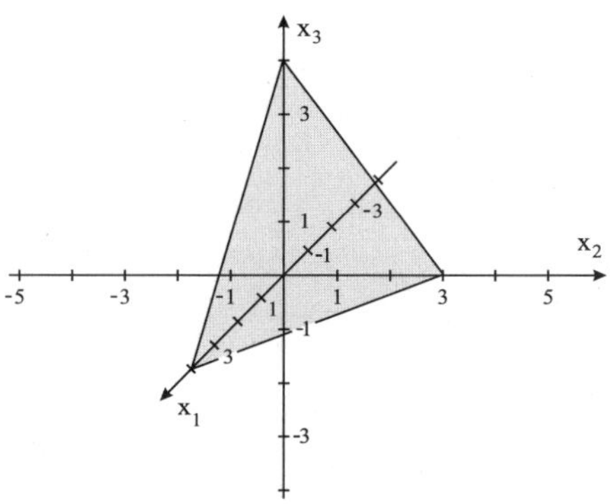

Aufgabe a)

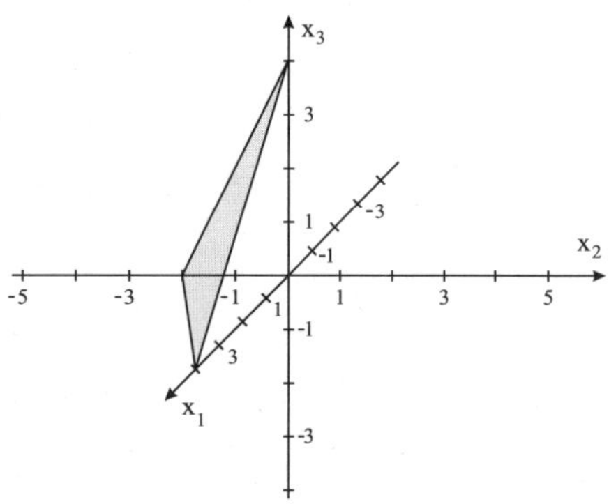

Aufgabe b)

c) $E: 3x_1 - 3x_2 - 3x_3 = 9$. Spurpunkte: $3x_1 = 9 \Rightarrow S_1(3 \mid 0 \mid 0)$, $-3x_2 = 9 \Rightarrow S_2(0 \mid -3 \mid 0)$ und $-3x_3 = 9 \Rightarrow S_3(0 \mid 0 \mid -3)$.

d) $E: 2x_1 + 4x_2 = 8$. Spurpunkte: $2x_1 = 8 \Rightarrow S_1(4 \mid 0 \mid 0)$ und $4x_2 = 8 \Rightarrow S_2(0 \mid 2 \mid 0)$. Da es keinen Spurpunkt auf der x_3-Achse gibt, bedeutet dies, dass die Ebene parallel zur x_3-Achse ist.

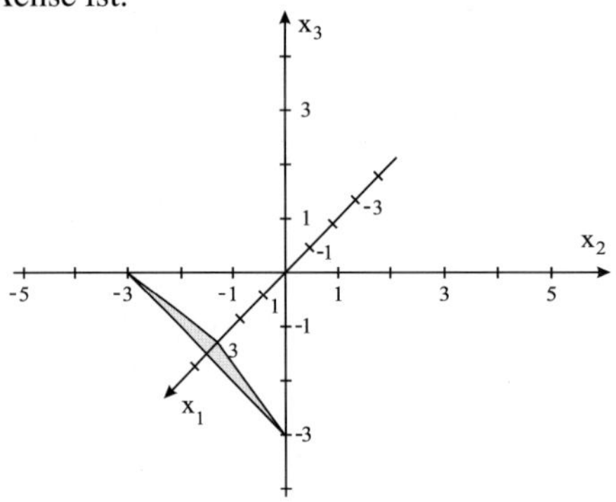

Aufgabe c)

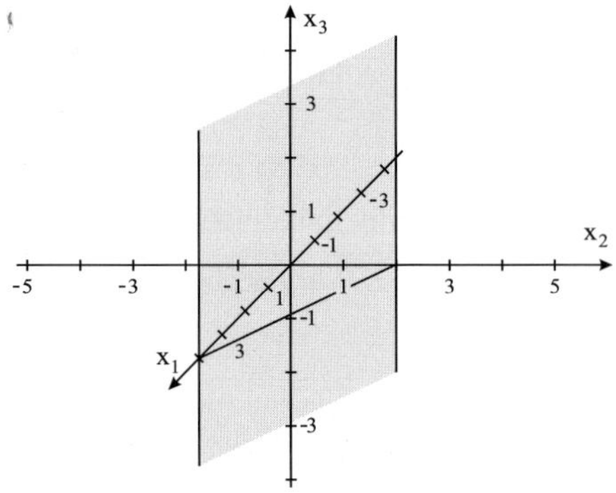

Aufgabe d)

e) $E: x_1 + 2x_3 = 4$. Spurpunkte: $x_1 = 4 \Rightarrow S_1(4 \mid 0 \mid 0)$ und $2x_3 = 4 \Rightarrow S_3(0 \mid 0 \mid 2)$. Da es keinen Spurpunkt auf der x_2-Achse gibt, bedeutet dies, dass die Ebene parallel zur x_2-Achse ist.

f) $E: 3x_2 + x_3 = 3$. Spurpunkte: $3x_2 = 3 \Rightarrow S_2(0 \mid 1 \mid 0)$ und $x_3 = 3 \Rightarrow S_3(0 \mid 0 \mid 3)$. Da es keinen Spurpunkt auf der x_1-Achse gibt, bedeutet dies, dass die Ebene parallel zur x_1-Achse ist.

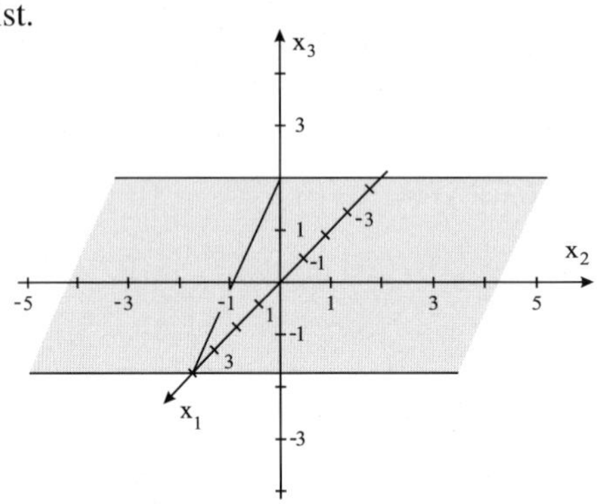

Aufgabe e)

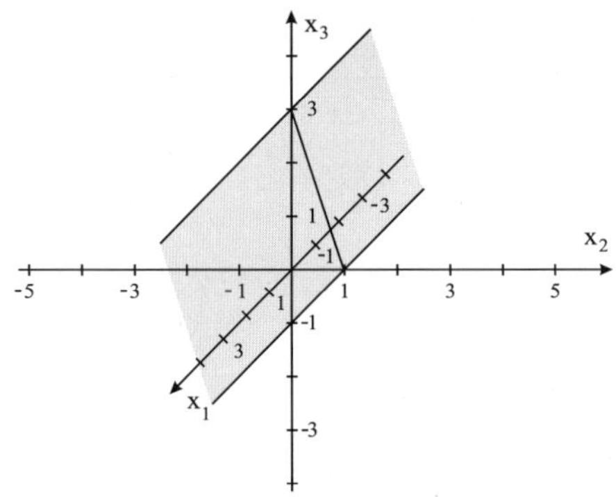

Aufgabe f)

g) $E: x_2 = 3$. Spurpunkt: $x_2 = 3 \Rightarrow S_2(0 \mid 3 \mid 0)$. Da es keinen Spurpunkt auf der x_1- und der x_3-Achse gibt, bedeutet dies, dass die Ebene parallel zur x_1x_3-Ebene ist.

h) $E: x_1 - x_2 = 0$. Spurpunkte: $x_1 = 0 \Rightarrow S_1\,(0\,|\,0\,|\,0)$ und $-x_2 = 0 \Rightarrow S_2\,(0\,|\,0\,|\,0)$. Die x_3-Achse ist in E enthalten. Wählt man noch einen Punkt von E, z.B. $P\,(4\,|\,4\,|\,0)$, so kann man die Ebene darstellen.

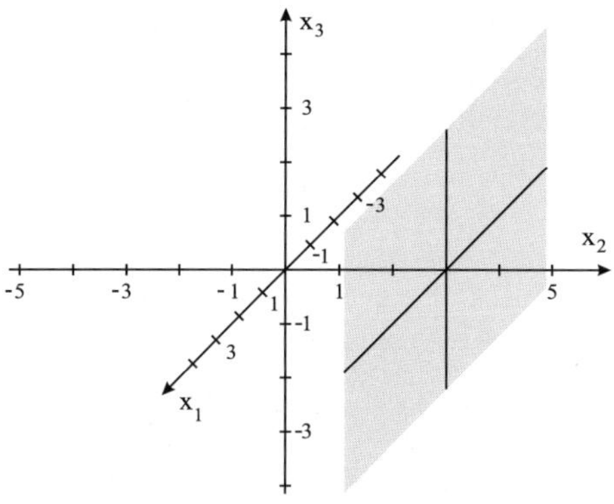

Aufgabe g)

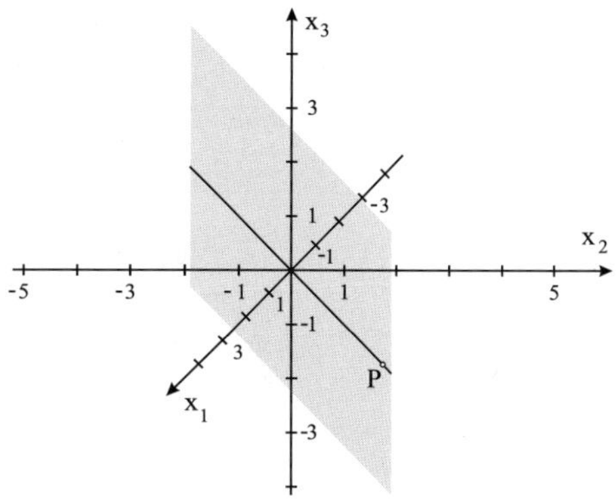

Aufgabe h)

5.3.4 Bestimmen von Geraden und Ebenen in einem Quader

a) $\overrightarrow{OB} = \overrightarrow{OA} + \overrightarrow{OC} \Rightarrow \overrightarrow{OB} = \begin{pmatrix} 4 \\ 6 \\ 0 \end{pmatrix} \Rightarrow B\,(4\,|\,6\,|\,0)$

$\overrightarrow{OD} = \overrightarrow{OA} + \overrightarrow{OG} \Rightarrow D\,(4\,|\,0\,|\,5)$ $\overrightarrow{OE} = \overrightarrow{OB} + \overrightarrow{OG} \Rightarrow E\,(4\,|\,6\,|\,5)$

$\overrightarrow{OF} = \overrightarrow{OC} + \overrightarrow{OG} \Rightarrow F\,(0\,|\,6\,|\,5)$ $\overrightarrow{OM} = \overrightarrow{OB} + \frac{1}{2} \cdot \overrightarrow{OG} \Rightarrow M\,(4\,|\,6\,|\,2{,}5)$

$\overrightarrow{ON} = \overrightarrow{OC} + \frac{1}{2} \cdot \overrightarrow{OG} \Rightarrow N\,(0\,|\,6\,|\,2{,}5)$

b) Wenn man ein kartesisches Koordinatensystem zugrundelegt, ergibt sich aus der Zeichnung für den Normalenvektor $\vec{n} = \begin{pmatrix} 0 \\ 1 \\ 0 \end{pmatrix}$. Einsetzen von $\vec{b}$ und $\vec{n}$ in die Punkt-Normalenform ergibt

für die Koordinatengleichung $x_2 = 6$.

Alternativ kann man auch die Koordinaten des Punktes $B\,(4\,|\,6\,|\,0)$ in den Ansatz $x_2 = d$ einsetzen:

$$6 = d$$

Damit erhält man die Koordinatengleichung: $x_2 = 6$.

c) Der Ortsvektor von A wird als Stützvektor genommen, der Verbindungsvektor von A zu N ist der Richtungsvektor. Die Gerade ist damit

$$g:\ \vec{x} = \begin{pmatrix} 4 \\ 0 \\ 0 \end{pmatrix} + r \cdot \begin{pmatrix} -4 \\ 6 \\ 2{,}5 \end{pmatrix}$$

Für die zweite Gerade verfährt man analog:

$$h:\ \vec{x}=\begin{pmatrix}0\\0\\5\end{pmatrix}+r\cdot\begin{pmatrix}4\\6\\-2,5\end{pmatrix}$$

d) Einen Normalenvektor $\vec{n}$ der gesuchten Ebene erhält man mit Hilfe des Kreuzprodukts (siehe Seite 42) der Spannvektoren $\overrightarrow{\mathrm{OE}}$ und $\overrightarrow{\mathrm{OF}}$:

$$\begin{pmatrix}4\\6\\5\end{pmatrix}\times\begin{pmatrix}0\\6\\5\end{pmatrix}=\begin{pmatrix}0\\-20\\24\end{pmatrix}=4\cdot\begin{pmatrix}0\\-5\\6\end{pmatrix}\Rightarrow\vec{n}=\begin{pmatrix}0\\-5\\6\end{pmatrix}$$

Setzt man den Ortsvektor von O und $\vec{n}$ in die Punkt-Normalenform ein, erhält man als Ebenengleichung: $-5x_2+6x_3=0$.
Alternativ kann man auch die Koordinaten des Punktes $\mathrm{O}\,(0\mid 0\mid 0)$ in den Ansatz $-5x_2+6x_3=d$ einsetzen:

$$-5\cdot 0+6\cdot 0=d\ \Rightarrow\ d=0$$

Damit erhält man die Koordinatengleichung: $-5x_2+6x_3=0$.

5.4 Gegenseitige Lage von Geraden und Ebenen

5.4.1 Gegenseitige Lage

a) Für die Gerade gilt:

$$\begin{aligned}x_1&=4+t\\x_2&=6+2t\\x_3&=2+3t\end{aligned}$$

Die Gerade wird als «allgemeiner Punkt» $\mathrm{P}_t\,(4+t\mid 6+2t\mid 2+3t)$ in die Ebenengleichung eingesetzt:
$2\cdot(4+t)+4\cdot(6+2t)+6\cdot(2+3t)+12=0$. Auflösen der Klammern führt zu: $28t+56=0$ bzw. zu $t=-2$. Setzt man $t=-2$ in P_t ein, erhält man den Schnittpunkt $\mathrm{S}\,(2\mid 2\mid -4)$.

b) Die Gerade wird als «allgemeiner Punkt» $\mathrm{P}_s\,(3+2s\mid 2+5s\mid 2+7s)$ in die Ebenengleichung eingesetzt: $2\cdot(3+2s)+1\cdot(2+5s)-3\cdot(2+7s)=4\ \Rightarrow\ s=-\frac{1}{6}$. Damit ergibt sich der Schnittpunkt $\mathrm{S}\left(\frac{8}{3}\mid\frac{7}{6}\mid\frac{5}{6}\right)$.

c) Aus der Normalenform erhält man die Koordinatenform $\mathrm{E}:\ x_1-3x_2-5x_3=17$.
Die Gerade wird als «allgemeiner Punkt» $\mathrm{P}_t\,(4+2t\mid 1-t\mid 3+t)$ in die Ebenengleichung eingesetzt:
$4+2t-3\cdot(1-t)-5\cdot(3+t)=17\ \Rightarrow\ -14=17$. Dies ist ein Widerspruch, die Gleichung hat keine Lösung, also ist die Gerade parallel zur Ebene.

d) Aus der Normalenform erhält man die Koordinatenform E: $-x_1+6x_2-5x_3=-8$.
Die Gerade wird als «allgemeiner Punkt» $P_t\,(3+t\mid 4\mid 7+t)$ in die Ebenengleichung eingesetzt: $-(3+t)+6\cdot 4-5\cdot(7+t)=-8 \Rightarrow t=-1$
Einsetzen von $t=-1$ in die Geradengleichung führt zum Schnittpunkt $S\,(2\mid 4\mid 6)$.

e) Die Gerade wird als «allgemeiner Punkt» $P_s\,(1+2s\mid -2+s\mid 3+2s)$ in die Ebenengleichung eingesetzt: $1\cdot(1+2s)-1\cdot(3+2s)=0 \Rightarrow -2=0$. Dies ist ein Widerspruch, die Gleichung hat keine Lösung, also ist die Gerade parallel zur Ebene.

f) Die Gerade wird als «allgemeiner Punkt» $P_t\,(1+t\mid 2+3t\mid 3+4t)$ in die Ebenengleichung eingesetzt: $13\cdot(1+t)+5\cdot(2+3t)-7\cdot(3+4t)-2=0 \Rightarrow 0=0$. Aufgrund der wahren Aussage liegt die Gerade in der Ebene.

5.4.2 Vermischte Aufgaben

a) Als Stützvektor der Geraden wählt man $\vec{p}=\begin{pmatrix}4\\9\\7\end{pmatrix}$, der Normalenvektor der Ebene ist $\vec{n}=\begin{pmatrix}2\\1\\-2\end{pmatrix}$. Nun ist ein Richtungsvektor $\vec{u}$ so zu wählen, dass $\vec{u}\cdot\vec{n}=0$. Beispiel:

$\vec{u}=\begin{pmatrix}1\\-2\\0\end{pmatrix}$ oder $\vec{u}=\begin{pmatrix}1\\0\\1\end{pmatrix}$. Eine mögliche Geradengleichung ist

$$g:\ \vec{x}=\begin{pmatrix}4\\9\\7\end{pmatrix}+t\cdot\begin{pmatrix}1\\-2\\0\end{pmatrix};\ t\in\mathbb{R}$$

b) Als Stützvektor der Geraden wählt man $\vec{q}=\begin{pmatrix}4\\-1\\3\end{pmatrix}$, der Normalenvektor der Ebene ist $\vec{n}=\begin{pmatrix}4\\-3\\5\end{pmatrix}$. Da $g\perp E$ ist, kann man $\vec{u}=1\cdot\vec{n}$ wählen (oder ein anderes Vielfaches).

Eine mögliche Geradengleichung ist

$$g:\ \vec{x}=\begin{pmatrix}4\\-1\\3\end{pmatrix}+t\cdot\begin{pmatrix}4\\-3\\5\end{pmatrix};\ t\in\mathbb{R}$$

c) Die Gerade wird als «allgemeiner Punkt» $P_t\,(4+t\mid 6+2t\mid 8+2t)$ in die Ebenengleichung eingesetzt: $4\cdot(4+t)-3\cdot(6+2t)+8+2t=7 \Rightarrow 6=7$. Aufgrund des Widerspruchs haben g und E keine gemeinsamen Punkte.

d) Die Gerade wird als «allgemeiner Punkt» $P_t\,(4+t\mid 6+2t\mid 8+3t)$ in die Ebenengleichung eingesetzt: $4\cdot(4+t)-2\cdot(6+2t)=4 \Rightarrow 4=4$. Aufgrund der wahren Aussage liegt die Gerade in der Ebene.

5.5 Gegenseitige Lage von Ebenen

5.5.1 Schnitt von zwei Ebenen

a) Subtrahiert man das 3-fache von Gleichung II von Gl. I, ergibt sich: $-4x_2 + 4x_3 = 12$. Wählt man $x_3 = t$, so ergibt sich: $-4x_2 + 4t = 12 \Rightarrow x_2 = -3 + t$. Setzt man $x_2 = -3 + t$ und $x_3 = t$ in Gleichung I ein, erhält man: $6x_1 - (-3 + t) + t = 6 \Rightarrow x_1 = 0,5$. Umschreiben zu einer Geradengleichung ergibt:

$$s\colon \vec{x} = \begin{pmatrix} 0,5 \\ -3 \\ 0 \end{pmatrix} + t \cdot \begin{pmatrix} 0 \\ 1 \\ 1 \end{pmatrix}$$

b) Addiert man das 2-fache von Gleichung I zu Gleichung II, ergibt sich: $8x_2 - 8x_3 = 20$. Wählt man $x_3 = t$, so ergibt sich: $8x_2 - 8t = 20 \Rightarrow x_2 = 2,5 + t$. Setzt man $x_2 = 2,5 + t$ und $x_3 = t$ in Gleichung I ein, erhält man: $-x_1 + 2 \cdot (2,5 + t) - 3t = 6 \Rightarrow x_1 = -1 - t$. Umschreiben zu einer Geradengleichung ergibt:

$$s\colon \vec{x} = \begin{pmatrix} -1 \\ 2,5 \\ 0 \end{pmatrix} + t \cdot \begin{pmatrix} -1 \\ 1 \\ 1 \end{pmatrix}$$

c) Wählt man in Gleichung I $x_3 = t$, so ergibt sich: $2x_2 + 4t = 8 \Rightarrow x_2 = 4 - 2t$. Setzt man $x_2 = 4 - 2t$ in Gleichung II ein, erhält man: $2x_1 + 4 - 2t = -2 \Rightarrow x_1 = -3 + t$. Umschreiben zu einer Geradengleichung ergibt:

$$s\colon \vec{x} = \begin{pmatrix} -3 \\ 4 \\ 0 \end{pmatrix} + t \cdot \begin{pmatrix} 1 \\ -2 \\ 1 \end{pmatrix}$$

d) Wählt man in Gleichung I $x_3 = t$, so ergibt sich: $x_1 + 2t = 6 \Rightarrow x_1 = 6 - 2t$. Setzt man $x_1 = 6 - 2t$ und $x_3 = t$ in Gleichung II ein, ergibt sich: $6 - 2t + x_2 + t = 1 \Rightarrow x_2 = -5 + t$ Umschreiben zu einer Geradengleichung ergibt:

$$s\colon \vec{x} = \begin{pmatrix} 6 \\ -5 \\ 0 \end{pmatrix} + t \cdot \begin{pmatrix} -2 \\ 1 \\ 1 \end{pmatrix}$$

e) Aus Gleichung I ergibt sich direkt: $4x_2 = 8 \Rightarrow x_2 = 2$. In Gleichung II setzt man $x_3 = t$, damit ist $2x_1 + 6t = 0 \Rightarrow x_1 = -3t$. Umschreiben zu einer Geradengleichung ergibt:

$$s\colon \vec{x} = \begin{pmatrix} 0 \\ 2 \\ 0 \end{pmatrix} + t \cdot \begin{pmatrix} -3 \\ 0 \\ 1 \end{pmatrix}$$

5.5.2 Parallele Ebenen

a) Die beiden Ebenengleichungen werden so addiert, dass x_1 wegfällt: $-2 \cdot \mathrm{I} + \mathrm{II}$: Es ergibt sich $0 = 1$, dies ist ein Widerspruch; es gibt keine Lösung für das Gleichungssystem, die Ebenen sind parallel. Alternativ könnte man auch die Normalenvektoren vergleichen, müsste dann aber noch eine Punktprobe machen, um die Identität auszuschließen.

b) Die Normalenvektoren $\vec{n}_\mathrm{E} = \begin{pmatrix} -1 \\ 1 \\ 2 \end{pmatrix}$ und $\vec{n}_\mathrm{F} = \begin{pmatrix} 2 \\ -2 \\ -4 \end{pmatrix}$ sind ein Vielfaches voneinander:

$\vec{n}_\mathrm{F} = -2 \cdot \vec{n}_\mathrm{E}$, also sind die beiden Ebenen parallel oder identisch. Setzt man den Stützpunkt $\mathrm{A}(5 \mid 2 \mid -1)$ von F in E ein, ergibt sich: $-5+2+2\cdot(-1)=0 \Rightarrow -5=0$. Aufgrund des Widerspruchs liegt A nicht auf E, somit sind die beiden Ebenen (echt) parallel.

c) Die Normalenvektoren $\vec{n}_\mathrm{E} = \begin{pmatrix} 3 \\ 6 \\ 0 \end{pmatrix}$ und $\vec{n}_\mathrm{F} = \begin{pmatrix} -1 \\ 2 \\ 0 \end{pmatrix}$ sind ein Vielfaches voneinander:

$\vec{n}_\mathrm{E} = -3 \cdot \vec{n}_\mathrm{F}$, also sind die beiden Ebenen parallel oder identisch. Setzt man den Stützpunkt $\mathrm{A}(-1 \mid 4 \mid -1)$ von F in E ein, ergibt sich: $3\cdot(-1)+6\cdot 4=5 \Rightarrow 21=5$. Aufgrund des Widerspruchs liegt A nicht auf E, somit sind die beiden Ebenen (echt) parallel.

5.5.3 Orthogonale Ebenen

a) Wenn die Ebenen orthogonal zueinander sind, muss das Skalarprodukt der beiden Normalenvektoren gleich Null sein. Es ist

$$\begin{pmatrix} 3 \\ 4 \\ -2 \end{pmatrix} \cdot \begin{pmatrix} 2 \\ 1 \\ 5 \end{pmatrix} = 3\cdot 2+4\cdot 1+(-2)\cdot 5 = 6+4-10 = 0$$

Also sind die beiden Ebenen orthogonal.

b) Um zu prüfen, ob die Ebenen $\mathrm{E}:\ 2x_1-4x_2-2x_3=7$ und $\mathrm{F}:\ 3x_1+2x_2+x_3=9$ orthogonal zueinander sind, berechnet man das Skalarprodukt der beiden Normalenvektoren:

$$\begin{pmatrix} 2 \\ -4 \\ -2 \end{pmatrix} \cdot \begin{pmatrix} 3 \\ 2 \\ 1 \end{pmatrix} = 2\cdot 3+(-4)\cdot 2+(-2)\cdot 1 = 6-8-2 = -4 \neq 0$$

Da das Skalarprodukt der beiden Normalenvektoren nicht Null ergibt, sind die beiden Ebenen nicht orthogonal zueinander.

c) Um zu prüfen, ob E : $2x_1 - x_2 - 4x_3 = 7$ orthogonal zu F : $\left(\vec{x} - \begin{pmatrix} -1 \\ 4 \\ -1 \end{pmatrix}\right) \cdot \begin{pmatrix} -1 \\ -2 \\ 0 \end{pmatrix} = 0$ ist, berechnet man das Skalarprodukt der beiden Normalenvektoren:

$$\begin{pmatrix} 2 \\ -1 \\ -4 \end{pmatrix} \cdot \begin{pmatrix} -1 \\ -2 \\ 0 \end{pmatrix} = 2 \cdot (-1) + (-1) \cdot (-2) + (-4) \cdot 0 = -2 + 2 + 0 = 0$$

Da das Skalarprodukt der beiden Normalenvektoren Null ergibt, sind die beiden Ebenen orthogonal zueinander.

5.5.4 Lineare Gleichungssysteme

a) Gegeben ist das Gleichungssystem:

$$\begin{array}{lrcrcrcr} \text{I} & 4x_1 & + & x_2 & - & 2x_3 & = & 9 \\ \text{II} & -2x_1 & + & 3x_2 & + & 3x_3 & = & 4 \\ \text{III} & x_1 & - & 2x_2 & - & x_3 & = & -4 \end{array}$$

Addiert man das 2-fache von Gleichung II zu Gleichung I und subtrahiert man das 4-fache von Gleichung III von Gleichung I, ergibt sich:

$$\begin{array}{lrcrcrcr} \text{I} & 4x_1 & + & x_2 & - & 2x_3 & = & 9 \\ \text{IIa} & & & 7x_2 & + & 4x_3 & = & 17 \\ \text{IIIa} & & & 9x_2 & + & 2x_3 & = & 25 \end{array}$$

Subtrahiert man das 7-fache von Gleichung IIIa vom 9-fachen von Gleichung IIa, erhält man:

$$\begin{array}{lrcrcrcr} \text{I} & 4x_1 & + & x_2 & - & 2x_3 & = & 9 \\ \text{IIa} & & & 7x_2 & + & 4x_3 & = & 17 \\ \text{IIIb} & & & & & 22x_3 & = & -22 \end{array}$$

Aus IIIb folgt: $x_3 = -1$. Einsetzen in IIa ergibt: $7x_2 + 4 \cdot (-1) = 17 \Rightarrow x_2 = 3$.
Einsetzen in I ergibt: $4x_1 + 3 - 2 \cdot (-1) = 9 \Rightarrow x_1 = 1$.
Die Lösungsmenge ist damit: $\mathrm{L} = \{(1; 3; -1)\}$.
Somit haben die drei Ebenen, welche durch die drei Gleichungen dargestellt werden, genau einen gemeinsamen Punkt S $(1 \mid 3 \mid -1)$.

b) Gegeben ist das Gleichungssystem:

$$\begin{array}{lrcrcrcr} \text{I} & x_1 & + & 2x_2 & - & 2x_3 & = & 7 \\ \text{II} & 2x_1 & & & + & x_3 & = & 8 \\ \text{III} & -3x_1 & + & x_2 & + & 2x_3 & = & -1 \end{array}$$

Subtrahiert man Gleichung II vom 2-fachen von Gleichung I und addiert man das 3-fache von Gleichung I zu Gleichung III, ergibt sich:

$$\begin{array}{lrcrcrcr} \text{I} & x_1 & + & 2x_2 & - & 2x_3 & = & 7 \\ \text{IIa} & & & 4x_2 & - & 5x_3 & = & 6 \\ \text{IIIa} & & & 7x_2 & - & 4x_3 & = & 20 \end{array}$$

Subtrahiert man das 4-fache von Gleichung IIIa vom 7-fachen von Gleichung IIa, erhält man:

$$\begin{array}{lrcrcrcr} \text{I} & x_1 & + & 2x_2 & - & 2x_3 & = & 7 \\ \text{IIa} & & & 4x_2 & - & 5x_3 & = & 6 \\ \text{IIIb} & & & & & -19x_3 & = & -38 \end{array}$$

Aus IIIb folgt: $x_3 = 2$. Einsetzen in IIa ergibt: $4x_2 - 5 \cdot 2 = 6 \Rightarrow x_2 = 4$.
Einsetzen in I ergibt: $x_1 + 2 \cdot 4 - 2 \cdot 2 = 7 \Rightarrow x_1 = 3$.
Die Lösungsmenge ist damit: $\mathrm{L} = \{(3;4;2)\}$.
Somit haben die drei Ebenen, welche durch die drei Gleichungen dargestellt werden, genau einen gemeinsamen Punkt $S(3 \mid 4 \mid 2)$.

c) Gegeben ist das Gleichungssystem:

$$\begin{array}{lrcrcrcr} \text{I} & x_1 & + & x_2 & + & 7x_3 & = & 2 \\ \text{II} & 2x_1 & - & x_2 & - & 3x_3 & = & -5 \\ \text{III} & & - & x_2 & + & 4x_3 & = & -3 \end{array}$$

Multiplikation von I mit (-2) und Addieren zu II führt zu:

$$\begin{array}{lrcrcrcr} \text{I} & x_1 & + & x_2 & + & 7x_3 & = & 2 \\ \text{IIa} & & - & 3x_2 & - & 17x_3 & = & -9 \\ \text{III} & & - & x_2 & + & 4x_3 & = & -3 \end{array}$$

Multiplikation von III mit (-3) und Addieren zu IIa führt zu:

$$\begin{array}{lrcrcrcr} \text{I} & x_1 & + & x_2 & + & 7x_3 & = & 2 \\ \text{IIa} & & - & 3x_2 & - & 17x_3 & = & -9 \\ \text{IIIa} & & & & - & 29x_3 & = & 0 \end{array}$$

Aus IIIa folgt: $x_3 = 0$. Einsetzen in IIa ergibt: $-3x_2 - 17 \cdot 0 = -9 \Rightarrow x_2 = 3$.
Einsetzen in I ergibt: $x_1 + 3 + 7 \cdot 0 = 2 \Rightarrow x_1 = -1$.
Die Lösungsmenge ist damit: $\mathrm{L} = \{(-1;3;0)\}$.
Somit haben die drei Ebenen, welche durch die drei Gleichungen dargestellt werden, genau einen gemeinsamen Punkt $S(-1 \mid 3 \mid 0)$.

d) Gegeben ist das Gleichungssystem:

$$\begin{array}{lrcrcrcr} \text{I} & x_1 & + & 2x_2 & - & x_3 & = & 4 \\ \text{II} & -x_1 & + & 2x_2 & - & 3x_3 & = & 6 \\ \text{III} & 2x_1 & & & + & 2x_3 & = & -2 \end{array}$$

Addiert man Gleichung I zu Gleichung II und subtrahiert man Gleichung III vom 2-fachen von Gleichung I, ergibt sich:

$$\begin{array}{lrcrcrcr} \text{I} & x_1 & + & 2x_2 & - & x_3 & = & 4 \\ \text{IIa} & & & 4x_2 & - & 4x_3 & = & 10 \\ \text{IIIa} & & & 4x_2 & - & 4x_3 & = & 10 \end{array}$$

Subtrahiert man Gleichung IIIa von Gleichung IIa, erhält man:

$$\begin{array}{lrcrcrcr} \text{I} & x_1 & + & 2x_2 & - & x_3 & = & 4 \\ \text{IIa} & & & 4x_2 & - & 4x_3 & = & 10 \\ \text{IIIa} & & & & & 0 & = & 0 \end{array}$$

Aufgrund der wahren Aussage gibt es unendlich viele Lösungen.
Man wählt nun in Gleichung IIa z.B. $x_3 = t$, erhält man: $4x_2 - 4t = 10 \Rightarrow x_2 = 2{,}5 + t$.
Einsetzen in I ergibt: $x_1 + 2 \cdot (2{,}5 + t) - t = 4 \Rightarrow x_1 = -1 - t$.
Damit ist die Lösungsmenge: $\mathrm{L} = \{(-1 - t; 2{,}5 + t; t) \mid t \in \mathbb{R}\}$.
Somit haben die drei Ebenen, welche durch die drei Gleichungen dargestellt werden, eine gemeinsame Schnittgerade mit der Gleichung

$$s\colon \vec{x} = \begin{pmatrix} -1 \\ 2{,}5 \\ 0 \end{pmatrix} + t \cdot \begin{pmatrix} -1 \\ 1 \\ 1 \end{pmatrix}$$

e) Gegeben ist das Gleichungssystem:

$$\begin{array}{lrcrcrcr} \text{I} & 2x_1 & + & x_2 & + & x_3 & = & 4 \\ \text{II} & & & 2x_2 & - & 6x_3 & = & 4 \\ \text{III} & -3x_1 & & & - & 6x_3 & = & -3 \end{array}$$

Addiert man das 3-fache von Gleichung I zum 2-fachen von Gleichung III, ergibt sich:

$$\begin{array}{lrcrcrcr} \text{I} & 2x_1 & + & x_2 & + & x_3 & = & 4 \\ \text{II} & & & 2x_2 & - & 6x_3 & = & 4 \\ \text{IIIa} & & & 3x_2 & - & 9x_3 & = & 6 \end{array}$$

Subtrahiert man das 2-fache von Gleichung IIIa vom 3-fachen von Gleichung II, erhält man:

$$\begin{array}{lrcrcrcr} \text{I} & 2x_1 & + & x_2 & + & x_3 & = & 4 \\ \text{II} & & & 2x_2 & - & 6x_3 & = & 4 \\ \text{IIIa} & & & & & 0 & = & 0 \end{array}$$

Aufgrund der wahren Aussage gibt es unendlich viele Lösungen.
Man wählt nun in Gleichung II z.B. $x_3 = t$, erhält man: $2x_2 - 6t = 4 \Rightarrow x_2 = 2 + 3t$.
Einsetzen in I ergibt: $2x_1 + 2 + 3t + t = 4 \Rightarrow x_1 = 1 - 2t$.

Damit ist die Lösungsmenge: $\mathrm{L} = \{(1-2t\,;2+3t\,;t) \mid t \in \mathbb{R}\}$.
Somit haben die drei Ebenen, welche durch die drei Gleichungen dargestellt werden, eine gemeinsame Schnittgerade mit der Gleichung

$$s\colon \vec{x} = \begin{pmatrix} 1 \\ 2 \\ 0 \end{pmatrix} + t \cdot \begin{pmatrix} -2 \\ 3 \\ 1 \end{pmatrix}$$

f) Gegeben ist das Gleichungssystem:

$$\begin{array}{lrcrcrcr} \text{I} & x_1 & + & 2x_2 & + & x_3 & = & 4 \\ \text{II} & -x_1 & - & 4x_2 & + & x_3 & = & 7 \\ \text{III} & 2x_1 & + & 8x_2 & - & 2x_3 & = & 18 \end{array}$$

Addiert man Gleichung I zu Gleichung II und subtrahiert man Gleichung III vom 2-fachen von Gleichung I, ergibt sich:

$$\begin{array}{lrcrcrcr} \text{I} & x_1 & + & 2x_2 & + & x_3 & = & 4 \\ \text{IIa} & & - & 2x_2 & + & 2x_3 & = & 11 \\ \text{IIIa} & & - & 4x_2 & + & 4x_3 & = & -10 \end{array}$$

Subtrahiert man Gleichung IIIa vom 2-fachen von Gleichung IIa, erhält man:

$$\begin{array}{lrcrcrcr} \text{I} & x_1 & + & 2x_2 & + & x_3 & = & 4 \\ \text{IIb} & & - & 4x_2 & + & 4x_3 & = & 22 \\ \text{IIIb} & & & & & 0 & = & 32 \end{array}$$

Gleichung IIIb ist ein Widerspruch. Damit ist das Gleichungssystem nicht lösbar und die Lösungsmenge ist leer: $\mathrm{L} = \{\,\}$.
Somit haben die drei Ebenen, welche durch die drei Gleichungen dargestellt werden, keinen gemeinsamen Punkt.

6 Abstände, Winkel und Spiegelungen

6.1 Abstandsberechnungen

6.1.1 Abstand Punkt – Ebene

a) Die Koordinaten des Punktes $\mathrm{P}(2 \mid 4 \mid -1)$ werden in die Abstandsformel eingesetzt. Mit $\mathrm{E}:\ 2x_1 - x_2 + 2x_3 = 1$ ergibt sich:

$$\mathrm{d}(\mathrm{P};\mathrm{E}) = \frac{|2\cdot 2 - 1\cdot 4 + 2\cdot(-1) - 1|}{\sqrt{2^2 + (-1)^2 + 2^2}} = \frac{|-3|}{\sqrt{9}} = 1\,\mathrm{LE}$$

b) Die Koordinaten des Punktes $\mathrm{S}(9 \mid 4 \mid -3)$ werden in die Abstandsformel eingesetzt. Mit $\mathrm{E}:\ x_1 + 2x_2 + 2x_3 = -3$ ergibt sich:

$$\mathrm{d}(\mathrm{S};\mathrm{E}) = \frac{|1\cdot 9 + 2\cdot 4 + 2\cdot(-3) + 3|}{\sqrt{1^2 + 2^2 + 2^2}} = \frac{|14|}{\sqrt{9}} = \frac{14}{3}\,\mathrm{LE}$$

c) Die Koordinaten des Punktes $\mathrm{Q}(8 \mid 1 \mid 1)$ werden in die Abstandsformel eingesetzt. Mit $\mathrm{E}:\ x_1 - 4x_2 - 4x_3 = 0$ ergibt sich:

$$\mathrm{d}(\mathrm{Q};\mathrm{E}) = \frac{|1\cdot 8 - 4\cdot 1 - 4\cdot 1|}{\sqrt{1^2 + (-4)^2 + (-4)^2}} = \frac{|0|}{\sqrt{33}} = 0\,\mathrm{LE} \Rightarrow \mathrm{Q} \in \mathrm{E}$$

d) Die gegebene Ebenengleichung wird zuerst in die Koordinatenform umgewandelt, man erhält: $\mathrm{E}:\ 2x_1 + 2x_2 + x_3 = 26$.
Die Koordinaten des Punktes $\mathrm{R}(6 \mid 9 \mid 4)$ werden in die Abstandsformel eingesetzt:

$$\mathrm{d}(\mathrm{R};\mathrm{E}) = \frac{|2\cdot 6 + 2\cdot 9 + 4 - 26|}{\sqrt{2^2 + 2^2 + 1^2}} = \frac{|8|}{\sqrt{9}} = \frac{8}{3}\,\mathrm{LE}$$

6.1.2 Abstand Punkt – Gerade

a) Einsetzen des Richtungsvektors von g und des Punktes T in die Punkt-Normalenform liefert die Hilfsebene $\mathrm{E_H}:\ -2x_1 + x_2 + x_3 = -9$. Schneiden mit g ergibt den Schnittpunkt $\mathrm{L}(8 \mid 3 \mid 4)$. DerVerbindungsvektor ist $\overrightarrow{\mathrm{LT}} = \begin{pmatrix} -2 \\ -9 \\ 5 \end{pmatrix}$. Für den Betrag des Verbindungsvektors ergibt sich $|\overrightarrow{\mathrm{LT}}| = \sqrt{(-2)^2 + (-9)^2 + 5^2} = \sqrt{110}$.
Also ist der Punkt T $\sqrt{110}$ LE von der Geraden g entfernt.
Alternativ berechnet man den Abstand mit Hilfe des Skalarprodukts: Der «allgemeine Punkt» ist $\mathrm{P}_t(4 - 2t \mid 5 + t \mid 6 + t)$. Der Verbindungsvektor $\overrightarrow{\mathrm{TP}_t}$ ist damit:

$$\overrightarrow{\mathrm{TP}_t} = \begin{pmatrix} 4 - 2t \\ 5 + t \\ 6 + t \end{pmatrix} - \begin{pmatrix} 6 \\ -6 \\ 9 \end{pmatrix} = \begin{pmatrix} -2 - 2t \\ 11 + t \\ -3 + t \end{pmatrix}.$$

Damit dieser Vektor senkrecht auf der Geraden g steht, muss das Skalarprodukt dieses Vektors mit dem Richtungsvektor der Geraden gleich Null sein:

$$\begin{pmatrix} -2-2t \\ 11+t \\ -3+t \end{pmatrix} \cdot \begin{pmatrix} -2 \\ 1 \\ 1 \end{pmatrix} = 0 \Rightarrow 4+4t+11+t-3+t=0 \Rightarrow 12+6t=0 \Rightarrow t=-2$$

Einsetzen von $t=-2$ in P_t ergibt den Lotfußpunkt $L\,(8 \mid 3 \mid 4)$ und damit den Abstand $\sqrt{110}$ LE.

b) Einsetzen des Richtungsvektors von g und des Punktes P in die Punkt-Normalenform liefert die Hilfsebene $E_H: \ 3x_1 - 2x_3 = 3$. Schneiden mit g ergibt den Schnittpunkt $L\,(1 \mid -4 \mid 0)$. Betrag des Verbindungsvektors: $|\overrightarrow{LP}| = 7$. Der Punkt P ist 7 LE von der Geraden entfernt. Alternativ berechnet man den Abstand mit Hilfe des Skalarprodukts: Der «allgemeine Punkt» ist $P_t(-2+3t \mid -4 \mid 2-2t)$. Der Verbindungsvektor $\overrightarrow{UP_t}$ ist damit:

$$\overrightarrow{UP_t} = \begin{pmatrix} -2+3t \\ -4 \\ 2-2t \end{pmatrix} - \begin{pmatrix} -1 \\ 2 \\ -3 \end{pmatrix} = \begin{pmatrix} -1+3t \\ -6 \\ 5-2t \end{pmatrix}$$

Damit dieser Vektor senkrecht auf der Geraden g steht, muss das Skalarprodukt dieses Vektors mit dem Richtungsvektor der Geraden gleich Null sein:

$$\begin{pmatrix} -1+3t \\ -6 \\ 5-2t \end{pmatrix} \cdot \begin{pmatrix} 3 \\ 0 \\ -2 \end{pmatrix} = 0 \Rightarrow -3+9t-10+4t=0 \Rightarrow -13+13t=0 \Rightarrow t=1$$

Einsetzen von $t=1$ in P_t ergibt den Lotfußpunkt $L\,(1 \mid -4 \mid 0)$ und so den Abstand 7 LE.

6.1.3 Abstand paralleler Geraden

Die Fragestellung lässt sich auf den Abstand eines Punktes zu einer Geraden zurückführen: Wenn bewiesen ist, dass die Geraden parallel sind, berechnet man den Abstand des «Stützpunktes» der einen Geraden zur anderen Geraden.

a) Wenn die Geraden parallel oder identisch sind, müssen die Richtungsvektoren linear abhängig sein. Dies lässt sich unmittelbar an den beiden Vektoren ablesen: $\begin{pmatrix} 3 \\ 0 \\ 3 \end{pmatrix} = 3 \cdot \begin{pmatrix} 1 \\ 0 \\ 1 \end{pmatrix}$. Nun wird der Abstand des «Stützpunktes» $S\,(2 \mid 3 \mid 4)$ der Geraden h zu g berechnet: Einsetzen des Richtungsvektors von g und des Punktes S in die Punkt-Normalenform liefert die Hilfsebene $E_H: \ x_1 + x_3 = 6$. Schneiden mit g ergibt den Schnittpunkt $L\,(3 \mid 1 \mid 3)$. Für die Länge bzw. den Betrag des Verbindungsvektors ergibt sich $|\overrightarrow{LS}| = \sqrt{6}$, damit sind die beiden Geraden $\sqrt{6}$ LE voneinander entfernt.

b) Die Richtungsvektoren sind linear abhängig, daher sind die Geraden parallel oder identisch. Nun wird der Abstand des «Stützpunktes» S der Geraden h zu g berechnet: Einsetzen des Richtungsvektors von g und des Punktes S in die Punkt-Normalenform liefert die Hilfsebene $E_H: x_1 + 3x_2 + 4x_3 = 14$. Schneiden mit g ergibt $t = 0$ und damit den Schnittpunkt $L(5 \mid -1 \mid 3)$. Für die Länge bzw. den Betrag des Verbindungsvektors ergibt sich $|\overrightarrow{LS}| = \sqrt{56}$, damit sind die beiden Geraden $\sqrt{56}$ LE voneinander entfernt.

6.1.4 Abstand Gerade – Ebene

a) Wenn g parallel zu E ist, müssen der Richtungsvektor der Geraden $\vec{u}$ und der Normalenvektor $\vec{n}$ der Ebene senkrecht aufeinander stehen:

$\vec{u} \cdot \vec{n} = 0$: $\begin{pmatrix} 2 \\ -1 \\ 3 \end{pmatrix} \cdot \begin{pmatrix} 4 \\ -1 \\ -3 \end{pmatrix} = 8 + 1 - 9 = 0 \Rightarrow$ g ist parallel zu E bzw. g könnte in E liegen. Der Abstand d von g zu E ist der Abstand des «Stützpunktes» $A(1 \mid 2 \mid 3)$ von g zu E:

$$d(g;E) = d(A;E) = \frac{|4 \cdot 1 - 1 \cdot 2 - 3 \cdot 3 - 19|}{\sqrt{4^2 + (-1)^2 + (-3)^2}} = \frac{|-26|}{\sqrt{26}} = \frac{26}{\sqrt{26}}$$

Der Abstand beträgt $\frac{26}{\sqrt{26}}$ LE.

b) Wenn g parallel zu E ist, müssen der Richtungsvektor der Geraden $\vec{u}$ und der Normalenvektor $\vec{n}$ der Ebene senkrecht aufeinander stehen:

$\vec{u} \cdot \vec{n} = 0$: $\begin{pmatrix} -2 \\ 1 \\ -1 \end{pmatrix} \cdot \begin{pmatrix} 2 \\ 1 \\ -3 \end{pmatrix} = -4 + 1 + 3 = 0 \Rightarrow$ g ist parallel zu E bzw. g könnte in E liegen. Der Abstand d von g zu E ist der Abstand des «Stützpunktes» $A(1 \mid 8 \mid 1)$ von g zu E:

$$d(g;E) = d(A;E) = \frac{|2 \cdot 1 + 8 - 3 \cdot 1 - 14|}{\sqrt{2^2 + 1^2 + (-3)^2}} = \frac{|-7|}{\sqrt{14}} = \frac{7}{\sqrt{14}}$$

Der Abstand beträgt $\frac{7}{\sqrt{14}}$ LE.

6.1.5 Abstand paralleler Ebenen

a) Wenn die Ebenen parallel zueinander liegen, müssen die beiden Normalenvektoren ein Vielfaches voneinander (linear abhängig) sein. Es ist $\vec{n}_1 = (-1) \cdot \vec{n}_2$, damit ist bewiesen, dass die Ebenen parallel liegen (bzw. identisch sein können). Man bestimmt einen Punkt $P(p_1 \mid p_2 \mid p_3)$ von E_2 und berechnet den Abstand des Punktes zu E_1. Es werden z.B. p_1 und p_2 gleich Null gesetzt: $-2 \cdot 0 + 3 \cdot 0 - 1 \cdot p_3 = -7 \Rightarrow p_3 = 7$. Damit ist $P(0 \mid 0 \mid 7)$ ein Punkt von E_2. Setzt man P und die Ebene E_1 in die Abstandsformel ein, ergibt sich:

$$d(E_1;E_2) = d(P;E_1) = \frac{|2 \cdot 0 - 3 \cdot 0 + 7 - 4|}{\sqrt{2^2 + (-3)^2 + 1^2}} = \frac{3}{\sqrt{14}} \text{ LE}$$

b) Die Normalenvektoren $\vec{n}_E = \begin{pmatrix} -1 \\ 1 \\ 2 \end{pmatrix}$ und $\vec{n}_F = \begin{pmatrix} 2 \\ -2 \\ -4 \end{pmatrix}$ sind ein Vielfaches voneinander: $\vec{n}_F = -2 \cdot \vec{n}_E$, also sind die beiden Ebenen parallel oder identisch. Setzt man den Stützpunkt A $(5 \mid 2 \mid -1)$ von F und die Ebene E in die Abstandsformel ein, ergibt sich:

$$d(E;F) = d(A;E) = \frac{|-1 \cdot 5 + 2 + 2 \cdot (-1) - 0|}{\sqrt{(-1)^2 + 1^2 + 2^2}} = \frac{|-5|}{\sqrt{6}} = \frac{5}{\sqrt{6}}\ \text{LE}$$

6.1.6 Verschiedene Aufgaben

a) Die Gerade wird als «allgemeiner Punkt» geschrieben: $A_t\,(2+2t \mid 1+t \mid 3+2t)$.
Da der gesuchte Punkt A auf der Geraden von P und Q gleich weit entfernt ist, gilt:

$$|\overrightarrow{PA_t}| = |\overrightarrow{QA_t}|$$

Für $|\overrightarrow{PA_t}|$ ergibt sich:

$$|\overrightarrow{PA_t}| = \left| \begin{pmatrix} -3+2t \\ t \\ 3+2t \end{pmatrix} \right| = \sqrt{(-3+2t)^2 + t^2 + (3+2t)^2}$$

Für $|\overrightarrow{QA_t}|$ ergibt sich entsprechend:

$$|\overrightarrow{QA_t}| = \left| \begin{pmatrix} -4+2t \\ -2+t \\ -4+2t \end{pmatrix} \right| = \sqrt{(-4+2t)^2 + (-2+t)^2 + (-4+2t)^2}$$

Die beiden Wurzeln werden gleichgesetzt:

$$\sqrt{(2t-3)^2 + t^2 + (2t+3)^2} = \sqrt{(2t-4)^2 + (t-2)^2 + (2t-4)^2}$$

$$4t^2 - 12t + 9 + t^2 + 4t^2 + 12t + 9 = 4t^2 - 16t + 16 + t^2 - 4t + 4 + 4t^2 - 16t + 16$$

$$18 = 36t$$

$$\frac{1}{2} = t$$

Setzt man $t = \frac{1}{2}$ in A_t ein, erhält man den gesuchten Punkt A $(3 \mid 1{,}5 \mid 4)$.

b) Die Gerade g wird als «allgemeiner Punkt» umgeschrieben: $P_t\,(-1+2t \mid 4-2t \mid 1+t)$.
Setzt man P_t und die Ebene $E\colon x_1 - x_3 = 1$ in die Abstandsformel ein, erhält man:

$$d(P_t;E) = \frac{|-1+2t-(1+t)-1|}{\sqrt{1^2+0^2+1^2}} = \frac{|t-3|}{\sqrt{2}}$$

Wegen $d(P_t;E) = \sqrt{8}$ erhält man die Gleichung:

$$\sqrt{8} = \frac{|t-3|}{\sqrt{2}} \text{ bzw. } 4 = |t-3|$$

Die Betragsgleichung löst man durch Fallunterscheidung:
$4 = t - 3 \Rightarrow t_1 = 7$ oder $-4 = t - 3 \Rightarrow t_2 = -1$
Setzt man $t_1 = 7$ bzw. $t_2 = -1$ in P_t ein, ergeben sich die Punkte $P_1\,(13 \mid -10 \mid 8)$ und $P_2\,(-3 \mid 6 \mid 0)$.

c) Da die beiden gesuchten Punkte P_1 und P_2 auf g die Entfernung 3 LE vom Punkt A haben, gilt $|\overrightarrow{AP}| = 3$. Die Gerade wird als «allgemeiner Punkt» umgeschrieben und eingesetzt: $P_t\,(1+2t \mid t \mid 2+2t)$. Damit ist

$$|\overrightarrow{AP_t}| = \left| \begin{pmatrix} 2t-2 \\ t-1 \\ 2t-2 \end{pmatrix} \right| = \sqrt{(2t-2)^2 + (t-1)^2 + (2t-2)^2} = 3$$

Die Gleichung wird zuerst quadriert, dann werden die Klammern aufgelöst. Es ergibt sich $9t^2 - 18t = 0$. Ausklammern von t oder Auflösen mit Hilfe der pq- oder abc-Formel führt zu $t_1 = 2$ und $t_2 = 0$. Damit sind die gesuchten Punkte $P_1\,(5 \mid 2 \mid 6)$ und $P_2\,(1 \mid 0 \mid 2)$.

d) Zuerst stellt man eine Ebenengleichung der drei Punkte auf (siehe Kapitel 5.3). Man erhält die Koordinatengleichung $E: \; x_1 - x_2 + x_3 = 1$. Die Höhe h der Pyramide ist der Abstand des Punktes $S(6 \mid -2 \mid 8)$ von der Ebene E. Mit Hilfe der Abstandsformel ergibt sich:

$$h = \frac{|6 - (-2) + 8 - 1|}{\sqrt{1^2 + (-1)^2 + 1^2}} = \frac{15}{\sqrt{3}}\,\text{LE}$$

e) Den Abstand d des Punktes $P(4 \mid 3 \mid -2)$ von der Ebene $E_a: \; 2x_2 - x_3 = a$ erhält man mit der Abstandsformel:

$$\mathrm{d} = \frac{|2 \cdot 3 - (-2) - a|}{\sqrt{0^2 + 2^2 + (-1)^2}} = \frac{|8 - a|}{\sqrt{5}}$$

Da der Abstand $\sqrt{20}$ betragen soll, muss gelten:

$$\frac{|8-a|}{\sqrt{5}} = \sqrt{20}$$
$$|8 - a| = \sqrt{100}$$
$$|8 - a| = 10$$

Diese Betragsgleichung löst man durch Fallunterscheidung:
$8 - a = 10 \Rightarrow a_1 = -2$ oder $8 - a = -10 \Rightarrow a_2 = 18$
Somit hat der Punkt P für $a_1 = -2$ oder $a_2 = 18$ von der Ebene E_a den Abstand $\sqrt{20}$ LE.

6.2 Winkelberechnungen

6.2.1 Winkel zwischen Vektoren und zwischen Geraden

Zuerst stellt man die Verbindungsvektoren auf. Anschließend setzt man in die Formel für den Winkel ein. Dabei lässt sich ohne Taschenrechner teilweise nur der Kosinuswert des Winkels bestimmen.

a)

$$\cos(\beta)=\frac{\overrightarrow{BA}\cdot\overrightarrow{BC}}{|\overrightarrow{BA}|\cdot|\overrightarrow{BC}|}=\frac{\begin{pmatrix}2\\-4\\4\end{pmatrix}\cdot\begin{pmatrix}-4\\2\\4\end{pmatrix}}{\sqrt{2^2+(-4)^2+4^2}\cdot\sqrt{(-4)^2+2^2+4^2}}=0\Rightarrow\beta=90^\circ$$

$$\cos(\gamma)=\frac{\overrightarrow{CA}\cdot\overrightarrow{CB}}{|\overrightarrow{CA}|\cdot|\overrightarrow{CB}|}=\frac{\begin{pmatrix}6\\-6\\0\end{pmatrix}\cdot\begin{pmatrix}4\\-2\\-4\end{pmatrix}}{\sqrt{72}\cdot 6}=\frac{36}{\sqrt{72}\cdot 6}=\frac{6}{\sqrt{72}}=\frac{6}{\sqrt{36}\cdot\sqrt{2}}=\frac{6}{6\cdot\sqrt{2}}=\frac{1}{\sqrt{2}}$$

$$\cos(\alpha)=\frac{\overrightarrow{AB}\cdot\overrightarrow{AC}}{|\overrightarrow{AB}|\cdot|\overrightarrow{AC}|}=\frac{\begin{pmatrix}-2\\4\\-4\end{pmatrix}\cdot\begin{pmatrix}-6\\6\\0\end{pmatrix}}{6\cdot\sqrt{72}}=\frac{36}{6\cdot\sqrt{72}}=\frac{6}{\sqrt{72}}=\frac{1}{\sqrt{2}}$$

Da $\cos(\alpha)=\cos(\gamma)$ ist, bedeutet dies im Dreieck, dass auch die Winkel gleich sein müssen. Da $\beta=90^\circ$ ist, sind $\alpha=45^\circ$ und $\gamma=45^\circ$.

b) I) Durch die Aufgabenstellung ist vorausgesetzt, dass sich die beiden Geraden tatsächlich schneiden, dies hätte sonst geprüft werden müssen. Der Winkel zwischen den beiden Geraden wird berechnet, indem man den Winkel zwischen den Richtungsvektoren berechnet:

$$\cos(\varphi)=\frac{\left|\begin{pmatrix}-1\\3\\5\end{pmatrix}\cdot\begin{pmatrix}7\\-1\\2\end{pmatrix}\right|}{\sqrt{35}\cdot\sqrt{54}}=\frac{|-7-3+10|}{\sqrt{35}\cdot\sqrt{54}}=\frac{|0|}{\sqrt{35}\cdot\sqrt{54}}=0\Rightarrow\varphi=90^\circ$$

II) Auch hier wird der Winkel φ zwischen den Richtungsvektoren bestimmt; man erhält folgenden Rechenausdruck:

$$\cos(\varphi)=\frac{\left|\begin{pmatrix}2\\-6\\10\end{pmatrix}\cdot\begin{pmatrix}2\\3\\5\end{pmatrix}\right|}{\sqrt{140}\cdot\sqrt{38}}=\frac{|4-18+50|}{\sqrt{140}\cdot\sqrt{38}}=\frac{36}{\sqrt{140}\cdot\sqrt{38}}$$

Ohne Taschenrechner oder Kosinustabelle lässt sich der Winkelwert nicht bestimmen.

6.2.2 Winkel zwischen Ebenen

a) Der Winkel zwischen zwei Ebenen wird berechnet, indem man den Winkel zwischen den Normalenvektoren berechnet. Man erhält folgenden Rechenausdruck:

$$\cos(\varphi)=\frac{\left|\begin{pmatrix}1\\-1\\2\end{pmatrix}\cdot\begin{pmatrix}6\\1\\-1\end{pmatrix}\right|}{\sqrt{1^2+(-1)^2+2^2}\cdot\sqrt{6^2+1^2+(-1)^2}}=\frac{|6-1-2|}{\sqrt{6}\cdot\sqrt{38}}=\frac{3}{\sqrt{6}\cdot\sqrt{38}}$$

b) Auch hier wird der Winkel zwischen den Normalenvektoren bestimmt:

$$\cos(\varphi) = \frac{\left|\begin{pmatrix} 0 \\ 4 \\ 0 \end{pmatrix} \cdot \begin{pmatrix} 6 \\ 0 \\ 5 \end{pmatrix}\right|}{4 \cdot \sqrt{6^2+5^2}} = \frac{0}{4 \cdot \sqrt{61}} = 0 \Rightarrow \varphi = 90^\circ$$

6.2.3 Winkel zwischen Gerade und Ebene

a) Der Winkel zwischen einer Geraden und einer Ebene wird berechnet, indem man den Winkel zwischen dem Richtungsvektor der Geraden und dem Normalenvektor der Ebene berechnet. Dabei wird im Unterschied zum Winkel zwischen zwei Geraden oder zwischen zwei Ebenen der *Sinus* des Winkels bestimmt:

$$\sin(\varphi) = \frac{\left|\begin{pmatrix} 1 \\ 2 \\ -1 \end{pmatrix} \cdot \begin{pmatrix} 3 \\ 5 \\ -2 \end{pmatrix}\right|}{\sqrt{6} \cdot \sqrt{38}} = \frac{|3+10+2|}{\sqrt{6} \cdot \sqrt{38}} = \frac{15}{\sqrt{6} \cdot \sqrt{38}}$$

b) Es ist:

$$\sin(\varphi) = \frac{\left|\begin{pmatrix} 0 \\ 1 \\ 0 \end{pmatrix} \cdot \begin{pmatrix} 6 \\ 10 \\ -4 \end{pmatrix}\right|}{\sqrt{1} \cdot \sqrt{152}} = \frac{|0+10+0|}{\sqrt{152}} = \frac{10}{\sqrt{4 \cdot 38}} = \frac{10}{\sqrt{4} \cdot \sqrt{38}} = \frac{5}{\sqrt{38}}$$

c) Es ist:

$$\sin(\varphi) = \frac{\left|\begin{pmatrix} 1 \\ 2 \\ 3 \end{pmatrix} \cdot \begin{pmatrix} 0 \\ 0 \\ 1 \end{pmatrix}\right|}{\sqrt{14} \cdot 1} = \frac{3}{\sqrt{14}}$$

6.3 Spiegelungen

Alle Spiegelpunkte sind im Folgenden mit einem Sternchen * versehen.

6.3.1 Punkt an Punkt

Um den Punkt P an Q zu spiegeln, wird der Vektor $\overrightarrow{PQ}$ an den Ortsvektor von Q einmal angehängt. (Alternativ kann man auch an den Ortsvektor von P den Vektor $\overrightarrow{PQ}$ zweimal anhängen). Damit ist:

a) $\overrightarrow{OP^*} = \overrightarrow{OQ} + \overrightarrow{PQ} = \begin{pmatrix} 2 \\ 1 \\ 2 \end{pmatrix} + \begin{pmatrix} -1 \\ -3 \\ -3 \end{pmatrix} = \begin{pmatrix} 1 \\ -2 \\ -1 \end{pmatrix}$, also ist $P^*(1 \mid -2 \mid -1)$.

b) $\overrightarrow{OP^*} = \overrightarrow{OR} + \overrightarrow{PR} = \begin{pmatrix} 0 \\ 3 \\ -2 \end{pmatrix} + \begin{pmatrix} -3 \\ -1 \\ -7 \end{pmatrix} = \begin{pmatrix} -3 \\ 2 \\ -9 \end{pmatrix}$, also ist $P^*(-3 \mid 2 \mid -9)$.

c) $\overrightarrow{OP^*} = \overrightarrow{OS} + \overrightarrow{PS} = \begin{pmatrix} -3 \\ 1 \\ 4 \end{pmatrix} + \begin{pmatrix} -6 \\ -3 \\ -1 \end{pmatrix} = \begin{pmatrix} -9 \\ -2 \\ 3 \end{pmatrix}$, also ist $P^*(-9 \mid -2 \mid 3)$.

6.3.2 Punkt an Ebene

Um einen Punkt P an einer Ebene zu spiegeln, braucht man zuerst den sog. Lotfußpunkt L, das ist der Punkt der Ebene, der den kürzesten Abstand zu P besitzt (es wird «das Lot von P auf die Ebene gefällt»). An diesem Punkt wird P gespiegelt. L bestimmt man, indem man eine Lotgerade durch den Punkt P aufstellt und als Richtungsvektor den Normalenvektor $\vec{n}$ der Ebene benutzt.

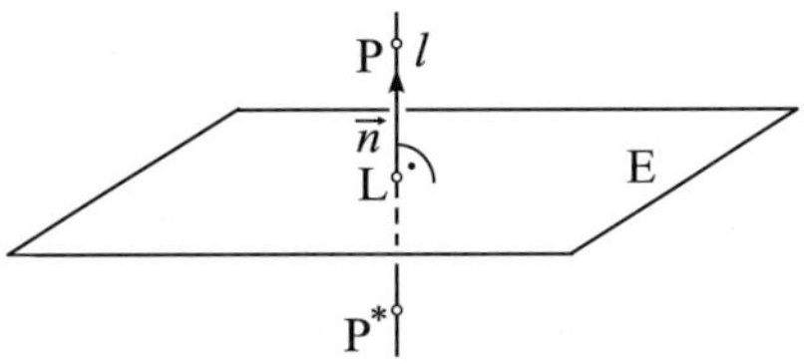

a) Die Lotgerade l hat die Gleichung $l:\ \vec{x} = \begin{pmatrix} 1 \\ 4 \\ 7 \end{pmatrix} + s \cdot \begin{pmatrix} 1 \\ -1 \\ -2 \end{pmatrix}$. Schneidet man l mit

E: $x_1 - x_2 - 2x_3 + 11 = 0$, ergibt sich:

$$1 + s - (4 - s) - 2(7 - 2s) + 11 = 0 \Rightarrow 6s = 6 \Rightarrow s = 1$$

Setzt man $s = 1$ in l ein, ergibt sich der Lotfußpunkt $L(2 \mid 3 \mid 5)$. Nun wird A an L gespiegelt: $\overrightarrow{OA^*} = \overrightarrow{OL} + \overrightarrow{AL}$, damit ist $A^*(3 \mid 2 \mid 3)$.

b) Die Lotgerade l hat die Gleichung $l:\ \vec{x} = \begin{pmatrix} -1 \\ -4 \\ -9 \end{pmatrix} + t \cdot \begin{pmatrix} 2 \\ -2 \\ 1 \end{pmatrix}$. Schneidet man l mit

E: $2x_1 - 2x_2 + x_3 = 6$, ergibt sich:

$$2 \cdot (-1 + 2t) - 2 \cdot (-4 - 2t) + (-9 + t) = 6 \Rightarrow t = 1$$

Setzt man $t = 1$ in l ein, ergibt sich der Lotfußpunkt $L(1 \mid -6 \mid -8)$. Nun wird S an L gespiegelt: $\overrightarrow{OS^*} = \overrightarrow{OL} + \overrightarrow{SL}$, damit ist $S^*(3 \mid -8 \mid -7)$.

c) Die Lotgerade l hat die Gleichung $l:\ \vec{x} = \begin{pmatrix} 2 \\ 3 \\ 4 \end{pmatrix} + r \cdot \begin{pmatrix} 4 \\ 1 \\ -1 \end{pmatrix}$. Schneidet man l mit

E: $4x_1 + x_2 - x_3 = 3$, ergibt sich:

$$4 \cdot (2 + 4r) + 3 + r - (4 - r) = 3 \Rightarrow r = -\frac{2}{9}$$

Setzt man $r = -\frac{2}{9}$ in l ein, ergibt sich der Lotfußpunkt $L\left(\frac{10}{9} \mid \frac{25}{9} \mid \frac{38}{9}\right)$. Nun wird P an L gespiegelt: $\overrightarrow{OP^*} = \overrightarrow{OL} + \overrightarrow{PL}$, damit ist $P^*\left(\frac{2}{9} \mid \frac{23}{9} \mid \frac{40}{9}\right)$.

6.3.3 Punkt an Gerade

Ein Punkt wird an einer Geraden gespiegelt, indem man eine Hilfsebene E_H durch den Punkt und senkrecht zur Geraden aufstellt (der Richtungsvektor $\vec{u}$ der Geraden wird als Normalenvektor $\vec{n}$ benutzt). Anschließend wird die Hilfsebene mit der Geraden geschnitten und der Punkt am Schnittpunkt S von Gerade und Ebene gespiegelt.

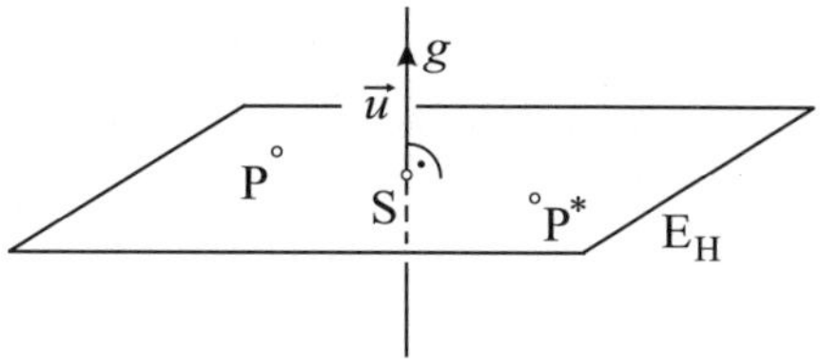

a) Setzt man P und $\vec{u}$ in die Punkt-Normalenform ein, ergibt sich:

$$E_H: \left(\begin{pmatrix} x_1 \\ x_2 \\ x_3 \end{pmatrix} - \begin{pmatrix} 2 \\ 3 \\ 4 \end{pmatrix} \right) \cdot \begin{pmatrix} 1 \\ 0 \\ 1 \end{pmatrix} = 0$$

damit hat die Hilfsebene die Gleichung $E_H: \ x_1 + x_3 = 6$.
Schneidet man E_H mit g, ergibt sich: $2 + t + 2 + t = 6 \Rightarrow t = 1$
Setzt man $t = 1$ in die Geradengleichung ein, erhält man den Schnittpunkt $S\,(3 \mid 1 \mid 3)$.
Spiegelt man P an S mit Hilfe einer Vektorkette, ergibt sich $P^*\,(4 \mid -1 \mid 2)$.

b) Setzt man B und $\vec{u}$ in die Punkt-Normalenform ein, ergibt sich die Hilfsebene $E_H: \ 4x_1 - x_2 - x_3 = 21$. Schneidet man E_H mit g, erhält man $t = 2$ und damit den Schnittpunkt $S\,(7 \mid 4 \mid 3)$.
Spiegelt man B an S mit Hilfe einer Vektorkette, ergibt sich $B^*\,(9 \mid 10 \mid 5)$.

6.3.4 Gerade an Ebene

Um eine Gerade an einer Ebene zu spiegeln, prüft man zuerst mit Hilfe des Skalarprodukts, ob die Gerade die Ebene schneidet oder ob die Gerade und die Ebene parallel sind; gegebenenfalls wird der Schnittpunkt berechnet. Mit Hilfe einer Lotgeraden und einer Vektorkette wird der Stützpunkt der Geraden an der Ebene gespiegelt. Schließlich wird der Richtungsvektor der Spiegelgeraden bestimmt.

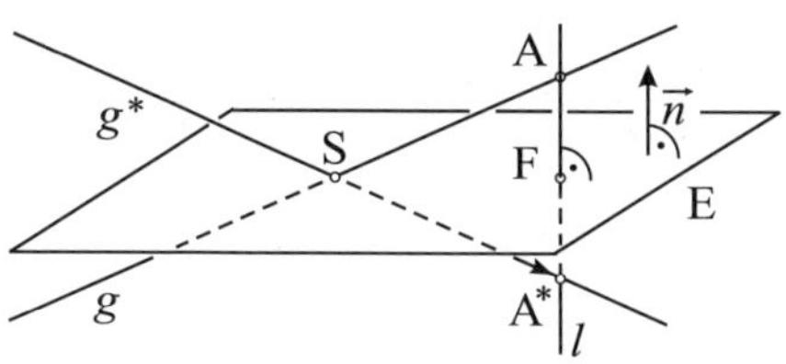

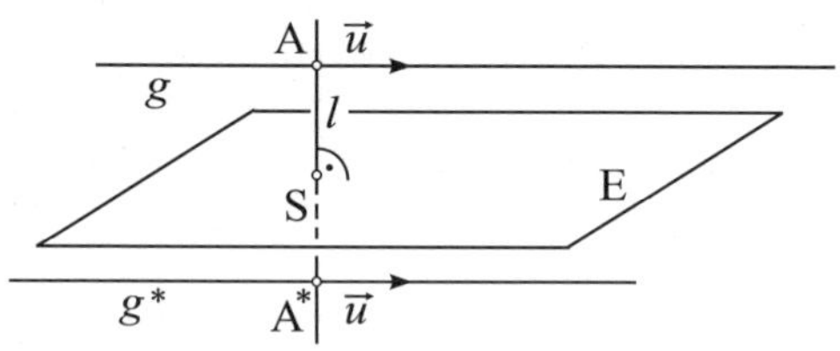

a) Die Gerade $g: \vec{x} = \begin{pmatrix} 6 \\ 2 \\ 0 \end{pmatrix} + t \cdot \begin{pmatrix} 3 \\ 1 \\ 5 \end{pmatrix}$ und die Ebene E: $x_1 - x_2 = 0$ schneiden sich,

da das Skalarprodukt des Richtungsvektors der Geraden mit dem Normalenvektor der Ebene nicht Null ergibt:

$$\begin{pmatrix} 3 \\ 1 \\ 5 \end{pmatrix} \cdot \begin{pmatrix} 1 \\ -1 \\ 0 \end{pmatrix} = 3 \cdot 1 + 1 \cdot (-1) + 5 \cdot 0 = 2 \neq 0$$

Den Schnittpunkt S von g und E erhält man, indem man den «allgemeinen Punkt» $\mathrm{P}_t\,(6+3t \mid 2+t \mid 5t)$ von g in E einsetzt:

$$6 + 3t - (2+t) = 0 \Rightarrow t = -2 \Rightarrow \mathrm{S}\,(0 \mid 0 \mid -10)$$

Die Lotgerade l durch den Stützpunkt A $(6 \mid 2 \mid 0)$ von g hat die Gleichung:

$$l: \vec{x} = \begin{pmatrix} 6 \\ 2 \\ 0 \end{pmatrix} + s \cdot \begin{pmatrix} 1 \\ -1 \\ 0 \end{pmatrix}$$

Schneidet man l mit E, erhält man den Lotfußpunkt L:

$$6 + s - (2 - s) = 0 \Rightarrow s = -2 \Rightarrow \mathrm{L}\,(4 \mid 4 \mid 0)$$

Nun wird A an L gespiegelt:

$$\overrightarrow{\mathrm{OA}^*} = \overrightarrow{\mathrm{OL}} + \overrightarrow{\mathrm{AL}} = \begin{pmatrix} 4 \\ 4 \\ 0 \end{pmatrix} + \begin{pmatrix} -2 \\ 2 \\ 0 \end{pmatrix} = \begin{pmatrix} 2 \\ 6 \\ 0 \end{pmatrix} \Rightarrow \mathrm{A}^*\,(2 \mid 6 \mid 0)$$

Der Stützpunkt der Spiegelgeraden g^* ist beispielsweise S, der Richtungsvektor von g^* ist der Verbindungsvektor von S zu A^*. Damit ergibt sich:

$$g^*: \vec{x} = \begin{pmatrix} 0 \\ 0 \\ -10 \end{pmatrix} + r \cdot \begin{pmatrix} 2 \\ 6 \\ 10 \end{pmatrix}$$

b) Die Gerade $g: \vec{x} = \begin{pmatrix} 4 \\ 9 \\ 5 \end{pmatrix} + t \cdot \begin{pmatrix} 4 \\ -1 \\ -1 \end{pmatrix}$ und die Ebene E: $x_1 + 2x_2 + 2x_3 = 5$ sind parallel, da das Skalarprodukt des Richtungsvektors der Geraden mit dem Normalenvektor der Ebene Null ergibt:

$$\begin{pmatrix} 4 \\ -1 \\ -1 \end{pmatrix} \cdot \begin{pmatrix} 1 \\ 2 \\ 2 \end{pmatrix} = 4 \cdot 1 + (-1) \cdot 2 + (-1) \cdot 2 = 0$$

Die Lotgerade l durch den Stützpunkt A $(4 \mid 9 \mid 5)$ von g hat die Gleichung:

$$l: \vec{x} = \begin{pmatrix} 4 \\ 9 \\ 5 \end{pmatrix} + s \cdot \begin{pmatrix} 1 \\ 2 \\ 2 \end{pmatrix}$$

Schneidet man l mit E, erhält man den Lotfußpunkt L:

$$4 + s + 2 \cdot (9 + 2s) + 2 \cdot (5 + 2s) = 5 \Rightarrow s = -3 \Rightarrow \mathrm{L}(1 \mid 3 \mid -1)$$

Nun wird A an L gespiegelt:

$$\overrightarrow{\mathrm{OA}^*} = \overrightarrow{\mathrm{OL}} + \overrightarrow{\mathrm{AL}} = \begin{pmatrix} 1 \\ 3 \\ -1 \end{pmatrix} + \begin{pmatrix} -3 \\ -6 \\ -6 \end{pmatrix} = \begin{pmatrix} -2 \\ -3 \\ -7 \end{pmatrix} \Rightarrow \mathrm{A}^*(-2 \mid -3 \mid -7)$$

Der Stützpunkt der Spiegelgeraden g^* ist A^*, der Richtungsvektor von g^* ist der Richtungsvektor von g. Damit ergibt sich:

$$g^*: \vec{x} = \begin{pmatrix} -2 \\ -3 \\ -7 \end{pmatrix} + r \cdot \begin{pmatrix} 4 \\ -1 \\ -1 \end{pmatrix}$$

6.4 Verständnis von Zusammenhängen

a) Mit Hilfe einer Skizze kann man die Problemstellung veranschaulichen:

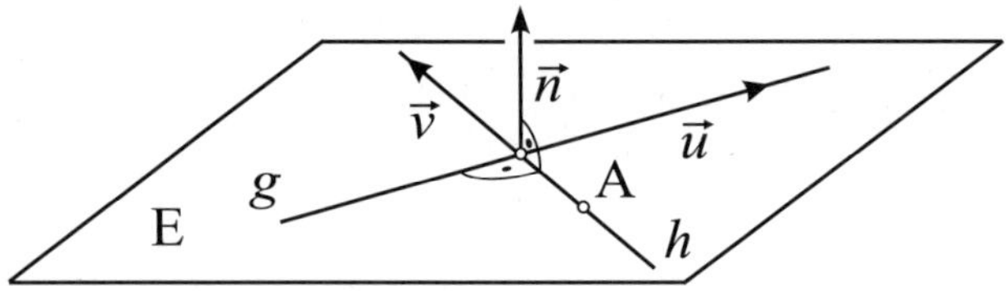

Als Stützpunkt der Geraden h kann man einen beliebigen Punkt A der Ebene E verwenden. Der Richtungsvektor $\vec{v}$ der Geraden h ist orthogonal zum Richtungsvektor $\vec{u}$ der Geraden g und orthogonal zum Normalenvektor $\vec{n}$ der Ebene E. Damit erhält man $\vec{v}$ entweder mit Hilfe des Kreuzprodukts: $\vec{v} = \vec{u} \times \vec{n}$ oder mit Hilfe der Skalarprodukte: $\vec{v} \cdot \vec{u} = 0$ und $\vec{v} \cdot \vec{n} = 0$. Damit erhält man eine Gleichung von h: $\vec{x} = \vec{a} + t \cdot \vec{v}$.

Alternativ kann man auch eine zur Geraden g orthogonale Hilfsebene E_H durch einen beliebigen Punkt A der Ebene E aufstellen; als Normalenvektor von E_H verwendet man den Richtungsvektor $\vec{u}$ der Geraden g:

$$E_H: (\vec{x} - \vec{a}) \cdot \vec{u} = 0$$

Schneidet man E_H mit g, erhält man einen Schnittpunkt S. Der Richtungsvektor $\vec{v}$ von h ist beispielsweise der Verbindungsvektor von A zu S.

Damit erhält man eine Gleichung von h: $\vec{x} = \vec{a} + t \cdot \overrightarrow{\mathrm{AS}}$.

b) Wegen $\vec{u} \cdot \vec{v} = 0$ stehen die beiden Vektoren $\vec{u}$ und $\vec{v}$ senkrecht aufeinander.
Wegen $|\vec{u}| = 1$ und $|\vec{v}| = 2$ ist der Vektor $\vec{v}$ doppelt so lang wie der Vektor $\vec{u}$.
Damit bilden alle Punkte X mit den Ortsvektoren $\vec{x} = r \cdot \vec{u} + s \cdot \vec{v}$ mit $0 \leqslant r, s \leqslant 1$ eine rechteckige Fläche:
Das Rechteck hat die Länge $a = |\vec{u}| = 1$ und die Breite $b = |\vec{v}| = 2$.
Damit gilt für den Flächeninhalt A des Rechtecks:

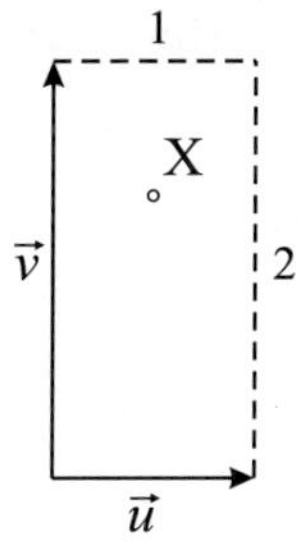

$$\mathrm{A} = a \cdot b = 1 \cdot 2 = 2$$

Der Flächeninhalt der Figur beträgt 2 FE.

c) Die Situation veranschaulicht man am besten mit Hilfe einer Skizze.
Um den Abstand d von g und K zu bestimmen, berechnet man zuerst den Abstand vom Mittelpunkt M der Kugel K zur Geraden g.

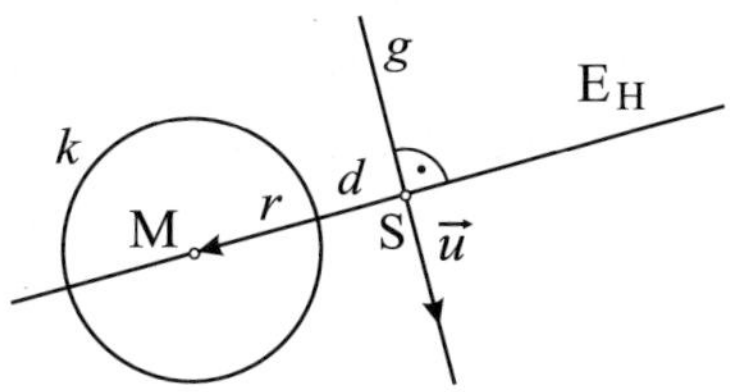

Hierzu stellt man eine Hilfsebene E_H auf, die durch M geht und orthogonal zu g ist; als Normalenvektor von E_H kann man den Richtungsvektor $\vec{u}$ von g verwenden:

$$E_H : (\vec{x} - \vec{m}) \cdot \vec{u} = 0$$

Anschließend berechnet man den Schnittpunkt S von E_H und g.
Der Abstand von M zu g ist die Länge der Strecke MS, die man mit Hilfe des Betrags des entsprechenden Verbindungsvektors erhält. Subtrahiert man von der Länge der Strecke MS den Radius r, so erhält man den gesuchten Abstand:

$$\mathrm{d} = \left|\overrightarrow{\mathrm{SM}}\right| - r$$

d) Zuerst spiegelt man den Stützpunkt A der Geraden g an der Ebene E:
Hierzu stellt man eine Lotgerade l auf, die den Punkt A enthält und orthogonal zu E ist.
Ein Normalenvektor $\vec{n}$ von E ist der Richtungsvektor von l. Damit hat l die Gleichung: l: $\vec{x} = \vec{a} + t \cdot \vec{n}$.

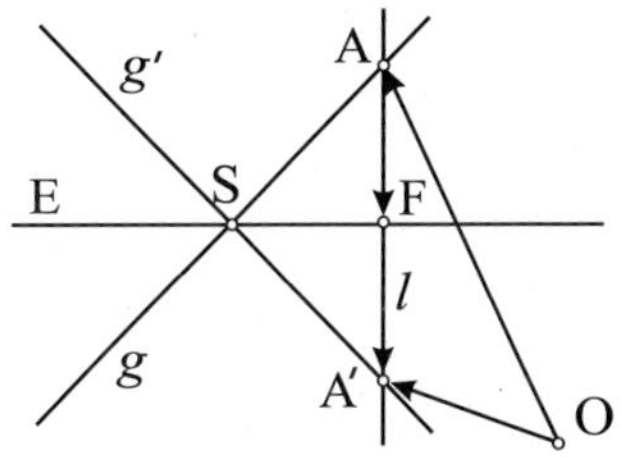

Schneidet man l und E, erhält man den Punkt F.
Den Spiegelpunkt A′ erhält man mit Hilfe einer Vektorkette: $\overrightarrow{\mathrm{OA}'} = \overrightarrow{\mathrm{OA}} + 2 \cdot \overrightarrow{\mathrm{AF}}$
Anschließend stellt man mit Hilfe von S und A′ eine Geradengleichung der Spiegelgeraden g' auf:

$$g': \vec{x} = \vec{s} + r \cdot \overrightarrow{\mathrm{SA}'}$$

e) Um denjenigen Punkt B auf der Geraden g zu bestimmen, der von A den kleinsten Abstand hat, stellt man zuerst eine Hilfsebene E_H auf, die durch A geht und orthogonal zu g ist; als Normalenvektor von E_H kann man den Richtungsvektor $\vec{u}$ von g verwenden:

$$E_H : (\vec{x} - \vec{a}) \cdot \vec{u} = 0$$

Der Schnittpunkt von E_H und g ist der gesuchte Punkt B.

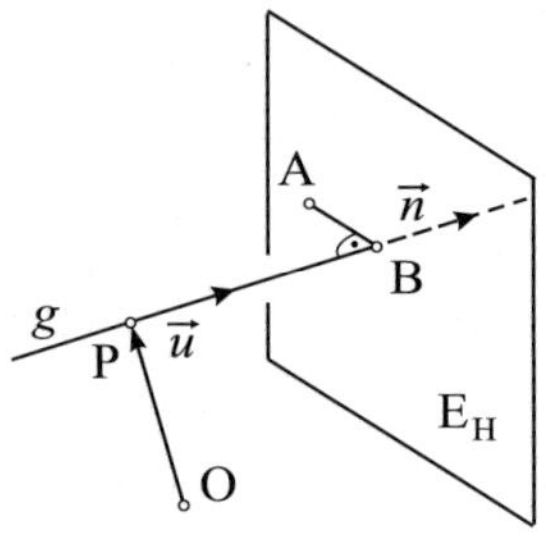

f) Die Situation veranschaulicht man am besten mit Hilfe einer Skizze:

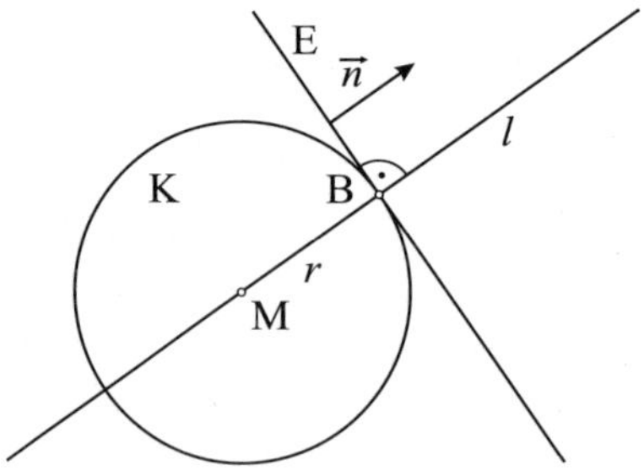

Den Kugelradius r erhält man, indem man den Abstand von $M(m_1 \mid m_2 \mid m_3)$ zur Ebene E: $ax_1 + bx_2 + cx_3 = d$ mit Hilfe der Abstandsformel bestimmt:

$$r = \frac{|a \cdot m_1 + b \cdot m_2 + c \cdot m_3 - d|}{\sqrt{a^2 + b^2 + c^2}}$$

Den Berührpunkt B erhält man, indem man eine Lotgerade l aufstellt, die durch den Punkt M geht und orthogonal zu E ist, d.h. man kann den Normalenvektor $\vec{n}$ der Ebene E als Richtungsvektor $\vec{r}_l$ von l wählen:

$$l\colon \vec{x} = \vec{m} + t \cdot \vec{n}$$

Anschließend schneidet man l und E. Der Schnittpunkt von l und E ist gleichzeitig der Berührpunkt B.

Alternativ kann man nun den Kugelradius r bestimmen, indem man den Abstand von $M(m_1 \mid m_2 \mid m_3)$ zu $B(b_1 \mid b_2 \mid b_3)$ berechnet:

$$r = \left|\overrightarrow{MB}\right| = \sqrt{(b_1 - m_1)^2 + (b_2 - m_2)^2 + (b_3 - m_3)^2}$$

Stochastik

7 Wahrscheinlichkeitsrechnung

7.1 Baumdiagramme und Pfadregeln

7.1.1 Ziehen mit Zurücklegen

a)

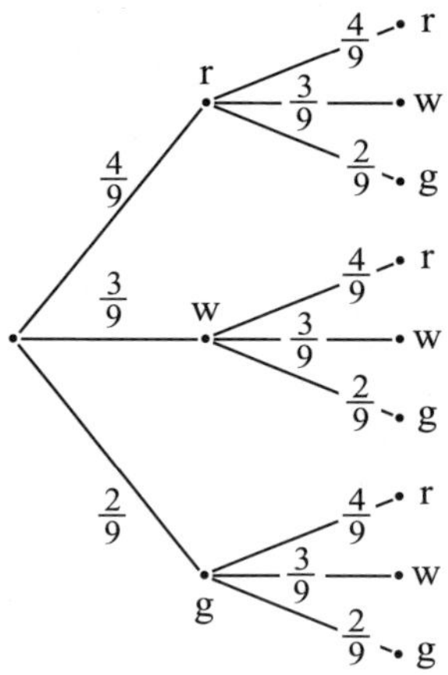

Da 4 rote, 3 weiße und 2 gelbe, also insgesamt 9 Kugeln in der Urne sind, betragen die Wahrscheinlichkeiten bei jedem Ziehen für rot (r), weiß (w) bzw. gelb (g): $\frac{4}{9}, \frac{3}{9}$ bzw. $\frac{2}{9}$.

Die Wahrscheinlichkeit für das Ereignis A, eine weiße und eine gelbe Kugel zu ziehen, erhält man mit Hilfe der 1. und 2. Pfadregel (Produkt- und Summenregel):

$$P(A) = P(wg) + P(gw) = \frac{3}{9} \cdot \frac{2}{9} + \frac{2}{9} \cdot \frac{3}{9} = \frac{4}{27}$$

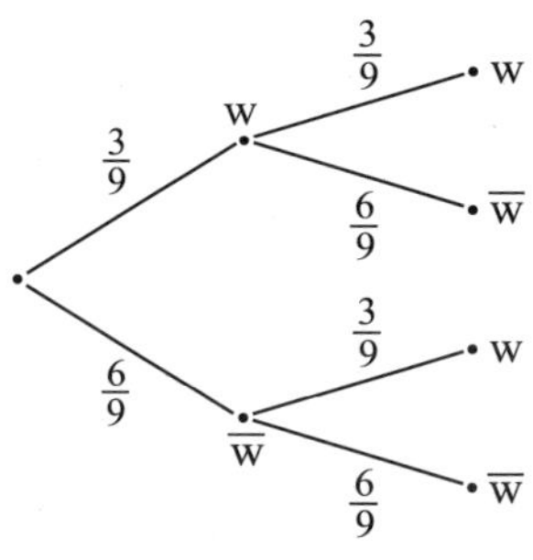

Da 3 weiße und 6 nicht weiße, also insgesamt 9 Kugeln in der Urne sind, beträgt die Wahrscheinlichkeit bei jedem Ziehen für weiß (w): $\frac{3}{9}$ und für nicht weiß ($\bar{w}$): $\frac{6}{9}$.

Die Wahrscheinlichkeit für das Ereignis B, keine weiße Kugel zu ziehen, erhält man mit Hilfe der 1. Pfadregel (Produktregel):

$$P(B) = P(\bar{w}\bar{w}) = \frac{6}{9} \cdot \frac{6}{9} = \frac{4}{9}$$

b) A:

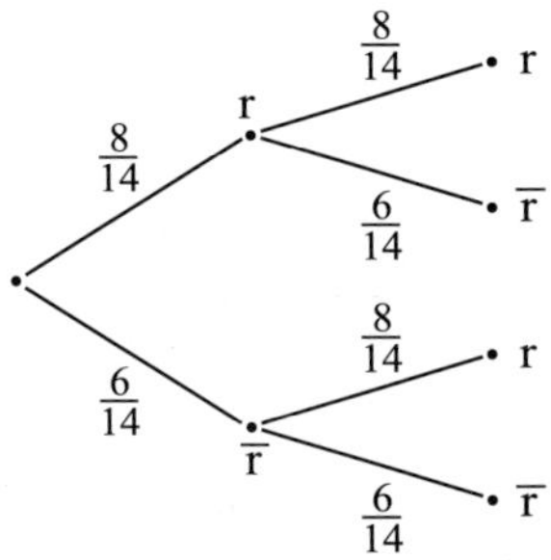

Da 8 rote und 6 nicht rote, also insgesamt 14 Kugeln in der Urne sind, beträgt die Wahrscheinlichkeit bei jedem Ziehen für rot (r): $\frac{8}{14}$ und für nicht rot ($\bar{r}$): $\frac{6}{14}$.
Die Wahrscheinlichkeit, keine rote Kugel zu ziehen, erhält man mit Hilfe der 1. Pfadregel (Produktregel):

$$P(\text{«keine rote Kugel»}) = P(\bar{r}\bar{r}) = \frac{6}{14} \cdot \frac{6}{14} = \frac{3}{7} \cdot \frac{3}{7} = \frac{9}{49}$$

B: Die Wahrscheinlichkeit, höchstens eine rote Kugel zu ziehen, erhält man mit Hilfe der 1. und 2. Pfadregel (Produkt- und Summenregel):

$$\begin{aligned} P(\text{«höchstens eine rote Kugel»}) &= P(\bar{r}\bar{r}) + P(\bar{r}r) + P(r\bar{r}) \\ &= \frac{6}{14} \cdot \frac{6}{14} + \frac{6}{14} \cdot \frac{8}{14} + \frac{8}{14} \cdot \frac{6}{14} \\ &= \frac{3}{7} \cdot \frac{3}{7} + \frac{3}{7} \cdot \frac{4}{7} + \frac{4}{7} \cdot \frac{3}{7} \\ &= \frac{9}{49} + \frac{12}{49} + \frac{12}{49} \\ &= \frac{33}{49} \end{aligned}$$

Alternativ kann man auch mit dem Gegenereignis rechnen:

$$\begin{aligned} P(\text{«höchstens eine rote Kugel»}) &= 1 - P(\text{«zwei rote Kugeln»}) \\ &= 1 - P(rr) \\ &= 1 - \frac{8}{14} \cdot \frac{8}{14} \\ &= 1 - \frac{4}{7} \cdot \frac{4}{7} \\ &= \frac{49}{49} - \frac{16}{49} \\ &= \frac{33}{49} \end{aligned}$$

c) I)

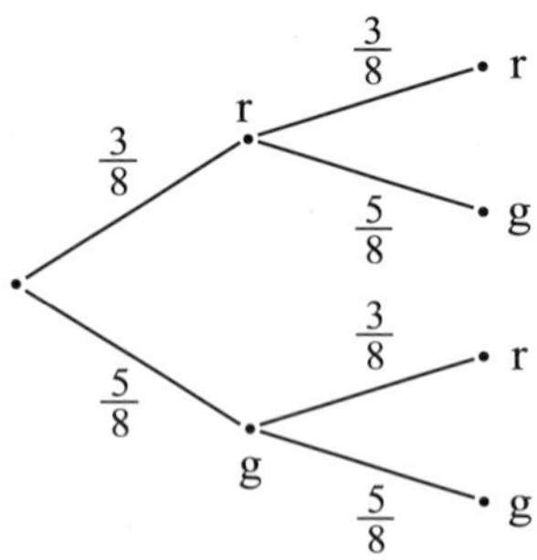

Da 3 rote und 5 gelbe, also insgesamt 8 Kugeln im Behälter sind, beträgt die Wahrscheinlichkeit bei jedem Ziehen für gelb (g): $\frac{5}{8}$ und für rot (r): $\frac{3}{8}$.
Die Wahrscheinlichkeit, mindestens eine gelbe Kugel zu ziehen, erhält man mit Hilfe der 1. und 2. Pfadregel (Produkt- und Summenregel):

$$\begin{aligned}
P(\text{«mindestens eine gelbe Kugel»}) &= P(rg) + P(gr) + P(gg) \\
&= \frac{3}{8} \cdot \frac{5}{8} + \frac{5}{8} \cdot \frac{3}{8} + \frac{5}{8} \cdot \frac{5}{8} \\
&= \frac{15}{64} + \frac{15}{64} + \frac{25}{64} \\
&= \frac{55}{64}
\end{aligned}$$

Alternativ kann man auch mit dem Gegenereignis rechnen:

$$\begin{aligned}
P(\text{«mindestens eine gelbe Kugel»}) &= 1 - P(\text{«keine gelbe Kugel»}) \\
&= 1 - P(rr) \\
&= 1 - \frac{3}{8} \cdot \frac{3}{8} \\
&= \frac{64}{64} - \frac{9}{64} \\
&= \frac{55}{64}
\end{aligned}$$

II)

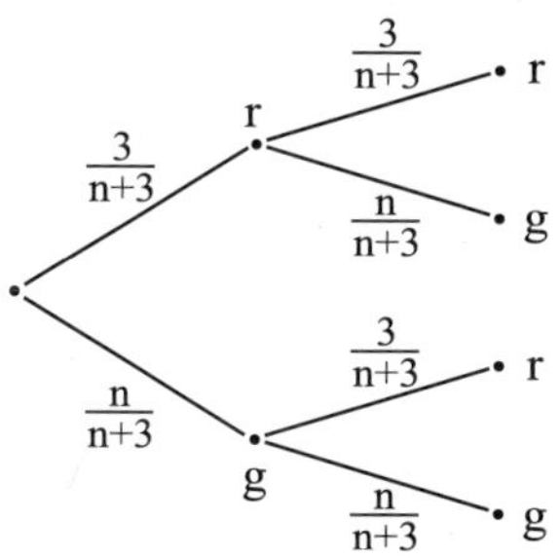

Wenn im Behälter 3 rote und eine unbekannte Anzahl (n) gelber Kugeln vorhanden sind, gibt es insgesamt $n+3$ Kugeln. Damit beträgt die Wahrscheinlichkeit bei jedem Ziehen für gelb (g): $\frac{n}{n+3}$ und für rot (r): $\frac{3}{n+3}$.

d) I)

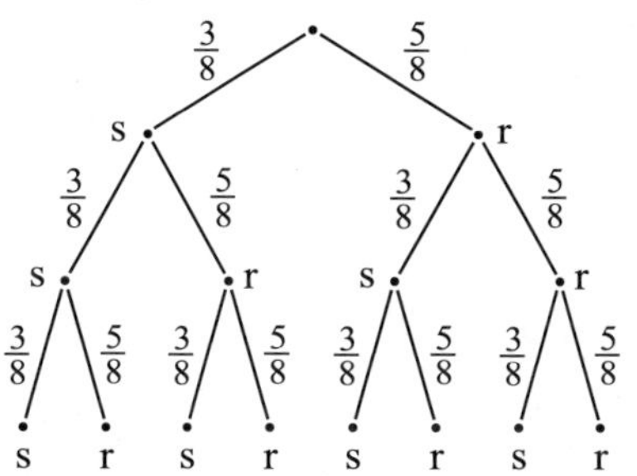

Zum Baumdiagramm passt z.B. folgende Situation:
In einer Urne befinden sich 5 rote und 3 schwarze Kugeln. Es werden drei Kugeln mit Zurücklegen gezogen, da die Wahrscheinlichkeiten beim 2. und beim 3. Zug gleich groß sind wie beim 1. Zug.

II) Die Wahrscheinlichkeit beträgt bei jedem Zug für rot (r): $\frac{5}{8}$ und für schwarz (s): $\frac{3}{8}$. Die Wahrscheinlichkeit, dass mindestens eine Kugel rot ist, erhält man am geschicktesten mit Hilfe des Gegenereignisses:

$$\begin{aligned} P(\text{«mindestens eine rote Kugel»}) &= 1 - P(\text{«keine rote Kugel»}) \\ &= 1 - P(\text{sss}) \\ &= 1 - \frac{3}{8} \cdot \frac{3}{8} \cdot \frac{3}{8} \\ &= \frac{512}{512} - \frac{27}{512} \\ &= \frac{485}{512} \end{aligned}$$

7.1.2 Ziehen ohne Zurücklegen

a)

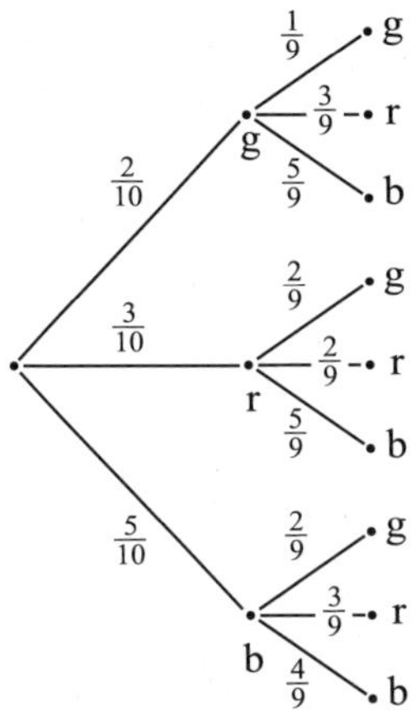

Da 2 grüne, 3 rote und 5 blaue, also insgesamt 10 Kugeln in der Urne sind, betragen die Wahrscheinlichkeiten beim 1. Ziehen für grün (g): $\frac{2}{10}$, für rot (r): $\frac{3}{10}$ und für blau (b): $\frac{5}{10}$.
Danach sind nur noch 9 Kugeln in der Urne und die Wahrscheinlichkeiten bei der 2. Ziehung hängen jeweils davon ab, welche Farbe beim 1. Mal gezogen wurde.

Die Wahrscheinlichkeit, dass eine grüne und eine rote Kugel gezogen wird, erhält man mit Hilfe der 1. und 2. Pfadregel (Produkt- und Summenregel):

$$\begin{aligned} P(A) &= P(\text{gr}) + P(\text{rg}) \\ &= \frac{2}{10} \cdot \frac{3}{9} + \frac{3}{10} \cdot \frac{2}{9} \\ &= \frac{12}{90} = \frac{2}{15} \end{aligned}$$

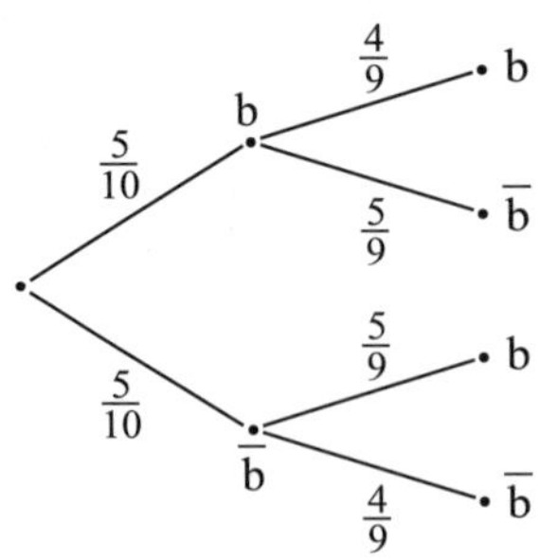

Da 5 blaue und 5 nicht blaue, also insgesamt 10 Kugeln in der Urne sind, betragen die Wahrscheinlichkeiten beim 1. Ziehen für blau (b): $\frac{5}{10}$ und für nicht blau $(\bar{b})$: $\frac{5}{10}$.

Danach sind nur noch 9 Kugeln in der Urne und die Wahrscheinlichkeiten bei der 2. Ziehung hängen jeweils davon ab, welche Farbe beim 1. Mal gezogen wurde.

Die Wahrscheinlichkeit für das Ereignis B, dass keine blaue Kugel gezogen wird, erhält man mit Hilfe der 1. Pfadregel (Produktregel):

$$P(B) = P(\bar{b}\bar{b}) = \frac{5}{10} \cdot \frac{4}{9} = \frac{20}{90} = \frac{2}{9}$$

b) I)

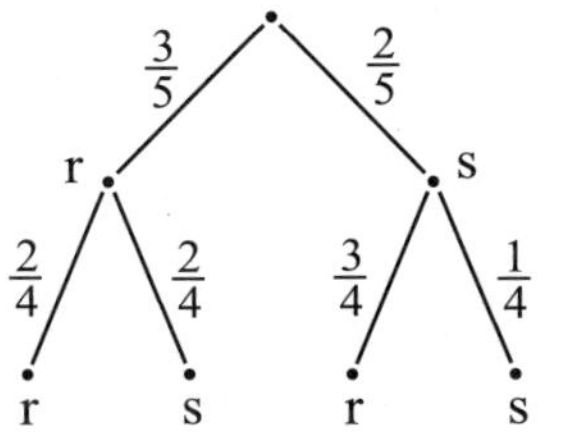

Zum Baumdiagramm passt z.B. folgende Situation:
In einer Urne befinden sich 3 rote und 2 schwarze Kugeln. Es werden zwei Kugeln ohne Zurücklegen gezogen, da die Wahrscheinlichkeiten beim 2. Zug anders sind als beim 1. Zug.

II) Die Wahrscheinlichkeit beträgt beim 1. Ziehen für rot (r): $\frac{3}{5}$ und für schwarz (s): $\frac{2}{5}$. Danach sind nur noch 4 Kugeln in der Urne und die Wahrscheinlichkeiten bei der 2. Ziehung hängen jeweils davon ab, welche Farbe beim 1. Mal gezogen wurde.
Die Wahrscheinlichkeit, dass beide Kugeln gleichfarbig sind, erhält man mit Hilfe der 1. und 2. Pfadregel (Produkt- und Summenregel):

$$\begin{aligned} P(\text{«beide Kugeln gleichfarbig»}) &= P(rr) + P(ss) \\ &= \frac{3}{5} \cdot \frac{2}{4} + \frac{2}{5} \cdot \frac{1}{4} \\ &= \frac{6}{20} + \frac{2}{20} = \frac{8}{20} \\ &= \frac{2}{5} \end{aligned}$$

c) Das gleichzeitige Ziehen von Kugeln entspricht einem Ziehen ohne Zurücklegen.
Da 7 weiße, 5 schwarze und 3 rote, also insgesamt 15 Kugeln in der Urne sind, betragen die Wahrscheinlichkeiten beim 1. Ziehen für weiß (w): $\frac{7}{15}$, für schwarz (s): $\frac{5}{15}$ und für rot (r): $\frac{3}{15}$.
Danach sind nur noch 14 Kugeln in der Urne und die Wahrscheinlichkeiten bei der 2. Ziehung hängen jeweils davon ab, welche Farbe beim 1. Mal gezogen wurde. Schließlich sind nur noch 13 Kugeln in der Urne.

Die Wahrscheinlichkeit für das Ereignis A, dass eine weiße und zwei schwarze Kugeln gezogen werden, erhält man mit Hilfe der 1. und 2. Pfadregel (Produkt- und Summenregel):

$$\begin{aligned} P(A) &= P(wss) + P(sws) + P(ssw) \\ &= \frac{7}{15} \cdot \frac{5}{14} \cdot \frac{4}{13} + \frac{5}{15} \cdot \frac{7}{14} \cdot \frac{4}{13} + \frac{5}{15} \cdot \frac{4}{14} \cdot \frac{7}{13} \\ &= 3 \cdot \frac{7}{15} \cdot \frac{5}{14} \cdot \frac{4}{13} \\ &= \frac{2}{13} \end{aligned}$$

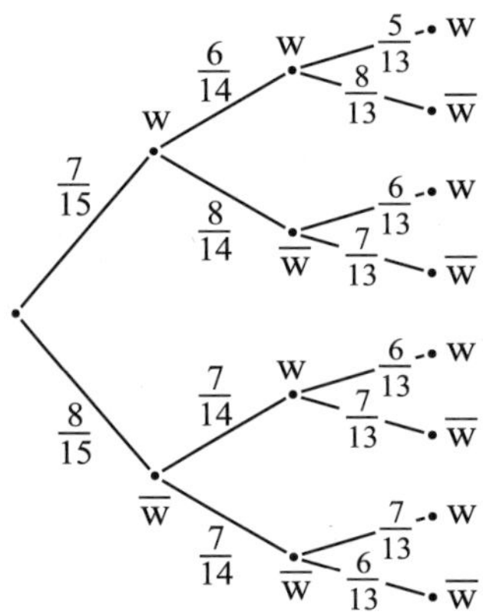

Da 7 weiße und 8 nicht weiße, also insgesamt 15 Kugeln in der Urne sind, betragen die Wahrscheinlichkeiten beim 1. Ziehen für weiß (w): $\frac{7}{15}$ und für nicht weiß $\bar{w}$: $\frac{8}{15}$.

Danach sind nur noch 14 Kugeln in der Urne und die Wahrscheinlichkeiten bei der 2. Ziehung hängen jeweils davon ab, welche Farbe beim 1. Mal gezogen wurde. Schließlich sind nur noch 13 Kugeln in der Urne.

Die Wahrscheinlichkeit für das Ereignis B, dass mindestens eine weiße Kugel gezogen wird, erhält man am geschicktesten mit Hilfe des Gegenereignisses:

$$\begin{aligned} P(B) &= 1 - P\left(\overline{B}\right) \\ &= 1 - P\left(\bar{w}\bar{w}\bar{w}\right) \\ &= 1 - \frac{8}{15} \cdot \frac{7}{14} \cdot \frac{6}{13} \\ &= 1 - \frac{8}{65} = \frac{57}{65} \end{aligned}$$

d) I)

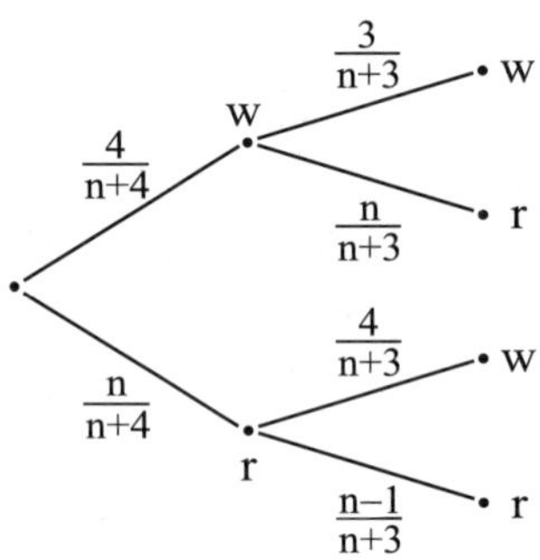

Wenn in der Urne 4 weiße und n rote Kugeln sind, gibt es insgesamt $n+4$ Kugeln. Damit beträgt die Wahrscheinlichkeit beim 1. Ziehen für weiß (w): $\frac{4}{n+4}$ und für rot (r): $\frac{n}{n+4}$.

Beim 2. Ziehen sind nur noch $n+3$ Kugeln vorhanden und die Wahrscheinlichkeiten hängen davon ab, welche Farbe schon gezogen wurde. Da die Wahrscheinlichkeit, dass beide Kugeln weiß sind, $\frac{1}{6}$ betragen soll, erhält man mit Hilfe der 1. Pfadregel folgende Gleichung:

$$\begin{aligned} P(\text{«beide Kugeln weiß»}) &= P(ww) \\ \frac{1}{6} &= \frac{4}{n+4} \cdot \frac{3}{n+3} \\ (n+4) \cdot (n+3) &= 72 \\ n^2 + 7n - 60 &= 0 \\ &\Rightarrow n_1 = 5 \text{ bzw. } n_2 = -12 \end{aligned}$$

Wegen $n > 0$ kommt nur $n_1 = 5$ als Lösung in Frage.
Also waren in der Urne 5 rote Kugeln vorhanden.

II) Da die Wahrscheinlichkeit, mindestens eine weiße Kugel zu ziehen, $\frac{2}{3}$ betragen soll, erhält man (am geschicktesten) mit Hilfe des Gegenereignisses folgende Gleichung:

$$\begin{aligned}
\text{P}(\text{«mindestens eine weiße Kugel»}) &= 1 - \text{P}(\text{«keine weiße Kugel»})\\
\frac{2}{3} &= 1 - \text{P}(\text{rr})\\
\frac{2}{3} &= 1 - \frac{n}{n+4} \cdot \frac{n-1}{n+3}\\
\frac{n}{n+4} \cdot \frac{n-1}{n+3} &= \frac{1}{3}\\
3 \cdot n \cdot (n-1) &= (n+4) \cdot (n+3)\\
3n^2 - 3n &= n^2 + 7n + 12\\
2n^2 - 10n - 12 &= 0\\
n^2 - 5n - 6 &= 0\\
&\Rightarrow n_1 = 6 \text{ bzw. } n_2 = -1
\end{aligned}$$

Wegen $n > 0$ kommt nur $n_1 = 6$ als Lösung in Frage.
Also waren in der Urne 6 rote Kugeln vorhanden.

7.1.3 Mehrstufige Experimente

a) I)

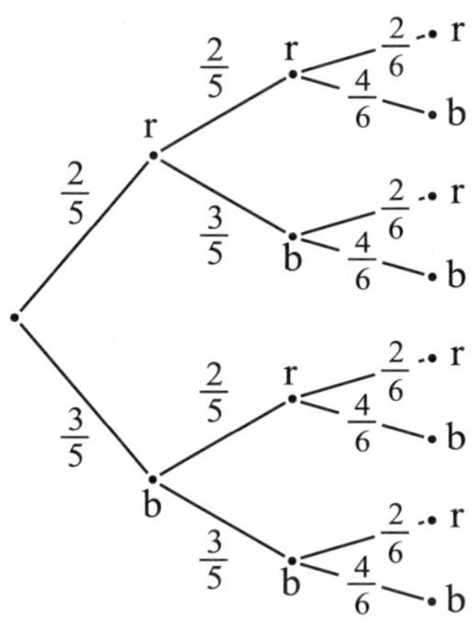

Es handelt sich um ein dreistufiges Experiment. Da 2 rote und 3 blaue Kugeln, also insgesamt 5 Kugeln, in Gefäß G_1 sind, betragen die Wahrscheinlichkeiten bei jedem Ziehen für rot (r): $\frac{2}{5}$ und für blau (b): $\frac{3}{5}$. Da in Gefäß G_2 2 rote und 4 blaue, also insgesamt 6 Kugeln sind, beträgt die Wahrscheinlichkeit für rot (r): $\frac{2}{6}$ und für blau (b): $\frac{4}{6}$.
Die Wahrscheinlichkeit, dass mindestens 2 rote Kugeln gezogen wurden, erhält man mit Hilfe der 1. und 2. Pfadregel (Produkt- und Summenregel):

$$\begin{aligned}
\text{P}(\text{«mind. zwei rote Kugeln»}) &= \text{P(brr)} + \text{P(rbr)} + \text{P(rrb)} + \text{P(rrr)}\\
&= \frac{3}{5} \cdot \frac{2}{5} \cdot \frac{2}{6} + \frac{2}{5} \cdot \frac{3}{5} \cdot \frac{2}{6} + \frac{2}{5} \cdot \frac{2}{5} \cdot \frac{4}{6} + \frac{2}{5} \cdot \frac{2}{5} \cdot \frac{2}{6}\\
&= \frac{12}{150} + \frac{12}{150} + \frac{16}{150} + \frac{8}{150}\\
&= \frac{24}{75}
\end{aligned}$$

II) 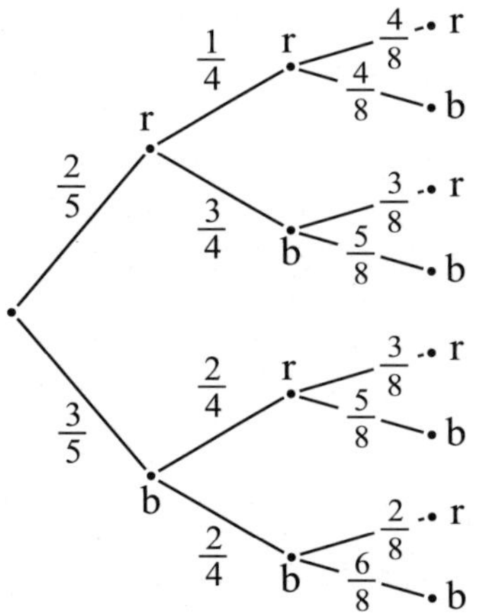

Es handelt sich um ein dreistufiges Experiment. Da 2 rote und 3 blaue, also insgesamt 5 Kugeln in Gefäß G_1 sind, betragen die Wahrscheinlichkeiten beim 1. Ziehen für rot (r): $\frac{2}{5}$ und für blau (b): $\frac{3}{5}$.
Danach sind nur noch 4 Kugeln in Gefäß G_1 und die Wahrscheinlichkeiten bei der 2. Ziehung aus G_1 hängen jeweils davon ab, welche Farbe beim 1. Mal gezogen wurde. Da die beiden Kugeln in Gefäß G_2 gelegt werden, gibt es insgesamt 8 Kugeln in G_2. Die Wahrscheinlichkeit der einzelnen Farbe hängt davon ab, was vorher gezogen wurde. Die Wahrscheinlichkeit, genau eine rote Kugel zu ziehen, erhält man mit Hilfe der 1. und 2. Pfadregel (Produkt- und Summenregel):

$$\begin{aligned} P(\text{« genau eine rote Kugel »}) &= P(bbr) + P(brb) + P(rbb) \\ &= \frac{3}{5}\cdot\frac{2}{4}\cdot\frac{2}{8} + \frac{3}{5}\cdot\frac{2}{4}\cdot\frac{5}{8} + \frac{2}{5}\cdot\frac{3}{4}\cdot\frac{5}{8} \\ &= \frac{12}{160} + \frac{30}{160} + \frac{30}{160} \\ &= \frac{9}{20} \end{aligned}$$

b) I) 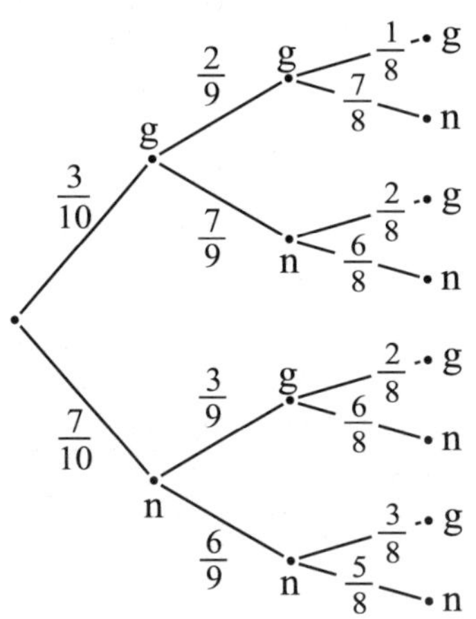

Da 3 Gewinne und 7 Nieten, also insgesamt 10 Lose in der Lostrommel sind, betragen die Wahrscheinlichkeiten beim 1. Ziehen für Gewinn (g): $\frac{3}{10}$ und für Niete (n): $\frac{7}{10}$.
Danach sind nur noch 9 Lose in der Trommel und die Wahrscheinlichkeiten bei der 2. und 3. Ziehung hängen jeweils davon ab, ob ein Gewinn oder eine Niete beim 1. bzw. 2. Mal gezogen wurde.

Die Wahrscheinlichkeit, dass genau zwei Gewinne gezogen werden, erhält man mit Hilfe der 1. und 2. Pfadregel (Produkt- und Summenregel):

$$\begin{aligned} P(\text{«genau zwei Gewinne»}) &= P(ggn) + P(gng) + P(ngg) \\ &= \frac{3}{10}\cdot\frac{2}{9}\cdot\frac{7}{8} + \frac{3}{10}\cdot\frac{7}{9}\cdot\frac{2}{8} + \frac{7}{10}\cdot\frac{3}{9}\cdot\frac{2}{8} \\ &= 3\cdot\frac{3}{10}\cdot\frac{2}{9}\cdot\frac{7}{8} \\ &= \frac{7}{40} \end{aligned}$$

II) Die Wahrscheinlichkeit, dass der Gewinn erst beim dritten Zug gezogen wird, erhält man mit Hilfe der 1. Pfadregel (Produktregel):

$$P(\text{«Gewinn beim dritten Zug»}) = P(nng) = \frac{7}{10}\cdot\frac{6}{9}\cdot\frac{3}{8} = \frac{7}{40}$$

c) I)

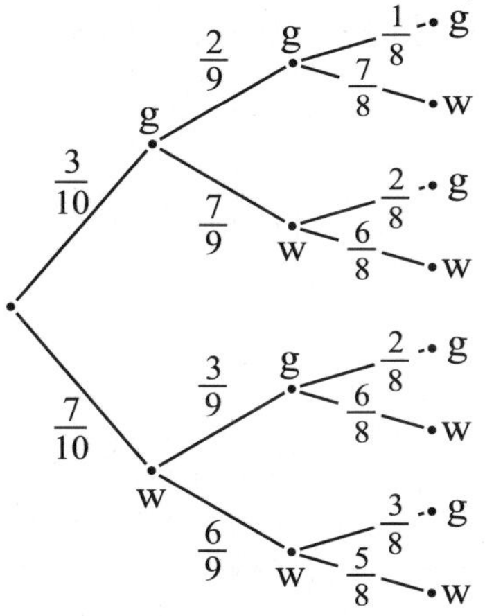

Da in der dritten Packung 3 gelbe und 7 weiße, also insgesamt 10 Tabletten sind, betragen die Wahrscheinlichkeiten beim 1. Ziehen für gelb (g): $\frac{3}{10}$ und für weiß (w): $\frac{7}{10}$. Danach sind nur noch 9 Tabletten in der Schachtel. Die Wahrscheinlichkeiten bei der 2. und 3. Ziehung hängen also jeweils davon ab, welche Farbe beim 1. bzw. 2. Mal gezogen wurde.

Die Wahrscheinlichkeit, dass aus der dritten Packung mindestens 2 gelbe Tabletten gezogen werden, erhält man mit Hilfe der 1. und 2. Pfadregel (Produkt- und Summenregel):

$$\begin{aligned} P(\text{«mind. 2 gelbe Tabletten»}) &= P(ggw) + P(gwg) + P(wgg) + P(ggg) \\ &= \frac{3}{10}\cdot\frac{2}{9}\cdot\frac{7}{8} + \frac{3}{10}\cdot\frac{7}{9}\cdot\frac{2}{8} + \frac{7}{10}\cdot\frac{3}{9}\cdot\frac{2}{8} + \frac{3}{10}\cdot\frac{2}{9}\cdot\frac{1}{8} \\ &= \frac{42}{720} + \frac{42}{720} + \frac{42}{720} + \frac{6}{720} \\ &= \frac{11}{60} \end{aligned}$$

II)

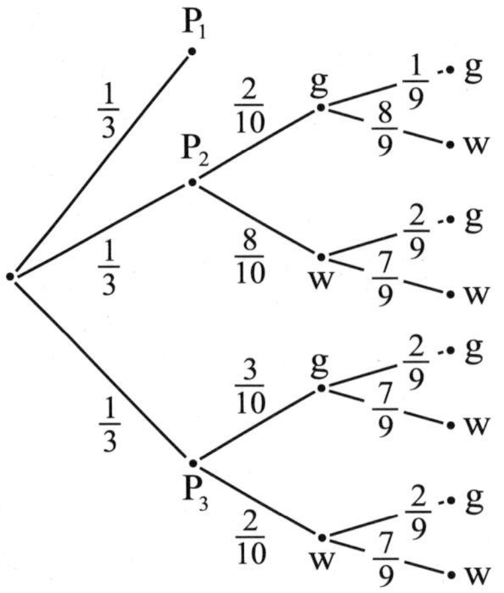

Da bei der 1. Ziehung 3 Packungen zur Verfügung stehen, beträgt die Wahrscheinlichkeit für jede Packung $\frac{1}{3}$. Da in der ersten Packung nur eine gelbe Tablette ist, können aus dieser keine 2 gelben Tabletten gezogen werden.

Aus der zweiten und dritten Packung können jeweils 2 gelbe Tabletten ohne Zurücklegen gezogen werden. Die Wahrscheinlichkeiten ändern sich dabei bei jedem Zug.

Die Wahrscheinlichkeit, dass beide Tabletten gelb sind, erhält man mit Hilfe der 1. und 2. Pfadregel (Produkt- und Summenregel):

$$\begin{aligned} P(\text{«beide Tabletten gelb»}) &= P(P_2gg) + P(P_3gg) \\ &= \frac{1}{3} \cdot \frac{2}{10} \cdot \frac{1}{9} + \frac{1}{3} \cdot \frac{3}{10} \cdot \frac{2}{9} \\ &= \frac{8}{270} \\ &= \frac{4}{135} \end{aligned}$$

d) I) Es handelt sich um ein vierstufiges Experiment, bei welchem die Wahrscheinlichkeiten miteinander multipliziert werden. Die Wahrscheinlichkeit einer jeden Stufe erhält man mit Hilfe der 1. Pfadregel für das Ziehen ohne Zurücklegen:

$$\begin{aligned} P(\text{alle Karten sind rot}) &= P_{(\text{Stapel1})}(rr) \cdot P_{(\text{Stapel2})}(rr) \\ &= \left(\frac{2}{5} \cdot \frac{1}{4}\right) \cdot \left(\frac{2}{6} \cdot \frac{1}{5}\right) \\ &= \frac{1}{150} \end{aligned}$$

II)

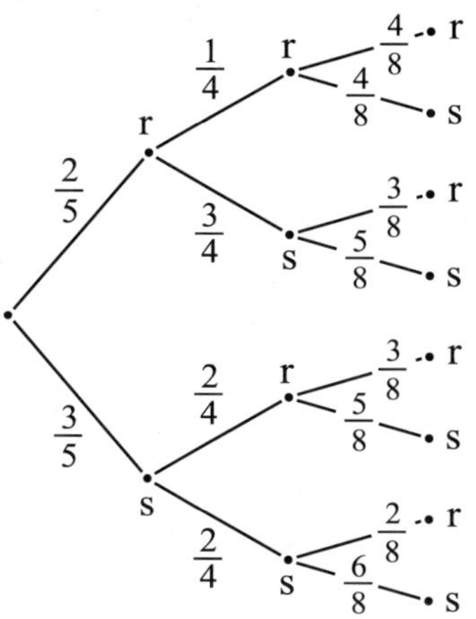

Da 2 rote und 3 schwarze, also insgesamt 5 Karten im 1. Stapel sind, betragen die Wahrscheinlichkeiten beim 1. Ziehen für rot (r): $\frac{2}{5}$ und für schwarz (s): $\frac{3}{5}$. Danach sind nur noch 4 Karten auf dem 1. Stapel und die Wahrscheinlichkeiten bei der 2. Ziehung hängen jeweils davon ab, welche Farbe beim 1. Mal gezogen wurde. Da die beiden Karten mit dem 2. Stapel vermischt werden, gibt es insgesamt 8 Karten im 2. Stapel. Die Wahrscheinlichkeit der einzelnen Farbe hängt davon ab, was vorher gezogen wurde.

Die Wahrscheinlichkeit, dass die zuletzt gezogene Karte schwarz ist, erhält man mit Hilfe der 1. und 2. Pfadregel (Produkt- und Summenregel):

$$\begin{aligned}
P(\text{«letzte Karte schwarz»}) &= P(rrs) + P(rss) + P(srs) + P(sss) \\
&= \frac{2}{5}\cdot\frac{1}{4}\cdot\frac{4}{8} + \frac{2}{5}\cdot\frac{3}{4}\cdot\frac{5}{8} + \frac{3}{5}\cdot\frac{2}{4}\cdot\frac{5}{8} + \frac{3}{5}\cdot\frac{2}{4}\cdot\frac{6}{8} \\
&= \frac{8}{160} + \frac{30}{160} + \frac{30}{160} + \frac{36}{160} \\
&= \frac{13}{20}
\end{aligned}$$

7.2 Binomialverteilung

Bei einem Bernoulli-Experiment wird die Wahrscheinlichkeit P eines Ereignisses mit k Treffern mit der Trefferwahrscheinlichkeit p und der Kettenlänge n (Anzahl der Durchführungen des Experiments) mit der sogenannten Bernoulli- Formel berechnet:

$$P(X = k) = \binom{n}{k} \cdot p^k \cdot (1-p)^{n-k}$$

a) Da es bei einem Wurf des Basketballers nur die beiden Ausgänge «Treffer» oder «Fehlwurf» gibt, handelt es sich um Bernoulli-Experiment. Er hat eine Trefferwahrscheinlichkeit von 90%. Da er 10 Mal wirft, beträgt die Kettenlänge $n = 10$.

I) Legt man X als Zufallsvariable für die Anzahl der Treffer fest, so ist X binomialverteilt mit den Parametern $p = 0,9$ und $n = 10$. Die Wahrscheinlichkeit, dass er genau 9 Mal trifft, erhält man mit der Bernoulli-Formel:

$$P(X = 9) = \binom{10}{9} \cdot 0,9^9 \cdot (1-0,9)^{10-9} = 10 \cdot 0,9^9 \cdot 0,1 = 0,9^9$$

II) Die Wahrscheinlichkeit für einen Fehlwurf beträgt 10%.

Legt man Y als Zufallsvariable für die Anzahl der Fehlwürfe fest, so ist Y binomialverteilt mit den Parametern $p = 0,1$ und $n = 10$. Die Wahrscheinlichkeit, dass der Basketballer höchstens einen Fehltreffer hat, erhält man mit der Bernoulli-Formel:

$$\begin{aligned} P(Y \leqslant 1) &= P(Y=0) + P(Y=1) \\ &= \binom{10}{0} \cdot 0,1^0 \cdot (1-0,1)^{10-0} + \binom{10}{1} \cdot 0,1^1 \cdot (1-0,1)^{10-1} \\ &= 1 \cdot 1 \cdot 0,9^{10} + 10 \cdot 0,1 \cdot 0,9^9 \end{aligned}$$

b) I) Da es bei der Stichprobe nur die beiden Ausgänge verdorben oder nicht verdorben gibt, handelt es sich um ein Bernoulliexperiment.

Die Wahrscheinlichkeit, dass eine Apfelsine verdorben ist, beträgt $p = 0,2 = \frac{1}{5}$, die Kettenlänge ist $n = 5$.

Legt man X als Zufallsvariable für die Anzahl der verdorbenen Apfelsinen fest, so ist X binomialverteilt mit den Parametern $n = 5$ und $p = \frac{1}{5}$. Die Wahrscheinlichkeit, dass in der Stichprobe genau eine verdorbene Apfelsine ist, erhält man mit der Bernoulli-Formel:

$$P(X=1) = \binom{5}{1} \cdot \left(\frac{1}{5}\right)^1 \cdot \left(\frac{4}{5}\right)^4$$

II) Um ein Ereignis A anzugeben, formt man die gegebene Wahrscheinlichkeit um:

$$P(A) = \binom{5}{3} \cdot 0,2^3 \cdot 0,8^2 = P(X=3)$$

Damit lautet das Ereignis A: In der Stichprobe sind genau drei verdorbene Apfelsinen enthalten.

Um ein Ereignis B anzugeben, formt man ebenfalls die gegebene Wahrscheinlichkeit um:

$$\begin{aligned} P(B) &= 1 - 0,2^5 \\ &= 1 - \binom{5}{5} \cdot 0,2^5 \cdot 0,8^0 \\ &= 1 - P(X=5) \end{aligned}$$

Dies ist die Wahrscheinlichkeit für das Gegenereignis zu: Es sind alle 5 Apfelsinen verdorben.

Damit lautet das Ereignis B: Es ist mindestens eine Apfelsine nicht verdorben.

c) I) Da die Zufallsvariable X binomialverteilt ist mit $p = 0,2$ und $n = 20$, gilt:

$$P(X=2) = \binom{20}{2} \cdot 0,2^2 \cdot (1-0,2)^{18} = \binom{20}{2} \cdot 0,2^2 \cdot 0,8^{18}$$

II) Aufgrund der Binomialverteilung mit $p = 0,2$ und $n = 20$ gilt ebenfalls:

$$\begin{aligned} P(X < 2) &= P(X = 0) + P(X = 1) \\ &= \binom{20}{0} \cdot 0,2^0 \cdot 0,8^{20} + \binom{20}{1} \cdot 0,2^1 \cdot 0,8^{19} \end{aligned}$$

und

$$\begin{aligned} P(X \neq 1) &= 1 - P(X = 1) \\ &= 1 - \binom{20}{1} \cdot 0,2^1 \cdot 0,8^{19} \end{aligned}$$

d) I) Da es bei einer Zwiebel nur die beiden Ausgänge «keimen» oder «nicht keimen» gibt, handelt es sich um ein Bernoulliexperiment.
Die Wahrscheinlichkeit, dass eine Zwiebel keimt, beträgt $p = 90\% = 0,9$. Die Kettenlänge ist $n = 20$. Damit gilt für die Wahrscheinlichkeit, dass von 20 Zwiebeln alle keimen:

$$P(X = 20) = \binom{20}{20} \cdot 0,9^{20} \cdot 0,1^0 = 1 \cdot 0,9^{20} \cdot 1 = 0,9^{20}$$

II) Um ein Ereignis A anzugeben, formt man die gegebene Wahrscheinlichkeit um:

$$\begin{aligned} P(A) &= \binom{20}{18} \cdot 0,9^{18} \cdot 0,1^2 + \binom{20}{19} \cdot 0,9^{19} \cdot 0,1^1 + 0,9^{20} \\ &= P(X = 18) + P(X = 19) + P(X = 20) \\ &= P(X \geqslant 18) \end{aligned}$$

Damit lautet das Ereignis A: Mindestens 18 Zwiebeln keimen.

Um ein Ereignis B anzugeben, formt man ebenfalls die gegebene Wahrscheinlichkeit um:

$$\begin{aligned} P(B) &= 1 - 0,1^{20} \\ &= 1 - \binom{20}{0} \cdot 0,9^0 \cdot 0,1^{20} \\ &= 1 - P(X = 0) \end{aligned}$$

Dies ist die Wahrscheinlichkeit für das Gegenereignis zu: Es keimt keine der 20 Zwiebeln.
Damit lautet das Ereignis B: Es keimt mindestens eine der Zwiebeln.

e) I) Da die Zufallsvariable X binomialverteilt ist mit $p = 0,4$ und $n = 10$, gilt:

$$P(X = 1) = \binom{10}{1} \cdot 0,4^1 \cdot (1 - 0,4)^9 = \binom{10}{1} \cdot 0,4^1 \cdot 0,6^9$$

II) Anhand der gegebenen Abbildung kann man folgende Wahrscheinlichkeiten näherungsweise ablesen:

$$\begin{aligned} P(X=4) &\approx 0,25 & \qquad P(X=8) &\approx 0,01 \\ P(X=5) &\approx 0,20 & P(X=9) &\approx 0,00 \\ P(X=6) &\approx 0,11 & P(X=10) &\approx 0,00 \\ P(X=7) &\approx 0,04 \end{aligned}$$

Damit gilt:

$$P(3<X<6) = P(X=4) + P(X=5) \approx 0,25 + 0,20 = 0,45$$

und

$$\begin{aligned} P(X>6) &= P(X=7) + P(X=8) + P(X=9) + P(X=10) \\ &\approx 0,04 + 0,01 + 0,00 + 0,00 \\ &= 0,05 \end{aligned}$$

f) Eine Zufallsgröße X ist binomialverteilt mit der Trefferwahrscheinlichkeit p und dem Stichprobenumfang $n = 2$.

I) Für $p = 0,4$ erhält man die Wahrscheinlichkeit $P(X \leqslant 1)$ mit Hilfe der Bernoulli-Formel:

$$\begin{aligned} P(X \leqslant 1) &= P(X=0) + P(X=1) \\ &= \binom{2}{0} \cdot 0,4^0 \cdot (1-0,4)^{2-0} + \binom{2}{1} \cdot 0,4^1 \cdot (1-0,4)^{2-1} \\ &= 1 \cdot 1 \cdot 0,6^2 + 2 \cdot 0,4 \cdot 0,6 \\ &= 0,36 + 2 \cdot 0,24 \\ &= 0,36 + 0,48 \\ &= 0,84 \end{aligned}$$

Alternativ erhält man die Wahrscheinlichkeit $P(X \leqslant 1)$ mit Hilfe der Wahrscheinlichkeit des Gegenereignisses und der Bernoulli-Formel:

$$\begin{aligned} P(X \leqslant 1) &= 1 - P(X=2) \\ &= 1 - \binom{2}{2} \cdot 0,4^2 \cdot (1-0,4)^{2-2} \\ &= 1 - 1 \cdot 0,4^2 \cdot 0,6^0 \\ &= 1 - 0,4^2 \\ &= 1 - 0,16 \\ &= 0,84 \end{aligned}$$

Die Wahrscheinlichkeit für $P(X \leqslant 1)$ beträgt $0,84$.

II) Mit Hilfe der Wahrscheinlichkeiten der jeweiligen Gegenereignisse erhält man:

$$\begin{aligned}
P(X \neq 0) + P(X \neq 1) + P(X \neq 2) &= (P(X=1) + P(X=2)) + (P(X=0) + P(X=2)) \\
&\quad + (P(X=0) + P(X=1)) \\
&= 2 \cdot (P(X=0) + P(X=1) + P(X=2)) \\
&= 2 \cdot 1 \\
&= 2
\end{aligned}$$

Somit gilt für jeden Wert von p:

$$P(X \neq 0) + P(X \neq 1) + P(X \neq 2) = 2$$

7.3 Erwartungswert

a) Da in der Urne 1 weiße, 1 rote und 8 schwarze Kugeln sind, beträgt die Wahrscheinlichkeit für weiß: $\frac{1}{10}$, für rot: $\frac{1}{10}$ und für schwarz: $\frac{8}{10}$. Damit erhält man für die Auszahlungsbeträge folgende Verteilung:

Ereignis	Auszahlungsbetrag x_i	$P(x_i)$	$x_i \cdot P(x_i)$
weiß	4	$\frac{1}{10}$	0,4
rot	8	$\frac{1}{10}$	0,8
schwarz	0	$\frac{8}{10}$	0
Summe		1	1,2

Sei X Zufallsvariable für die Höhe des Gewinns. Den Erwartungswert E von X erhält man, indem man die möglichen Auszahlungsbeträge mit den zugehörigen Wahrscheinlichkeiten multipliziert und den Einsatz subtrahiert:

$$E(X) = 4 \cdot 0,1 + 8 \cdot 0,1 + 0 \cdot 0,8 - 0,5 = 1,2 - 0,5 = 0,7$$

Der Erwartungswert für den Gewinn beträgt 0,70€.

b) I) Mit $n = 80$ und $p = 0,3$ ergibt sich für den Erwartungswert:

$$E(X) = n \cdot p = 80 \cdot 0,3 = 24$$

II) Mit $E(X) = 20$ und $n = 50$ ergibt sich für die Trefferwahrscheinlichkeit:

$$20 = 50 \cdot p \Rightarrow p = \frac{2}{5} = 0,4$$

III) Mit $E(X) = 12$ und $p = 0,6$ ergibt sich für die Kettenlänge:

$$12 = n \cdot 0,6 \Rightarrow n = \frac{12}{0,6} = 20$$

c) Die Wahrscheinlichkeit beträgt für 1 €: $\frac{180}{360}$, für 3 €: $\frac{120}{360}$ und für 4 €: $\frac{60}{360}$. Damit ergibt sich für die Auszahlungsbeträge folgende Verteilung:

Auszahlungsbetrag x_i in €	$P(x_i)$	$x_i \cdot P(x_i)$
1	$\frac{180}{360}$	$\frac{1}{2}$
3	$\frac{120}{360}$	1
4	$\frac{60}{360}$	$\frac{2}{3}$

Sei X Zufallsvariable für die Höhe des Gewinns. Den Erwartungswert von X erhält man, indem man die möglichen Auszahlungsbeträge mit den zugehörigen Wahrscheinlichkeiten multipliziert und den Einsatz von 2 Euro subtrahiert:

$$E(X) = 1 \cdot \frac{180}{360} + 3 \cdot \frac{120}{360} + 4 \cdot \frac{60}{360} - 2 = \frac{1}{2} + 1 + \frac{2}{3} - 2 = \frac{1}{6} \approx 0,17$$

Der Erwartungswert beträgt also etwa 17 Cent.

d) Da in der Urne 4 weiße, 4 rote und 2 schwarze Kugeln sind, beträgt die Wahrscheinlichkeit für weiß (w): $\frac{4}{10} = 0,4$, für rot (r): $\frac{4}{10} = 0,4$ und für schwarz (s): $\frac{2}{10} = 0,2$. Damit ergibt sich für die Auszahlungsbeträge folgende Verteilung:

Ereignis	Auszahlungsbetrag x_i in €	$P(x_i)$	$x_i \cdot P(x_i)$
weiß	1	0,4	0,4
rot	2	0,4	0,8
schwarz	0	0,2	0
Summe		1	1,2

Sei X Zufallsvariable für die Höhe des Gewinns. Den Erwartungswert von X erhält man, indem man die möglichen Auszahlungsbeträge mit den zugehörigen Wahrscheinlichkeiten multipliziert und den Einsatz von 1 Euro subtrahiert:

$$E(X) = 1 \cdot 0,4 + 2 \cdot 0,4 + 0 \cdot 0,2 - 1 = 1,2 - 1 = 0,2$$

Der Erwartungswert beträgt $0,20$ €.
Da der Erwartungswert nicht Null ist, ist das Spiel auch nicht fair. Es wird in diesem Fall der Spieler begünstigt, da der Erwartungswert des Spielers positiv ist.

e)

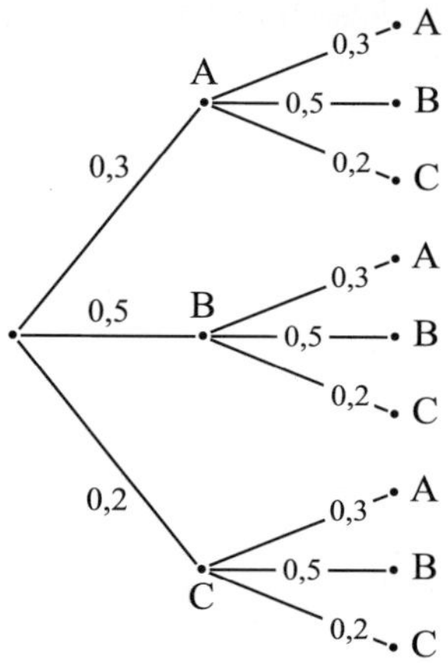

Die Wahrscheinlichkeiten für die Buchstaben A, B und C betragen bei jedem Drehen:
$P(A) = 0,3$
$P(B) = 0,5$
$P(C) = 0,2$

Die Wahrscheinlichkeit, dass zwei gleiche Buchstaben erscheinen, erhält man mit Hilfe der 1. und 2. Pfadregel (Produkt- und Summenregel):

$$\begin{aligned} P(\text{«zwei gleiche Buchstaben»}) &= P(AA) + P(BB) + P(CC) \\ &= 0,3 \cdot 0,3 + 0,5 \cdot 0,5 + 0,2 \cdot 0,2 \\ &= 0,09 + 0,25 + 0,04 \\ &= 0,38 \end{aligned}$$

Sei X Zufallsvariable für die Höhe des Gewinns. Den Erwartungswert von X erhält man, indem man den möglichen Auszahlungsbetrag mit der zugehörigen Wahrscheinlichkeit multipliziert und den Einsatz subtrahiert:

$$E(X) = 10 \cdot 0,38 - 4 = 3,8 - 4 = -0,2$$

Der Erwartungswert beträgt $-0,20$ Euro.
Da der Erwartungswert nicht Null ist, ist das Spiel auch nicht fair. Es wird der Spieler benachteiligt.

f) Den Erwartungswert E(X) der Zufallsvariablen X erhält man, indem man die möglichen Werte von x_i mit den zugehörigen Wahrscheinlichkeiten multipliziert und die Ergebnisse addiert:

$$E(X) = -5 \cdot 0,1 + (-1) \cdot a + 0 \cdot b + 3 \cdot 0,3 = -0,5 - a + 0,9 = 0,4 - a$$

Wegen $E(X) = 0,3$ erhält man folgende Gleichung:

$$0,3 = 0,4 - a \Rightarrow a = 0,1$$

Da die Summe aller Wahrscheinlichkeiten 1 ergeben muss, gilt mit $a = 1$:

$$0,1 + 0,1 + b + 0,3 = 1 \Rightarrow b = 0,5$$

g) Um zu zeigen, dass der Erwartungswert von X nicht größer als 2,2 sein kann, bestimmt man den Erwartungswert von X:

$$E(X) = 0 \cdot p_1 + 1 \cdot \frac{3}{10} + 2 \cdot \frac{1}{5} + 3 \cdot p_2 = \frac{7}{10} + 3 \cdot p_2$$

Da die Summe der Wahrscheinlichkeiten nicht größer als 1 sein darf, gilt:

$$p_2 \leqslant 1 - \frac{3}{10} - \frac{1}{5} = \frac{1}{2}$$

Damit gilt für den Erwartungswert:

$$E(X) \leqslant \frac{7}{10} + 3 \cdot \frac{1}{2} = 2{,}2$$

Somit kann der Erwartungswert von X nicht größer als 2,2 sein.

7.4 Verständnis von Zusammenhängen

a) Allgemein gilt für eine binomialverteilte Zufallsvariable X mit Kettenlänge n und Trefferwahrscheinlichkeit p: Die Wahrscheinlichkeit für genau k Treffer beträgt:

$$P(X = k) = \binom{n}{k} \cdot p^k \cdot (1-p)^{n-k}$$

In diesem Fall beschreibt X die Anzahl der Überraschungseier, die eine Filmfigur enthalten, wenn man zufällig 20 Eier erwirbt: $n = 20$, $p = \frac{1}{5}$.
Die Rechnung:

$$\binom{20}{2} \cdot \left(\frac{1}{5}\right)^2 \cdot \left(\frac{4}{5}\right)^{18} \approx 0{,}137$$

liefert somit die Wahrscheinlichkeit $P(X = 2)$.
Damit beträgt die Wahrscheinlichkeit, dass bei 20 Eiern genau zwei Eier eine Figur aus dem Film enthalten, etwa 13,7%.

b) Laut Verpackungsangabe kommt es bei sachgerechter Pflanzung einer Tulpenzwiebel im nächsten Frühjahr mit einer Wahrscheinlichkeit von $p = 0{,}98$ zu einer Blüte. $0{,}98^n$ ist also die Wahrscheinlichkeit, dass von n ($n \in \mathbb{N}$) sachgerecht gepflanzten Tulpenzwiebeln alle n Zwiebeln im nächsten Frühjahr zu einer Blüte kommen. Ungleichung (I) beschreibt die Bedingung für die Wahrscheinlichkeit, dass alle n gepflanzten Tulpenzwiebeln im nächsten Frühjahr blühen, größer als 75 % ist:

$$0{,}98^n > 0{,}75$$

Ungleichung (II) beschreibt die Lösung von Ungleichung (I): $n < 14{,}24$.
Also dürfen höchstens 14 Tulpenzwiebeln gepflanzt werden, wenn gewährleistet werden soll, dass mit einer Wahrscheinlichkeit von mehr als 75 % alle gepflanzten Tulpenzwiebeln blühen.

c) Legt man X als Zufallsvariable für die Anzahl der erfolgreich entwöhnten nicht starken Raucher fest, so ist X binomialverteilt mit den Parametern $n = 8$ und $p = 0,7$. Die Wahrscheinlichkeit, dass bei genau fünf der acht nicht starken Raucher die Entwöhnung erfolgreich ist, erhält man mit der Bernoulliformel $P(X = 5) = \binom{8}{5} \cdot 0,7^5 \cdot 0,3^3$. Also beschreibt Term (v) diesen Sachverhalt.
Wenn bei genau fünf der acht nicht starken Raucher die Entwöhnung erfolgreich ist, so ist bei genau drei der acht nicht starken Raucher die Entwöhnung nicht erfolgreich. Legt man Y als Zufallsvariable für die Anzahl der nicht erfolgreich entwöhnten nicht starken Raucher fest, so ist Y binomialverteilt mit den Parametern $n = 8$ und $q = 1 - p = 0,3$. Die Wahrscheinlichkeit, dass bei genau drei der acht nicht starken Raucher die Entwöhnung nicht erfolgreich ist, erhält man mit der Bernoulliformel $P(Y = 3) = \binom{8}{3} \cdot 0,3^3 \cdot 0,7^5$. Also beschreibt Term (i) diesen Sachverhalt.
Somit beschreiben (i) und (v) die gesuchte Wahrscheinlichkeit.

d) Die Wahrscheinlichkeit, dass eine Tasse fehlerfrei glasiert ist, beträgt $p = 0,8$.

I) Die Wahrscheinlichkeit des Ereignisses A: «Von den entnommenen Tassen ist nur die 8. nicht fehlerfrei glasiert» erhält man durch Multiplikation der Wahrscheinlichkeiten jeder Stufe:

$$P(A) = 0,8^7 \cdot 0,2^1 \cdot 0,8^2 = 0,2 \cdot 0,8^9$$

II) Die Wahrscheinlichkeit, dass eine Tasse nicht fehlerfrei glasiert ist, beträgt $q = 0,2$. Die gegebene Wahrscheinlichkeit wird mit Hilfe der Bernoulli-Formel dargestellt:

$$P(B) = 0,8^{10} + 10 \cdot 0,8^9 \cdot 0,2^1 + \binom{10}{2} \cdot 0,8^8 \cdot 0,2^2$$
$$P(B) = \binom{10}{0} \cdot 0,2^0 \cdot 0,8^{10} + \binom{10}{1} \cdot 0,2^1 \cdot 0,8^9 + \binom{10}{2} \cdot 0,2^2 \cdot 0,8^8$$

Das Ereignis B kann damit folgendermaßen beschrieben werden: «Von den 10 entnommenen Tassen sind höchstens zwei nicht fehlerfrei glasiert».

Pflichtteil 2014*

Tipps ab Seite 202, Lösungen ab Seite 204

Aufgabe 1

Bilden Sie die erste Ableitung der Funktion f mit $f(x) = \sqrt{x} \cdot e^{2x}$.

(2 VP)

Aufgabe 2

Berechnen Sie das Integral $\int_0^1 \frac{4}{(2x+1)^3}\,dx$.

(2 VP)

Aufgabe 3

Lösen Sie die Gleichung $x^4 = 4 + 3x^2$.

(2 VP)

Aufgabe 4

Die Abbildung zeigt die Graphen K_f und K_g zweier Funktionen f und g.

a) Bestimmen Sie $f(g(3))$. Bestimmen Sie einen Wert für x so, dass $f(g(x)) = 0$ ist.

b) Die Funktion h ist gegeben durch $h(x) = f(x) \cdot g(x)$. Bestimmen Sie $h'(2)$.

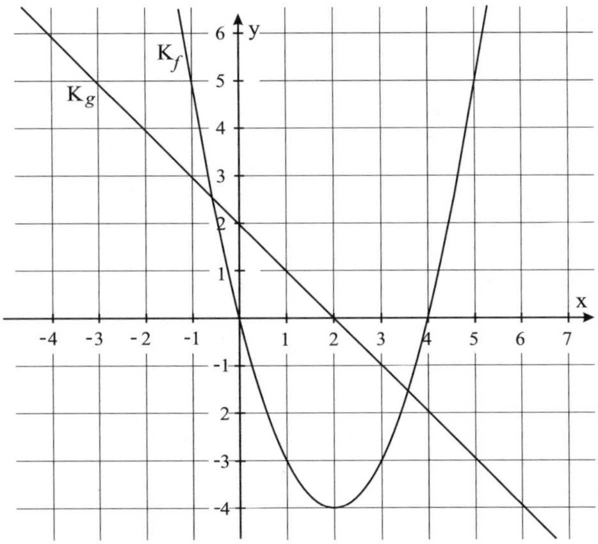

(4 VP)

*Der Pflichtteil wurde an die neuen Bestimmungen für das Abitur ab 2019 angepasst.

Aufgabe 5

Gegeben sind die Ebenen E: $x_1 + x_2 = 4$ und F: $x_1 + x_2 + 2x_3 = 4$.

a) Stellen Sie die beiden Ebenen in einem gemeinsamen Koordinatensystem dar.
Geben Sie eine Gleichung der Schnittgeraden von E und F an.

b) Die Ebene G ist parallel zur x_1-Achse und schneidet die x_2x_3-Ebene in derselben Spurgeraden wie die Ebene F.
Geben Sie eine Gleichung der Ebene G an.

(5 VP)

Aufgabe 6

Gegeben sind die Punkte $A(1 \mid 10 \mid 1)$, $B(-3 \mid 13 \mid 1)$ und $C(2 \mid 3 \mid 1)$.
Die Gerade g verläuft durch A und B.
Bestimmen Sie den Abstand des Punktes C von der Geraden g.

(3 VP)

Aufgabe 7

An einem Spielautomaten verliert man durchschnittlich zwei Drittel aller Spiele.

a) Formulieren Sie ein Ereignis A, für das gilt:

$$P(A) = \binom{10}{8} \cdot \left(\frac{2}{3}\right)^8 \cdot \left(\frac{1}{3}\right)^2 + 10 \cdot \left(\frac{2}{3}\right)^9 \cdot \frac{1}{3} + \left(\frac{2}{3}\right)^{10}$$

b) Jemand spielt vier Spiele an dem Automaten.
Mit welcher Wahrscheinlichkeit verliert er dabei genau zwei Mal?

(2 VP)

Summe: 20 VP

Tipps Pflichtteil 2014

1. Schreiben Sie die Wurzel als Potenz und verwenden Sie die Produktregel $(u(x)\cdot v(x))' = u'(x)\cdot v(x) + u(x)\cdot v'(x)$ sowie die Kettenregel $(u(v(x)))' = u'(v(x))\cdot v'(x)$ (äußere Ableitung mal innere Ableitung).

2. Schreiben Sie den Integranden als Potenz mit negativer Hochzahl, bestimmen Sie eine Stammfunktion durch lineare Integration («Äußere Stammfunktion geteilt durch innere Ableitung») und verwenden Sie den Hauptsatz der Differential- und Integralrechnung: $\int_a^b f(x)\,\mathrm{d}x = \mathrm{F}(b) - \mathrm{F}(a)$, wobei F eine Stammfunktion von f ist.

3. Substituieren Sie $x^2 = z$ und lösen Sie die entstandene Gleichung mit Hilfe der *pq*- oder *abc*-Formel nach z auf. Beachten Sie bei der Resubstitution, dass man aus einer negativen Zahl keine Wurzel ziehen kann.

4. Bestimmen Sie anhand der gegebenen Schaubilder die Funktionswerte und Steigungen für verschiedene x-Werte.
   Beachten Sie, dass der Graph von f bei $x = 2$ einen Tiefpunkt hat und dass der Graph von g eine Gerade mit negativer Steigung ist.
   a) Zur Bestimmung von $f(g(3))$ verwenden Sie $g(3)$ und den zugehörigen Funktionswert von f. Um einen Wert für x so zu bestimmen, dass $f(g(x)) = 0$ ist, verwenden Sie die Nullstellen von f. Setzen Sie diese mit $g(x)$ gleich und lesen Sie die zugehörigen x-Werte ab.
   b) Die 1. Ableitung der Funktion h mit $h(x) = f(x)\cdot g(x)$ erhalten Sie mit der Produktregel. Setzen Sie die abgelesenen Funktionswerte und Steigungen für $x = 2$ ein.

5. a) Um die beiden Ebenen in einem gemeinsamen Koordinatensystem darzustellen, bestimmen Sie die jeweiligen Spurpunkte. Dazu setzen Sie jeweils zwei Koordinaten gleich Null. Bei einem Widerspruch ist die Ebene parallel zu der entsprechenden Koordinatenachse.
   Eine Gleichung der Schnittgeraden s von E und F erhalten Sie, indem Sie die Gleichung durch die berechneten Spurpunkte aufstellen. Alternativ können Sie auch das lineare Gleichungssystem, welches aus den beiden Ebenengleichungen besteht, lösen. Wählen Sie z.B. $x_2 = t$ und berechnen Sie x_1 und x_3 in Abhängigkeit von t. Schreiben Sie das erhaltene Ergebnis als Geradengleichung.
   b) Überlegen Sie, welche beiden Spurpunkte die Ebene G enthält. Verwenden Sie einen dieser Punkte als Stützpunkt.
   Da G parallel zur x_1-Achse ist, ist ein Spannvektor von G ein Richtungsvektor der x_1-Achse, der andere Spannvektor ist der Verbindungsvektor der beiden Spurpunkte. Damit erhalten Sie eine Parametergleichung der Ebene G.

Alternativ können Sie auch als allgemeinen Ansatz der Ebene G die Koordinatengleichung G: $ax_1 + bx_2 + cx_3 = d$ mit Normalenvektor $\vec{n} = \begin{pmatrix} a \\ b \\ c \end{pmatrix}$ wählen. Beachten Sie, dass das Skalarprodukt des Normalenvektors $\vec{n}$ von G und des Richtungsvektors $\vec{r}$ der x_1-Achse gleich Null ist, da G parallel zur x_1-Achse ist. Setzen Sie die beiden Spurpunkte in die allgemeine Koordinatengleichung von G ein und lösen Sie das Gleichungssystem.

6. Skizzieren Sie die Problemstellung. Stellen Sie die Gleichung der Geraden g durch A und B auf. Den Abstand des Punktes C von der Geraden g erhalten Sie, indem Sie eine Hilfsebene E_H aufstellen, die durch C geht und orthogonal zu g verläuft, d.h. als Normalenvektor $\vec{n}$ von E_H können Sie den Richtungsvektor $\vec{u}$ von g wählen. Setzen Sie dazu den Ortsvektor von C und $\vec{n} = \vec{u}$ in die Punkt-Normalenform $(\vec{x} - \vec{c}) \cdot \vec{n} = 0$ ein. Anschließend schneiden Sie E_H und g und berechnen den Abstand von C zum Schnittpunkt S, indem Sie den Betrag des Verbindungsvektors von C zu S bestimmen.

7. Beachten Sie, dass es sich um ein Bernoulli-Experiment handelt, da es nur zwei verschiedene Ausgänge bei einem Spiel gibt. Geben Sie die Trefferwahrscheinlichkeit p für das Verlieren eines Spiels an und legen Sie X als Zufallsvariable für die Anzahl der verlorenen Spiele fest.

   a) Um ein Ereignis A anzugeben, formen Sie die gegebene Wahrscheinlichkeit so um, dass bei jedem Summanden die Bernoulli-Formel $\mathrm{P(X = k)} = \binom{\mathrm{n}}{\mathrm{k}} \cdot \mathrm{p^k} \cdot (1 - \mathrm{p})^{\mathrm{n-k}}$ sichtbar wird. Bestimmen Sie anschließend die Anzahl der Spiele (n) und die Anzahl der verlorenen Spiele (k).

   b) Bestimmen Sie n (Anzahl der Spiele) und k (Anzahl der verlorenen Spiele) und verwenden Sie die Bernoulli-Formel $\mathrm{P(X = k)} = \binom{\mathrm{n}}{\mathrm{k}} \cdot \mathrm{p^k} \cdot (1 - \mathrm{p})^{\mathrm{n-k}}$.

Lösungen Pflichtteil 2014

1. Zur Bestimmung der Ableitung der Funktion f mit $f(x) = \sqrt{x} \cdot e^{2x}$ schreibt man die Wurzel als Potenz und verwendet die Produkt- und Kettenregel.
Mit $f(x) = \sqrt{x} \cdot e^{2x} = x^{\frac{1}{2}} \cdot e^{2x}$ ergibt sich:

$$f'(x) = \frac{1}{2}x^{-\frac{1}{2}} \cdot e^{2x} + x^{\frac{1}{2}} \cdot e^{2x} \cdot 2 = \left(\frac{1}{2\sqrt{x}} + 2\sqrt{x}\right) \cdot e^{2x}$$

2. Zur Berechnung des Integrals $\int_0^1 \frac{4}{(2x+1)^3}\,\mathrm{d}x$ schreibt man zuerst den Integranden als Potenz mit negativer Hochzahl.
Anschließend bestimmt man eine Stammfunktion durch lineare Integration («Äußere Stammfunktion geteilt durch innere Ableitung») und verwendet den Hauptsatz der Differential- und Integralrechnung. Damit erhält man:

$$\begin{aligned}\int_0^1 \frac{4}{(2x+1)^3}\,\mathrm{d}x &= \int_0^1 4 \cdot (2x+1)^{-3}\,\mathrm{d}x \\ &= \left[\frac{\frac{4}{-2} \cdot (2x+1)^{-2}}{2}\right]_0^1 \\ &= \left[-\frac{1}{(2x+1)^2}\right]_0^1 \\ &= \left(-\frac{1}{(2 \cdot 1+1)^2}\right) - \left(-\frac{1}{(2 \cdot 0+1)^2}\right) \\ &= -\frac{1}{9} + 1 \\ &= \frac{8}{9}\end{aligned}$$

3. Bei der Gleichung $x^4 = 4 + 3x^2$ kann man $x^2 = z$ substituieren. Die Gleichung wird zu $z^2 = 4 + 3z$ bzw. $z^2 - 3z - 4 = 0$. Lösen mit Hilfe der pq- oder abc-Formel ergibt $z_1 = 4$ und $z_2 = -1$. Die Resubstitution $x^2 = 4$ führt zu den Lösungen $x_1 = -2$ und $x_2 = 2$, die Resubstitution $x^2 = -1$ führt zu keinen weiteren reellen Lösungen, da man die Wurzel aus einer negativen Zahl nicht ziehen kann.
Die Gleichung hat also die Lösungsmenge $\mathrm{L} = \{-2; 2\}$.

4. Anhand der gegebenen Schaubilder kann man folgende Funktionswerte und Steigungen direkt ablesen:
Für den Graphen von f gilt: $f(-1) = 5$, $f(0) = 0$, $f(1) = -3$, $f(2) = -4$, $f(3) = -3$, $f(4) = 0$ und $f(5) = 5$.
Da der Graph von f bei $x = 2$ einen Tiefpunkt hat, gilt: $f'(2) = 0$.

Für den Graphen von g gilt: $g(-3) = 5$, $g(-2) = 4$, $g(-1) = 3$, $g(0) = 2$, $g(1) = 1$, $g(2) = 0$, $g(3) = -1$, $g(4) = -2$ und $g(5) = -3$.

Da der Graph von g eine Gerade mit Steigung $m = -1$ ist, gilt für alle x-Werte: $g'(x) = -1$.

a) Verwendet man die abgelesenen Funktionswerte, so gilt:

$$f(g(3)) = f(-1) = 5$$

Um einen Wert für x so zu bestimmen, dass $f(g(x)) = 0$ ist, verwendet man die Nullstellen von f.
Mit $f(0) = 0$ muss gelten: $g(x) = 0 \Rightarrow x = 2$.
Mit $f(4) = 0$ muss gelten: $g(x) = 4 \Rightarrow x = -2$.
Somit gilt $f(g(x)) = 0$ für $x_1 = -2$ und $x_2 = 2$.

b) Die 1. Ableitung der Funktion h mit $h(x) = f(x) \cdot g(x)$ erhält man mit der Produktregel:

$$h'(x) = f'(x) \cdot g(x) + f(x) \cdot g'(x)$$

Setzt man die abgelesenen Funktionswerte und Steigungen für $x = 2$ ein, ergibt sich:

$$\begin{aligned} h'(2) &= f'(2) \cdot g(2) + f(2) \cdot g'(2) \\ &= 0 \cdot 0 + (-4) \cdot (-1) \\ &= 4 \end{aligned}$$

5. Gegeben sind die Ebenen E: $x_1 + x_2 = 4$ und F: $x_1 + x_2 + 2x_3 = 4$.

a) Um die beiden Ebenen in einem gemeinsamen Koordinatensystem darzustellen, bestimmt man die jeweiligen Spurpunkte. Dazu setzt man jeweils zwei Koordinaten gleich Null.
Für die Ebene E ergeben sich die Spurpunkte $S_1\,(4 \mid 0 \mid 0)$ und $S_2\,(0 \mid 4 \mid 0)$, einen Spurpunkt auf der x_3-Achse gibt es aufgrund des Widerspruchs $0 = 4$ nicht, also ist die Ebene E parallel zur x_3-Achse.
Für die Ebene F ergeben sich die Spurpunkte $T_1\,(4 \mid 0 \mid 0)$, $T_2\,(0 \mid 4 \mid 0)$ und $T_3\,(0 \mid 0 \mid 2)$.

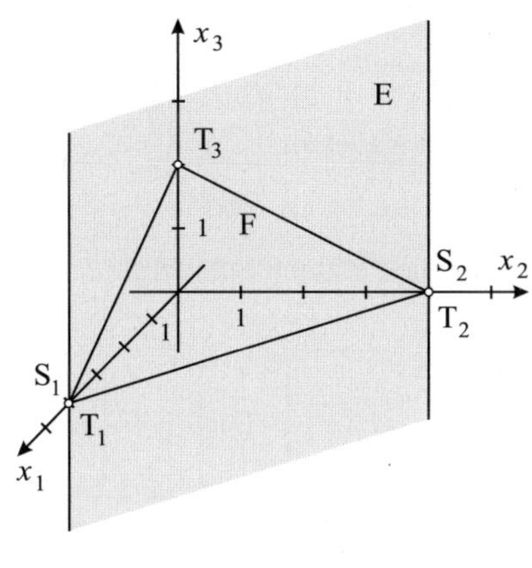

Eine Gleichung der Schnittgeraden s von E und F erhält man, indem man die Gleichung durch die Punkte $S_1\,(4\mid 0\mid 0)$ und $S_2\,(0\mid 4\mid 0)$ bzw. $T_1\,(4\mid 0\mid 0)$ und $T_2\,(0\mid 4\mid 0)$ aufstellt:

$$s\colon \vec{x} = \begin{pmatrix} 4 \\ 0 \\ 0 \end{pmatrix} + t \cdot \begin{pmatrix} -4 \\ 4 \\ 0 \end{pmatrix}$$

Alternativ kann man auch das lineare Gleichungssystem, welches durch die beiden Ebenengleichungen entsteht, lösen:

$$\begin{array}{lccccccc} \text{I} & x_1 & + & x_2 & & & = & 4 \\ \text{II} & x_1 & + & x_2 & + & 2x_3 & = & 4 \end{array}$$

Wählt man in Gleichung I $x_2 = t$, so ergibt sich: $x_1 + t = 4 \Rightarrow x_1 = 4 - t$.
Setzt man $x_1 = 4 - t$ und $x_2 = t$ in Gleichung II ein, erhält man:

$$4 - t + t + 2x_3 = 4 \Rightarrow x_3 = 0$$

Damit kann man die Gleichung der Schnittgeraden s von E und F aufstellen:

$$s\colon \vec{x} = \begin{pmatrix} 4 \\ 0 \\ 0 \end{pmatrix} + t \cdot \begin{pmatrix} -1 \\ 1 \\ 0 \end{pmatrix}$$

b) Die Ebene G ist parallel zur x_1-Achse und schneidet die x_2x_3-Ebene in derselben Spurgeraden wie die Ebene F.
Damit enthält G die Spurpunkte $T_2\,(0\mid 4\mid 0)$ und $T_3\,(0\mid 0\mid 2)$.
Als Stützpunkt von G kann man den Punkt $T_3\,(0\mid 0\mid 2)$ wählen.

Die Spannvektoren sind $\vec{v}_1 = \overrightarrow{T_2T_3} = \begin{pmatrix} 0 \\ -4 \\ 2 \end{pmatrix}$ und $\vec{v}_2 = \begin{pmatrix} 1 \\ 0 \\ 0 \end{pmatrix}$, da G parallel zur x_1-Achse mit Richtungsvektor $\begin{pmatrix} 1 \\ 0 \\ 0 \end{pmatrix}$ ist.

Somit erhält man eine Parametergleichung der Ebene G:

$$G\colon \vec{x} = \begin{pmatrix} 0 \\ 0 \\ 2 \end{pmatrix} + s \cdot \begin{pmatrix} 0 \\ -4 \\ 2 \end{pmatrix} + t \cdot \begin{pmatrix} 1 \\ 0 \\ 0 \end{pmatrix}$$

Alternativ kann man sich auch Folgendes überlegen:
Als allgemeinen Ansatz der Ebene G wählt man die Koordinatengleichung

G: $ax_1 + bx_2 + cx_3 = d$ mit Normalenvektor $\vec{n} = \begin{pmatrix} a \\ b \\ c \end{pmatrix}$.

Da G parallel zur x_1-Achse ist, ist das Skalarprodukt des Normalenvektors $\vec{n}$ von G und des Richtungsvektors $\vec{r}$ der x_1-Achse gleich Null. Damit gilt: $\vec{n} \cdot \vec{r} = 0$ bzw.

$$\begin{pmatrix} a \\ b \\ c \end{pmatrix} \cdot \begin{pmatrix} 1 \\ 0 \\ 0 \end{pmatrix} = 0 \Rightarrow a \cdot 1 + b \cdot 0 + c \cdot 0 = 0 \Rightarrow a = 0$$

Da die Punkte $T_2\,(0 \mid 4 \mid 0)$ und $T_3\,(0 \mid 0 \mid 2)$ auf G liegen, kann man diese in die allgemeine Koordinatengleichung von G einsetzen und erhält:

$$\begin{array}{lccccccc} \text{I} & a \cdot 0 & + & b \cdot 4 & + & c \cdot 0 & = & d \\ \text{II} & a \cdot 0 & + & b \cdot 0 & + & c \cdot 2 & = & d \end{array}$$

bzw.

$$\begin{array}{lccc} \text{I} & 4b & = & d \\ \text{II} & 2c & = & d \end{array}$$

Durch Gleichsetzen von Gleichung I und II ergibt sich: $4b = 2c$.
Wählt man $b = 1$, so erhält man: $4 \cdot 1 = 2c \Rightarrow c = 2$.
Setzt man $b = 1$ in Gleichung I oder $c = 2$ in Gleichung II ein, ergibt sich: $d = 4$.
Somit hat die Ebene G die Koordinatengleichung:

$$\text{G}: x_2 + 2x_3 = 4$$

6. Gegeben sind die Punkte A $(1 \mid 10 \mid 1)$, B $(-3 \mid 13 \mid 1)$ und C $(2 \mid 3 \mid 1)$.
Die Gerade g durch A und B hat die Gleichung:

$$g: \vec{x} = \begin{pmatrix} 1 \\ 10 \\ 1 \end{pmatrix} + t \cdot \begin{pmatrix} -4 \\ 3 \\ 0 \end{pmatrix}$$

Den Abstand des Punktes C von der Geraden g erhält man, indem man eine Hilfsebene E_H aufstellt, die durch C geht und orthogonal zu g verläuft, d.h. als Normalenvektor $\vec{n}$ von E_H kann man den Richtungsvektor $\vec{u}$ von g wählen. Anschließend schneidet man E_H und

g und berechnet den Abstand von C zum Schnittpunkt S.

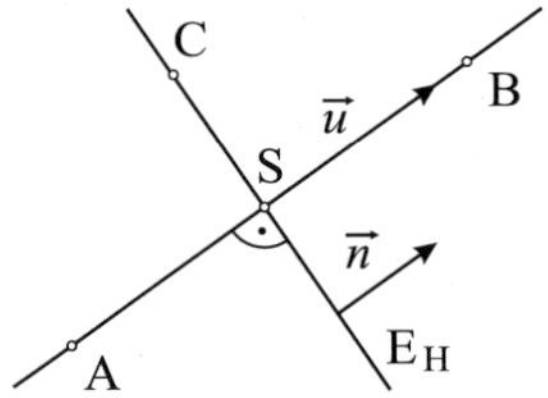

Setzt man den Ortsvektor von C und $\vec{n} = \vec{u} = \begin{pmatrix} -4 \\ 3 \\ 0 \end{pmatrix}$ in die Punkt-Normalenform

$(\vec{x} - \vec{c}) \cdot \vec{n} = 0$ ein, erhält man:

$$E_H: \left(\vec{x} - \begin{pmatrix} 2 \\ 3 \\ 1 \end{pmatrix}\right) \cdot \begin{pmatrix} -4 \\ 3 \\ 0 \end{pmatrix} = 0$$

$$E_H: (x_1 - 2) \cdot (-4) + (x_2 - 3) \cdot 3 + (x_3 - 1) \cdot 0 = 0$$

$$E_H: -4x_1 + 8 + 3x_2 - 9 = 0$$

$$E_H: -4x_1 + 3x_2 = 1$$

Alternativ kann man auch die Koordinaten von $C(2 \mid 3 \mid 1)$ in den Ansatz $E_H: -4x_1 + 3x_2 = d$ einsetzen: $-4 \cdot 2 + 3 \cdot 3 = d \Rightarrow d = 1$.
Somit hat die Hilfsebene E_H die Gleichung $E_H: -4x_1 + 3x_2 = 1$.
Die Koordinaten des Schnittpunkts S von E_H und g erhält man, indem man die Koordinaten des allgemeinen Punkts $P_t(1 - 4t \mid 10 + 3t \mid 1)$ von g in die Koordinatengleichung von E_H einsetzt:

$$-4 \cdot (1 - 4t) + 3 \cdot (10 + 3t) = 1 \Rightarrow t = -1$$

Setzt man $t = -1$ in P_t ein, erhält man die Koordinaten des Schnittpunkts $S(5 \mid 7 \mid 1)$.
Der Abstand von C zu g ist gleich groß wie der Abstand von C zu S, also berechnet man den Betrag des Verbindungsvektors von C zu S:

$$d(C; g) = \left|\overrightarrow{CS}\right| = \left|\begin{pmatrix} 3 \\ 4 \\ 0 \end{pmatrix}\right| = \sqrt{3^2 + 4^2 + 0^2} = \sqrt{25} = 5$$

Der Punkt C hat von der Geraden g einen Abstand von 5 LE.
Alternativ kann man sich auch überlegen, dass der Verbindungsvektor von C zu einem allgemeinen Punkt $P_t(1 - 4t \mid 10 + 3t \mid 1)$ der Geraden orthogonal zum Richtungsvektor

$\vec{u} = \begin{pmatrix} -4 \\ 3 \\ 0 \end{pmatrix}$ der Geraden g sein muss, also dass das Skalarprodukt der beiden Vektoren Null ergeben muss:

$$\overrightarrow{CP_t} \cdot \vec{u} = 0$$

$$\begin{pmatrix} 1-4t-2 \\ 10+3t-3 \\ 1-1 \end{pmatrix} \cdot \begin{pmatrix} -4 \\ 3 \\ 0 \end{pmatrix} = 0$$

$$\begin{pmatrix} -1-4t \\ 7+3t \\ 0 \end{pmatrix} \cdot \begin{pmatrix} -4 \\ 3 \\ 0 \end{pmatrix} = 0$$

$$(-1-4t)\cdot(-4)+(7+3t)\cdot 3+0\cdot 0 = 0$$

$$25t = -25$$

$$t = -1$$

Setzt man $t = -1$ in P_t ein, erhält man die Koordinaten des Punktes $S\,(5 \mid 7 \mid 1)$.
Der Abstand von C zu g ist gleich groß wie der Abstand von C zu S, also berechnet man den Betrag des Verbindungsvektors von C zu S:

$$d\,(C;g) = \left|\overrightarrow{CS}\right| = \left|\begin{pmatrix} 3 \\ 4 \\ 0 \end{pmatrix}\right| = \sqrt{3^2+4^2+0^2} = \sqrt{25} = 5$$

Der Punkt C hat von der Geraden g einen Abstand von 5 LE.

7. Beim Spiel an einem Spielautomaten gibt es nur die beiden Ausgänge «gewinnen» oder «verlieren», also handelt es sich um ein Bernoulli-Experiment. Da man durchschnittlich zwei Drittel aller Spiele verliert, gilt $p = \frac{2}{3}$ für das Verlieren eines Spiels.
Es sei X die Zufallsvariable für die Anzahl der verlorenen Spiele.

   a) Um ein Ereignis A anzugeben, formt man die gegebene Wahrscheinlichkeit um:

$$\begin{aligned} P(A) &= \binom{10}{8}\cdot\left(\frac{2}{3}\right)^8\cdot\left(\frac{1}{3}\right)^2 + 10\cdot\left(\frac{2}{3}\right)^9\cdot\frac{1}{3} + \cdot\left(\frac{2}{3}\right)^{10} \\ &= \binom{10}{8}\cdot\left(\frac{2}{3}\right)^8\cdot\left(\frac{1}{3}\right)^2 + \binom{10}{9}\cdot\left(\frac{2}{3}\right)^9\cdot\left(\frac{1}{3}\right)^1 + \binom{10}{10}\cdot\left(\frac{2}{3}\right)^{10}\cdot\left(\frac{1}{3}\right)^0 \\ &= P(X=8)+P(X=9)+P(X=10) \\ &= P(X \geqslant 8) \end{aligned}$$

Damit lautet das Ereignis A: «Von 10 Spielen werden mindestens 8 Spiele verloren».

b) Wenn jemand vier Spiele an dem Automaten spielt, gilt: $n = 4$.
Die Wahrscheinlichkeit, dass er dabei genau zwei Mal verliert, erhält man mit Hilfe der Bernoulli-Formel:

$$\begin{aligned} P(X=2) &= \binom{4}{2} \cdot \left(\frac{2}{3}\right)^2 \cdot \left(1-\frac{2}{3}\right)^{4-2} \\ &= \binom{4}{2} \cdot \left(\frac{2}{3}\right)^2 \cdot \left(\frac{1}{3}\right)^2 \\ &= \frac{4 \cdot 3 \cdot 2 \cdot 1}{2 \cdot 1 \cdot 2 \cdot 1} \cdot \frac{4}{9} \cdot \frac{1}{9} \\ &= \frac{8}{27} \end{aligned}$$

Die Wahrscheinlichkeit, dass bei vier Spielen genau zwei Spiele verloren werden, beträgt $\frac{8}{27}$.

Pflichtteil 2015*

Tipps ab Seite 213, Lösungen ab Seite 214

Aufgabe 1

Bilden Sie die Ableitung der Funktion f mit $f(x) = \left(4 + e^{3x}\right)^5$.

(2 VP)

Aufgabe 2

Berechnen Sie das Integral $\int_0^{\pi} \left(4x - \sin\left(\frac{1}{2}x\right)\right) \mathrm{d}x$.

(2 VP)

Aufgabe 3

Lösen Sie die Gleichung $\left(x^3 - 3x\right) \cdot \left(e^{2x} - 5\right) = 0$.

(2 VP)

Aufgabe 4

Die Abbildung zeigt den Graphen der Ableitungsfunktion f' einer ganzrationalen Funktion f.

Entscheiden Sie, ob die folgenden Aussagen wahr oder falsch sind.

Begründen Sie jeweils Ihre Antwort.

(1) Der Graph von f hat bei $x = -3$ einen Tiefpunkt.

(2) $f(-2) < f(-1)$

(3) $f''(-2) + f'(-2) < 1$

(4) Der Grad der Funktion f ist mindestens vier.

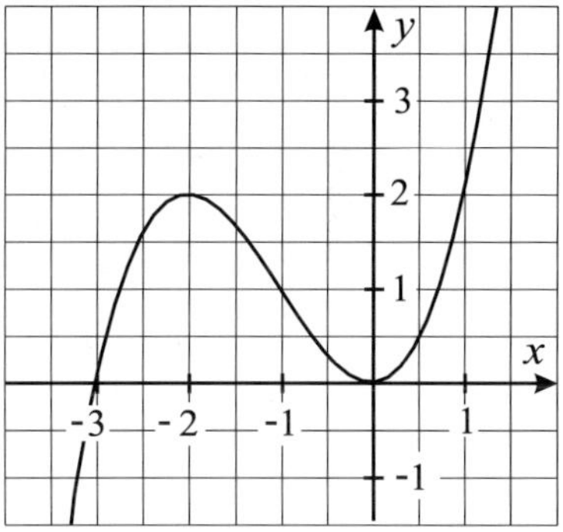

(4 VP)

Aufgabe 5

Gegeben sind die drei Punkte A (4 | 0 | 4), B (0 | 4 | 4) und C (6 | 6 | 2).

a) Zeigen Sie, dass das Dreieck ABC gleichschenklig ist.

b) Bestimmen Sie die Koordinaten eines Punktes, der das Dreieck ABC zu einem Parallelogramm ergänzt.
Veranschaulichen Sie durch eine Skizze, wie viele solcher Punkte es gibt.

(4 VP)

*Der Pflichtteil wurde an die neuen Bestimmungen für das Abitur ab 2019 angepasst.

Aufgabe 6

Gegeben ist die Ebene E: $4x_1 + 3x_3 = 12$.

a) Stellen Sie E in einem Koordinatensystem dar.

b) Bestimmen Sie alle Punkte der x_3-Achse, die von E den Abstand 3 haben.

(4 VP)

Aufgabe 7

Ein Glücksrad hat drei farbige Sektoren, die beim einmaligen Drehen mit folgenden Wahrscheinlichkeiten angezeigt werden:

Rot : 20% Grün: 30% Blau : 50%

Das Glücksrad wird n-mal gedreht.
Die Zufallsvariable X gibt an, wie oft die Farbe rot angezeigt wird.

a) Begründen Sie, dass X binomialverteilt ist.

Die Tabelle zeigt einen Ausschnitt der Wahrscheinlichkeitsverteilung von X:

k	0	1	2	3	4	5	6	7	...
$P(X = k)$	0,01	0,06	0,14	0,21	0,22	0,17	0,11	0,05	...

b) Bestimmen Sie die Wahrscheinlichkeit, dass mindestens dreimal Rot angezeigt wird.

(2 VP)

Summe: 20 VP

Tipps Pflichtteil 2015

1. Verwenden Sie die Potenz- und Kettenregel.
2. Zur Berechnung des Integrals bestimmen Sie eine Stammfunktion der trigonometrischen Funktion durch lineare Integration («Äußere Stammfunktion geteilt durch innere Ableitung») und verwenden den Hauptsatz der Differential- und Integralrechnung:
   $\int_a^b f(x)\,\mathrm{d}x = \mathrm{F}(b) - \mathrm{F}(a)$, wobei F eine Stammfunktion von f ist.
3. Verwenden Sie den Satz vom Nullprodukt. Zur Lösung einer Teilgleichung klammern Sie x aus und verwenden nochmals den Satz vom Nullprodukt sowie das Wurzelziehen. Die Lösung der anderen Teilgleichung erhalten Sie durch Logarithmieren.
4. (1) Prüfen Sie, ob beim Graph von f' eine Nullstelle mit Vorzeichenw. von $-$ nach $+$ vorliegt.

   (2) Prüfen Sie, ob f für $-2 < x < -1$ streng monoton wachsend ist; dies ist der Fall, wenn in diesem Intervall der Graph von f' oberhalb der x-Achse verläuft. Alternativ können Sie auch mit Hilfe eines Integrals und dem zugehörigen Flächeninhalt argumentieren.

   (3) Bestimmen Sie $f''(-2)$ mit Hilfe der Steigung des Graphen von f' sowie $f'(-2)$ mit Hilfe des gegebenen Graphen.

   (4) Überlegen Sie anhand der Anzahl der Extrempunkte von f', welchen Grad f' hat. Beachten Sie, dass bei einer ganzrationalen Funktion gilt: Grad $f =$ Grad $f' + 1$.
5. a) Bestimmen Sie die Länge der Dreiecksseiten, indem Sie die Beträge der entsprechenden Verbindunsvektoren berechnen. Sind zwei Längen gleich, ist das Dreieck ABC gleichschenklig.

   b) Skizzieren Sie die Parallelogramme $\mathrm{ABCD_1}$, $\mathrm{ABD_2C}$ und $\mathrm{AD_3BC}$.
   Verwenden Sie eine geeignete Vektorkette, um die Koordinaten des gesuchten Punktes zu bestimmen.
6. a) Bestimmen Sie die Spurpunkte der Ebene E. Dazu setzen Sie jeweils zwei Koordinaten gleich Null. Bei einem Widerspruch ist die Ebene parallel zu der entsprechenden Koordinatenachse.

   b) Bestimmen Sie zuerst den Abstand $\mathrm{d}(\mathrm{P}_t;\mathrm{E})$ eines allgemeinen Punktes P_t der x_3-Achse von der Ebene E mit Hilfe der Abstandsformel. Lösen Sie die Gleichung $\mathrm{d}(\mathrm{P}_t;\mathrm{E}) = 3$ durch Fallunterscheidung nach t auf. Setzen Sie die erhaltenen t-Werte jeweils in P_t ein.
7. a) Beachten Sie, was die Zufallsvariable X angibt und prüfen Sie, ob es bei jedem Experiment nur zwei relevante Ausgänge gibt und ob die Wahrscheinlichkeit für «Rot» immer gleich ist.

   b) Verwenden Sie die Wahrscheinlichkeit des Gegenereignisses sowie die Werte der gegebenen Tabelle.

Lösungen Pflichtteil 2015

1. Zur Bestimmung der Ableitung der Funktion f mit $f(x) = \left(4+e^{3x}\right)^5$ verwendet man die Potenz- und Kettenregel.

$$f'(x) = 5\cdot\left(4+e^{3x}\right)^4\cdot e^{3x}\cdot 3 = 15e^{3x}\cdot\left(4+e^{3x}\right)^4$$

2. Zur Berechnung des Integrals $\int_0^{\pi}\left(4x-\sin\left(\frac{1}{2}x\right)\right)\mathrm{d}x$ bestimmt man eine Stammfunktion der trigonometrischen Funktion durch lineare Integration («Äußere Stammfunktion geteilt durch innere Ableitung») und verwendet den Hauptsatz der Differential- und Integralrechnung. Damit erhält man:

$$\begin{aligned}\int_0^{\pi}\left(4x-\sin\left(\frac{1}{2}x\right)\right)\mathrm{d}x &= \left[\frac{4}{2}x^2-\left(-\frac{\cos\left(\frac{1}{2}x\right)}{\frac{1}{2}}\right)\right]_0^{\pi}\\ &= \left[2x^2+2\cos\left(\frac{1}{2}x\right)\right]_0^{\pi}\\ &= \left(2\pi^2+2\cos\left(\frac{1}{2}\pi\right)\right)-\left(2\cdot 0^2+2\cos\left(\frac{1}{2}\cdot 0\right)\right)\\ &= \left(2\pi^2+2\cdot 0\right)-\left(2\cdot 0+2\cdot 1\right)\\ &= 2\pi^2-2\end{aligned}$$

3. Die Gleichung $\left(x^3-3x\right)\cdot\left(e^{2x}-5\right)=0$ löst man mit Hilfe des Satzes vom Nullprodukt. Bei der Gleichung $x^3-3x=0$ kann man x ausklammern und erhält $x\cdot\left(x^2-3\right)=0$. Mit dem Satz vom Nullprodukt ergibt sich $x_1=0$ und $x^2-3=0$ bzw. $x^2=3$. Durch Wurzelziehen ergeben sich die weiteren Lösungen $x_2=-\sqrt{3}$ und $x_3=\sqrt{3}$. Die Gleichung $e^{2x}-5=0$ löst man durch Logarithmieren:

$$e^{2x}=5 \Rightarrow 2x=\ln(5) \Rightarrow x_4=\frac{\ln(5)}{2}$$

Die Gleichung hat also die Lösungsmenge $\mathrm{L}=\left\{0,-\sqrt{3};\sqrt{3};\frac{\ln(5)}{2}\right\}$.

4. (1) Wahr. Der Graph von f hat bei $x=-3$ einen Tiefpunkt, da der Graph von f' bei $x=-3$ eine Nullstelle mit Vorzeichenwechsel von $-$ nach $+$ hat.

   (2) Wahr. Der Graph von f' verläuft für $-2<x<-1$ oberhalb der x-Achse, also gilt $f'(x)>0$ für $-2<x<-1$. Somit ist f in diesem Intervall streng monoton wachsend, so dass gilt: $f(-2)<f(-1)$.
   Alternativ kann man sich auch Folgendes überlegen: Es ist

$$\int_{-2}^{-1} f'(x)\,\mathrm{d}x = \left[f(x)\right]_{-2}^{-1} = f(-1)-f(-2)$$

Der Wert dieses Integrals kann als Flächeninhalt zwischen dem Graphen von f' und der x-Achse über dem Intervall $[-2;-1]$ gedeutet werden. Da dieser Flächeninhalt positiv ist, gilt: $f(-1)-f(-2)>0 \Rightarrow f(-1)>f(-2)$ bzw. $f(-2)<f(-1)$.

(3) Falsch. Da $f''(-2)$ die Steigung des Graphen von f' an der Stelle $x=-2$ beschreibt und der Graph von f' an dieser Stelle einen Hochpunkt hat, gilt: $f''(-2)=0$. Anhand des gegebenen Graphen von f' kann man ablesen: $f'(-2)=2$.
Somit gilt: $f''(-2)+f'(-2)=0+2=2>1$.

(4) Wahr. Da der Graph von f' mindestens zwei Extrempunkte hat, ist der Grad des Graphen von f' mindestens drei. Da der Grad von f um eins größer ist als der Grad von f', ist der Grad der Funktion f mindestens vier.

5. Gegeben sind die drei Punkte $A(4\mid 0\mid 4)$, $B(0\mid 4\mid 4)$ und $C(6\mid 6\mid 2)$.

a) Um zu zeigen, dass das Dreieck ABC gleichschenklig ist, bestimmt man die Länge der Dreiecksseiten, indem man die Beträge der entsprechenden Verbindungsvektoren berechnet:

$$\overline{AB}=\left|\overrightarrow{AB}\right|=\left|\begin{pmatrix}-4\\4\\0\end{pmatrix}\right|=\sqrt{(-4)^2+4^2+0^2}=\sqrt{32}$$

$$\overline{AC}=\left|\overrightarrow{AC}\right|=\left|\begin{pmatrix}2\\6\\-2\end{pmatrix}\right|=\sqrt{2^2+6^2+(-2)^2}=\sqrt{44}$$

$$\overline{BC}=\left|\overrightarrow{BC}\right|=\left|\begin{pmatrix}6\\2\\-2\end{pmatrix}\right|=\sqrt{6^2+2^2+(-2)^2}=\sqrt{44}$$

Wegen $\overline{AC}=\overline{BC}$ ist das Dreieck ABC gleichschenklig.

b) Zur Bestimmung der Koordinaten eines Punktes, der das Dreieck ABC zu einem Parallelogramm ergänzt, gibt es drei verschiedene Möglichkeiten:

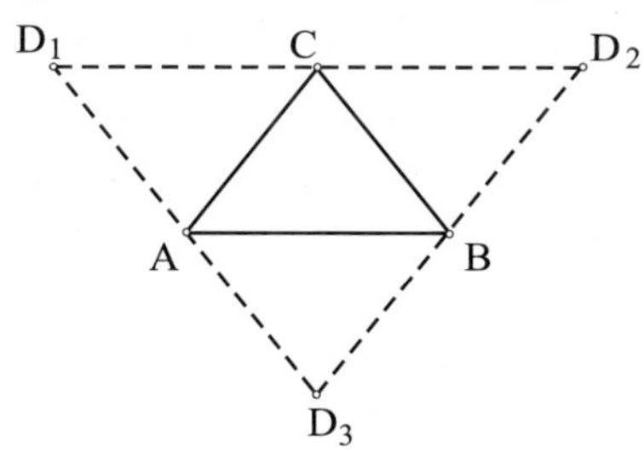

Mit Hilfe einer Vektorkette kann man die Koordinaten des gesuchten Punktes bestimmen:

$$\overrightarrow{OD_1} = \overrightarrow{OA} + \overrightarrow{BC} = \begin{pmatrix} 4 \\ 0 \\ 4 \end{pmatrix} + \begin{pmatrix} 6 \\ 2 \\ -2 \end{pmatrix} = \begin{pmatrix} 10 \\ 2 \\ 2 \end{pmatrix} \Rightarrow D_1(10 \mid 2 \mid 2)$$

$$\overrightarrow{OD_2} = \overrightarrow{OC} + \overrightarrow{AB} = \begin{pmatrix} 6 \\ 6 \\ 2 \end{pmatrix} + \begin{pmatrix} -4 \\ 4 \\ 0 \end{pmatrix} = \begin{pmatrix} 2 \\ 10 \\ 2 \end{pmatrix} \Rightarrow D_2(2 \mid 10 \mid 2)$$

$$\overrightarrow{OD_3} = \overrightarrow{OA} + \overrightarrow{CB} = \begin{pmatrix} 4 \\ 0 \\ 4 \end{pmatrix} + \begin{pmatrix} -6 \\ -2 \\ 2 \end{pmatrix} = \begin{pmatrix} -2 \\ -2 \\ 6 \end{pmatrix} \Rightarrow D_3(-2 \mid -2 \mid 6)$$

6. a) Um die Ebene E: $4x_1 + 3x_3 = 12$ in einem Koordinatensystem darzustellen, bestimmt man die Spurpunkte. Dazu setzt man jeweils zwei Koordinaten gleich Null.
Für die Ebene E ergeben sich die Spurpunkte $S_1\,(3 \mid 0 \mid 0)$ und $S_3\,(0 \mid 0 \mid 4)$, einen Spurpunkt auf der x_2-Achse gibt es aufgrund des Widerspruchs $0 = 12$ nicht, also ist die Ebene E parallel zur x_2-Achse.

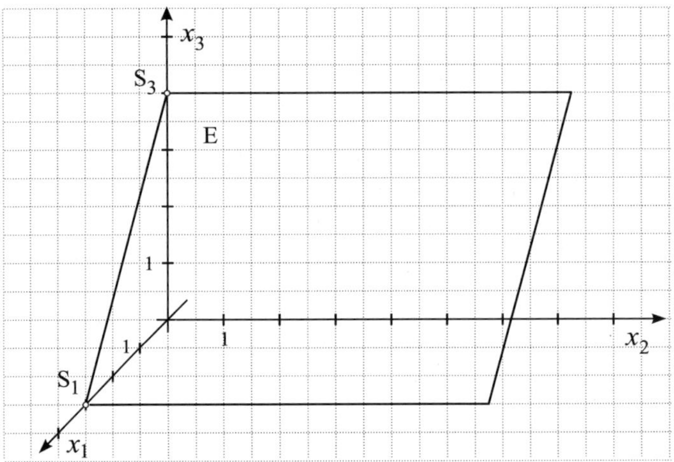

b) Man erhält alle Punkte der x_3-Achse, die von E den Abstand 3 haben, indem man zuerst den Abstand eines allgemeinen Punktes $P_t(0 \mid 0 \mid t)$ der x_3-Achse von der Ebene E mit Hilfe der Abstandsformel bestimmt:

$$d\,(P_t;E) = \frac{|4 \cdot 0 + 3 \cdot t - 12|}{\sqrt{4^2 + 0^2 + 3^2}} = \frac{|3t - 12|}{5}$$

Da dieser Abstand 3 sein soll, löst man folgende Betragsgleichung:

$$\frac{|3t-12|}{5}=3$$

Durch Fallunterscheidung ergibt sich:

$$\frac{3t-12}{5}=3 \Rightarrow t_1=9$$
$$\frac{3t-12}{5}=-3 \Rightarrow t_2=-1$$

Setzt man $t_1=9$ bzw. $t_2=-1$ in P_t ein, erhält man die Punkte $P_1(0 \mid 0 \mid 9)$ und $P_2(0 \mid 0 \mid -1)$, die von der Ebene E den Abstand 3 haben.

7. a) Um zu begründen, dass die Zufallsvariable X, die angibt, wie oft die Farbe Rot angezeigt wird, binomialverteilt ist, kann man sich Folgendes überlegen:
Beim einmaligen Drehen des Glücksrads gibt es nur die beiden Ausgänge «Rot» oder «nicht Rot», also handelt es sich um ein Bernoulli-Experiment. Bei jedem Drehen ist die Wahrscheinlichkeit für «Rot» gleich groß, also handelt es sich bei mehrmaligem Drehen um eine Bernoullikette und X ist damit binomialverteilt.

b) Die Wahrscheinlichkeit des Ereignisses A, dass mindestens dreimal Rot angezeigt wird, erhält man mit Hilfe der Wahrscheinlichkeit des Gegenereignisses und der gegebenen Tabelle:

$$\begin{aligned} P(A) &= P(X \geqslant 3) \\ &= 1-P(X \leqslant 2) \\ &= 1-(P(X=0)+P(X=1)+P(X=2)) \\ &= 1-(0,01+0,06+0,14) \\ &= 0,79 \\ &= 79\% \end{aligned}$$

Die Wahrscheinlichkeit, dass mindestens dreimal Rot angezeigt wird, beträgt 79%.

Pflichtteil 2016*

Tipps ab Seite 220, Lösungen ab Seite 222

Aufgabe 1

Bilden Sie die Ableitung der Funktion f mit $f(x) = (5x+1) \cdot \sin\left(x^2\right)$.

(2 VP)

Aufgabe 2

Gegeben ist die Funktion f mit $f(x) = \frac{48}{(2x-4)^3}$.

Bestimmen Sie eine Stammfunktion F von f.

(1 VP)

Aufgabe 3

Lösen Sie die Gleichung $3 - e^x = \frac{2}{e^x}$.

(2 VP)

Aufgabe 4

Die Abbildung zeigt den Graphen einer Stammfunktion F einer Funktion f.

Entscheiden Sie, ob folgende Aussagen wahr oder falsch sind.

Begründen Sie jeweils Ihre Entscheidung.

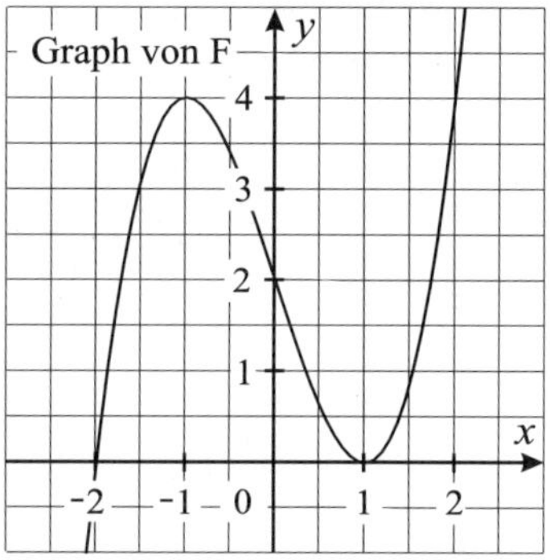

(1) $f(1) = \mathrm{F}(1)$

(2) $\int_0^2 f(x)\mathrm{d}x = 4$

(3) f' besitzt im Bereich $-1 \leqslant x \leqslant 1$ eine Nullstelle.

(4) $f(\mathrm{F}(-2)) > 0$

(5 VP)

*Der Pflichtteil wurde an die neuen Bestimmungen für das Abitur ab 2019 angepasst.

Aufgabe 5

Gegeben ist die Gerade $g: \vec{x} = \begin{pmatrix} 3 \\ 0 \\ 1 \end{pmatrix} + r \cdot \begin{pmatrix} 1 \\ 4 \\ 3 \end{pmatrix}$.

a) Untersuchen Sie, ob es einen Punkt auf g gibt, dessen drei Koordinaten identisch sind.

b) Die Gerade h verläuft durch $Q(8 \mid 5 \mid 10)$ und schneidet g orthogonal.
Bestimmen Sie eine Gleichung von h.

(5 VP)

Aufgabe 6

Gegeben ist die Ebene $E: 4x_1 + 4x_2 + 7x_3 = 28$.
Es gibt zwei zu E parallele Ebenen F und G, die vom Ursprung den Abstand 2 haben.
Bestimmen Sie jeweils eine Gleichung von F und G.

(3 VP)

Aufgabe 7

Bei einem Glücksrad werden die Zahlen 1,2,3 und 4 bei einmaligem Drehen mit folgenden Wahrscheinlichkeiten angezeigt:

Zahl	1	2	3	4
Wahrscheinlichkeit	0,4	0,1	0,3	0,2

An dem Glücksrad sollen nun die Wahrscheinlichkeiten für die Zahlen 1 und 2 so verändert werden, dass das folgende Spiel fair ist:
Für einen Einsatz von $2,50$ € darf man einmal am Glücksrad drehen.
Die angezeigte Zahl gibt den Auszahlungsbetrag in Euro an.
Bestimmen Sie die entsprechenden Wahrscheinlichkeiten für die Zahlen 1 und 2.

(2 VP)

Summe: 20 VP

Tipps Pflichtteil 2016

1. Verwenden Sie die Produkt- und Kettenregel.

2. Schreiben Sie die gegebene Funktionsgleichung als Potenz mit negativer Hochzahl und bestimmen Sie eine Stammfunktion F von f mit Hilfe der linearen Substitution. Beachten Sie, dass Sie durch die innere Ableitung teilen müssen.

3. Substituieren Sie $e^x = z$ und lösen Sie die entstandene quadratische Gleichung mit Hilfe der pq- oder abc-Formel nach z auf. Bei der Resubstitution erhalten Sie die gesuchten Lösungen durch Logarithmieren.

4. (1) Bestimmen Sie anhand des gegebenen Graphen $\mathrm{F}(1)$. Beachten Sie, dass der Graph von F bei $x = 1$ auch einen Tiefpunkt hat und bestimmen Sie die Steigung an dieser Stelle. Mit Hilfe von $\mathrm{F}'(x) = f(x)$ erhalten Sie den Wert von $f(1)$.

   (2) Bestimmen Sie anhand des gegebenen Graphen $\mathrm{F}(2)$ und $\mathrm{F}(0)$. Berechnen Sie das gegebene Integral mit Hilfe der Stammfunktion F und des Hauptsatzes der Differential- und Integralrechnung: $\int_a^b f(x)\mathrm{d}x = \mathrm{F}(b) - \mathrm{F}(a)$.

   (3) Beachten Sie, dass F bei $x = 0$ einen Wendepunkt hat und überlegen Sie, was dies für die Graphen von $f = \mathrm{F}'$ und $f' = \mathrm{F}''$ an der Stelle $x = 0$ bedeutet.

   (4) Bestimmen Sie anhand des gegebenen Graphen $\mathrm{F}(-2)$ und setzen Sie den erhaltenen Wert in $f(x)$ ein. Beachten Sie, dass f die Steigung des Graphen von F beschreibt und überlegen Sie, ob die Steigung m des Graphen von F an der entsprechenden Stelle positiv oder negativ ist.

5. a) Um zu untersuchen, ob es einen Punkt P auf g gibt, dessen drei Koordinaten identisch sind, verwenden Sie als Ansatz $\mathrm{P}(a \mid a \mid a)$, den Sie in die Geradengleichung einsetzen. Lösen Sie das Gleichungssystem nach r auf, indem Sie Gleichung I von Gleichung II subtrahieren. Anschließend setzen Sie den erhaltenen r-Wert in die Gleichung von g ein.

   b) Skizzieren Sie die Problemstellung. Um eine Gleichung der Geraden h, die durch Q verläuft und g orthogonal schneidet, zu erhalten, stellen Sie zuerst eine Hilfsebene $\mathrm{E_H}$ auf, die durch Q geht und orthogonal zu g verläuft. Als Normalenvektor $\vec{n}$ von $\mathrm{E_H}$ können Sie den Richtungsvektor $\vec{u}$ von g wählen. Setzen Sie den Ortsvektor von Q und $\vec{n} = \vec{u}$ in die Punkt-Normalenform $(\vec{x} - \vec{q}) \cdot \vec{n} = 0$ ein. Anschließend berechnen Sie den Schnittpunkt S von $\mathrm{E_H}$ und g, indem Sie den allgemeinen Punkt P_r von g in $\mathrm{E_H}$ einsetzen. Stellen Sie schließlich die Gleichung von h durch Q und S auf.

6. Bestimmen Sie die Koordinatenform einer zu E parallelen Ebene E_a, die denselben Normalenvektor wie E hat. Berechnen Sie den Abstand d vom Ursprung zu E_a mit Hilfe der Abstandsformel eines Punktes zu einer Ebene. Setzen Sie $\mathrm{d} = 2$ und lösen Sie die Betragsgleichung durch Fallunterscheidung.

7. Legen Sie beispielsweise die Wahrscheinlichkeit für die Zahl 1 mit p fest, also $P(1) = p$. Bestimmen Sie mit Hilfe der Wahrscheinlichkeit des Gegenereignisses die Wahrscheinlichkeit der Zahl 2 in Abhängigkeit von p. Bestimmen Sie damit die Wahrscheinlichkeiten für die Auszahlungsbeträge. Legen Sie X als Zufallsvariable für den Gewinn des Spielers fest und berechnen Sie den Erwartungswert von X, indem Sie die Auszahlungsbeträge mit den entsprechenden Wahrscheinlichkeiten multiplizieren und den Einsatz des Spielers subtrahieren. Da das Spiel fair sein soll, muss gelten: $E(X) = 0$. Lösen Sie die entsprechende Gleichung nach p auf und bestimmen Sie damit $P(1)$ und $P(2)$.

Lösungen Pflichtteil 2016

1. Zur Bestimmung der Ableitung der Funktion f mit $f(x) = (5x+1)\cdot\sin\left(x^2\right)$ verwendet man die Produkt- und Kettenregel.

$$f'(x) = 5\cdot\sin\left(x^2\right) + (5x+1)\cdot\cos\left(x^2\right)\cdot 2x$$

2. Es ist $f(x) = \frac{48}{(2x-4)^3} = 48\cdot(2x-4)^{-3}$.
   Eine Stammfunktion F der Funktion f erhält man durch lineare Substitution:

$$\mathrm{F}(x) = \frac{\frac{48}{-2}\cdot(2x-4)^{-2}}{2} = -\frac{12}{(2x-4)^2}$$

3. Die Gleichung $3 - e^x = \frac{2}{e^x}$ löst man, indem man $e^x = z$ substituiert. Damit erhält man:

$$\begin{aligned} 3 - z &= \frac{2}{z} \\ 3z - z^2 &= 2 \\ 0 &= z^2 - 3z + 2 \end{aligned}$$

   Die Lösungen dieser quadratischen Gleichung erhält man mit Hilfe der *pq*- oder *abc*-Formel: $z_1 = 1$ und $z_2 = 2$.
   Die Resubstitution $e^x = 1$ führt zur Lösung $x_1 = \ln(1) = 0$, die Resubstitution $e^x = 2$ führt zur Lösung $x_2 = \ln(2)$.
   Die Gleichung hat also die Lösungsmenge $\mathrm{L} = \{0; \ln(2)\}$.

4. (1) Die Aussage ist wahr. Der Graph von F hat bei $x = 1$ eine Nullstelle, also gilt: $\mathrm{F}(1) = 0$. Bei $x = 1$ hat der Graph von F auch einen Tiefpunkt, also gilt für die zugehörige Steigung: $\mathrm{F}'(1) = 0$. Wegen $\mathrm{F}'(x) = f(x)$ gilt damit: $\mathrm{F}'(1) = f(1) = 0$. Wegen $\mathrm{F}(1) = 0$ und $f(1) = 0$ ist somit die Aussage $f(1) = \mathrm{F}(1)$ wahr.

   (2) Die Aussage ist falsch. Berechnet man das gegebene Integral $\int_0^2 f(x)\mathrm{d}x$ mit Hilfe der Stammfunktion F, ergibt sich:

$$\int_0^2 f(x)\mathrm{d}x = \left[\mathrm{F}(x)\right]_0^2 = \mathrm{F}(2) - \mathrm{F}(0)$$

   Anhand des gegebenen Graphen kann man $\mathrm{F}(2) = 4$ und $\mathrm{F}(0) = 2$ ablesen.
   Damit erhält man:

$$\int_0^2 f(x)\mathrm{d}x = \mathrm{F}(2) - \mathrm{F}(0) = 4 - 2 = 2$$

   Wegen $\int_0^2 f(x)\mathrm{d}x = 2 \neq 4$ ist die Aussage falsch.

(3) Die Aussage ist wahr. Der Graph von F hat bei $x = 0$ einen Wendepunkt, somit hat der Graph von $f = \mathrm{F}'$ bei $x = 0$ einen Extrempunkt und der Graph von $f' = \mathrm{F}''$ hat damit bei $x = 0$ eine Nullstelle.

(4) Die Aussage ist falsch. Anhand des gegebenen Graphen kann man $\mathrm{F}(-2) = 0$ ablesen. Somit ist $f(\mathrm{F}(-2)) = f(0)$ gesucht. Da f die Steigung des Graphen von F beschreibt, ist $f(0)$ die Steigung m des Graphen von F an der Stelle $x = 0$. Da F an der Stelle $x = 0$ streng monoton fallend ist, gilt: $m < 0$. Damit ergibt sich: $m = f(0) < 0$. Wegen $f(0) = f(\mathrm{F}(-2)) < 0$ ist die Aussage falsch.

5. Gegeben ist die Gerade $g\colon \vec{x} = \begin{pmatrix} 3 \\ 0 \\ 1 \end{pmatrix} + r \cdot \begin{pmatrix} 1 \\ 4 \\ 3 \end{pmatrix}$.

a) Um zu untersuchen, ob es einen Punkt P auf g gibt, dessen drei Koordinaten identisch sind, verwendet man als Ansatz $\mathrm{P}(a \mid a \mid a)$.
Setzt man die Koordinaten von P in die Geradengleichung ein, ergibt sich:

$$\begin{array}{lcccccc} \mathrm{I} & a & = & 3 & + & r \\ \mathrm{II} & a & = & 0 & + & 4r \\ \mathrm{III} & a & = & 1 & + & 3r \end{array}$$

Subtrahiert man Gleichung I von II, ergibt sich:

$$0 = -3 + 3r \Rightarrow r = 1$$

Setzt man $r = 1$ in g ein, erhält man:

$$\vec{p} = \begin{pmatrix} 3 \\ 0 \\ 1 \end{pmatrix} + 1 \cdot \begin{pmatrix} 1 \\ 4 \\ 3 \end{pmatrix} = \begin{pmatrix} 4 \\ 4 \\ 4 \end{pmatrix} \Rightarrow \mathrm{P}(4 \mid 4 \mid 4)$$

Somit gibt es auf der Geraden g einen Punkt, dessen drei Koordinaten identisch sind, nämlich $\mathrm{P}(4 \mid 4 \mid 4)$.

b) Um eine Gleichung der Geraden h, die durch $\mathrm{Q}(8 \mid 5 \mid 10)$ verläuft und g orthogonal schneidet, zu erhalten, stellt man zuerst eine Hilfsebene $\mathrm{E_H}$ auf, die durch Q geht und orthogonal zu g verläuft. Als Normalenvektor $\vec{n}$ von $\mathrm{E_H}$ kann man den Richtungsvektor $\vec{u}$ von g wählen. Anschließend berechnet man den Schnittpunkt S von $\mathrm{E_H}$ und g

und stellt die Gleichung von h durch Q und S auf.

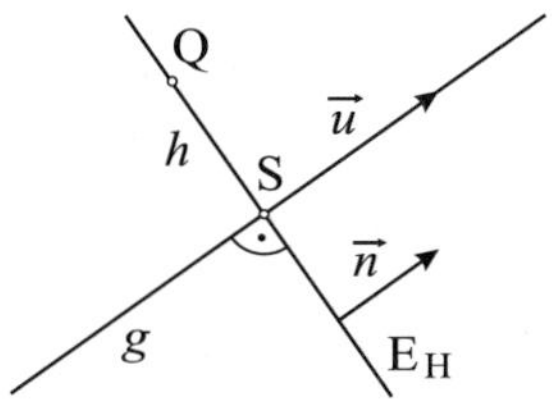

Setzt man den Ortsvektor von Q und $\vec{n} = \vec{u} = \begin{pmatrix} 1 \\ 4 \\ 3 \end{pmatrix}$ in die Punkt-Normalenform

$(\vec{x} - \vec{q}) \cdot \vec{n} = 0$ ein, erhält man:

$$E_H\colon \left(\vec{x} - \begin{pmatrix} 8 \\ 5 \\ 10 \end{pmatrix}\right) \cdot \begin{pmatrix} 1 \\ 4 \\ 3 \end{pmatrix} = 0$$

$$E_H\colon (x_1 - 8) \cdot 1 + (x_2 - 5) \cdot 4 + (x_3 - 10) \cdot 3 = 0$$

$$E_H\colon x_1 - 8 + 4x_2 - 20 + 3x_3 - 30 = 0$$

$$E_H\colon x_1 + 4x_2 + 3x_3 = 58$$

Die Koordinaten des Schnittpunkts S von E_H und g erhält man, indem man die Koordinaten des allgemeinen Punkts $P_r\,(3 + r \mid 4r \mid 1 + 3r)$ von g in die Koordinatengleichung von E_H einsetzt:

$$3 + r + 4 \cdot (4r) + 3 \cdot (1 + 3r) = 58 \;\Rightarrow\; r = 2$$

Setzt man $r = 2$ in P_r ein, erhält man die Koordinaten des Schnittpunkts $S\,(5 \mid 8 \mid 7)$.
Die Gerade h verläuft durch die Punkte $Q\,(8 \mid 5 \mid 10)$ und $S\,(5 \mid 8 \mid 7)$ und hat beispielsweise folgende Gleichung:

$$h\colon \vec{x} = \begin{pmatrix} 8 \\ 5 \\ 10 \end{pmatrix} + t \cdot \begin{pmatrix} -3 \\ 3 \\ -3 \end{pmatrix};\; t \in \mathbb{R}$$

6. Gegeben ist die Ebene $E\colon 4x_1 + 4x_2 + 7x_3 = 28$.
   Da eine zu E parallele Ebene E_a denselben Normalenvektor wie E hat, hat E_a die Koordinatenform $E_a\colon 4x_1 + 4x_2 + 7x_3 = a$.
   Den Abstand d vom Ursprung zu E_a erhält man mit Hilfe der Abstandsformel:

$$d = \frac{|4 \cdot 0 + 4 \cdot 0 + 7 \cdot 0 - a|}{\sqrt{4^2 + 4^2 + 7^2}} = \frac{|-a|}{\sqrt{81}} = \frac{|-a|}{9}$$

Da die zu E parallelen Ebenen F und G vom Ursprung den Abstand 2 haben, muss gelten:

$$2 = \frac{|-a|}{9} \Rightarrow 18 = |-a|$$

Als Lösungen dieser Betragsgleichung erhält man durch Fallunterscheidung:
$a_1 = 18$ und $a_2 = -18$.
Somit haben die Ebenen F und G die Gleichungen F: $4x_1 + 4x_2 + 7x_3 = 18$ und
G: $4x_1 + 4x_2 + 7x_3 = -18$.

7. Die Wahrscheinlichkeit für die Zahl 1 legt man beispielsweise mit p fest, also $\mathrm{P}(1) = \mathrm{p}$.
Dann ergibt sich für die Wahrscheinlichkeit der Zahl 2:

$$\mathrm{P}(2) = 1 - \mathrm{p} - 0,3 - 0,2 = 0,5 - \mathrm{p}$$

Damit ergeben sich für die Auszahlungsbeträge folgende Wahrscheinlichkeiten:

Auszahlungsbetrag	1 Euro	2 Euro	3 Euro	4 Euro
Wahrscheinlichkeit	p	0,5 − p	0,3	0,2

Legt man X als Zufallsvariable für den Gewinn des Spielers fest, so erhält man den Erwartungswert von X, indem man die Auszahlungsbeträge mit den entsprechenden Wahrscheinlichkeiten multipliziert und den Einsatz des Spielers subtrahiert:

$$\begin{aligned} \mathrm{E(X)} &= 1 \cdot \mathrm{p} + 2 \cdot (0,5 - \mathrm{p}) + 3 \cdot 0,3 + 4 \cdot 0,2 - 2,5 \\ &= \mathrm{p} + 1 - 2\mathrm{p} + 0,9 + 0,8 - 2,5 \\ &= 0,2 - \mathrm{p} \end{aligned}$$

Da das Spiel fair sein soll, muss gelten:

$$\begin{aligned} \mathrm{E(X)} &= 0 \\ 0,2 - \mathrm{p} &= 0 \\ 0,2 &= \mathrm{p} \end{aligned}$$

Somit muss für die Zahl 1 gelten: $\mathrm{P}(1) = 0,2$.
Für die Zahl 2 muss gelten: $\mathrm{P}(2) = 0,5 - 0,2 = 0,3$.

Pflichtteil 2017

Tipps ab Seite 228, Lösungen ab Seite 229

Aufgabe 1

Bilden Sie die Ableitung der Funktion f mit $f(x) = (3+\cos(x))^4$.

(1,5 VP)

Aufgabe 2

Lösen Sie die Gleichung $e^{4x} - 5 = 4e^{2x}$.

(3 VP)

Aufgabe 3

Gegeben ist die Funktion f mit $f(x) = \frac{2}{x^2}$; $x > 0$.

Berechnen Sie den Inhalt der markierten Fläche.

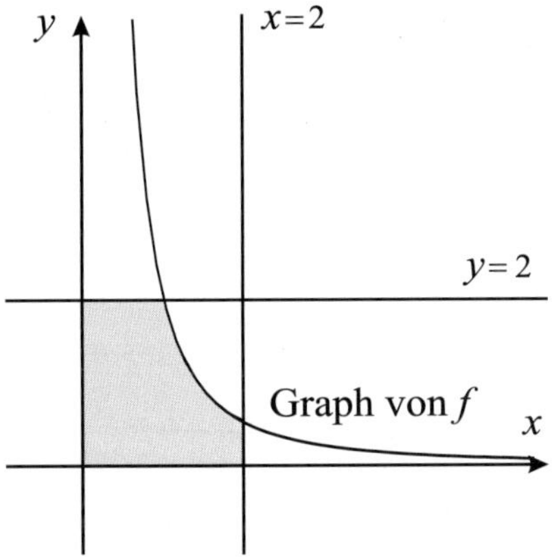

(3 VP)

Aufgabe 4

Sind folgende Aussagen wahr? Begründen Sie jeweils Ihre Entscheidung.

(1) Jede Funktion, deren Ableitung eine Nullstelle hat, besitzt eine Extremstelle.

(2) Jede ganzrationale Funktion vierten Grades hat eine Extremstelle.

(2,5 VP)

Aufgabe 5

Gegeben sind die Ebenen E: $x_1 + 3x_2 = 6$ und F: $\left[\vec{x} - \begin{pmatrix} 2 \\ 5 \\ 3 \end{pmatrix}\right] \cdot \begin{pmatrix} 2 \\ 0 \\ -1 \end{pmatrix} = 0.$

a) Stellen Sie die Ebene E in einem Koordinatensystem dar.

b) Bestimmen Sie eine Gleichung der Schnittgeraden von E und F.

c) Ermitteln Sie eine Gleichung einer Geraden, die in E enthalten ist und mit F keinen Punkt gemeinsam hat.

(4,5 VP)

Aufgabe 6

Gegeben sind eine Ebene E, ein Punkt P sowie ein weiterer Punkt S, der nicht in E liegt. Der Punkt S ist die Spitze eines geraden Kegels, dessen Grundkreis in E liegt und durch P verläuft. Die Strecke PQ bildet einen Durchmesser des Grundkreises. Beschreiben Sie ein Verfahren, mit dem man die Koordinaten des Punktes Q bestimmen kann.

(3 VP)

Aufgabe 7

In einer Urne liegen drei rote, zwei grüne und eine blaue Kugel.
Es werden so lange nacheinander einzelne Kugeln gezogen und zur Seite gelegt, bis man eine rote Kugel erhält.
Bestimmen Sie die Wahrscheinlichkeit dafür, dass man höchstens drei Kugeln zieht.

(2,5 VP)

Tipps Pflichtteil 2017

1. Verwenden Sie die Kettenregel.
2. Substituieren Sie $e^{2x} = z$ und lösen Sie die entstandene quadratische Gleichung mit Hilfe der *pq*- oder *abc*-Formel nach z auf. Bei der Resubstitution erhalten Sie die gesuchte Lösung durch Logarithmieren. Beachten Sie, dass e^{2x} nicht negativ sein kann.
3. Den Inhalt A der markierten Fläche erhalten Sie, indem Sie die markierte Fläche in zwei Teilflächen A_1 und A_2 aufteilen. Die Teilfläche A_1 ist ein Rechteck, dessen Flächeninhalt Sie mit der Formel $A_1 = a \cdot b$ berechnen. Die Seiten a und b des Rechtecks erhalten Sie, indem Sie die positive Schnittstelle der Geraden mit der Gleichung $y = 2$ und dem Graphen von f durch Gleichsetzen der Funktionsgleichungen bestimmen. Die Fläche A_2 wird durch zwei vertikale Geraden, der x-Achse sowie dem Graphen von f begrenzt. Den Flächeninhalt von A_2 erhalten Sie mit Hilfe eines Integrals. Verwenden Sie den Hauptsatz der Differential- und Integralrechnung. Addieren Sie die beiden Flächeninhalte der Teilflächen.
4. Zur Beurteilung von Aussage (1) beachten Sie, dass ein Sattelpunkt eine Wendestelle mit Steigung Null ist.
   Zur Beurteilung von Aussage (2) beachten Sie, dass die zugehörige 1. Ableitung eine ganzrationale Funktion dritten Grades ist. Überlegen Sie, ob diese mindestens eine Nullstelle mit Vorzeichenwechsel besitzt. Alternativ können Sie auch das Verhalten der Funktionswerte für $x \longrightarrow \pm\infty$ betrachten.
5. a) Um die Ebene E in einem Koordinatensystem darzustellen, bestimmen Sie die Spurpunkte von E, d.h. die Schnittpunkte von E mit den Koordinatenachsen. Dazu setzen Sie jeweils zwei Koordinaten gleich Null und bestimmen die dritte Koordinate. Bei einem Widerspruch existiert kein Schnittpunkt, so dass die Ebene parallel zu einer Koordinatenachse ist.
   b) Um eine Gleichung der Schnittgeraden von E und F zu bestimmen, berechnen Sie zuerst die Koordinatengleichung von F und lösen anschließend das lineare Gleichungssystem, das aus den Gleichungen von E und F besteht. Wählen Sie beispielsweise $x_2 = t$ und bestimmen Sie die übrigen Koordinaten in Abhängigkeit von t. Schreiben Sie die erhaltene Lösung als Geradengleichung.
   c) Wählen Sie als Stützpunkt einen Punkt P, der in E, aber nicht in F liegt, und überlegen Sie, welchen Vektor Sie als Richtungsvektor der gesuchten Geraden verwenden können. Beachten Sie das Ergebnis von Aufgabe b).
6. Skizzieren Sie die Problemstellung. Überlegen Sie, wie Sie den Mittelpunkt M des Grundkreises und anschließend den Punkt Q mit Hilfe einer Vektorkette bestimmen können.
7. Bezeichnen Sie mit r: rote Kugel und mit $\bar{r}$: keine rote Kugel. Beachten Sie, dass es sich um «Ziehen ohne Zurücklegen» handelt, und zeichnen Sie ein Baumdiagramm. Die Wahrscheinlichkeit, dass man höchstens drei Kugeln zieht, bis man eine rote Kugel erhält, erhalten Sie mit Hilfe der Pfadregeln. Alternativ können Sie die gesuchte Wahrscheinlichkeit auch mit Hilfe der Wahrscheinlichkeit des Gegenereignisses berechnen.

Lösungen Pflichtteil 2017

1. Zur Bestimmung der Ableitung der Funktion f mit $f(x) = (3+\cos(x))^4$ verwendet man die Kettenregel:

$$f'(x) = 4\cdot(3+\cos(x))^3\cdot(-\sin(x)) = -4\sin(x)\cdot(3+\cos(x))^3$$

2. Die Gleichung $e^{4x}-5=4e^{2x}$ löst man, indem man $e^{2x}=z$ substituiert. Damit erhält man:

$$z^2-5=4z$$
$$z^2-4z-5=0$$

Die Lösungen dieser quadratischen Gleichung erhält man mit Hilfe der *pq*- oder *abc*-Formel: $z_1=-1$ und $z_2=5$
Die Resubstitution $e^{2x}=-1$ führt zu keiner reellen Lösung, die Resubstitution $e^{2x}=5$ führt zur Lösung $x=\frac{\ln(5)}{2}$.
Die Gleichung hat also die Lösungsmenge $\mathrm{L}=\left\{\frac{\ln(5)}{2}\right\}$.

3. Es ist $f(x)=\frac{2}{x^2}$; $x>0$.
Den Inhalt A der markierten Fläche erhält man, indem man die markierte Fläche in zwei Teilflächen A_1 und A_2 aufteilt:

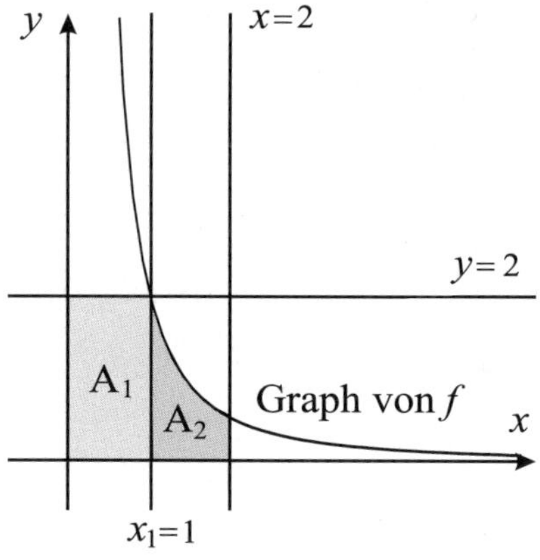

Die Schnittstelle der Geraden mit der Gleichung $y=2$ und dem Graphen von f erhält man durch Gleichsetzen:

$$2=\frac{2}{x^2}$$
$$x^2=1$$
$$x_{1,2}=\pm 1$$

Wegen $x > 0$ kommt nur $x_1 = 1$ als Schnittstelle in Frage.
Die Fläche A_1 ist ein Rechteck mit den Seiten $a = 1$ und $b = 2$.
Damit gilt:

$$A_1 = a \cdot b = 1 \cdot 2 = 2$$

Die Fläche A_2 wird durch die Geraden $x_1 = 1$ und $x_2 = 2$, die x-Achse sowie den Graphen von f begrenzt. Den Flächeninhalt A_2 erhält man mit Hilfe eines Integrals:

$$\begin{aligned} A_2 &= \int_1^2 f(x)\mathrm{d}x \\ &= \int_1^2 \left(\frac{2}{x^2}\right)\mathrm{d}x \\ &= \int_1^2 \left(2x^{-2}\right)\mathrm{d}x \\ &= \left[\frac{2}{-1}x^{-1}\right]_1^2 \\ &= \left[-\frac{2}{x}\right]_1^2 \\ &= \left(-\frac{2}{2}\right) - \left(-\frac{2}{1}\right) \\ &= -1 + 2 \\ &= 1 \end{aligned}$$

Damit erhält man für den Flächeninhalt der markierten Fläche:

$$A = A_1 + A_2 = 2 + 1 = 3$$

Der Flächeninhalt beträgt 3 FE.

4. Die Aussage (1) «Jede Funktion, deren Ableitung eine Nullstelle hat, besitzt eine Extremstelle.» ist falsch, da auch ein Sattelpunkt vorliegen könnte. In einem Sattelpunkt ist die Tangentensteigung, also die 1. Ableitung, gleich Null, es handelt sich aber um eine Wendestelle und keine Extremstelle. Die Funktion $f(x) = x^3$ beispielsweise hat keine Extremstelle, aber ihre Ableitung $f'(x) = 3x^2$ hat bei $x = 0$ eine Nullstelle. Aufgrund eines Gegenbeispiels ist die Aussage (1) widerlegt.
   Die Aussage (2) «Jede ganzrationale Funktion vierten Grades hat eine Extremstelle» ist wahr, da die 1. Ableitung eine ganzrationale Funktion dritten Grades ist, welche mindestens eine Nullstelle mit Vorzeichenwechsel besitzt. Somit hat eine ganzrationale Funktion vierten Grades mindestens eine Extremstelle. Alternativ kann man sich auch überlegen, dass die Funktionswerte für $x \to \pm\infty$ entweder gegen $+\infty$ oder gegen $-\infty$ gehen, so dass eine Extremstelle vorliegen muss.

5. Gegeben sind die Ebenen $E: x_1 + 3x_2 = 6$ und $F: \left[\vec{x} - \begin{pmatrix} 2 \\ 5 \\ 3 \end{pmatrix}\right] \cdot \begin{pmatrix} 2 \\ 0 \\ -1 \end{pmatrix} = 0.$

a) Um die Ebene E in einem Koordinatensystem darzustellen, bestimmt man die Spurpunkte von E, d.h. die Schnittpunkte von E mit den Koordinatenachsen. Man erhält den Schnittpunkt S_1 von E mit der x_1-Achse, indem man $x_2 = 0$ und $x_3 = 0$ in E einsetzt:

$$x_1 + 3 \cdot 0 = 6 \Rightarrow x_1 = 6 \Rightarrow S_1(6 \mid 0 \mid 0)$$

Man erhält den Schnittpunkt S_2 von E mit der x_2-Achse, indem man $x_1 = 0$ und $x_3 = 0$ in E einsetzt:

$$0 + 3 \cdot x_2 = 6 \Rightarrow x_2 = 2 \Rightarrow S_2(0 \mid 2 \mid 0)$$

Man erhält den Schnittpunkt S_3 von E mit der x_3-Achse, indem man $x_1 = 0$ und $x_2 = 0$ in E einsetzt: $0 + 3 \cdot 0 = 6$. Aufgrund des Widerspruchs existiert kein Schnittpunkt S_3 mit der x_3-Achse, also ist E parallel zur x_3-Achse.
Damit kann man E darstellen:

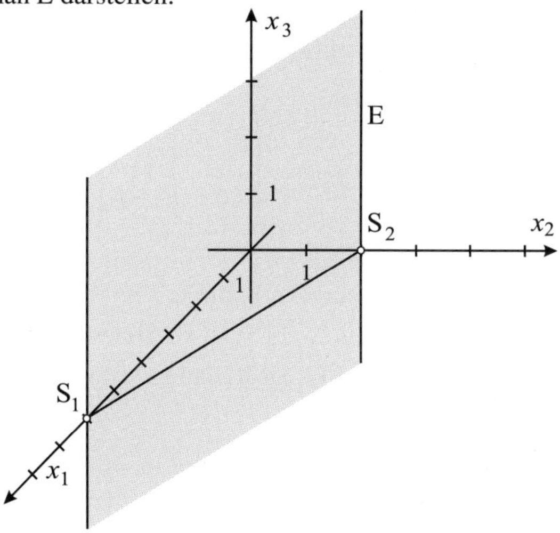

b) Um eine Gleichung der Schnittgeraden von E und F zu bestimmen, berechnet man zuerst die Koordinatengleichung von F:

$$F: \left[\vec{x} - \begin{pmatrix} 2 \\ 5 \\ 3 \end{pmatrix}\right] \cdot \begin{pmatrix} 2 \\ 0 \\ -1 \end{pmatrix} = 0$$

$$F: (x_1 - 2) \cdot 2 + (x_2 - 5) \cdot 0 + (x_3 - 3) \cdot (-1) = 0$$

$$F: 2x_1 - 4 - x_3 + 3 = 0$$

$$F: 2x_1 - x_3 = 1$$

Aus den Ebenen E und F ergibt sich folgendes Gleichungssystem:

$$\begin{array}{lcccccc} \text{I} & x_1 & + & 3x_2 & = & 6 \\ \text{II} & 2x_1 & - & x_3 & = & 1 \end{array}$$

Wählt man $x_2 = t$ in Gleichung I, so ergibt sich:

$$x_1 + 3t = 6 \Rightarrow x_1 = 6 - 3t$$

Setzt man $x_1 = 6 - 3t$ in Gleichung II ein, erhält man:

$$2 \cdot (6 - 3t) - x_3 = 1 \Rightarrow x_3 = 11 - 6t$$

Damit erhält man als Lösung des Gleichungssystems:

$$\begin{array}{lcccc} x_1 & = & 6 & - & 3t \\ x_2 & = & & & t \\ x_3 & = & 11 & - & 6t \end{array}$$

Somit erhält man beispielsweise folgende Gleichung der Schnittgeraden s:

$$s\colon \vec{x} = \begin{pmatrix} 6 \\ 0 \\ 11 \end{pmatrix} + t \cdot \begin{pmatrix} -3 \\ 1 \\ -6 \end{pmatrix}$$

c) Um die Gleichung einer Geraden g, die in E enthalten ist und mit F keinen Punkt gemeinsam hat, zu ermitteln, wählt man als Stützpunkt einen Punkt P, der in E, aber nicht in F liegt, z.B. $P(6 \mid 0 \mid 0)$. Als Richtungsvektor von g kann man den Richtungsvektor $\vec{u} = \begin{pmatrix} -3 \\ 1 \\ -6 \end{pmatrix}$ der Schnittgeraden s (siehe Aufgabe b) verwenden. Damit ergibt sich:

$$g\colon \vec{x} = \begin{pmatrix} 6 \\ 0 \\ 0 \end{pmatrix} + r \cdot \begin{pmatrix} -3 \\ 1 \\ -6 \end{pmatrix}$$

6. Gegeben sind eine Ebene E, ein Punkt P sowie ein weiterer Punkt S, der nicht in E liegt. Der Punkt S ist die Spitze eines geraden Kegels, dessen Grundkreis in E liegt und durch P verläuft und die Strecke PQ bildet einen Durchmesser des Grundkreises. Diesen Sachverhalt kann man folgendermaßen skizzieren:

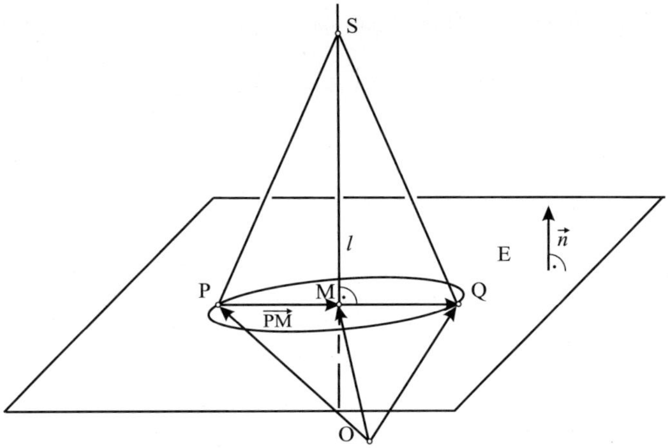

Um die Koordinaten des Punktes Q zu bestimmen, kann man folgendermaßen vorgehen: Zuerst bestimmt man den Normalenvektor $\vec{n}$ der Ebene E und stellt eine Lotgerade l auf, die durch den Punkt S und senkrecht zu E verläuft. Als Stützpunkt verwendet man den Punkt S, als Richtungsvektor den Normalenvektor $\vec{n}$ der Ebene E:

$$l\colon \vec{x} = \vec{s} + t \cdot \vec{n}$$

Schneidet man l mit E, so erhält man den Schnittpunkt M, den Mittelpunkt des Grundkreises. Anschließend spiegelt man den Punkt P am Punkt M mit Hilfe einer Vektorkette:

$$\overrightarrow{OQ} = \overrightarrow{OP} + 2 \cdot \overrightarrow{PM}$$

oder

$$\overrightarrow{OQ} = \overrightarrow{OM} + \overrightarrow{PM}$$

Damit erhält man die Koordinaten des Punktes Q.

7. Man bezeichnet mit r: rote Kugel und mit $\overline{\text{r}}$: keine rote Kugel.
   Da es sich um «Ziehen ohne Zurücklegen» handelt, kann man folgendes Baumdiagramm zeichnen:

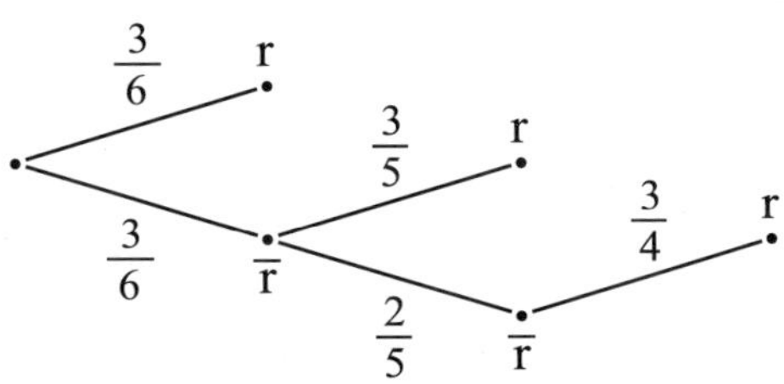

Die Wahrscheinlichkeit, dass man höchstens drei Kugeln zieht, bis man eine rote Kugel erhält, ergibt sich mit Hilfe der Pfadregeln:

$$
\begin{aligned}
P(\text{höchstens drei Kugeln ziehen}) &= P(r) + P(\bar{r}\,r) + P(\bar{r}\,\bar{r}\,r) \\
&= \frac{3}{6} + \frac{3}{6}\cdot\frac{3}{5} + \frac{3}{6}\cdot\frac{2}{5}\cdot\frac{3}{4} \\
&= \frac{1}{2} + \frac{3}{10} + \frac{3}{20} \\
&= \frac{10}{20} + \frac{6}{20} + \frac{3}{20} \\
&= \frac{19}{20}
\end{aligned}
$$

Alternativ kann man die gesuchte Wahrscheinlichkeit auch mit Hilfe der Wahrscheinlichkeit des Gegenereignisses berechnen. Dabei ist zu beachten, dass es nur drei «nicht-rote» Kugeln gibt:

$$
\begin{aligned}
P(\text{höchstens drei Kugeln ziehen}) &= 1 - P(\text{mindestens vier Kugeln ziehen}) \\
&= 1 - P(\bar{r}\,\bar{r}\,\bar{r}\,r) \\
&= 1 - \left(\frac{3}{6}\cdot\frac{2}{5}\cdot\frac{1}{4}\cdot\frac{3}{3}\right) \\
&= 1 - \frac{1}{20} \\
&= \frac{19}{20}
\end{aligned}
$$

Die Wahrscheinlichkeit, dass man höchstens drei Kugeln zieht, beträgt $\frac{19}{20}$.

Pflichtteil 2018

Tipps ab Seite 237, Lösungen ab Seite 239

Aufgabe 1

Bilden Sie die Ableitung der Funktion f mit $f(x) = \sqrt{x} \cdot \sin\left(x^2\right)$.

(2 VP)

Aufgabe 2

Untersuchen Sie, ob der Wert des Integrals $\int_3^{e+2} \frac{1}{x-2}\mathrm{d}x$ ganzzahlig ist.

(2,5 VP)

Aufgabe 3

Gegeben ist die Funktion f mit $f(x) = 4x^2 - 4x + 5$. F ist eine Stammfunktion von f.
Bestimmen Sie die Stelle, an der die Graphen von F und f parallele Tangenten besitzen.

(2,5 VP)

Aufgabe 4

Die Abbildung zeigt den Graphen der Ableitungsfunktion f' einer ganzrationalen Funktion f.
Entscheiden Sie, ob die folgenden Aussagen wahr oder falsch sind.
Begründen Sie jeweils Ihre Antwort.

(1) Im Bereich $-3{,}5 \leqslant x \leqslant 4{,}5$ besitzt f genau drei Extremstellen.
(2) Die Gleichung $f'(x) = -\frac{1}{2}x$ hat im abgebildeten Bereich genau zwei Lösungen.
(3) Die Funktion f'' hat an der Stelle $x = -3$ einen Vorzeichenwechsel von positiven zu negativen Werten.

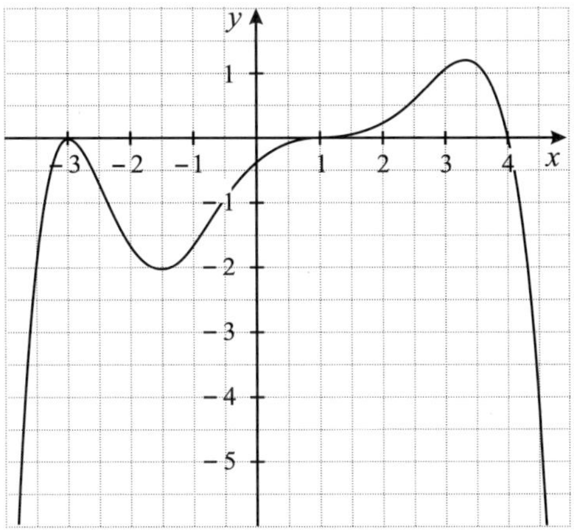

(3 VP)

Aufgabe 5

Gegeben sind die Ebene E: $2x_1 + 2x_2 + x_3 = 5$ und die Gerade $g: \vec{x} = \begin{pmatrix} 1 \\ b \\ 1 \end{pmatrix} + s \cdot \begin{pmatrix} 1 \\ 0 \\ a \end{pmatrix}$.

Die Gerade g liegt in E.

a) Bestimmen Sie die Werte von a und b.

b) Geben Sie eine Gleichung einer Geraden h an, die ebenfalls in E liegt und senkrecht zur Geraden g verläuft.

(3,5 VP)

Aufgabe 6

Gegeben ist die Ebene E: $x_1 + 2x_2 - x_3 = 4$.

a) Begründen Sie, dass die Spurpunkte von E die Ecken eines gleichschenkligen Dreiecks bilden.

b) Die Ebene F: $\vec{x} = \begin{pmatrix} -2 \\ -2 \\ 0 \end{pmatrix} + r \cdot \begin{pmatrix} 2 \\ 3 \\ 8 \end{pmatrix} + s \cdot \begin{pmatrix} 1 \\ 2 \\ 0 \end{pmatrix}$ schneidet die Ebene E.

Bestimmen Sie eine Gleichung der Schnittgeraden.

(3,5 VP)

Aufgabe 7

Zwei ideale Würfel werden gleichzeitig geworfen.

a) Bestimmen Sie die Wahrscheinlichkeit dafür, dass zwei verschiedene Augenzahlen fallen.

b) Mit welcher Wahrscheinlichkeit erhält man eine «1» und eine «2»?

c) Mit welcher Wahrscheinlichkeit zeigen die Würfel zwei aufeinanderfolgende Zahlen?

(3 VP)

Tipps Pflichtteil 2018

1. Schreiben Sie die Wurzel als Potenz mit einem Bruch als Exponenten und verwenden Sie die Produkt- und Kettenregel.
2. Berechnen Sie das Integral mit Hilfe des Hauptsatzes der Differential- und Integralrechung. Beachten Sie, dass $\ln(e) = 1$ und $\ln(1) = 0$ ist.
3. Lösen Sie die Gleichung $F'(x) = f'(x)$, da die Graphen von F und f an der Stelle x die gleiche Tangentensteigung haben, wenn sie parallele Tangenten besitzen. Beachten Sie, dass $F'(x) = f(x)$ ist und verwenden Sie die *abc*-Formel.
4. (1) Beachten Sie, dass f eine Extremstelle hat, wenn f' eine Nullstelle mit Vorzeichenwechsel hat.
   (2) Bestimmen Sie die Anzahl der Schnittstellen der Geraden mit der Gleichung $y = -\frac{1}{2}x$ mit dem Graphen von f'.
   (3) Beachten Sie, dass der Graph der Funktion f' an der Stelle $x = -3$ einen Hochpunkt hat und damit die Steigung von f' das Vorzeichen von + nach − wechselt.
5. a) Setzen Sie die Koordinaten des «Stützpunktes» $P(1 \mid b \mid 1)$ von g in die Koordinatengleichung von E ein, um b zu bestimmen.
   Beachten Sie, dass der Richtungsvektor $\vec{u}$ von g und der Normalenvektor $\vec{n}$ von E orthogonal zueinander sein müssen, d.h. dass das Skalarprodukt der beiden Vektoren Null ergibt. Lösen Sie die Gleichung $\vec{u} \cdot \vec{n} = 0$ nach a auf.
   Alternativ können Sie auch den allgemeinen Punkt $P_s(1+s \mid b \mid 1+as)$ von g in die Koordinatengleichung von E einsetzen. Bestimmen Sie a und b so, dass kein Parameter s vorhanden ist und eine wahre Aussage, z.B. $2 = 2$ entsteht.

   b) Als «Stützpunkt» von h können Sie den «Stützpunkt» von g wählen. Beachten Sie, dass der Richtungsvektor $\vec{v}$ von h orthogonal zum Richtungsvektor $\vec{u}$ von g und orthogonal zum Normalenvektor $\vec{n}$ von E sein muss. Da $\vec{v}$ zu zwei Vektoren orthogonal ist, verwenden Sie das Kreuzprodukt (siehe Seite 42) von $\vec{u}$ und $\vec{n}$. Alternativ können Sie $\vec{v}$ auch mit Hilfe des Skalarprodukts bestimmen, da $\vec{v}$ auf $\vec{u}$ und $\vec{n}$ senkrecht steht und damit $\vec{v} \cdot \vec{u} = 0$ und $\vec{v} \cdot \vec{n} = 0$ gilt. Lösen Sie das zugehörige lineare Gleichungssystem.
6. a) Bestimmen Sie zuerst die Spurpunkte S_1, S_2 und S_3 und berechnen Sie die Seitenlängen des Dreiecks $S_1S_2S_3$.
   Den Spurpunkt S_1 erhalten Sie, indem Sie $x_2 = 0$ und $x_3 = 0$ in E einsetzen. Den Spurpunkt S_2 erhalten Sie, indem Sie $x_1 = 0$ und $x_3 = 0$ in E einsetzen. Den Spurpunkt S_3 erhalten Sie, indem Sie $x_1 = 0$ und $x_2 = 0$ in E einsetzen. Die Längen der Seiten des Dreiecks $S_1S_2S_3$ erhalten Sie, indem Sie die Längen (Beträge) der entsprechenden Verbindungsvektoren berechnen. Falls zwei Seiten gleich lang sind, ist das Dreieck $S_1S_2S_3$ gleichschenklig.

b) Um eine Gleichung der Schnittgeraden von E und F zu bestimmen, setzen Sie den allgemeinen Punkt $P_{r,s}(-2+2r+s \mid -2+3r+2s \mid 8r)$ von F in die Koordinatengleichung von E ein und lösen die Gleichung nach einem Parameter auf. Anschließend setzen Sie den erhaltenen Parameter in F ein.
Alternativ können Sie auch zuerst die Koordinatengleichung von F bestimmen. Einen Normalenvektor $\vec{n}$ von F erhalten Sie mit Hilfe des Kreuzprodukts (siehe Seite 42) der Spannvektoren. Setzen Sie die Koordinaten des «Stützpunktes» von F in den Ansatz F: $ax_1 + bx_2 + cx_3 = d$ ein und bestimmen Sie d. Stellen Sie mit E und F ein Gleichungssystem auf und lösen Sie dieses allgemein, indem Sie eine Unbekannte gleich t setzen und die anderen Unbekannten in Abhängigkeit von t berechnen. Schreiben Sie die erhaltene Lösung als Gerade um.

7. Bestimmen Sie die einzelnen Ergebnisse beim Würfeln mit zwei Würfeln.

a) Die Wahrscheinlichkeit des Ereignisses A: «Es fallen zwei verschiedene Augenzahlen» erhalten Sie mit Hilfe der Wahrscheinlichkeit des Gegenereignisses und der Pfadregeln.

b) Die Wahrscheinlichkeit des Ereignisses B: «Man erhält eine «1» und eine «2».» erhalten Sie ebenfalls mit Hilfe der Pfadregeln.

c) Die Wahrscheinlichkeit des Ereignisses C: «Die Würfel zeigen zwei aufeinanderfolgende Zahlen» erhalten Sie auch mit Hilfe der Pfadregeln. Beachten Sie, dass jedes Aufeinanderfolgen doppelt vorkommt, z.B. 12 und 21.

Lösungen Pflichtteil 2018

1. Zur Bestimmung der Ableitung der Funktion f mit $f(x) = \sqrt{x} \cdot \sin\left(x^2\right) = x^{\frac{1}{2}} \cdot \sin\left(x^2\right)$ verwendet man die Produkt- und Kettenregel:

$$f'(x) = \frac{1}{2} \cdot x^{-\frac{1}{2}} \cdot \sin\left(x^2\right) + x^{\frac{1}{2}} \cdot \cos\left(x^2\right) \cdot 2x = \frac{1}{2\sqrt{x}} \cdot \sin\left(x^2\right) + 2x \cdot \sqrt{x} \cdot \cos\left(x^2\right)$$

2. Um zu untersuchen, ob der Wert des Integrals $\int_3^{e+2} \frac{1}{x-2} \mathrm{d}x$ ganzzahlig ist, verwendet man den Hauptsatz der Differential- und Integralrechung:

$$\begin{aligned}\int_3^{e+2} \frac{1}{x-2} \mathrm{d}x &= [\ln|x-2|]_3^{e+2} \\ &= \ln|e+2-2| - \ln|3-2| \\ &= \ln(e) - \ln(1) \\ &= 1-0 \\ &= 1\end{aligned}$$

Somit ist der Wert des Integrals ganzzahlig.

3. Gegeben ist die Funktion f mit $f(x) = 4x^2 - 4x + 5$. F ist eine Stammfunktion von f, d.h. es gilt: $\mathrm{F}'(x) = f(x)$.
Die Graphen von F und f besitzen an der Stelle parallele Tangenten, an der die entsprechenden Tangentensteigungen gleich sind:

$$\begin{aligned}\mathrm{F}'(x) &= f'(x) \\ f(x) &= f'(x) \\ 4x^2 - 4x + 5 &= 8x - 4 \\ 4x^2 - 12x + 9 &= 0\end{aligned}$$

Mit Hilfe der *abc*-Formel erhält man die Lösung $x = \frac{3}{2}$.
Somit besitzen die Graphen von F und f an der Stelle $x = \frac{3}{2}$ parallele Tangenten.

4. (1) Die Aussage ist falsch. Im Bereich $-3,5 \leqslant x \leqslant 4,5$ besitzt f' genau drei Nullstellen, aber nur bei zwei Nullstellen ($x_1 = 1$ und $x_2 = 4$) hat f' einen Vorzeichenwechsel. Somit hat f in diesem Bereich genau zwei Extremstellen.
(2) Die Aussage ist wahr. Die Gerade mit der Gleichung $y = -\frac{1}{2}x$ schneidet im abgebildeten Bereich den Graphen von f' genau zwei Mal bei $x_1 \approx 0,3$ und $x_2 \approx 4,3$. Somit hat die Gleichung $f'(x) = -\frac{1}{2}x$ im abgebildeten Bereich genau zwei Lösungen.
(3) Die Aussage ist wahr. Der Graph der Funktion f' hat an der Stelle $x = -3$ einen Hochpunkt, d.h. die Steigung von f', also f'', wechselt das Vorzeichen von $+$ nach $-$, da der Graph von f' für $x < -3$ ansteigt und für $x > -3$ abfällt.

5. a) Um die Werte von a und b zu bestimmen, kann man sich überlegen, dass eine Gerade g in einer Ebene E liegt, wenn der «Stützpunkt» der Geraden g in E liegt (Punktprobe) und der Richtungsvektor $\vec{u}$ der Geraden g senkrecht zum Normalenvektor $\vec{n}$ von E steht. Setzt man die Koordinaten des «Stützpunktes» $\mathrm{P}(1 \mid b \mid 1)$ von

$$g: \vec{x} = \begin{pmatrix} 1 \\ b \\ 1 \end{pmatrix} + s \cdot \begin{pmatrix} 1 \\ 0 \\ a \end{pmatrix}$$

in die Koordinatengleichung von E: $2x_1 + 2x_2 + x_3 = 5$ ein, ergibt sich:

$$2 \cdot 1 + 2 \cdot b + 1 = 5 \Rightarrow b = 1$$

Wenn der Richtungsvektor $\vec{u} = \begin{pmatrix} 1 \\ 0 \\ a \end{pmatrix}$ der Geraden g senkrecht zum Normalenvektor $\vec{n} = \begin{pmatrix} 2 \\ 2 \\ 1 \end{pmatrix}$ von E steht, muss das Skalarprodukt der beiden Vektoren Null ergeben:

$$\begin{aligned} \vec{u} \cdot \vec{n} &= 0 \\ \begin{pmatrix} 1 \\ 0 \\ a \end{pmatrix} \cdot \begin{pmatrix} 2 \\ 2 \\ 1 \end{pmatrix} &= 0 \\ 1 \cdot 2 + 0 \cdot 2 + a \cdot 1 &= 0 \\ a &= -2 \end{aligned}$$

Alternativ kann man auch den allgemeinen Punkt $\mathrm{P}_s(1 + s \mid b \mid 1 + as)$ von g in die Koordinatengleichung von E: $2x_1 + 2x_2 + x_3 = 5$ einsetzen:

$$\begin{aligned} 2 \cdot (1 + s) + 2 \cdot b + 1 + as &= 5 \\ 2 + 2s + 2 \cdot b + 1 + as &= 5 \\ 2s + 2b + as &= 2 \end{aligned}$$

Um eine wahre Aussage zu erhalten, darf kein Parameter s vorhanden sein, also muss gelten: $a = -2$.
Setzt man $a = -2$ in obige Gleichung ein, ergibt sich: $2s + 2b - 2s = 2 \Rightarrow b = 1$.

Somit liegt g für $a = -2$ und $b = 1$ in E und hat die Gleichung:

$$g\colon \vec{x} = \begin{pmatrix} 1 \\ 1 \\ 1 \end{pmatrix} + s \cdot \begin{pmatrix} 1 \\ 0 \\ -2 \end{pmatrix}$$

b) Um eine Gleichung einer Geraden h anzugeben, die ebenfalls in E liegt und senkrecht zur Geraden g verläuft, kann man sich Folgendes überlegen: Als «Stützpunkt» von h kann man den «Stützpunkt» von g wählen, also $P(1 \mid 1 \mid 1)$.

Damit hat h die Gleichung $h\colon \vec{x} = \begin{pmatrix} 1 \\ 1 \\ 1 \end{pmatrix} + t \cdot \vec{v}$.

Der Richtungsvektor $\vec{v}$ von h muss orthogonal zum Richtungsvektor $\vec{u} = \begin{pmatrix} 1 \\ 0 \\ -2 \end{pmatrix}$ von g und orthogonal zum Normalenvektor $\vec{n} = \begin{pmatrix} 2 \\ 2 \\ 1 \end{pmatrix}$ von E sein. Da $\vec{v}$ zu zwei Vektoren orthogonal ist, verwendet man das Kreuzprodukt (siehe Seite 42) von $\vec{u}$ und $\vec{n}$:

$$\vec{u} \times \vec{n} = \begin{pmatrix} 1 \\ 0 \\ -2 \end{pmatrix} \times \begin{pmatrix} 2 \\ 2 \\ 1 \end{pmatrix} = \begin{pmatrix} 4 \\ -5 \\ 2 \end{pmatrix} \Rightarrow \vec{v} = \begin{pmatrix} 4 \\ -5 \\ 2 \end{pmatrix}$$

Alternativ kann man $\vec{v}$ auch mit Hilfe des Skalarprodukts bestimmen, da $\vec{v}$ auf $\vec{u}$ und $\vec{n}$ senkrecht steht. Damit gilt:

$$\begin{pmatrix} v_1 \\ v_2 \\ v_3 \end{pmatrix} \cdot \begin{pmatrix} 1 \\ 0 \\ -2 \end{pmatrix} = 0$$

und

$$\begin{pmatrix} v_1 \\ v_2 \\ v_3 \end{pmatrix} \cdot \begin{pmatrix} 2 \\ 2 \\ 1 \end{pmatrix} = 0$$

Daraus ergibt sich das lineare Gleichungssystem:

$$\begin{array}{lrcrcrcl} \text{I} & 1 \cdot v_1 & & & - & 2 \cdot v_3 & = & 0 \\ \text{II} & 2 \cdot v_1 & + & 2 \cdot v_2 & + & 1 \cdot v_3 & = & 0 \end{array}$$

Wählt man in Gleichung I z.B. $v_3 = 1$, erhält man: $v_1 - 2 = 0 \Rightarrow v_1 = 2$.
Setzt man $v_1 = 2$ und $v_3 = 1$ in Gleichung II ein, ergibt sich:

$$2 \cdot 2 + 2 \cdot v_2 + 1 \cdot 1 = 0 \Rightarrow v_2 = -\frac{5}{2}$$

Damit ergibt sich $\vec{v} = \begin{pmatrix} 2 \\ -\frac{5}{2} \\ 1 \end{pmatrix} = \frac{1}{2} \cdot \begin{pmatrix} 4 \\ -5 \\ 2 \end{pmatrix}$.

Somit hat die Gerade h die Gleichung $h\colon \vec{x} = \begin{pmatrix} 1 \\ 1 \\ 1 \end{pmatrix} + t \cdot \begin{pmatrix} 4 \\ -5 \\ 2 \end{pmatrix}$.

6. Gegeben ist die Ebene $\mathrm{E}\colon x_1 + 2x_2 - x_3 = 4$.

a) Um zu begründen, dass die Spurpunkte von E die Ecken eines gleichschenkligen Dreiecks bilden, bestimmt man zuerst die Spurpunkte S_1, S_2 und S_3 und berechnet die Seitenlängen des Dreiecks $\mathrm{S}_1\mathrm{S}_2\mathrm{S}_3$.
Den Spurpunkt S_1 erhält man, indem man $x_2 = 0$ und $x_3 = 0$ in E einsetzt:

$$x_1 + 2 \cdot 0 - 0 = 4 \Rightarrow x_1 = 4 \Rightarrow \mathrm{S}_1(4 \mid 0 \mid 0)$$

Den Spurpunkt S_2 erhält man, indem man $x_1 = 0$ und $x_3 = 0$ in E einsetzt:

$$0 + 2 \cdot x_2 - 0 = 4 \Rightarrow x_2 = 2 \Rightarrow \mathrm{S}_2(0 \mid 2 \mid 0)$$

Den Spurpunkt S_3 erhält man, indem man $x_1 = 0$ und $x_2 = 0$ in E einsetzt:

$$0 + 2 \cdot 0 - x_3 = 4 \Rightarrow x_3 = -4 \Rightarrow \mathrm{S}_3(0 \mid 0 \mid -4)$$

Die Längen der Seiten des Dreiecks $\mathrm{S}_1\mathrm{S}_2\mathrm{S}_3$ erhält man, indem man die Längen der entsprechenden Verbindungsvektoren berechnet:

$$\overline{\mathrm{S}_1\mathrm{S}_2} = \left|\overrightarrow{\mathrm{S}_1\mathrm{S}_2}\right| = \left|\begin{pmatrix} -4 \\ 2 \\ 0 \end{pmatrix}\right| = \sqrt{(-4)^2 + 2^2 + 0^2} = \sqrt{20}$$

$$\overline{\mathrm{S}_2\mathrm{S}_3} = \left|\overrightarrow{\mathrm{S}_2\mathrm{S}_3}\right| = \left|\begin{pmatrix} 0 \\ -2 \\ -4 \end{pmatrix}\right| = \sqrt{0^2 + (-2)^2 + (-4)^2} = \sqrt{20}$$

Wegen $\overline{\mathrm{S}_1\mathrm{S}_2} = \overline{\mathrm{S}_2\mathrm{S}_3}$ ist das Dreieck $\mathrm{S}_1\mathrm{S}_2\mathrm{S}_3$ gleichschenklig.

b) Die Ebene F: $\vec{x}=\begin{pmatrix}-2\\-2\\0\end{pmatrix}+r\cdot\begin{pmatrix}2\\3\\8\end{pmatrix}+s\cdot\begin{pmatrix}1\\2\\0\end{pmatrix}$ schneidet die Ebene E. Um eine Gleichung der Schnittgeraden von E und F zu bestimmen, setzt man den allgemeinen Punkt $P_{r,s}(-2+2r+s\mid-2+3r+2s\mid 8r)$ von F in die Koordinatengleichung von E: $x_1+2x_2-x_3=4$ ein:

$$\begin{aligned}-2+2r+s+2\cdot(-2+3r+2s)-8r&=4\\-2+2r+s-4+6r+4s-8r&=4\\5s&=10\\s&=2\end{aligned}$$

Setzt man $s=2$ in F ein, ergibt sich:

$$\vec{x}=\begin{pmatrix}-2\\-2\\0\end{pmatrix}+r\cdot\begin{pmatrix}2\\3\\8\end{pmatrix}+2\cdot\begin{pmatrix}1\\2\\0\end{pmatrix}=\begin{pmatrix}0\\2\\0\end{pmatrix}+r\cdot\begin{pmatrix}2\\3\\8\end{pmatrix}$$

Somit hat die Schnittgerade von E und F die Gleichung:

$$\vec{x}=\begin{pmatrix}0\\2\\0\end{pmatrix}+r\cdot\begin{pmatrix}2\\3\\8\end{pmatrix}$$

Alternativ kann man auch zuerst die Koordinatengleichung von F bestimmen.
Einen Normalenvektor $\vec{n}$ von F erhält man mit Hilfe des Kreuzprodukts (siehe Seite 42) der Spannvektoren:

$$\begin{pmatrix}2\\3\\8\end{pmatrix}\times\begin{pmatrix}1\\2\\0\end{pmatrix}=\begin{pmatrix}-16\\8\\1\end{pmatrix}\Rightarrow\vec{n}=\begin{pmatrix}-16\\8\\1\end{pmatrix}$$

Setzt man die Koordinaten des Punktes $P(-2\mid-2\mid 0)$ in die Koordinatengleichung F: $-16x_1+8x_2+x_3=d$ ein, ergibt sich:

$$-16\cdot(-2)+8\cdot(-2)+0=d\ \Rightarrow\ d=16$$

Damit hat F die Koordinatengleichung F: $-16x_1+8x_2+x_3=16$.
Die Gleichung der Schnittgeraden von E und F erhält man, indem man folgendes Gleichungssystem löst:

$$\begin{array}{lrcrcrcr}\text{I} & x_1 & + & 2x_2 & - & x_3 & = & 4\\\text{II} & -16x_1 & + & 8x_2 & + & x_3 & = & 16\end{array}$$

Addiert man Gleichung I und II, ergibt sich:

$$\begin{array}{llcllcl} \text{I} & x_1 & + & 2x_2 & - & x_3 & = & 4 \\ \text{II} & -15x_1 & + & 10x_2 & & & = & 20 \end{array}$$

Wählt man in Gleichung II geschickterweise $x_1 = 2t$, so erhält man:

$$-15 \cdot 2t + 10x_2 = 20 \Rightarrow x_2 = 2 + 3t$$

Setzt man $x_1 = 2t$ und $x_2 = 2 + 3t$ in Gleichung I ein, ergibt sich:

$$2t + 2 \cdot (2 + 3t) - x_3 = 4 \Rightarrow x_3 = 8t$$

Damit hat die Schnittgerade von E und F die Gleichung: $\vec{x} = \begin{pmatrix} 0 \\ 2 \\ 0 \end{pmatrix} + t \cdot \begin{pmatrix} 2 \\ 3 \\ 8 \end{pmatrix}$.

7. a) Die Wahrscheinlichkeit des Ereignisses A: «Es fallen zwei verschiedene Augenzahlen» erhält man mit Hilfe der Wahrscheinlichkeit des Gegenereignisses und der Pfadregeln:

$$\begin{aligned} \text{P(A)} &= 1 - \text{P(gleiche Augenzahlen)} \\ &= 1 - (\text{P}(11) + \text{P}(22) + \text{P}(33) + \text{P}(44) + \text{P}(55) + \text{P}(66)) \\ &= 1 - 6 \cdot \frac{1}{6} \cdot \frac{1}{6} \\ &= 1 - \frac{1}{6} \\ &= \frac{5}{6} \end{aligned}$$

b) Die Wahrscheinlichkeit des Ereignisses B: «Man erhält eine «1» und eine «2».» erhält man mit Hilfe der Pfadregeln:

$$\text{P(B)} = \text{P}(12) + \text{P}(21) = \frac{1}{6} \cdot \frac{1}{6} + \frac{1}{6} \cdot \frac{1}{6} = \frac{1}{36} + \frac{1}{36} = \frac{2}{36} = \frac{1}{18}$$

c) Die Wahrscheinlichkeit des Ereignisses C: «Die Würfel zeigen zwei aufeinanderfolgende Zahlen» erhält man mit Hilfe der Pfadregeln:

$$\begin{aligned} \text{P(C)} &= \text{P}(12) + \text{P}(21) + \text{P}(23) + \text{P}(32) + \text{P}(34) + \text{P}(43) + \text{P}(45) + \text{P}(54) + \text{P}(56) + \text{P}(65) \\ &= \frac{1}{6} \cdot \frac{1}{6} \cdot 10 \\ &= \frac{10}{36} \\ &= \frac{5}{18} \end{aligned}$$

Pflichtteil 2019

Tipps ab Seite 247, Lösungen ab Seite 249

Aufgabe 1

Bilden Sie die Ableitung der Funktion f mit $f(x) = x^4 \cdot \sin(3x)$.

(2 VP)

Aufgabe 2

Lösen Sie die Gleichung $(\cos(x))^2 + 2\cos(x) = 0$ für $0 \leqslant x \leqslant 2\pi$.

(2 VP)

Aufgabe 3

Gegeben ist die Funktion f mit $f(x) = 1 - \frac{1}{x^2}$,
die die Nullstellen $x_1 = -1$ und $x_2 = 1$ hat. Die Abbildung zeigt den Graphen von f, der symmetrisch bezüglich der y-Achse ist. Weiterhin ist die Gerade g mit der Gleichung $y = -3$ gegeben.

a) Zeigen Sie, dass einer der Punkte, in denen g den Graphen von f schneidet, die x-Koordinate $\frac{1}{2}$ hat.

b) Bestimmen Sie rechnerisch den Inhalt der Fläche, die der Graph von f, die x-Achse und die Gerade g einschließen.

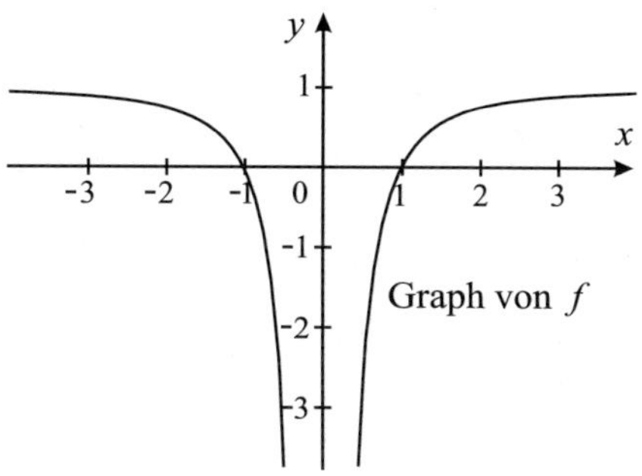

(2,5 VP)

Aufgabe 4

Die Abbildung rechts zeigt den Graphen einer Funktion f.

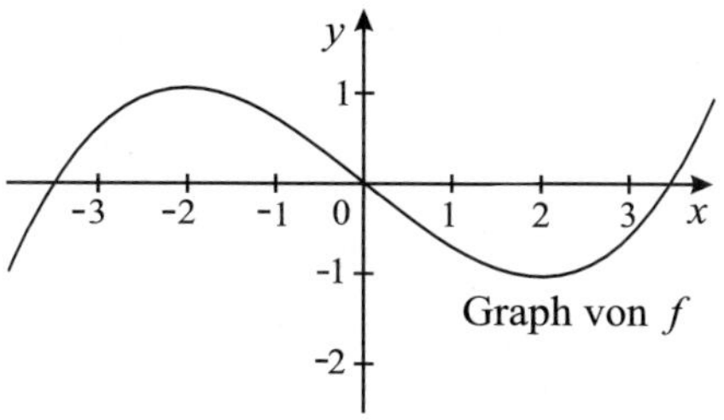

a) Einer der folgenden Graphen I, II und III gehört zur ersten Ableitungsfunktion von f. Geben Sie diesen Graphen an und begründen Sie, dass die beiden anderen Graphen dafür nicht infrage kommen.

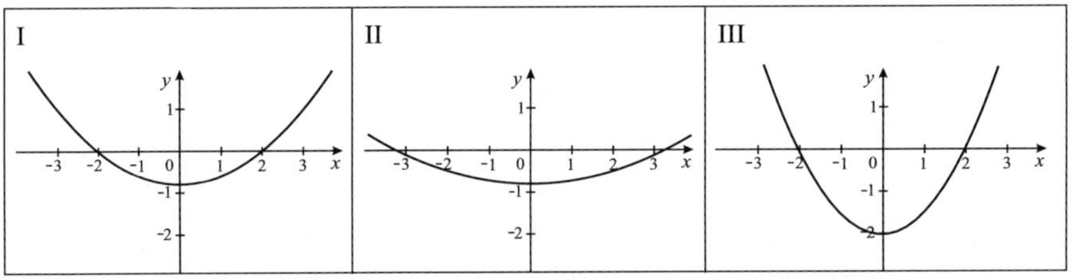

b) Die Funktion F ist eine Stammfunktion von f.
Geben Sie das Monotonieverhalten von F im Intervall $[1;\, 3]$ an.
Begründen Sie Ihre Angabe. (2,5 VP)

Aufgabe 5

Gegeben sind die Gerade $g\colon \vec{x} = \begin{pmatrix} 2 \\ 0 \\ 1 \end{pmatrix} + t \cdot \begin{pmatrix} 1 \\ 0 \\ -3 \end{pmatrix}$ und die Ebene E: $3x_1 - 2x_2 + x_3 = 14$.

a) Untersuchen Sie die gegenseitige Lage von g und E.

b) Die Gerade h entsteht durch Spiegelung der Gerade g an der Ebene E.
Bestimmen Sie eine Gleichung von h. (4 VP)

Aufgabe 6

Gegeben ist die Gerade $g\colon \vec{x} = \begin{pmatrix} 4 \\ -6 \\ 3 \end{pmatrix} + t \cdot \begin{pmatrix} 1 \\ -2 \\ 2 \end{pmatrix}$.

a) Berechnen Sie die Koordinaten des Punktes, in dem g die x_2x_3-Ebene schneidet.

b) Bestimmen Sie den Abstand des Punktes $P(-3 \mid -1 \mid 7)$ von der Geraden g. (4 VP)

Aufgabe 7

In einer Urne sind eine rote, eine weiße und drei schwarze Kugeln.
Es wird so lange ohne Zurücklegen gezogen, bis man eine schwarze Kugel zieht.
Berechnen Sie die Wahrscheinlichkeit der folgenden Ereignisse:
A: «Man zieht genau zwei Kugeln.»
B: «Unter den gezogenen Kugeln befindet sich die rote Kugel.» (3 VP)

Tipps Pflichtteil 2019

1. Verwenden Sie die Produkt- und Kettenregel.
2. Klammern Sie $\cos(x)$ aus und verwenden Sie anschließend den Satz vom Nullprodukt.
3. a) Um zu zeigen, dass einer der Punkte, in denen g den Graphen von f schneidet, die x-Koordinate $\frac{1}{2}$ hat, setzen Sie $x = \frac{1}{2}$ in $f(x)$ ein. Alternativ können Sie auch die Schnittstellen von g und dem Graphen von f berechnen, indem Sie die Gleichung $f(x) = -3$ nach x auflösen.

   b) Den Inhalt A der Fläche, die der Graph von f, die x-Achse und die Gerade g einschließen, erhalten Sie, indem Sie die Fläche in drei Teilflächen zerlegen, von denen zwei aufgrund der Symmetrie den gleichen Flächeninhalt haben. Den Flächeninhalt A_1 einer Fläche zwischen dem Graphen von f und der x-Achse erhalten Sie mithilfe eines Integrals. Beachten Sie, dass die x-Achse oberhalb des Graphen von f liegt. Verwenden Sie den Hauptsatz der Differential- und Integralrechnung. Eine Teilfläche ist ein Rechteck mit den Seiten a und b und dem Flächeninhalt $A_2 = a \cdot b$.
4. a) Beachten Sie, dass die Extremstellen des Graphen von f die Nullstellen des Graphen der ersten Ableitungsfunktion von f sind. Bestimmen Sie die Steigung des Graphen von f an der Stelle $x = 0$ und prüfen Sie, welcher der Graphen an dieser Stelle einen anderen Funktionswert hat.

   b) Beachten Sie, dass $F'(x) = f(x)$ gilt. Falls $F'(x)$ im Intervall $[1; 3]$ kleiner als Null ist, ist F streng monoton fallend, sonst monoton wachsend.

5. a) Um die gegenseitige Lage von g und E zu untersuchen, setzen Sie einen allgemeinen Punkt P_t von g in die Ebenengleichung ein. Bei einem eindeutigen Ergebnis für den Parameter t gibt es einen Schnittpunkt, bei einem Widerspruch sind g und E parallel. Alternativ können Sie auch prüfen, ob der Richtungsvektor $\vec{u}$ von g orthogonal zum Normalenvektor $\vec{n}$ von E ist. Hierzu bestimmen Sie das Skalarprodukt der beiden Vektoren. Falls das Ergebnis Null ist, sind sie orthogonal zueinander, so dass g und E parallel sind oder g in E enthalten ist. Setzen Sie anschließend noch die Koordinaten des Stützpunktes von g in die Ebenengleichung ein. Bei einem Widerspruch ist der Stützpunkt nicht in E enthalten, so dass g und E parallel sind und keine gemeinsamen Punkte haben.

   b) Die Gleichung der Geraden h, die durch Spiegelung der Geraden g an der Ebene E entsteht, erhalten Sie, indem Sie zuerst den Stützpunkt A von g an der Ebene spiegeln. Hierzu stellen Sie eine Lotgerade l auf, die durch den Stützpunkt A von g verläuft und orthogonal zu E ist. Als Richtungsvektor von l verwenden Sie den Normalenvektor von E. Anschließend bestimmen Sie den Schnittpunkt F von l und E, indem Sie die Koordinaten des allgemeinen Punktes P_r von l in die Ebenengleichung einsetzen.

Setzen Sie den erhaltenen r-Wert in P_r ein, um F zu erhalten. Schließlich spiegeln Sie den Punkt A am Punkt F mithilfe einer Vektorkette und erhalten den Punkt A^*. Eine Gleichung von h erhalten Sie, indem Sie A^* als Stützpunkt und als Richtungsvektor von h den Richtungsvektor von g verwenden, da die beiden Geraden parallel sein müssen.

6. a) Die Koordinaten des Punktes S, in dem g die x_2x_3-Ebene ($x_1 = 0$) schneidet, erhalten Sie, indem Sie die Koordinaten des allgemeinen Punktes P_t von g in die Ebenengleichung $x_1 = 0$ einsetzen. Setzen Sie den erhaltenen t-Wert in P_t ein.

   b) Den Abstand des Punktes P von der Geraden g erhalten Sie mithilfe des Lotfußpunktverfahrens, indem Sie eine Hilfsebene E_H aufstellen, die durch P geht und orthogonal zu g verläuft, d.h. als Normalenvektor $\vec{n}$ von E_H verwenden Sie den Richtungsvektor $\vec{u}$ von g. Anschließend schneiden Sie E_H und g und berechnen den Abstand von P zum Schnittpunkt F. Setzen Sie den Ortsvektor von P und $\vec{n} = \vec{u}$ in die Punkt-Normalenform $(\vec{x} - \vec{p}) \cdot \vec{n} = 0$ ein, um die Gleichung von E_H zu erhalten. Alternativ können Sie auch die Koordinaten des Punktes P in den Ansatz $ax_1 + bx_2 + cx_3 = d$ einsetzen, wobei $\vec{n} = \begin{pmatrix} a \\ b \\ c \end{pmatrix}$ ist. Die Koordinaten des Schnittpunkts F von E_H und g erhalten Sie, indem Sie die Koordinaten des allgemeinen Punktes P_t von g in die Koordinatengleichung von E_H einsetzen. Setzen Sie den erhaltenen t-Wert in P_t ein, um F zu erhalten. Der Abstand von P zu g ist gleich groß wie der Abstand von P zu F, also bestimmen Sie den Betrag des Verbindungsvektors von P zu F.
   Alternativ können Sie sich auch überlegen, dass der Verbindungsvektor von P zu einem allgemeinen Punkt P_t von g orthogonal zum Richtungsvektor $\vec{u}$ der Geraden g sein muss, also dass das Skalarprodukt der beiden Vektoren Null ergeben muss. Stellen Sie damit eine Gleichung auf und lösen diese nach t auf. Setzen Sie den erhaltenen t-Wert in P_t ein, um F zu erhalten. Der Abstand von P zu g ist gleich groß wie der Abstand von P zu F, also bestimmen Sie den Betrag des Verbindungsvektors von P zu F.

7. Bezeichnen Sie mit r: rote Kugel, mit w: weiße Kugel und mit s: schwarze Kugel. Zeichnen Sie das zugehörige Baumdiagramm. Beachten Sie, dass es sich um «Ziehen ohne Zurücklegen» handelt, so dass sich die Wahrscheinlichkeiten bei jedem Zug ändern. Die Wahrscheinlichkeit des Ereignisses A erhalten Sie mithilfe der Pfadregeln. Die Wahrscheinlichkeit des Ereignisses B erhalten Sie ebenfalls mithilfe der Pfadregeln.

Lösungen Pflichtteil 2019

1. Zur Bestimmung der Ableitung der Funktion f mit $f(x) = x^4 \cdot \sin(3x)$ verwendet man die Produkt- und Kettenregel:

$$f'(x) = 4x^3 \cdot \sin(3x) + x^4 \cdot \cos(3x) \cdot 3 = 4x^3 \cdot \sin(3x) + 3x^4 \cdot \cos(3x)$$

2. Die Gleichung $(\cos(x))^2 + 2\cos(x) = 0$ für $0 \leqslant x \leqslant 2\pi$ löst man, indem man zuerst $\cos(x)$ ausklammert. Damit erhält man:

$$\cos(x) \cdot (\cos(x) + 2) = 0$$

Mithilfe des Satzes vom Nullprodukt erhält man aus $\cos(x) = 0$ die Lösungen $x_1 = \frac{\pi}{2}$ und $x_2 = \frac{3}{2}\pi$ und aus $\cos(x) + 2 = 0$ bzw. $\cos(x) = -2$ keine weiteren Lösungen.
Die Gleichung hat also die Lösungsmenge $\mathrm{L} = \left\{ \frac{\pi}{2}; \frac{3}{2}\pi \right\}$.

3. Gegeben ist die Funktion f mit $f(x) = 1 - \frac{1}{x^2}$ und die Gerade g mit der Gleichung $y = -3$.

   a) Um zu zeigen, dass einer der Punkte, in denen g den Graphen von f schneidet, die x-Koordinate $\frac{1}{2}$ hat, setzt man $x = \frac{1}{2}$ in $f(x)$ ein:

$$f\left(\frac{1}{2}\right) = 1 - \frac{1}{\left(\frac{1}{2}\right)^2} = 1 - \frac{1}{\frac{1}{4}} = 1 - 1 \cdot \frac{4}{1} = 1 - 4 = -3$$

   Alternativ kann man auch die Schnittpunkte von g und dem Graphen von f berechnen, indem man die Gleichung $f(x) = -3$ nach x auflöst:

$$\begin{aligned} 1 - \frac{1}{x^2} &= -3 \\ -\frac{1}{x^2} &= -4 \\ \frac{1}{4} &= x^2 \\ \pm\frac{1}{2} &= x_{1,2} \end{aligned}$$

   Somit hat einer der Punkte, in denen g den Graphen von f schneidet, die x-Koordinate $\frac{1}{2}$.

   b) Den Inhalt A der Fläche, die der Graph von f, die x-Achse und die Gerade g einschließen, erhält man, indem man die Fläche in drei Teilflächen zerlegt, von denen zwei aufgrund der Symmetrie den gleichen Flächeninhalt haben:

Den Flächeninhalt der Teilfläche A_3 erhält man mithilfe eines Integrals. Da die x-Achse oberhalb des Graphen von f liegt, gilt:

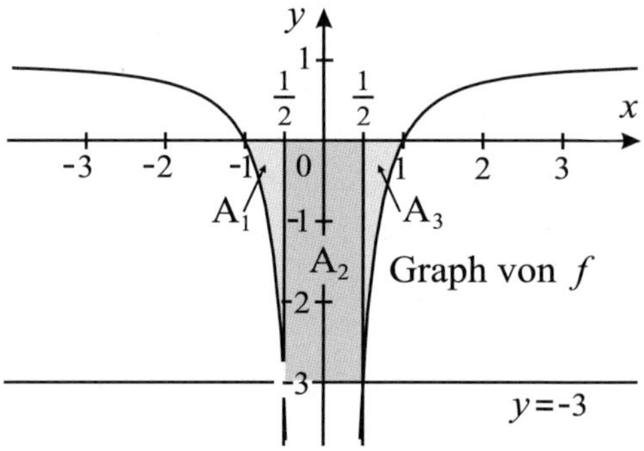

$$
\begin{aligned}
A_3 &= \int_{\frac{1}{2}}^{1} (0 - f(x))\,\mathrm{d}x \\
&= \int_{\frac{1}{2}}^{1} \left(0 - \left(1 - \frac{1}{x^2}\right)\right)\mathrm{d}x \\
&= \int_{\frac{1}{2}}^{1} \left(-1 + \frac{1}{x^2}\right)\mathrm{d}x \\
&= \int_{\frac{1}{2}}^{1} \left(-1 + x^{-2}\right)\mathrm{d}x \\
&= \left[-1x + \frac{1}{-1}x^{-1}\right]_{\frac{1}{2}}^{1} \\
&= \left[-x - \frac{1}{x}\right]_{\frac{1}{2}}^{1} \\
&= \left(-1 - \frac{1}{1}\right) - \left(-\frac{1}{2} - \frac{1}{\frac{1}{2}}\right) \\
&= (-1-1) - \left(-\frac{1}{2} - 2\right) \\
&= -2 + 2{,}5 \\
&= 0{,}5
\end{aligned}
$$

Aufgrund der Symmetrie gilt:

$$A_1 = A_3 = 0{,}5$$

Die Fläche A_2 ist ein Rechteck mit den Seiten $a = 1$ und $b = 3$. Damit gilt:

$$A_2 = a \cdot b = 1 \cdot 3 = 3$$

Somit erhält man die gesamte Fläche:

$$A = A_1 + A_2 + A_3 = 0{,}5 + 3 + 0{,}5 = 4$$

Der Flächeninhalt beträgt 4 FE.

4. a) Der Graph I ist der Graph der ersten Ableitungsfunktion von f.
Da der Graph von f bei $x = -2$ und $x = 2$ Extremstellen hat, muss der Graph der ersten Ableitungsfunktion von f bei $x = -2$ und $x = 2$ Nullstellen haben. Dies ist bei Graph II nicht der Fall. Also kommt der Graph II als Graph der ersten Ableitungsfunktion von f nicht infrage,
Der Graph von f hat an der Stelle $x = 0$ etwa die Steigung -1. Da der Graph III aber bei $x = 0$ den Wert -2 statt -1 hat, kommt er als Graph der ersten Ableitungsfunktion von f nicht infrage.

b) Da die Funktion F eine Stammfunktion von f ist, beschreibt der Graph von f die Steigung von F, da $F'(x) = f(x)$ gilt. Im Intervall $[1;\, 3]$ verläuft der Graph von f unterhalb der x-Achse, so dass für dieses Intervall stets $f(x) = F'(x) < 0$ gilt. Somit ist F dort streng monoton fallend.

5. Gegeben sind die Gerade

$$g\colon \vec{x} = \begin{pmatrix} 2 \\ 0 \\ 1 \end{pmatrix} + t \cdot \begin{pmatrix} 1 \\ 0 \\ -3 \end{pmatrix}$$

und die Ebene

$$\text{E}\colon 3x_1 - 2x_2 + x_3 = 14$$

a) Um die gegenseitige Lage von g und E zu untersuchen, setzt man den allgemeinen Punkt $P_t(2+t \mid 0 \mid 1-3t)$ von g in die Ebenengleichung ein:

$$\begin{aligned} 3 \cdot (2+t) - 2 \cdot 0 + 1 - 3t &= 14 \\ 6 + 3t - 0 + 1 - 3t &= 14 \\ 7 &= 14 \end{aligned}$$

Aufgrund des Widerspruchs sind g und E parallel.

Alternativ kann man auch prüfen, ob der Richtungsvektor $\vec{u} = \begin{pmatrix} 1 \\ 0 \\ -3 \end{pmatrix}$ von g orthogonal zum Normalenvektor $\vec{n} = \begin{pmatrix} 3 \\ -2 \\ 1 \end{pmatrix}$ von E ist. Hierzu bestimmt man das Skalarprodukt der beiden Vektoren:

$$\vec{u} \cdot \vec{n} = \begin{pmatrix} 1 \\ 0 \\ -3 \end{pmatrix} \cdot \begin{pmatrix} 3 \\ -2 \\ 1 \end{pmatrix} = 1 \cdot 3 + 0 \cdot (-2) + (-3) \cdot 1 = 3 + 0 - 3 = 0$$

Da das Skalarprodukt der beiden Vektoren Null ergibt, sind sie orthogonal zueinander, so dass g und E parallel sind oder g in E enthalten ist. Setzt man die Koordinaten des Stützpunktes $A(2 \mid 0 \mid 1)$ von g in die Ebenengleichung $E\colon\ 3x_1 - 2x_2 + x_3 = 14$ ein, ergibt sich:

$$3 \cdot 2 - 2 \cdot 0 + 1 = 14 \Leftrightarrow 7 = 14$$

Aufgrund des Widerspruchs ist A nicht in E enthalten, so dass g und E parallel sind und keine gemeinsamen Punkte haben.

b) Die Gleichung der Geraden h, die durch Spiegelung der Geraden g an der Ebene E entsteht, erhält man, indem man zuerst den Stützpunkt A von g an der Ebene spiegelt.

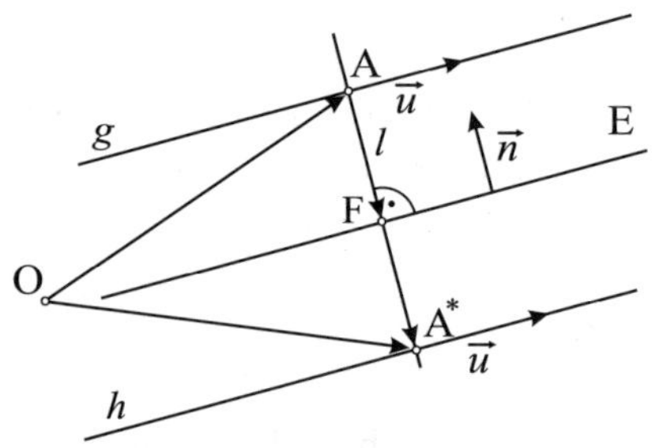

Hierzu stellt man eine Lotgerade l auf, die durch den Stützpunkt $A(2 \mid 0 \mid 1)$ von g verläuft und orthogonal zu E ist. Als Richtungsvektor von l verwendet man den Normalenvektor von E:

$$l : \vec{x} = \begin{pmatrix} 2 \\ 0 \\ 1 \end{pmatrix} + r \cdot \begin{pmatrix} 3 \\ -2 \\ 1 \end{pmatrix}$$

Anschließend bestimmt man den Schnittpunkt F von l und E, indem man die Koordinaten des allgemeinen Punktes $P_r(2+3r \mid -2r \mid 1+r)$ von l in die Ebenengleichung $E\colon\ 3x_1 - 2x_2 + x_3 = 14$ einsetzt:

$$\begin{aligned} 3 \cdot (2+3r) - 2 \cdot (-2r) + 1 + r &= 14 \\ 6 + 9r + 4r + 1 + r &= 14 \\ 14r &= 7 \\ r &= \frac{1}{2} \end{aligned}$$

Setzt man $r = \frac{1}{2}$ in P_r ein, ergibt sich: $F(3{,}5 \mid -1 \mid 1{,}5)$.

Den Punkt A spiegelt man nun am Punkt F mithilfe einer Vektorkette und erhält den Punkt A^*:

$$\overrightarrow{OA^*} = \overrightarrow{OA} + 2 \cdot \overrightarrow{AF} = \begin{pmatrix} 2 \\ 0 \\ 1 \end{pmatrix} + 2 \cdot \begin{pmatrix} 1{,}5 \\ -1 \\ 0{,}5 \end{pmatrix} = \begin{pmatrix} 5 \\ -2 \\ 2 \end{pmatrix} \Rightarrow A^*(5 \mid -2 \mid 2)$$

Die Geraden g und h sind parallel, weil g parallel zu E ist. Eine Gleichung von h erhält man, indem man A^* als Stützpunkt von h und als Richtungsvektor von h den

Richtungsvektor von g verwendet, da die beiden Geraden parallel sein müssen:

$$h\colon \vec{x} = \begin{pmatrix} 5 \\ -2 \\ 2 \end{pmatrix} + s \cdot \begin{pmatrix} 1 \\ 0 \\ -3 \end{pmatrix}$$

6. Gegeben ist die Gerade $g\colon \vec{x} = \begin{pmatrix} 4 \\ -6 \\ 3 \end{pmatrix} + t \cdot \begin{pmatrix} 1 \\ -2 \\ 2 \end{pmatrix}$.

a) Die Koordinaten des Punktes S, in dem g die x_2x_3-Ebene mit der Gleichung $x_1 = 0$ schneidet, erhält man, indem man die Koordinaten des allgemeinen Punktes $\mathrm{P}_t(4+t \mid -6-2t \mid 3+2t)$ von g in die Ebenengleichung $x_1 = 0$ einsetzt:

$$4+t = 0 \Rightarrow t = -4$$

Setzt man $t = -4$ in P_t ein, erhält man $\mathrm{S}(0 \mid 2 \mid -5)$.

b) Den Abstand des Punktes $\mathrm{P}(-3 \mid -1 \mid 7)$ von der Geraden g erhält man mithilfe des Lotfußpunktverfahrens, indem man eine Hilfsebene $\mathrm{E_H}$ aufstellt, die durch P geht und orthogonal zu g verläuft, d.h. als Normalenvektor $\vec{n}$ von $\mathrm{E_H}$ kann man den Richtungsvektor $\vec{u}$ von g wählen. Anschließend schneidet man $\mathrm{E_H}$ und g und berechnet den Abstand von P zum Schnittpunkt F.

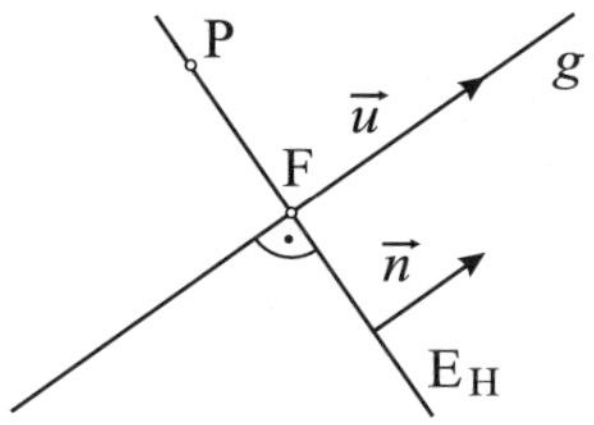

Setzt man den Ortsvektor von P und $\vec{n} = \vec{u} = \begin{pmatrix} 1 \\ -2 \\ 2 \end{pmatrix}$ in die Punkt-Normalenform

$(\vec{x} - \vec{p}) \cdot \vec{n} = 0$ ein, erhält man:

$$\mathrm{E_H}\colon \left(\vec{x} - \begin{pmatrix} -3 \\ -1 \\ 7 \end{pmatrix}\right) \cdot \begin{pmatrix} 1 \\ -2 \\ 2 \end{pmatrix} = 0$$

$$\mathrm{E_H}\colon (x_1+3)\cdot 1 + (x_2+1)\cdot(-2) + (x_3-7)\cdot 2 = 0$$

$$\mathrm{E_H}\colon x_1 + 3 - 2x_2 - 2 + 2x_3 - 14 = 0$$

$$\mathrm{E_H}\colon x_1 - 2x_2 + 2x_3 = 13$$

Alternativ kann man auch die Koordinaten des Punktes $P(-3 \mid -1 \mid 7)$ in den Ansatz $x_1 - 2x_2 + 2x_3 = d$ einsetzen:

$$-3 - 2 \cdot (-1) + 2 \cdot 7 = d \Rightarrow d = 13$$

Damit erhält man die Koordinatengleichung: $E_H: x_1 - 2x_2 + 2x_3 = 13$.
Die Koordinaten des Schnittpunkts F von E_H und g erhält man, indem man die Koordinaten des allgemeinen Punkts $P_t(4 + t \mid -6 - 2t \mid 3 + 2t)$ von g in die Koordinatengleichung von E_H einsetzt:

$$4 + t - 2 \cdot (-6 - 2t) + 2 \cdot (3 + 2t) = 13 \Rightarrow 9t = -9 \Rightarrow t = -1$$

Setzt man $t = -1$ in P_t ein, erhält man die Koordinaten des Schnittpunkts $F(3 \mid -4 \mid 1)$.
Der Abstand von P zu g ist gleich groß wie der Abstand von P zu F, also berechnet man den Betrag des Verbindungsvektors von P zu F:

$$d(P; g) = \left|\overrightarrow{PF}\right| = \left|\begin{pmatrix} 6 \\ -3 \\ -6 \end{pmatrix}\right| = \sqrt{6^2 + (-3)^2 + (-6)^2} = \sqrt{81} = 9$$

Der Punkt P hat von der Geraden g einen Abstand von 9 LE.
Alternativ kann man sich auch überlegen, dass der Verbindungsvektor von P zu einem allgemeinen Punkt $P_t(4 + t \mid -6 - 2t \mid 3 + 2t)$ von g orthogonal zum Richtungsvektor $\vec{u} = \begin{pmatrix} 1 \\ -2 \\ 2 \end{pmatrix}$ der Geraden g sein muss, also dass das Skalarprodukt der beiden Vektoren Null ergeben muss:

$$\overrightarrow{PP_t} \cdot \vec{u} = 0$$

$$\begin{pmatrix} 4 + t - (-3) \\ -6 - 2t - (-1) \\ 3 + 2t - 7 \end{pmatrix} \cdot \begin{pmatrix} 1 \\ -2 \\ 2 \end{pmatrix} = 0$$

$$\begin{pmatrix} 7 + t \\ -5 - 2t \\ -4 + 2t \end{pmatrix} \cdot \begin{pmatrix} 1 \\ -2 \\ 2 \end{pmatrix} = 0$$

$$(7 + t) \cdot 1 + (-5 - 2t) \cdot (-2) + (-4 + 2t) \cdot 2 = 0$$

$$7 + t + 10 + 4t - 8 + 4t = 0$$

$$9t + 9 = 0$$

$$t = -1$$

Setzt man $t = -1$ in P_t ein, erhält man die Koordinaten des Punktes $F(3 \mid -4 \mid 1)$.
Der Abstand von P zu g ist gleich groß wie der Abstand von P zu F, also berechnet man den Betrag des Verbindungsvektors von P zu F:

$$d(\mathrm{P};\mathrm{g}) = \left|\overrightarrow{\mathrm{PF}}\right| = \left|\begin{pmatrix} 6 \\ -3 \\ -6 \end{pmatrix}\right| = \sqrt{6^2 + (-3)^2 + (-6)^2} = \sqrt{81} = 9$$

Der Punkt P hat von der Geraden g einen Abstand von 9 LE.

7. Man bezeichnet mit r: rote Kugel, mit w: weiße Kugel und mit s: schwarze Kugel.
Da es sich um «Ziehen ohne Zurücklegen» handelt, kann man folgendes Baumdiagramm zeichnen:

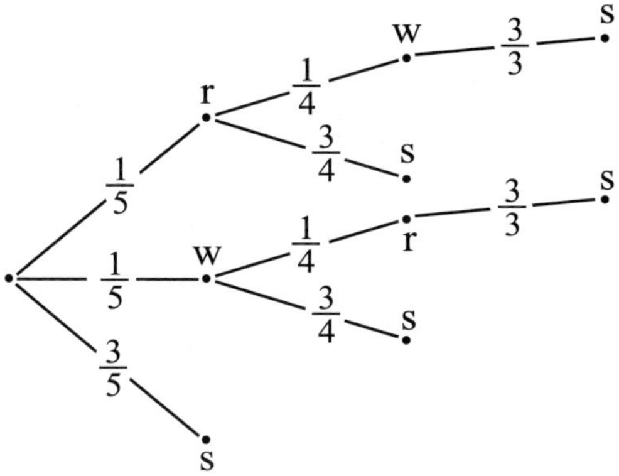

Die Wahrscheinlichkeit des Ereignisses A: «Man zieht genau zwei Kugeln.» erhält man mithilfe der Pfadregeln:

$$\mathrm{P(A)} = \mathrm{P(rs)} + \mathrm{P(ws)} = \frac{1}{5} \cdot \frac{3}{4} + \frac{1}{5} \cdot \frac{3}{4} = \frac{3}{20} + \frac{3}{20} = \frac{6}{20} = \frac{3}{10}$$

Die Wahrscheinlichkeit des Ereignisses B: «Unter den gezogenen Kugeln befindet sich die rote Kugel.» erhält man ebenfalls mithilfe der Pfadregeln:

$$\mathrm{P(B)} = \mathrm{P(rws)} + \mathrm{P(rs)} + \mathrm{P(wrs)} = \frac{1}{5} \cdot \frac{1}{4} \cdot \frac{3}{3} + \frac{1}{5} \cdot \frac{3}{4} + \frac{1}{5} \cdot \frac{1}{4} \cdot \frac{3}{3} = \frac{1}{20} + \frac{3}{20} + \frac{1}{20} = \frac{5}{20} = \frac{1}{4}$$

Stichwortverzeichnis

Erfolg im Mathe-Abi

Sicher ins Abitur 2020

Gruber | Neumann

Mit vielen hilfreichen Tipps und ausführlichen Lösungen

Bisherige Abiturienten:

... Von dem blauen Tippteil bin ich sehr begeistert, er hat bei mir immer so nen Aha-Effekt ausgelöst...

... Ich bin wirklich begeistert! Es ist das beste Schulbuch, das ich je hatte! Man kann sogar sagen, dass es Spaß macht, mit diesem Buch Mathe zu lernen, da die Lösungen durch genaue Erklärung leicht nachvollziehbar sind...

... Ich bin auf gut Deutsch grottenschlecht in Mathematik, doch dank dieses Buches habe ich eine sehr akzeptable Note erhalten. Ich fand das Buch sehr gut strukturiert, den Aufbau der Übungen sehr sinnvoll, übersichtlich und leicht verständlich. Herzlichen Dank!...

„Erfolg von Anfang an" ist das Geheimnis eines guten Mathematik-Abiturs. Selbst komplexe Aufgaben können Spaß machen, wenn man über das grundlegende Verständnis verfügt und dieses sicher anwenden kann.

Optimal lernen mit dem blauen Tippteil: Manchmal hat man keine Idee, wie man eine Aufgabe angehen soll. Hier hilft der blaue Tippteil in der Mitte des Buches weiter. Mit Denk- und Lösungshilfen, ohne gleich schon das Ergebnis vorwegzunehmen.

Dieses Buch bietet für das Abitur 2020:

- Übungsaufgaben aus allen relevanten Bereichen
- in verschiedenen Schwierigkeitsgraden
- mit leicht verständlichen, ausführlichen Lösungswegen
- und den Pflichtteil-Abituraufgaben seit 2014. Die Original-Prüfungsaufgaben wurden entsprechend an die Abituranforderungen 2020 angepasst, also gekürzt oder erweitert bzw. durch gleichwertige Aufgaben ersetzt.

Dieses Buch ist ideal geeignet für die bestmögliche Vorbereitung auf den Pflichtteil in der Abiturprüfung 2020.

9 783868 145809

ISBN: 978-3-86814-580-9 € 14,95

www.erfolg-im-mathe-abi.de